黄河國家治理文獻集成（民國卷）第三十二册
《黄河國家治理文獻集成》編委會　編

治河説略

綏遠概况（節選）

籌治黄河商榷書

河工名謂

屈映光　著
李萌　董杰　編
綏遠省政府　編
李萌　董杰　編
吴文孚　撰
李萌　董杰　編
黄河水利委員會　編
李萌　董杰　編

總第九十六册

内蒙古出版集團
内蒙古人民出版社

圖書在版編目（CIP）數據

治河説略 / 屈映光著 ; 李萌, 董杰編. 綏遠概況(節選) / 綏遠省政府編 ; 李萌, 董杰編. 籌治黄河商榷書 / 吴文孚撰 ; 李萌, 董杰編. -- 呼和浩特 : 内蒙古人民出版社, 2025. 8. --（黄河國家治理文獻集成）.
ISBN 978-7-204-18602-0

Ⅰ. TV882.1

中國國家版本館 CIP 數據核字第 2025P2L348 號

治河説略	**綏遠概況（節選）**
屈映光　著	綏遠省政府　編
籌治黄河商榷書	**河工名謂**
吴文孚　撰	黄河水利委員會　編

編　　者　李　萌　董　杰
策劃編輯　王　瑶
責任編輯　董立群
助理编辑　何可欣
裝幀設計　劉那日蘇　吉　雅　安立新
責任監印　包鐵柱
出版發行　内蒙古出版集團　内蒙古人民出版社
地　　址　呼和浩特市新城區中山東路 8 號波士名人國際 B 座 5 層
網　　址　http://www.impph.cn
印　　刷　内蒙古愛信達教育印務有限責任公司
開　　本　880mm × 1230mm　1/16
印　　張　32.5
字　　數　400 千
版　　次　2025 年 8 月第 1 版
印　　次　2025 年 8 月第 1 次印刷
印　　數　1—1000 册
書　　號　ISBN 978-7-204-18602-0
定　　價　196.00 元

編纂委員會

引　言

千古河流成沃野，幾年沙勢自風湍。

得益于黄河冲積所帶來的疏松土質和有機物，中華先民利用石製工具開始了農業生産，并逐步發展出旱地粟作農業，『能够最大程度保障食物供給的穩定性，奠定了中華文明起源和形成的堅實基礎』[一]。而利用河水灌溉，提高區域可預測農業産量，『在産業史上起着最有决定性的作用』[二]。隨後，技術進步、經濟發展、人口增加，讓先民的文化生活大爲豐富。嚴文明先生評價道：『這是一場影響深遠的革命。』[三]在這場革命中，平衡水、沙、産、人四者之間的關係，始終是黄河治理的核心問題。四者關係一旦失衡，就容易引發諸多灾患。

歷史上，黄河下游因人口稠密、經濟發達，一直是學術界關注的重點。但自河源至今内蒙古托克托縣河口鎮的黄河上、中游區域，雖遠離王畿，人口稀疏，却也一直備受關注，人們逐步認識到黄河全流域治理是國家的重要任務。《漢書》載：『堤防之作，近起戰國，雍防百川，各以自利。』[四]没有全流域的協同治理，僅靠各地分段築堤，則黄河河患無法解决。秦建立了中國歷史上第一個中央集權大一統王朝，秦始皇東巡碣石，刻石銘記『决通川防，夷去險阻』[五]，開啓中央政府調動各要素治黄之先河，這『在中國，實質上是國家的一種職能』〔六〕。同時，國家通過對黄河的有效治理，爲沿黄流域人民群衆乃至其他地區人民群衆提供了重要的公共物品和産業支撑，成爲人民群衆眼中中央政府的功過評價指標之一。因此，治黄在增强沿黄各族群國家、政治、文化認同的基礎上，强化了中國大一統國家的合法性，成爲歷代國家治理能力的一個重要測度。

一、黄河治理維護了國家的社會穩定

從秦并六國到漢朝建立大一統國家，中國統一的多民族國家形成并得到初步發展。當時中央政府對所轄疆域有『北邊郡』和『内郡』之稱。内蒙古額濟納旗出土的居延漢簡有載，『豤（墾）田以鐵器爲本北邊郡毋鐵官印器内郡令郡以時博賣予細民毋令豪富吏民得多取販賣細民』，可以看出北邊郡是與内郡相對應的行政管轄區域。《史記》卷二十八『封禪書第六』載：『上乃遂去，並（并）海上，北至碣石，巡自遼西，歷北邊至九原。』〔七〕。《史記》卷三十『平準書第八』載：『天子北至朔方，東到太山，巡海上，並（并）北邊以歸。』〔八〕司馬遷多次提及北邊，足見統治者對北邊治理的重視。

漢武帝時，齊人延年提出從今内蒙古引黄河水經今北京一帶，向東注入渤海，以衛北部邊疆。『是時方事匈奴，興功利，言便宜者甚衆。齊人延年上書言：「河出昆侖，經中國，注勃海，是其地勢西北高而東南下也。可案圖書，觀地形，令水工準高下，開大河上領，出之胡中，東注之海。如此，關東長無水災（灾），北邊不憂匈奴，可以省隄（堤）防備塞，士卒轉輸，胡寇侵盜（盗），覆軍殺將，暴骨原野之患。天下常備匈奴而不憂百越者，以其水絶壤斷也。此功壹（一）成，萬世大利。」』〔九〕《史記》卷二十四『樂書第二』載：『天馬來兮從西極，經萬里兮歸有德。承靈威兮降外國，涉流沙兮四夷服。』〔十〕如今，包頭地區出土了『四夷盡服』瓦當，出土文物與傳世文獻的呼應，成爲黄河治理維護祖國北部邊疆穩定的見證。

《史記》卷三十『平準書第八』載：『嚴助、朱買臣等招來東甌，事兩越，江淮之閒（間）蕭然煩費矣。唐蒙、司馬相如開路西南夷，鑿山通道千餘里，以廣巴蜀，巴蜀之民罷焉。彭吳（吴）賈滅朝鮮，置滄海之郡，則燕齊之閒（間）靡然發動。及王恢設謀馬邑，匈奴絶和親，侵擾北邊，兵連而不解，天下苦其勞，而干戈日滋。』〔十一〕清代《汾陽縣志》卷十三『藝文』收録曹學閔《開修黄蘆嶺車路紀德政碑記》，上載：『永寧州，界連西陲，北達邊外歸綏諸路，商賈遠貿粟麥，泛皮船隨黄流南下，聚于州西磧口，一府之民仰利賴焉。而東至太原，南抵平陽，州縣凡二十餘，亦視汾爲橐鑰，蓋所繫非特一方生計矣。』〔十二〕民國時期，東北淪陷後，開發西北刻不容緩，而『黄河中游之水利，自應加以擴充及整理，藉（借）收桑榆之效，以挽狂瀾於（于）萬一』〔十三〕。

因黄河流域自然條件優越，歷朝歷代都十分重視對此地的開發，通過强有力的國家干預方式推動各類產業的發展，爲中國北部疆域的形成和社會穩定奠定了基礎。

二、民族交往、物資交流、技術轉移促成黃河治理共同體

《史記》卷十五『六國年表第三』載：秦始皇三十三年（前214），『築長城河上，蒙恬將三十萬』〔十四〕。這數十萬人中，擁有一技之長的人員不在少數。由此，邊地人口不斷增多，而豐富的物產則促進了商品交流與統一市場的形成。西漢《鹽鐵論·力耕第二》記録了『异物内流』的情形：『是以驘（騾）驢馲駞（駝），銜尾入塞，驒騱騵馬，盡爲我畜，鼲鼦狐貉，采旃文罽，充於（于）内府，而璧玉珊瑚瑠（琉）璃，咸爲國之寶。』〔十五〕此後，黃河北岸的『驘（騾）驢馲駞（駝）』『驒騱騵馬』『鼲鼦狐貉』『采旃文罽』與西南織錦、中原麻織、農作物等物資相互交流，逐步形成統一的國内大市場，加强了邊疆與其他地區的經濟聯繫，促進了邊疆特色產業的發展。

隨着民族交往交流交融的增强，清代以降，黃河流域内蒙古段輸入到内地的也不僅僅是『异寶』了。《綏遠通志稿·水路》載：『自乾隆以還。口外墾殖日廣。民殷物阜。出境之油、糧、鹽、鹼（碱）、甘草各貨。入境之日用雜貨。山西與歸綏往來之商運。凡經河路者皆以托屬河口爲唯一之碼頭。』〔十六〕從清乾隆年間到民國時期，由内蒙古經黃河運到山西的貨物有糧、油、鹽、碱、藥材、皮毛等，其中以糧油爲最大宗。糧食品種主要有糜黍、穀子、高粱、豆類及玉米、大小麥

等，油料主要是胡麻。內蒙古供貨支綫有從阿拉善盟阿拉善左旗吉蘭泰鹽池到山西吕梁市磧口鎮的運鹽駝路，五原縣、臨河區一帶各大幹渠的運糧水道，杭錦旗、達拉特旗的甘草馱運綫，鄂托克旗的運碱駝路。內蒙古段各條支綫以供貨爲主，山西段若干支綫以運銷爲主。

《臨縣志》載：『清朝乾隆至民國年間，陝、甘、綏、蒙等地的物資，通過此航綫運達磧口，再用牲口馱運到離石、吴城，轉運至東路（汾、平、介、孝等縣）。據民國 20 年（1931）統計，每年從綏遠磴口航至磧口的貨船不下 4000 餘艘』，『是陝、甘、綏、寧與晋西北物資集散之重鎮』。〔十七〕可見，內蒙古在甘肅、寧夏與陝西、山西等沿黄上下游物資交易中起到了重要的聯結作用；同時也吸引了山西、陝北、河北、山東、甘肅等地的農民遷移至此，并將開渠打壩、引水澆地等農業生産技術、手工技術和商業貿易經營方式帶到這裏。他們在此扎根，除了從事農業生産外，還挖甘草、下窑背炭、在黄河上拉船、在沙漠中拉駱駝、打短工放冬羊、開碾磨油坊，等等。不同地域、不同民族的人們合力修築河渠、引水興業，逐漸形成休戚與共的共同體。其間積纍的産品交易、商業管理、社會治理等方面的經驗，在今天依然有借鑒意義。

清代『首重治河，探河源以窮水患』〔十八〕，但更深層次的考量是『宣揚大一統及增强國家認同』〔十九〕。黄河流域人口基數大、分布廣，而全流域治理理念將不同地區、不同民族的人們凝聚成命運共同體，而『大一統』理念正是這一治理實踐的核心主題。

三、黄河流域拓展了中國的發展空間

早期統治者因巡幸及邊防建設所需，統籌管理沿黄河運與秦直道等沿黄馬道，維持着中央政府對北邊的有效治理。河套平原引黄渠道的建設爲秦漢王朝屯田事業提供了基本的水利保證，并將這些區域變成防禦北部邊患的大後方與根據地。于是，沿黄馬道、沿黄河運與萬里茶道、草原絲路等陸路運輸聯通起來，促進了中華文明與其他文明的交流互鑒，拓展了新的發展空間。

新中國成立之後，沿黄各族兒女在中國共産黨的領導下團結合作、艱苦奮鬥，實現了大河安瀾。黄河流域建立起行之有效的防洪抗汛機制，支撑着沿岸的産業發展，改善了周邊生態環境。當代治黄史證明，正是由于中國共産黨的正確領導以及集中力量辦大事的制度優勢，纔從根本上減輕了河患的威脅。進入新時代，黄河流域在築牢安瀾根基的同時，以蓬勃活力拓展着中國的發展空間。沿黄九省區在協同發展中不斷釋放潛力，讓黄河流域成爲國家區域協調發展戰略中不可或缺的重要一極，爲中國的發展源源不斷地注入新動能。

綜上所述，黄河流域的治理不是單純的河道治理、生態環境治理或社會治理，而是一種關涉水、沙、産、人四者關係的系統性、協同性治理，是推動國家可持續發展的動力，也是厘清國家治理與邊疆治理兩者動態交互實際效果的絶佳視角。而黄河工程等『中國本土理論資源、學術積釁』〔二十〕，有助于研究國家治理的演進歷程。進入新時代，黄河治理與國家治理的關係研究不斷開闢新視角、持續涌現新成果，其中鑄牢中華民族共同體意識、邊疆治理與黄河流域生態保護和高質量發展成爲非常重要的研究視角。因此，基于這一角度搜集整理黄河國家治理文獻，意義重大。《黄河國家治理文獻集成》，應運而生。

本叢書系統梳理了黄河治理的歷史脉絡與經驗，既爲新時代黄河流域生態保護和高質量發展提供了歷史鏡鑒，更以文獻爲載體，傳承了治理智慧、凝聚了民族力量，是服務國家發展戰略、鑄牢中華民族共同體意識的重要學術實踐。

《黄河國家治理文獻集成》編委會

二〇二五年一月

〔一〕韓建業：《中華文明的起源和形成》，載《中華民族共同體研究》2022年第4期，第80-91+172頁。

〔二〕中共中央馬克思恩格斯列寧斯大林著作編譯局：《馬克思恩格斯選集》第二卷，人民出版社，2014年，第240頁。

〔三〕嚴文明：《黄河流域文明的發祥與發展》，載《華夏考古》1997年第1期，第49-54+113頁。

〔四〕（漢）班固：《漢書》卷二十九『溝洫志第九』，中華書局，1964年，第1692頁。

〔五〕（漢）司馬遷：《史記》卷六『秦始皇本紀第六』，中華書局，1963年，第252頁。

〔六〕冀朝鼎：《中國歷史上的基本經濟區與水利事業的發展》，朱詩鰲譯，中國社會科學出版社，1981年，第7頁。

〔七〕（漢）司馬遷：《史記》卷二十八『封禪書第六』，中華書局，1963年，第1398-1399頁。

〔八〕（漢）司馬遷：《史記》卷三十『平準書第八』，中華書局，1963年，第1441頁。

〔九〕（漢）班固：《漢書》卷二十九『溝洫志第九』，中華書局，1964年，第1686頁。

〔十〕（漢）司馬遷：《史記》卷二十四『樂書第二』，中華書局，1963年，第1178頁。

〔十一〕（漢）司馬遷：《史記》卷三十『平準書第八』，中華書局，1963年，第1420-1421頁。

〔十二〕（清）方家駒修，（清）王文員纂：《汾陽縣志》卷十三『藝文』，清光緒十年刻本，第57-58頁。

〔十三〕王華棠、劉錫彤、吴樹德：《黄河中游調查報告》，華北水利委員會編印，1934年，第1頁。

〔十四〕（漢）司馬遷：《史記》卷十五『六國年表第三』，中華書局，1963年，第758頁。

〔十五〕王利器：《鹽鐵論校注》，中華書局，1992年，第28頁。

〔十六〕綏遠通志館：《綏遠通志稿》第十册，内蒙古人民出版社，2007年，第176頁。

〔十七〕臨縣志編纂委員會：《臨縣志》，海潮出版社，1994年，第273、321頁。

〔十八〕趙爾巽等：《清史稿》卷一二六『河渠一』，中華書局，1977年，第3715頁。

〔十九〕劉惠：《乾隆朝重構黄河河源的實踐與國家認同》，載《清華大學學報》（哲學社會科學版）2018年2期，第147-154+195頁。

〔二十〕許耀桐：《當代中國『治理』概念的演進探析》，載《國家現代化建設研究》2023年3期，第100-111頁。

出版前言

黄河，中華民族的母親河，她不僅孕育了中華文明，更見證了中華民族數千年的發展歷程。習近平總書記深刻指出：『從某種意義上講，中華民族治理黄河的歷史也是一部治國史。』這一重要論述，爲新時代黄河文化的保護傳承以及流域治理提供了根本遵循，也深刻揭示了黄河治理在國家發展和民族復興進程中的核心地位。在學習貫徹習近平新時代中國特色社會主義思想，積極響應國家黄河流域生態保護和高質量發展重大戰略，大力推進北疆文化建設的背景下，《黄河國家治理文獻集成》的編纂出版，具有重要的歷史意義、學術價值與現實指導意義。

黄河治理，自古以來就是國家的頭等大事。從遠古時期大禹治水，到當代運用科學技術進行系統治理，中華民族在數千年的時間裏，積纍了豐富的治河經驗，留下了浩如烟海的文獻遺産。《黄河國家治理文獻集成》收録了元代至民國時期古籍、朱批奏摺、期刊圖片等多模態文獻資源。這些文獻内容豐富、維度多元，既包含記載河工技術、治理方略等的專書，又有漢文朱批奏摺、工程檔案以及不同區域的調查研究報告等。民國時期的文獻則標志着現代水利科學開始融入黄河治理，展現了我國水利事業在時代變革中的創新與發展。近代照片的收録則以更加直觀的方式將黄河治理、黄河沿岸的風貌呈現給讀者。

該文獻的出版，不僅是對瀕危黄河文化遺産的及時搶救與保護，更是對我國水利史、國家治理史、邊疆治理研究學術鏈條的重要補充，具有較高的文獻價值和學術意義。尤爲重要的是，這一集成工作，深度契合鑄牢中華民族共同體意識這一全黨全國各族人民的共同任務。各民族在治理黄河的歷史進程中，緊密協作、共同探索，這些珍貴文獻便是各民族交往交流交融和中華文明認同的生動見證。對這些文獻進行整理出版，能够讓各族人民更加深刻地認識到，在歷史長河中，各民族共同爲黄河治理貢獻了力量，共同守護了家園，從而進一步增强對中華民族共同體的認同感與歸屬感，夯實鑄牢中華民族共同體意識的歷史根基。

《黄河國家治理文獻集成》以『國家治理』爲核心綫索，構建起一個全面、系統、多維的文獻體系：在時間跨度上，聚焦從元代至民國這一傳統治河向現代水利轉型的歷史時期，爲深入研究我國水利事業的發展脉絡提供了清晰的時間坐標；在内容分類上，細緻劃分爲技術專著、工程檔案、區域研究、朱批奏摺、科學報告、圖片等類别，涵蓋黄河治理的各個方面，從不同角度展現了我國在黄河治理上的探索與實踐；在版本選擇上，秉持嚴謹、科學的態度，確保文獻内容的準確性與代表性，爲學術研究奠定堅實基礎。

在編纂過程中，叢書特别注重『全流域治理』的理念，不僅收録了有關下游防洪治河的重要文獻，還涵蓋了中游地區水土保持以及上游地區灌溉開發等方面的珍貴記載。這種對黄河全流域治理的全方位關注，與當前『共同抓好大保護，協同推進大治理』的要求高度契合，充分體現了叢書在傳承歷史文化遺産的同時，緊密服務于當代國家發展戰略的時代價值。

在出版過程中，嚴格保持原書的版式與行款，最大程度地還原文獻原貌。對于部分出現黴變、殘缺的頁面，運用先進的數字化修復技術進行精心處理，在保留原始批注與印章痕迹的基礎上，兼顧了文物的真實性與文獻的可讀性。

此外，爲了更好地服務讀者，方便學術研究，本叢書新增了目録、提要等内容，這些新增部分由編委會精心撰寫。新增目録一般編製二級，個别圖書編製三級；原書有目録而内文無對應標題的，根據原書目録照録；原書目録爲關鍵詞或者其他情况的不編製目録；原書目録與内文不一致的，以原書内文爲準；原書無目録的，按卷端、版心或其他部分輯録；一册書中收録多種圖書的，以書名爲一級標題，編製二或三級。在文字使用上，統一使用現代漢語規範繁體字，對于原版文獻中的异體字、避諱字也使用現代規範繁體字，無對應規範繁體字的保留原字。

《黄河國家治理文獻集成》的出版，是對黄河文化遺産的一次系統性、搶救性保護，具有重大而深遠的現實意義：從學術價值層面來看，叢書成功構建起一座連接傳統與現代治黄文獻的橋梁，爲黄河流域生態保護、水利工程史、國家治理史、邊疆治理、中華民族共同體學等多個領域的學術研究提供了豐富、翔實的基礎文獻，有力推動了相關學科的發展與創新；從文化價值角度而言，生動展現了北疆文化與黄河文化在歷史長河中的交融共生，爲内蒙古『北疆文化』品牌建設提供了堅實的文獻支撑，進一步豐富了中華文化的内涵與外延；從實踐價值方面考量，書中所藴含的治河理念爲我們在新時代背景下實現人與自然和諧共生、推動黄河流域可持續發展提供了寶貴的歷史經驗與智慧啓示。

在此，我們要衷心感謝各藏書機構的大力支持，正是他們提供了珍貴底本資源，纔使得本叢書的編纂出版成爲可能。同時，我們也要向文化遺産智能應用服務中華民族共同體建設『英才與蒙』團隊致以崇高的敬意，他們歷經五年的辛勤耕耘，以嚴謹的治學態度和專業的學術素養，對文獻進行了系統的整理和輯録，爲叢書的内容質量提供了堅實保障。此外，我們還要特别感謝内蒙古自治區黨委宣傳部、内蒙古出版集團將本叢書納入『北疆文庫』重點項目，并在出版過程中給予全方位支持與幫助。

我們衷心期待，這套凝聚着無數心血與智慧的《黄河國家治理文獻集成》，能够在新時代的『黄河大合唱』中奏響歷史的强音，爲黄河流域生態保護和高質量發展注入强大的歷史動力，讓黄河文化在保護中傳承，在傳承中創新，在創新中不斷發展，綻放出更加絢爛的光彩。同時，希望這套叢書能够成爲促進各民族文化交流、鑄牢中華民族共同體意識的重要載體，助力各民族更加緊密地團結在一起，共同爲實現中華民族偉大復興的中國夢而努力奮鬥，讓中華民族共同體意識在黄河文化的滋養下，扎根于每一位中華兒女的心中，成爲推動中華民族不斷前進的强大精神力量。

提要

治河説略

《治河説略》，屈映光（1883—1973）著。屈映光，字文六，浙江臨海縣人。歷任浙江都督府民政局長、山東省省長等要職。

《治河説略》内容涵蓋黄河源流、歷代河患、治河工程及規章制度等，爲研究黄河變遷和治理歷史提供了豐富史料。

綏遠概况（節選）

《綏遠概况》，綏遠省政府編。本書節選第五編水利。本次節選内容介紹了黄河、烏家河、大黑河等河流以及河套地區衆多管道的位置、長度、灌溉面積等，分析了水利開發面臨的黄河水患、管道淤積等問題，爲研究綏遠地區水利發展提供了一手資料，展現了當時的水利建設和管理狀况，有助于瞭解區域水利與社會經濟的關係。

籌治黃河商榷書

《籌治黃河商榷書》，吴文孚撰。吴文孚，山東蓬萊人。

《籌治黃河商榷書》是一部關于黃河治理的專著，該書提出了系統治理黃河的方案和策略，具有較高的學術價值和歷史意義。

河工名謂

《河工名謂》，黃河水利委員會編。

《河工名謂》對黃河水利工程的專業術語和工具進行了詳細介紹，對研究民國時期黃河治理技術和工程實踐具有重要價值。

目録

治河説略

綏遠概況（節選）

籌治黃河商榷書

河工名謂

治河說略

李晉署簽

敘

黃河之爲患從來久矣。自禹平水土。玄圭告成。綿歷周季。河患爰始。厥後南移北徙。率千數百年而一變其經流。伏汎秋潦。輒千數百里而恒虞其潰決。國帑之耗費。人民之被禍。更不知其紀極。吁可畏也矣。余以經營礦務。出入豫境爲多。深知河患所被。豫省爲劇。悉心研討。積有歲年。曾於民國十一年間。爲當國開陳方略。冀建安瀾之策。會時局變遷。俶擾弗遑。杞憂獨抱。未竟其端。迨民國十六年。北伐軍麾。戡定中原。屈君文六主持豫賑。適余在汴相晤。復申前志。共論河患。相與切磋。所得爲多。余幷撰爲臆說。揭諸報章。期以警覺上下。幷力一心爲治河根本之圖。維時馮君煥章駐軍在豫。余乃爲之剴切陳詞。請其建言政府。設官創制。期施厥工。及十七年。馮君入長軍部兼副樞垣。遂請諸當軸。而有黃河水利委員會之設。以馮君兼爲之長。一時黨國巨子均在委員之列。余之不材亦得備員。方期追隨諸公。效力治河之役。而政局突變。戰端以起。治河大計。遂置緩圖。嗣經改組。以朱子橋先生繼爲之長。李君儀祉爲副。時朱君因賑務繁賾未克任事。余亦因改組離會。數年之間。余以公私纏迫。促促鮮暇。屈君乃專心闡志。旁搜遠討。著爲治河說略一書。爲治河者樹立良規。繕寫既竟。屬爲校訂。并委敍言。拜讀之下。不禁滋愧。且深致欽佩焉。書置余所。倏忽經年。徒以俗冗坌集。未能稍贊一詞。茲當付印迫切。不得不撰爲蕪詞以塞屈君之望。蓋屈君斯書其敍次沿革。詳說功用。規畫形勢。指陳利害。若探驪得珠。歷歷不爽。而區處措置。方略悉備。尤見精心。堪施實用。正不徒搜羅之富。編次之勤而已。韓文公云業精於勤。行成於專。屈君之成斯書也。殆如是乎。抑又有進者。自古迄今。所謂治河者。防河而已。防其爲一時一地之患而已。所謂治本之法。則未之見也。明以前無論矣。前清當順康雍乾四朝。國勢方隆。國力亦厚。當宁旰夕。注存河患。内外臣工。人材輩出。田嵇靳張諸賢相繼宣力。百餘年間河患賴以稍乂。及道咸之際。國力既耗。政事日隳。河工蠹蝨。蘊蓄日深。自咸豐中葉河道北徙。河務之壞。日益暴露。沿至民國。宇内弗寧。莫大河工。置若散著。規制既毀。課績無從。有心人蓋灼見河患之隱伏。必有大決之一日者矣。今果伏汛為災。然而猶未已也。設為治防之計。吾以為屈君斯著誠足為之圭臬矣。然猶有數事。當局必須效法清制者。一曰設官備而責成專。二曰立法嚴而賞罰明。三曰擇材審而綜覈精。四曰經費裕而功用足。循之持之。誠以將之。庶幾乎可紓患於一時乎。雖然此猶為河防而言也。設欲為治河根本之圖。而建萬世攸利之計。則非出塞外。循河源。導抉上游。廝為二河不為功。何則。蓋黃河入塞東注。下龍門。經砥柱。而後成其患者。則以上游之勢峻流長。匯衆沙滯。東而納之於一漕。故不決則溢也。今使溯其源。引其流。於未經入塞之先。卽分其勢。而別導之。行西北。循長城。開鑿新渠。委匯羣流。蜿蜒而注東北。以達於渤海。則上游之勢旣分。中流之汎自緩。龍門以下永無河患矣。且西北水運。可達渤海。則沿邊萬里。水利滋興。交通益便。富國裕邊。其利不可言計。是不徒可防河患。且可得河之利用焉。與夫歲費無數之帑項。不免莫測之河患。其間得失。爲何如哉。惟茲事體大。聞者或將嗤爲河漢。然而非常之功。必待非常之人爲之。非常之人。尤必有非常之機成之。吾姑立一說於此。後來達人。必有採吾說而成之者。斯則萬世之攸利矣。李晉謹敍。

治河說略卷之一

屈映光著　李晉校訂

緒言

黃河爲吾國北部一大幹水。自青海發源。就現象論。經過甘肅綏遠陝西山西河南河北。至山東之無棣利津入海。凡經流所至。爲省六。爲特別區一。名都大邑以百數。繁市鉅鎮以千數。受納大小支流數千百道。流域所被。幾占全國內地四分之一。凡流長七千三百餘里。當英里二千六百。於全世界有名河流居第七位。於吾國居第三位。區域之廣。歷史之古。域內文化之最先發達。論其聲價。鼎鼎然殆遠出尼羅萊茵之上矣。自來地理學者之評論。謂山所以爲隔。水所以爲通。故凡水道所經之地。其交通必便利。其土地必饒沃。其人口必聚盛。其殖產必豐富。其工商百業必繁榮。教育文化。必首先更新而進步。以此世界各國。均視水利爲惟一大政。水之所至。一滴一金。務盡其用。覘國勢者。至以其通國水道之長短里數。爲經濟力强弱之標準。與海岸綫同一重視。此固世界之公例也。

準是而論。則黃河之於吾國。其爲利固已巨矣。顧自有歷史以來。至於明清。吾國國民。從來不聞河利。而但知有河害。全國朝野才彥。極思慮。糜頂踵。以從事。國家虛府庫。竭人力。以赴之。童山夷壑。區區求稍殺馮夷之淩暴而迄不可得。平時悉索供億。若奉驕子。小有疏失。則奔騰橫決。一瀉千里。隳名城。夷大郡。掃盪數十百縣。腴田闤市。立成砂磧。漂沒村莊人口。動至數千百萬。除常歲氾溢細害不計外。大災鉅禍。自記籍可考者。殆至三百餘次。中間大徙六次。皆全河改道。至數千百里。銜溜所及。人民財產。盡隨波席捲而付之東海。此三百餘次之鉅患。每更一次。則國家動費數十百萬之巨帑。勞擾數千百萬之人工。竭蹶經時。僅克少紓旦夕。通計所耗。殆亡慮數千百萬。而直接間接公私所受之損失。京垓億兆。更不可以字數計。國力因之而疲。民力由之而竭。地力因之而盡廢。迄於今日。依然未乂。沿河居民數千萬户。寄生命於魚鼈之口。晨夕惴惴。朝不保暮。一聞鉅汎。則呼號奔走。莫知所向。其來無端。其去無方。刼驟於刀兵。而勢暴於烈火。天若故造此魔物。以爲害於中國也者。吁其酷矣。

水同此水也。地猶此地也。通江大河所在多有。即以吾國論。長江在其南。黑龍江在其北。其水道綿長。並皆軼過於此。雖間有氾溢。從未聞如此之爲害。何以黃河乃獨成此怪象。推其特故。厥有數端。

一曰無渟蓄　凡水源所在。全賴有長林豐草爲之涵護。藉以吸收水澤。而長河大流。中途尤必有巨大之湖沼。以資渟蓄。一旦洪流暴發。直駛奔放。中間稍得駐足之地。紆迴澹蕩。一殺其暴怒。而後下流乃得以從容就軌。逐漸排洩。如長江之有鄱陽洞庭兩湖。黑龍江之有呼倫池索罕湖。淮水之有巢湖及洪澤高寶諸湖。皆以數百里之地。受其浸灌。較其流量。略足以相容納。今黃河所過。惟有札陵鄂陵兩湖。直徑均不過百里。地既狹小。不足回旋。又去源太近。無益於下流宣節之用。自河曲以下。流三千餘里。沿途復受支流百數。洛沁諸水。皆以千百里之巨河。横截升注。下游數千里。僅恃此一綫尾閭。爲其去路。而上游各山。若積石賀蘭西傾六盤大岳陰岷。率皆彌望童童。不生草木。一遇霪霖。悉數傾瀉。長鯨吞吸。而不先有胃以爲之容納。一時迸入大小腸。安得不裂。此黃河爲害之特故一也。

一曰多沙泥　黃河自九渡以下。直至懷里伏羌河。其流尚清。自經過騰格里絕大沙漠。及下魯密一帶土山。始泛而爲黃。先時謂之盛土山。足見其爲沙泥混入之變態。而洮水之源。亦有沙漠。皆平鋪千里。一過汜濮。席捲而行。沙水升下。因有一石水六斗泥之目。昔人並謂最多時。或竟至八斗。水挾沙感。沙乘水勢。相衝相激。水性爲之頓異、一路翻騰上下。勢如鼎沸。自孟津以上。受兩岸山峽逼束。流急氣猛。其力尚足以馭沙。一至平地。水力驟緩。沙泥皆隨地沉澱、益以河南土性鬆脆。縱橫掃蕩。並皆陷入河流。故潘季馴謂漢以前。黃河經過豫地。止在一府界内。尚不如今日之濁。歷代以來。反覆遷徙。全省幾遍。故河之渾濁益甚、而淤積之患亦愈深。上游既淤。下游河道。自必日就淤墊。水不得暢行入海。則上流自必橫決、此黃河爲害之特故二也。

一曰太迂曲　凡水性直流則暢。曲行則怒。黃河自積石以上。自東而西。折而東復折而北而南而東。已成三盤九曲之勢、一入河套。陡成三大轉折。先本自西向東。忽折而北又折而東。又折而南。凡折處皆成方角。愈折愈怒、而爲兩岸壓束。無可發洩。正如悍馬絆於廄中。横施以鞭策、鬱氣噴湧。無所發洩、一旦出櫪。則逐絶韁奔馳。挺險狂駛而無法調馭。此黃河爲害之特故三也。

一曰無檢束　凡河源率在兩山之間。其初固受山脈鉗束。不能自由左右。即至山脈盡處。而界水之形式仍存。當然祇有就原有之軌道而行。雖左坍右漲。逐漸移徙。日久亦可以變換陵谷。別闢途徑。決無驟時改道之可能。黃河則自出孟津以下。北岸之山脈已盡。又東出鞏縣境。南岸之山脈亦盡。惟陂度猶未完全下降、尚據高屋建瓴之勢。而東南北三面。則皆平原千里。縱其所向。無施不可。兼之土脈疏鬆。如湯沃雪。所以一有潰決。即任情直瀉、而無可抵遏。此黃河爲害之特故四也。

以上四者。皆黃河天然特異之情狀。依於地理形勢之關係。而釀成患害者。因其爲害。所以有待於治。顧治之益亟。而爲害乃益深。其間得失多端。不可枚舉。統於後文詳之。茲先撮舉其大者。

一曰治委而不治源　語曰。源之不清。流將安治。此借治水以比喻一切人事。足見治水先源。已成不易之定理。黃河全身七千餘里。而由河源至龍門。已達四千餘里。實占全河之強半數。禹工始於積石。積石以上自元代以前。殆爲人迹所不到。漢張騫始窮河源。然無詳晰記載。水經之注。亦復約略不詳。足見並無治河工程。河套三曲。爲全河中部樞紐。禹功亦不可考。秦漢間雖有渠道遺迹。大抵皆爲墾務而作。絕於治河無關。長城以外。明以前多半淪入夷境。故於河事。亦無人措意。自漢迄清。所有治河工程。大率皆在孟津以下。夫以七千餘里之長河。而僅治其弱半之下游。置上游數千里於不問。舍源而求委。安有澈底成績之可言。黃河所以不治之故此其一。

一曰治標而不治本　黃河根本大病。在於上游之泥沙。上游既悉置勿顧。則水中沙量永不可減。而淤積之患。亦永不可除。河底淤積日高。水漲自然外溢。治河者。殆於兩岸爲隄以束之。於是河愈高而隄亦愈高。隄愈高而水益隨以俱高。久之而河身全出地面。漸至相差數丈以上。前清之季。附邑河隄。高出於城堞者。所在皆是。以數千里之長河。而使之行於平地數丈以上。則隨處皆成倒峽之勢。以故一有潰決。動即淹灌數十郡縣。當事者雖明知其弊。而卒無術以相易。後世由隄而墻而埽而引河涵洞。法雖日益完密。要仍不能不恃隄以爲之基。至明代潘季馴始力倡束水攻沙之說。清時靳輔因之。謂隄之大用。可以不使淤沙。在當時亦未嘗不著成效。而卒之百密一疏。稍縱即逝。二人去職。河亦隨淤。則刷之者一。終不敵淤之者百。是亦未可遂據爲定論矣。然明清兩代。隄之工作方且日增月益。有加無已。直不啻以無數金錢人力。造成害本。治之之功愈多。隄愈長。河愈高。爲害之能力乃愈鉅而愈廣。投薪撲火。燄乃益張。黃河所以不治之故此其二。

一曰無畫一之統籌　上游既已委置勿顧。但能就龍門以下。通盤規畫。亦尚不失爲得半之計。自禹以後。惟東漢王景。能就此半段黃河統籌治理。故河之不爲患者。亦千有餘年。浸降而六朝而五代。河流區域。悉皆瓜分豆剖。當然無可置議。唐雖號稱統一。而不久藩鎮分據。形同敵國。亦與六朝五代相等。明則關內悉歸土宇。清則全河首尾。咸隸版圖。皆有根本治理之機會。乃皆枝節爲之。未嘗一計全局。殊可悼惜。清代頗已深悉其弊。因特設河道總督。予以充分之特權。而卒以種種畛域之關係。意見分歧。動多齟齬。雖以靳文襄得君之專。成績之著。終亦束守咫尺。不能如願展布。則其他更無足言。苟且補苴。安期集事。黃河所以不治之故此其三。

一曰有運河之牽制　自漢都陝洛。梯航所集。皆有貢輸轉運之關係。故一面治河。一面不能不兼顧運道。隋唐以後。汴河漸開。宋都汴梁。頗資其力。而黃與汴。乃始有利害衝突之關係。宋之御河。元之會通河。其重視皆在黃河以上。自明都燕京。罷海運。四百萬南漕。悉藉此一綫漕河爲之轉轂。而河流南徙以後。與運河之關係。更爲密切。有時既欲挽黃以濟運。有時又恐穿運以礙漕。既欲治河。又須顧運。遂成拔前疐後之情狀。明之晚季。又加以祖陵之問題。於是而膠牽糾葛。益不可殫究矣。夫以黃河形勢之複雜。專謀治黃。本已不易。又復加之以運河及種種之牽制。左支右絀。更何法足以善全。黃河所以不治之故此其四。

一曰官民交賴而兩誤　自豫直以下。歷代防河之策。專恃築隄。顧當時均以讓地於水爲主旨。兩隄相隔。率在十里以外。遠者或至數十里。稱爲遙隄。但隄內多係沃壤。人民往往越隄種殖。逐漸起屋舍成村落。因於河岸築埝自衛。官隄以有民埝當前鋒。因於防護工程。漫不注意。而民埝又恃官隄爲後盾。以爲一旦緩急。尚可托庇於金城。民埝率係分段建築。人自爲法。工料既多草率。形式尤不整齊。兼之平時漫無管理規則。任意蹧蹋。一旦潰決。水即衝齧官隄。本已朽腐多年。自即隨而俱潰。隄外居民。向不戒備。遂至連村列堡。盡遭漂沒。當事者時有遷移民舍之議。而重違衆意。終至寢格不行。遷就因循。遂成積習。黃河所以不治之故此其五。

一曰上下交結以營私　明清頗視河務爲重。因而設官分職。專理其事。有清中葉。官屬益盛。河督以下。文自司道以至同通丞簿。武自參游以至都守把委。節級俱備。別自成一統系。意在養成專門人才。藉便就工升轉。故保案至優。升遷至速。用意未嘗不善。因此而全國官途。均視此爲捷徑。朝貴子弟。往往挂名其中。隨案附保。不數歲而坐得州縣。其老於河工者。則又倚此爲利藪。官司吏役。互相勾結。立有幫工幫貼種種名目。道光之季。歲銷乃至五六百萬。其實在到工者。殆不及三分之一。以故河員奢靡。特與鹽商相埒。甚至久無險工。漸形淡漠。則設法以造成之。因得以請巨帑。列優保。其惟一之主旨。祇在塗飾舊工。不願另起新工。以新工較有範圍。而舊工無法稽核也。顧其聲氣廣通。根蒂深固。當局有所施設。倘非彼輩所利。必百計以敗之。張井以道光時拔之河督。海口改河之議。已奉硃筆嘉允。終於格不能行。積重之勢既成。九牛之力難挽。黃河所以不治之故此其六。

以上六事皆關於人事者。夫黃河之爲害如此。而治河之弊又如此。欲其澈底澄清。寧復可得。此黃河之所以終不可治也。因此之故。而吾國國人。遂深信黃河之無法可治。於是大王將軍。乘時並出。乃一切聽之於神命。一若降殃降禍。悉有主者。斷非人力所可左右。以故一度安瀾。則上歸神貺。數年順軌。則仰慶天庥。朝野上下。蚩蚩然委得失於不可知之神道。此亦極可怪異之事也。

夫河同此水。水同此性。物理所在。有形有迹。苟能對症下藥。決無必不可治之理。且黃河利害。關係國計民生。按之情勢。亦萬萬不能不治。今試縷舉其說。

(甲)黃河流域。當中原腹部。爲吾國民族最先發祥之地。族姓於此長養。文化於此胚胎。工商百業。於此發軔。乃迄今四千餘年。戶口增率。極形遲緩。遠不如後起之東南。究其根蒂。實皆受河患之影響。史籍所載。每經一次氾決。動傷廬舍百萬。甚者乃至數十百萬。則自古迄今。斃殉於洪流者。寧復可以數計。然現在域內人口。尚不減數千百萬。河患一日未定。此數千百萬之身命財產。殆無時無刻不在危險之中。同爲國民。寧忍坐視。此億萬同胞永居危地。此爲我全國民生計。萬萬不能不治者也。

(乙)黃河下流。直魯豫蘇皖數省。實吾國神皋奧區。財賦所出之天府。顧以河患之故。每歲耗費於河工者。常至數十百萬。一旦出險。則連州跨縣。動至數十百處。一方既糜巨帑修治。而一方數十百縣之賦稅。悉已化爲烏有。即幸無大險。每歲亦必有數州數縣之報災請賑。動亦盈千累萬。平均統計。所失不貲。而人民所受之損失。更不止數十百倍。與其涓涓不息。塞無底之漏卮。何如澈底通籌。圖一勞而永逸。此爲我全國國計計。萬萬不能不治者也。

(丙)近歲因財政窘迫。各省河工經費。往往不能按給。防護之力益弱。則受險之地愈多。前兩年某某等省。竟將河工經費。一概提作軍需。告險者固任其呼號。已決者亦聽其浸溢。因至被災人民。常年蕩析。不能復業。以故往時沿河數省。盜匪獨多於他處。擄劫勒贖。無日不有。劫掠所及。必在無災完善之地。是不遭河患。必遭匪患。全河區域。悉陷於顛連困難之中。此等匪徒。固皆服田力穡之良民。因其無業可依。乃不得不挺而走險。河患一日不能息。則土匪一日不可除。是爲地方治安計。萬萬不能不治者也。

（丁）近來吾國內爭不息。原因固甚複雜。而惟一癥結。實由於擁兵者之多。擁兵之多。實由於募兵之易。一遇戰事。雙方隨意羅致。但得數紙空頭名銜。立刻即可成軍。夫以區區一月數元之餉項。猶且不可必得。而動以生死相殉。自非萬無生計。孰肯迫而出此。此等現象。獨以黃河流域爲多。不能謂盡由河患使然。而究其本源。受病實在於此。河久不治。而恆產不立。民心浮而易動也。往時山東河南。擁兵皆至數十萬。被災之處。因受患而當兵。未災之區。復以養兵而受患。淪胥及溺。寧有底止。今各省皆厲行裁兵。而遣散之兵。不爲之謀可恃之生計。則無事爲匪。有事仍復爲兵。殆爲必至之事。有人盜弄。立見燎原。是爲國家根本安寧計。尤萬萬不能不治者也。

就以上數端而論。治河之事。急不容緩。已屬實在之情勢。然此猶專爲去害言之也。自來通稱水利。水固以有利爲原則。因不能善用其利。所以反而爲害。若水害一去。則水利自然而呈。天然固有之本能。固不可以消滅也。水之大用有三。曰水利。曰水運。曰水力。此爲凡百水道之公律。今就黃河論。則其爲利尤鉅。試更括要言之。

（戊）黃河灌注所及。皆全國上腴之地。而以水路不定。經流散漫。河槽動占十里以外。寬者或至數十里。以此沿河地畝。多半不得耕種。即現在種作之地。亦以十播一穫。不肯竭力經營。據查豫省農產歲收概狀。每畝收穫。平均殆不及江浙十之三四。若修治之後。酌留一定軌道。沿河之地。悉可耕種。更設法開引溝渠。調節水量。而河岸數千里瘠鹵下澤荒歉靡定之地。立皆化爲膏沃。就人民計。既能得有定之農穫。又可增數倍之豐收。每歲統計。當不下數千萬。爲國家計。既能得定如額之賦稅。又可減省無謂之賑餉。反覆幷計。至少亦數百萬。而且收入既豐。地價當然騰涌。無形之中。產額因而加長。下戶變爲中戶。中戶變爲上戶。顯增人民之富力。即隱厚國家之富源。如是統計。更不知幾千萬萬。此爲整理現狀起見。事便效速。治河之大利一也。

（己）更進一步言之。如全河源委並治。水盡其利。必可以騰出無數荒地。近據全國水利局之測勘。在河套一帶。可墾之地。已有三十六萬方里。前清貽穀辦墾時。業經價放。已墾復廢之地。現有八千餘頃。如稍加修葺。立可墾種。而淤河故道。縱橫千里。十九係可耕上地。至少亦當有數十萬方里。可以定價給放。又關中涇渭流域。皆黃河支流。鄭白二渠。昔灌四萬五千餘頃。今亦荒廢垂盡。如次第修葺。全河盡闢。計當不下數百萬方里。國家驟增此數百萬方里之版圖。人民驟增此數百萬方里之產地。計其裨益。寧有數量。我中華自昔以農立國。農產既饒。國力自厚。此爲推廣未來利益起見。水到渠成。治河之大利二也。

（庚）禹貢所載。九州貢道。浮渭達洛。皆黃河爲之樞紐。商周秦漢宋。國都皆在陝豫。八方琛賮。亦皆萃集於河中。當時交通之繁盛。略可想見。今乃所在皆成斷港。多半不通舟楫。交通既梗。百業因以凋零。若修治以後。經流歸一。支幹四通。帆檣交織。當然可以回復曩時之盛。況沿河城市。立改舊觀。而河海貫通。海舶可以直達豫境。全國脈絡。周流貫注。爲益尤不可言喻。此黃河水運之用。關係於全國之交通。治河之大利三也。

（辛）河流陵度陡迅。獨異於他水。據西人調查。沿河各地。可以設置發電廠之處。不止一所。查關中渠道左右。昔年以多設碾碓。屢奉嚴禁。見於史策。而旋廢旋興。不可遏止。碓碾藉用水力。與發電機相似。若即因之創設發電廠。即可以發起無數製造工廠。工商百業。立見振興。隴海平漢各路。皆可改用電力。費省事集。爲利尤大。且可利用以製造肥料。增長農產。此黃河水力之用。關係於全國實業者。治河之大利四也。

（壬）上列四者。皆治水應有之利。明白昭著。無可疑義。而就治河論。則尤有要於此者。昔周起豐鎬。秦居關中。漢都陝洛。皆以一隅之地。籌兵轉餉。鞭箠天下。此無他。以河利修而形勢便也。今吾國都雖在南方。而國防重要之形勢。實在東北與西北。自來防邊之道。首重實邊。第現在欲圖實邊。首當實腹。河道修治以後。中原數省腹部之地。休養生息。可以立臻繁盛。而後據爲基礎。憑之以進規邊要。先由黃河上游。節節布置。直接內蒙。使西北沿徼。萬里荒漠。皆成沃土。同時推及東北。庶南北血脈。一氣通貫。外以限強鄰窺伺之馬足。而內以收長駕遠馭之宏規。萬里金湯。振衰挈領此尤關於全國國防之至計。治河之大利五也。

夫除害之亟如彼。而興利之效又如此。然則治河一事。雖有萬分阻梗。猶當排萬難而爲之。所謂成大功不顧小利者也。

況以愚計審度。論治河於今日。較之往昔。尤有截然不同之處。則昔散而今整。昔私而今公。昔繁而今簡。昔因而今創。昔無確定之成功。而今有必然之把握也。何以言之。治河惟禹功爲貫徹源委。然積石以上。猶未之及。自禹以後。類皆枝節補塞。俗所謂頭痛醫頭。脚痛醫脚之術。期其永久。胡復可能。雖皆由當事者之苟且圖功。然亦地理人事之關係有以限之。自秦漢以後。非但上游一段。久淪異域。即內地下游亦往往分隸於數個勢力之下。自無法可以自由規畫。惟明清兩代。最有可爲之機。亦迄以鞭長莫及。未遑顧注。半則政府無此眼光魄力。半則當時交通阻塞。致有河源天上之妄說。因關內外形勢懸隔。遂不免視爲兩橛。現在則朔南並暨。指臂一體。而在交通之情勢。又遠過於往昔。竟委窮源。根本治理。欲收全效。正在斯時。所謂昔散而今整者此也。往昔專制時代。大權操於君主。即黃河亦屬其私產之一部。雖有極良至美之法。舉朝忻賛。而一人意所弗嚮。便覺等諸空談。即已得君主贊成委任。而一二人之閒惑。旦夕亦足以動搖之。當事者每存憂讒畏謗之心。即不免有避過急功之見。現在則以全國之人才。共謀全國之事業。可以公開討論。務得切實萬全之至計。乃定一成不變之宏規。主議者。無晨夕反覆之虞。負責者有計效程工之準。顧慮既少。心力易專。所謂昔私而今公者此也。元明以後。歷代治河。皆受運河之牽制。究其結果。則利於河者。或不利於運。利於運者。或不利於河。但治河之效尚遲。而妨運之弊立見。顧運之計每切於顧河。因顧運之故。而並須顧及下游之各水。捉襟見肘。動至乖張。今則海運大通。河流改道。與運河可以脫離糾葛。各適其事。治河固有獨斷自由之便。治運亦並得從容挹注之功。合則兩妨。離則雙美。所謂昔繁而今簡者此也。歷代以來。河工已成國內要政。設施制度。皆有成案。不肖官胥。挾之以舞弊。當事大吏。反受其把持。所以清代河工。遂成弊藪。現在則前無所承。另起爐竈。一洗前此拘文牽義之積習。法惟其是。不問已行未行。人惟其才。不問爲新爲舊。朝氣一振。耳目改觀。所謂昔因而今創者此也。執此比較。則昔之治河之難。而今之治河之易。事半功倍。固已皎然可覩矣。然猶有特異之一點。爲今時所格外據勝者。以黃河水性之殊異。就治河言。任有如何妙法。決不能保證有一定之效果。每出一策。必有多人之非議。幸得戰勝羣說。果見實施。而稍有意外參差。羣謗立至。更不容有審試改良之餘地。現在則科學發明。凡水量雨量。流速陂度。皆可以算學預計。有一定之成法。是症是藥。決無差誤。無論如何險怪。決無終不能治之理。萊茵河亦稱難治。現時已作安流。雖以蘇彝士巴拿馬之海峽。爲亙古未有之工程。一再翻覆。終究帖然就範。所謂昔無確定之成功。而今有必然之把握者此也。

防河難治水易。防河無萬全之策。治水有一定之道。蓋有大山。斯有大水。亦即有大陸。大山出水。大陸用水。此固天然之分配也。當今科學萬能。無形空氣。尚有運用之法。有形山水。詎無疏濬之方。堯時洪水橫流。禹八年於外。即成平治之功。可知能循水性。因勢利導。執而範之。反掌事也。爲民生則宜治。爲國計則宜治。爲地方安寧。爲國家根本則宜治。治之而水利以興。水運以通。水力之用以廣。國防因之而鞏固。實業因之而發達。教育文化因之而蔚起。民富十倍。國富百倍。區區所負之國債。數年之間。可以清償。國家一切建設。可以次第而並舉。國勢既興。國力既厚。國際地位。自然一躍而至千丈。而且勢便於前代。事易於昔時。有必成之功。無虛費之慮。如是而猶謂不治。固必無之事矣。伏讀

先總理建國方略。第一計畫第四部。嘵嘵注意於聯絡中國北部中部之通渠大港。並謂黃河之水實中國數千年愁苦之所寄。水決隄潰。毀百萬生靈。數十萬萬財產貨物。爲之破棄淨盡。以故一勞永逸之策。不可不立。經費雖鉅。亦何所惜。此全國人民應有之擔負等語。可謂丁寧鄭重。其視爲當今必要之先務。蓋可知矣。

惟是河工之在吾國。已成一種專門事業。嚮非在工人員。平素多不注意。故非括敍成迹。粗述梗概。不足以供國人之考察。治河圖籍。汗牛充棟。但過於複雜。不便省覽。究其內容。大率偏於下游而忽於上游。詳於事實而略於理論。密於片段而疏於全局。重於古迹而昧於現情。龍門河曲以上。自昔視同甌脫。殊少

翔實之記載。如河防一覽。治水方略。行水金鑑。河防記等等。皆宏編鉅製。向爲河務圭臬。顧情勢既異。事理亦未必盡同。至其餘私家著述。亡慮數十百種。率就親歷聞見之一地一時一事。敍錄始末。尠有綜括全河者。又大率皆在前清乾嘉以前。獨注重於南河。至同光以後新著。殆已寥寥如麟鳳。又近者蓋闕如矣。茲特網羅羣書。臚節概要。其最近情形。則搜輯運河工程局及直隸河南山東三河務局之記載。與其他關於河務機關之表册文卷。東麟西爪。聯綴纂集。類爲條貫。俾閱者可以粗悉黃河經過之歷史與目前危急之現狀。除將不能不治。與實在可治之種種理由。於本篇詳悉敍述外。謹以次分別臚舉。首詳黃河水道源流，次述歷代河患。與改徙變遷之大勢。次述歷史經過之治河事實。與其成效得失之成迹。次敍歷代河工章制。所有經費。官司兵役。工程材料之概況。連屋紙堆。束以數簡。不辭挂漏。聊備覽觀。次則就管見所及。擬具現在治河方法。及其先後緩急。實施之程序。明知茲事體大。將來實行治理。必須延集全國碩彥。從詳討論。并延聘中外河海工程專家。周行履勘。詳悉測繪。再三審核定議。方可着手從事。決非閉門造車。所能合轍。第作者因曾涉覽河流上下。詢訪鄉民父老。悉其艱苦。目擊流離昏墊之情狀。與夫沿河千里。平原廣陸之膏沃。始爲之歎。繼爲之懼。而終爲之惜。因著爲此編。發其悃臆。區區蠡勺。聊備發端嚆矢之需。非敢據爲一得也。

治河說略卷之二

黃河源流述略

按醫者治病。必明人體之構造。骨骼筋脈之組織。與其血液流貫循環上下之定軌。乃至寒熱度限。胃納容量消化。穀道膀胱排洩之概狀。而後知其所以受病之所在。治河亦然。經流幹道。則全體之骨骼也。數大支流。則分體之手足也。支中有支。河外有河。乃至於溝谷渠澮。則其纖維脈絡也。所含沙量泥量。則血脈之清濁也。河床之淺深廣狹。則其胃納之容量也。水勢淺深流速平水迅水之差點。則其體溫度之升降也。尾閭海口。或通或塞。灌溉所及。或大或小。則其消化力之强弱。排洩之暢與不暢也。自非經過詳細測量勘驗。當然不能一一明瞭。然必粗悉其源流大概。而後可據以定測量勘驗之手續。顧黃河源流。自古迄今。可謂無完具適用之圖說。以全國如此關係重要之河道。而至今無翔實可據之文字。是絕可異之一事也。

據尚書所載。禹之導河。始於積石。自積石以上。在周秦三代間。殆爲人跡之所未至。即有至者。亦莫能言也。自漢張騫窮河源。而世人始知有星宿海之名。然因此而遂有見支機遇織女之謬說。普通耳目。猶抱黃河天上之感想。其不明真狀可知。騫之出使。重在通西域道路。並非考求河源。故所得亦至疏略。水經注研考全國水道。至爲詳悉。而敘積石以上之河流。亦極簡略。可知當時固無法可以考證也。

元世祖至元十七年。始有訪求河源之舉。使然並未有正式流布之記載。邱濬著論。猶謂積石以上。尚有七千餘里。則其未有依據可知。至清康熙四十五年。復遣使窮河源。因而發見大小精石之差誤。較之元代。所得固已多矣。然彼時交通尚未盡便利。科學尚未有發明。測量繪畫種種需要之儀器。尚未克完備。故亦祇能粗辨支流統系。而於河形曲折。地文地質水量流速。及河流地理上一切應考之條件。亦未一一詳悉。弊在有說而無圖。言之雖極細密。閱者仍不能明瞭。後來諸書。多半皆附有圖。然無規則之描畫。止可領略大意。未可據爲定憑也。乾嘉以後。測量圖繪之學。漸次發明。而外人之從事於河源者。絡繹不絕。一鱗半爪。各有紀錄。其在孟津以下。則各省河工。各有分界。寸寸而量度。纖悉備至。本來可以彙成一種翔實之記載。使全河完其首尾。但以分有畛域之故。所有治河載籍。皆詳於本省而略於他省。兼之河勢變徙無常。一次改道。動差數十百里。前時所述。動成廢紙。以此公私著錄。迄未有全河圖說。然時會已至。不久必有人注意及此猶大清一統志大清會典之輿圖。由寫象圖畫。而進於規則圖畫。此必然之事也。

顧在此時期。黃河突然改道而北徙。從前南河數千里經歷千年之歷史。幾多名人哲彥。嘔心嚌血研摩積累之圖樣紀錄。明日黃花。一旦盡成芻狗。此一千餘里之新河道。憑空新瓶。又非尺鉤而寸核之。不能詳也。當時對於河務。已成弩末。政府既絕未有全體之規畫。屢次工程。亦皆接續爲之。自更無人注意於此等著述。新河道之完全圖說。益不可得矣。近數十年測繪之術大明。新式輿圖。迭有出版。參謀部亦定有測量全國地圖之式樣。即以黃河論。魯豫各省河工。亦皆各有詳圖。合而一之。即成完璧。顧其弊又在有圖而無說。因精於測繪者。不必盡長於記述。而長於記述者。又未必盡通於測繪。且龍門以上河道。各省河工皆不之及。黃河所以至今無完全之圖說。

者。蓋以此也。

本編網羅河南河北山東三省河工。最近出版之圖。其在河套一段詳圖。則依據前山東運河工程局測量之報告。河曲以下。則幷採西人安特生氏之遊記。而參證以參謀部所測地圖。源流本末。較爲完備。惟事屬湊合。未能詳加釐訂。信筆塗抹。文字尤多粗率。剿竊之作。覽者亦觀其大略而已。

黃河首尾七千餘里。一氣敘述。詞冗而緒易紛。本條乾枯無味之文字。往往令閱者目光直注。不得紆回停宕之處。因反增其煩厭。水經注所以雜引古事典實。節節點綴者。所以解決枯渴之弊。而引人以入勝也。但本篇爲敘述河道源流起見。篇幅有限。不暇旁及。故祇得因河流大勢區分爲七段如下。

第一段。自河源起至積石關止。此河源初置郡縣之始。

第二段、自積石關起至青銅峽止。將入河套之分界也。

等三段。自青銅峽起至河曲止。河套之完全區域也。

第四段。自河曲起至潼關止。山陝兩省之界線也。

第五段。自潼關起至考城縣止。河南境內之河道也。

第六段。自長垣縣起至濮陽縣止。屬於河北境內之河道也。

第七段。自東明起至海口止。屬於山東境內之河道也。

自第一段至第四段。依於歷史上之區域而分畫。第五段至第七段。則依於省界之區域而分畫之。但爲閱者之便利起見。可藉此分段結束。以休養其精神目力。其他固並無何等之意義也。

黄河之正源。實濫觴於青海巴顔喀喇山之東麓。巴顔喀喇山。蓋即葱嶺之分支。河源自東北起點。折而西。阿支坦河自西南來入之。乃會爲夏楚河。沿巴顔喀喇山北麓東行。山之南麓即江源也。受星宿海之水。自南注入。漢時以此處爲河源。後人因有黄河兩重源之說。又東入扎陵湖。又東爲鄂陵湖。其南有古泊。自西南來注之。鄂羅庫河自東南來注。並匯於湖。兩湖相連。南北各百里。東西約二百里。又東沿大積石山北麓。伊克沙爾河自西北來入之。西拉河自西南來入之。又東巴爾湖河自東南來入之。稍折而北。繞大積石山東麓。有三水自東南先後來注。第一水爲德特坤都爾倫河。第二水爲都爾遷坤都倫河。第三水爲多拉坤都倫河。蓋受巴顔喀喇山西南麓諸谷之水。並匯於此。山以南即大金川之所發源也。河水以前皆清。過此後乃泛而成黄色。於是始稱爲黄河。復折而西。逆溯積石山之北麓。胡魯木蘇河自西安來入。稍折而北。博結河自正西來入。蓋大積石山自西北分支。向東南。又折而東。河水實繞行其東南北三面。此禹貢之積石。所謂導河積石者是也。又東北。受積石山東南麓諸小水。山之北麓。即青海所匯也。又東北。哈克河自東來入之。又東北一百餘里。折而東。熱水泉自南來入之。又東經貴德縣北。自南有小水來入。又東北行百餘里。折而東南。三岔河自西來入。又東。清水河挾小水。自南來注。又東過循化縣北。有石山矗立河中。河水繞流而過。爲積石關。係青海與甘肅分界之地。在漢時爲金城允吾縣屬。後漢爲龍耆縣境。自此以西。隋以前皆吐谷渾舊地。隋大業二年。平吐谷渾。乃於赤水城置河源縣。以其地有積石山。故因以爲名。蓋誤以爲禹貢之導河積石。即始於此。唐儀鳳二年。改置河源軍。又於澆河故城。置積石軍。澆河蓋即今之洮河。於是而禹貢之積石。乃移於此。杜祐通典。遂沿其誤。清閻百詩辯之甚詳。今人因稱此爲小積石山。即水經注之唐述山也。自河源至此。約一千三百餘里。其大勢自東南而北而西而東北。又折而東。其左岸受有名之水三。曰伊克沙爾河。曰胡魯木蘇河。曰博結河。小水無數。右岸受有名之水十三。曰阿克坦河。曰星宿海。曰古泊。曰鄂羅庫河。曰西拉河。曰巴爾湖河。曰德特坤都倫河。曰都爾坤都倫河。曰多拉坤都倫河。曰哈克河。曰熱水泉。曰三岔河。曰清水河。此外小水無數。是爲河流之第一段。

自積石關以東。入甘肅省境。南岸爲漢枹罕故城。今爲導河縣治。大夏河自西南來注之。又東。洮河自西南受岷山北麓西傾南麓諸山谷之水。經臨漳岷狄道洮河諸縣。於此來會。岷山之南即岷江嘉陵江之所發源也。又西北行數十里。折向東北行。大通河挾湟水自西北來會於此。大通河直發源於祁連山東麓。爲烏蘭木倫河。循大雲山南麓。東南行一千餘里。湟水從湟源經西寧碾伯諸縣。自西北來會於大通河。又東南行百餘里。入於河。湟水所出在古西羌地。謂之湟中。前清設西寧辦事大臣於此。自此而河流之勢大盛。又東。莊浪河自北來入之。又東爲長城。自古浪直北至於河之北岸而止。又東經皋蘭城北。即今甘肅省城。古金城郡治也。榆水自金縣來入之。又東至靖遠縣北。祖厲河南自定西縣來入之。折而北行百餘里。與長城相值。長城前由古浪分兩道。一道直行南向至黃河北岸爲止。一道迤東南向至此。復當黃河北向西折處。河遂由此出塞。仍緊依塞垣向東稍北行。入寧夏省境。復穿塞垣而入長城圍於北岸如半月形。是爲中衛。當古朐卷地。清水河受六盤山北麓之水。自固原海原南來注之。又東行數十里。折而北。爲青銅峽。水經注稱上河峽。兩岸山脈於此夾束。河身多石。故稱之爲青銅峽。自積石關至此。約二千三百餘里。其大勢自東而北而東北而東南而東北而北西而東北。其左岸受有名之大水一。曰大通河。湟河幷入焉。次曰莊浪河。右岸受有名之大水一。曰洮河。次曰榆河。曰祖厲河。曰清水河。是爲河流之第二段。

自青銅峽北行。始入河套。又北過金積縣西。左岸釃爲唐來渠。右岸釃爲秦渠漢渠。河水又北支分東出在東曰東河。在西曰西河。西河又釃爲大清渠。又北至葉升堡。兩河復合。右岸山水河自南來注之。又北過靈武縣西。又北過橫雲堡出長城。入寧夏省境。寧夏治在河西縣三十五里。又北左岸釃爲昌潤渠。其右岸爲溜山子。又北右岸經昌潤渠舊口。達旁渠口。至六中堡此處黃河西岸去平羅縣治二十里。又北左岸經河溝西渠。至河溝官渠。又北右岸過紅崖子。水經注謂之石崖山。又北右岸受柏木泊之水。又北經石嘴山。自青銅峽至此。凡五百里。河身寬廣自四分里之三至五里。深自五尺至二丈不等。青銅峽與石嘴山爲全河鎖鑰。可宣可節。故綏遠寧夏水利。實有天然之形勢。過石嘴山入石峽。歷螞蝗溝等十四險要。至牛家溝出石峽。又北右岸過金山百餘里間。河身皆石。謂之石河。又北至磴口。即古白塔。由石嘴山至此。凡二百四十里。河寬自三分里之一至三分里之二。深自三尺至一丈七八尺不等。金山以上。傾斜峻急。水流如奔駛。金山以下。水勢較緩。過磴口又北。左岸經三聖堂。有小渠五道。前清時爲教士所開。又東北烏拉河出焉。烏拉河實即黃河故道。故亦稱之爲北河。今大河爲南河。此處爲河流大轉角。由北而漸趨於東北。悉沿賀蘭山脈東麓而行。其左岸爲寧夏省境。右岸爲綏遠省境。過烏拉河。兩岸皆綏遠境。益折而東向。其左岸釃渠無數。五加河在其北。去五原縣治五十里。又東至西山嘴。河水北出一支爲三呼河。自磴口至此。凡六百五十五里。河寬自四分里之三至七八里。深自三尺至一丈五六尺不等。由惠德城以下百餘里。河無定形。枝分如織。行舟時虞擱淺。故土人謂之坡河。大河於此分而復合。亦復套與三呼灣水量節宣之關鍵也。河水過三呼灣。又東右岸有小渠一。長約三十里。又東譚蓋卵色羅阿斯台川。喀喇坤兌河。坎泰河。均由右岸來入之。又東有㳽河。土人稱爲大河。蓋黃河故道也。因黃河北徙。此道遂㳽。又東。左岸復與三呼河合。又東坤都倫河來入之。又東過南海子。包頭城在河北十五里。即秦九原郡。漢五原郡故地也。又東右岸虎斯台河來入之。又東左岸爲河口鎭。大黑河來入之。托克托縣治在北岸。離河五里。自西、山、嘴、至此。凡六、百、五、十、五、里。河寬、三、分、里、之、二、至、二、里。深五、尺、至、一、丈、五、尺、不、等。河口鎭又適當河身轉角之地。自此由東屈向南流。入山峽。有小水自右岸來入。又南。紅水河與清水河自東會流來入之。又南經河曲縣西。又入塞垣。是爲黃河出套之地。自河、口、鎭、至此。凡二、百、三、十、五、里。自青、銅、峽、至此。計全、套、共、長、二、千、二、百、八、十、五、里。其大、勢、自、北、而、東、而、南、而、西。恰成、兩、大、轉、折。大河、環、周、北、東、南、三、面。成方、口、形、而、缺、其、西。長城、自、北、而、南、迤、東、横、截、之。在、長、城、黃、河、之、間、者。謂、之、河、套。左、岸、受、有、名、之、水、三。曰烏拉河。曰黑水河。曰紅水清水河。其三呼五加兩河。本黃河所分出也。右岸、受、有、名、之、水、四。曰諱蓋卯色羅阿斯台川。曰喀喇坤兌河。曰坎泰河。曰虎斯台河。是爲、河、流、之、第、三、段。

出套過河曲縣北。左岸爲山西省界。右岸爲陝西省界。後六澗河自東來入之。又南。黃雨川自西來入之。又南過府谷縣東。木瓜河孤山水九股水自西合流來注。此處爲天橋。保德縣治在其東。又南嵐漪河自東來入之。又南石馬川自西來入之。又南蔚汾水南川河自東合流來入。又南烏蘭木倫河屈野河自西來入之。又南禿尾河自西來入之。又南過葭縣東。葭蘆河五女河自西合流來入之。又南過米脂縣東湫水自東來入之。又南過吳堡縣東。離石河自西來入之。又南無定河受横山西南北三面之水。自西北來注。在横山以北者。曰汭源河。曰西拉烏蘇河。曰哈柳圖河。曰清水河。在横山以南者。曰小理河。大理河。怪寧河。在横山以西者。曰圜水。曰子牙河。幷會於無定河。又南過清澗縣東。秀延河自西來注之。秀延河受梁山北麓之水。其源曰杏子河。曰延水。經膚施縣之南以合於延川。東向入河。又南受姑射山西麓之水。曰榆杜河。曰索杜河。曰仙芝河。曰隰川河。曰義泉河。曰蒲河。蒲河之源。曰第一河。皆自東岸來入之。又南過延長縣東。雲巖河自西來入之。仕望川、南川自西合流來注之。又南過吉縣西。白水自西南來入之。羅谷水自東來注之。其上游則鄂水也。又南爲龍門。即大禹疏鑿之遺跡。先時此處兩岸山脈交牙互接。水壅積不得行。乃氾濫而爲災。禹鑿而通之。河流始得由此出峽入海。盤水自西來入之。又南。汾水直北發源於神池縣。受山西省西半部諸山之水。與大河並向南行。其東爲雲中山。其西爲管涔山。其支流曰嵐水。磧河水。掃谷水。洛陰水。陽曲榆次水。瓷窰河。文峪河。澇河尚河。澮水經太原汾西臨汾曲沃河津諸縣。於此來會。又南過韓城東。澽水自西來入之。又南過却谷縣東。金河自西北來入之。又南過永濟縣西。涑水自東北會姚暹渠爲五姓湖升入之。又南過朝邑縣東。洛水發源於定邊縣。受梁山西麓橋山東麓諸水。曰洛源。曰華池。曰沮。經甘泉縣。涇水發源於環縣。受橋山西麓六盤東麓岍山北麓之水。曰耿家河。曰環江。曰馬連。經環合永寧鎮原平涼涇川崇信邠涇陽各縣。渭水發源於渭源縣。受六盤山東南麓隴山西麓終南山北麓之水。曰合河。曰浙水。曰莫谷。曰杜。曰武。曰斜。曰留業。曰灃。曰灞。經隴西漳伏羌清水寶雞扶風各縣。三大水升合於華陰。與大河會而出潼關。自河曲至此。約一千二百里。其大勢自北而南其左岸受有名之大水五。曰無定河。曰秀延河。曰洛水涇水渭水。餘水十一。曰九股水。曰石馬川。曰屈野河。曰禿尾河。曰葭蘆河。曰雲巖河。曰仕望川。曰白水。曰盤水。曰澽水。曰金河。右岸受有名之大水一。曰汾水。餘水十一。曰葫蘆河。曰嵐椅河。曰蔚汾水。曰湫水。曰離石河。曰榆杜河。曰仙芝河。曰義泉河。曰蒲河。曰羅谷水。曰涑水。此處河身寬者。約九百餘尺。窄者三百尺。平時水深。自四五尺至一丈餘尺不等。河床高於海西約計一千尺。是爲河流之第四段。出潼關。河即大折而東趨。其南岸由陝西入河南境。其北岸仍爲山西境。晉豫兩省以河爲界。玉澗河自南入之。又東頭水澗自南入之。又東過閿鄉縣北。恆農河自南入之。又東過靈寶縣北。好陽河自南入之。其北岸爲山西之芮城縣。又東過陝縣北。沙澗水自北來注。其北岸則山西平陸縣境也。現時隴海鐵路。其西段即止於此。又東爲砥柱。有巨石矗立河中。自昔爲河流至險之地。漢時王焉請鑿之。卒不能去。又東過澠池縣北。其北岸則山西之垣曲縣治也。大澗水與亳清河夾垣曲而并入焉。南北卭山脈沿河而東行。故河南上游無隄工。卭山山脈盡處。當洛陽縣境。自北岸出山西界。南北兩岸皆屬於河南。又東爲孟津。南岸爲孟津縣。北岸爲孟縣。又東過偃師縣北。洛水受熊耳山南北兩谷之水。曰伊曰瀍曰澗。自偃師合并來注之。禹貢所謂伊洛瀍澗既入於河者是也。此處因謂之洛口。其南岸爲鞏縣境。其北則溫縣境也。北岸與洛口相對者。謂之洛汭。又東過汜水縣北。漭河自西北來入之。又東過河陰縣境。沁水挾大岳山谷之水自西北來。於武陟縣東入河。謂之沁口。沁水之源。出於沁源。初出爲五龍河。有東沁西沁明河渾河。枝流大小以十數。經沁源岳陽沁陽各縣。乘高下注。湍流峻急。故重爲黃河之患。濟水在其西西北自濟源縣來與河并流。旋又截河而出。從滎澤上湧。禹貢所謂溢爲滎者是也。又東過滎澤北。爲平漢鐵路之黃河橋。自滎澤以上。兩岸皆有山脈夾東。至此始漸空曠。故自來防河工程多始於此。又東過原武縣南。又東過鄭縣北。鄭縣爲平漢隴海兩路之交點。又東過陽武縣南。又東過中牟縣北。延津亦在其北岸。即古之酸棗也。又東過封邱縣南。又東過開封北。開封爲河南省治。自唐以前均稱浚儀縣。又東過陳留縣北。又東過蘭儀縣北。河流由此陡急而折。即前清咸豐五年徙決改道之處。所謂銅瓦廂者是也。

先本直趨東南。改道以後。始突轉向東北。更前經考城縣。乃與河北省分界。計自潼關至此。凡七百七十里。其施工實測地段。北岸自濟源孟縣交界。迤東四里之白坡。南岸自孟津鐵謝鎮。迤西十里之高原。至考城縣東境為止。共三百七十七里。左岸受有名之大水二。曰沁水。曰濟水。餘水二。曰清毫。曰大澗。右岸受有名之大水一。曰洛水。餘水四。曰玉灤。曰琅澗。曰恒農。曰好陽。在河南境內。河槽最寬。經流四散。形如絡網。忽分忽合。寬者或至十里以外。少亦三四五六里。平時水深自二三尺至一丈餘不等。其全境河流陂度。自孟津以下為起點。至河北省界為終點。其高差為一百七十八公尺。水流急處約三千餘尺低一尺。緩處約五千餘尺低一尺。以河身寬窄不等。故洪水位與低水位之差度。不能一律。其寬處約差五尺上下。窄處約差七尺上下。歷代治河。設置官吏。隄埽工作。皆始於河南。民國沿前清遺制。稍有更定。於河南省設河務局。置局長一員。分局十一。分為二十一汛。曰孟溫分局。轄孟縣溫縣二汛。曰武原分局。轄武陟武榮武原三汛。曰陽封分局。轄陽武封邱二汛。曰下北分局。轄開封陳蘭兩北汛。曰上南分局。轄滎澤鄭上兩汛。曰鄭中分局。轄鄭下及中牟上汛。曰中牟分局。轄中牟中下兩汛。曰下南分局。轄下南上中下三汛。曰陳蘭分局。轄陳蘭汛。沿南北兩岸。分段管理。黃河歲修搶險事宜。另有東沁西沁兩分局。各轄一汛。則專管沁河之事。而綜成於河務局長。受內務部及省政府之指揮監督。汛以下復設各分堡。每汛自十數堡至三十餘堡不等。各分局均設有工巡隊。置有隊長汛長等名目。係由前清河營改組。是為河流之第五段。

又東北入河北省境。其西北岸為封邱與長垣縣界。其東南岸為考城與長垣縣界。但西北岸東明之下。有一段仍為河南界。屬滑縣境。滑縣之下。為河北濮陽縣境。東南岸長垣之下。有一段為山東界。屬菏澤縣界。菏澤之下仍爲濮陽界。犬牙相錯。兩岸均至濮陽爲止。悉與山東之濮縣接境。屬於河北省境內者計長凡一百三十里。兩岸均無入河支流。現設河北省河務局長一員。南北岸各置一分局。南岸分置四汎。自第一至第四。北岸分置五汎。各汎設有主任巡長等名目。略如河南之制。河身寬廣淺深。亦略與河南相等。是爲河流之第六段。

又東北入山東省境。爲濮縣界。又東北經范縣。又東北過壽張。縣治皆在北岸。范縣之南岸。錯出陽穀縣境。壽張之南岸。則仍其屬境也。又東北過東阿縣。其南岸爲東平。皆與壽張接界。又東北過平陰縣。又東北過肥城縣。又東北過長清縣。東阿平陰長清三縣縣治。皆在河之南岸。而北岸同爲轄境。又東北過齊河縣。又東北過歷城縣。即山東濟南省治。又東北行。其北岸爲濟陽縣治。南岸屬章邱縣。又東北行。北岸爲惠民縣治。南岸爲齊東縣。又東北過濱縣。其下游南岸屬蒲台縣治。又東北過利津縣。支流散漫分播百數十里。晨夕更徙。其北派並及霑化縣境。自濮陽縣至此。凡一千三百餘里。兩岸亦無入河之有名支流。自壽張以下。實占大清河之故道。即濟水入海之道。現置山東省河務局長一員。以全省境內河道。分爲三游。南岸自菏澤縣朱口至壽張東平兩縣交界之十里堡。北岸自濮縣至東阿縣之張秋鎮爲上游。自張秋鎮至惠民濟陽兩縣交界之桑家渡。南岸自東平壽張界上至章邱齊東兩縣交界之田莊爲中游。北岸自桑家渡至利津霑化兩縣交界之鹽窩。南岸自田莊至利津縣屬之寧海爲下游。每游設一分局。中游分局長。由局長兼任。上下兩游各置一分局長。河工兵夫。尚仍前清河營制度。設有營長汎長等名目。上游計大隄長一百八十五里。分置兩營。南一營自朱口至董莊。長三十里。南二營自黃花寺至十里堡。長三十里。所守皆係臨河官隄。頗爲險要。各有險工六處。其餘大隄一百二十五里。賴有民埝一道爲之屏蔽。故險狀頗紓。北岸金隄。長一百二十八里。分置一營。險工十二處。惟賴有臨黃民埝爲之保障。通計南北兩岸。險工二十四處。而大隄相去三四十餘里。故不得不倚民埝爲重。第民埝率多卑薄。一有潰決。水即衝嚙大隄。所謂暗險者也。中游南岸自十里堡至王符河。長一百七十里。悉沿泰山山脈。倚山爲固。故無隄工。自長清宋家橋至邱田莊。山脈已盡。接築大隄一百三十七里九分。皆濱臨大河。險工二十七處。分設兩營。北岸分設五營。險工五十六處。惟北一營有民埝一道。餘皆臨河。南北兩岸險工八十三處。幸去山較近。取石便利。所有險工皆係石壩石垣。根基頗爲鞏固。下游南岸河長二百二十里。險工十六處。分設四營。北岸大隄。長二百二十里七分。險工三十處。分設四營。兩岸險工四十六處。其大隄皆就民埝改守。根基卑薄。相距又窄。而上中下三游各山各河之水。悉匯於此。又去山太遠。無石可取。所有險工。皆以稭料填塞。故形勢最爲吃重。通計上游所屬三營。中游七營。下游八營。共爲十八營。每營八十餘人。現在全河形勢。以山東爲最當衝。故河兵名額。比較亦稍多。河身寬自二里至三四里。平時行水水道。自半里至一里。多至里半不等。深自四五尺至一丈四五尺不等。洪水平水之差度。約在六尺上下。河流陂度。大率亦與河南相同。運河工程局。並有測繪詳圖。頗爲精密。自河源至此。總計爲七千七百餘里。合英里爲二千六百。但河源與海口。尚未有精密之測量。不能詳細確定。此特其大較云。

按洛河兩岸山水名目。多從土人問詢譯音。故各種圖籍記載。多不相同，今所傳元代之河源記。與清代記錄。幾於完全不合。即同一清代記述。亦多歧出。本篇未及詳細考證。閱者諒之。

治河說略卷之三

歷代河患變遷述略

按魏默深氏有言。三代而下祇可謂之防河。而不足以言治河。有旨哉。何則。治當為河去病。而防則懼河為病者也。一則視為毒疫癉癘。而汲汲焉謀所以拒之。一則視若手足疴癢。而懇懇焉求所以愈之。故防之與治。宗旨乃完全不同。治河者固當先從河之本身著想。因何而受病。因何而至劇。因何而遷延綿亙。若等於無法可治。膏上肓下。詳審端確。對其症而藥之。而後始望能達於安全。顧河之為病數千年矣。主治者必先研求其經過病象與其經絡傳變。先後反覆之情態。患在腠理。患在腸胃。方始可得而明也。因特總括歷代河患及迭次變遷之成迹。撮要臚列以備觀覽。亦庶幾望聞問切之一助也。惟河患始末。即正史亦不能盡載。河工諸書。往往互有詳略錯出。除有清一代。業經詳細鈎考逐業備列外。其餘各代。以關係較少。未及一一搜補。疏漏之處。或所不免。但綜其大要。亦略具於此矣。

唐虞

史記河渠書。載導河自積石。歷龍門南到華陰。東下底柱。及孟津雒汭。至於大伾。禹以為河所從來者高。湍悍難制。平地數為敗。乃廝二渠以引其河。載之高地。過洚水。至於大陸。播為九河。同為逆河入於渤海。

按史記所載河流自冀州逕入渤海。不及兗州。但今相傳禹河故道有二。在大陸以下分歧。當今鉅鹿廣宗之交界。一即由冀州入渤海。一則入兗州循漯川至千乘入海。即當今山東利津縣境。

或謂地勢冀高兗下。夏商之間。河流漸傾兗境。冀州故道。尋就湮塞。故論三代禹河。當以入兗之道爲經流云云。自來對此問題。考證之說極繁。要於治河現勢。無大關係。故不備及。

商

史稱自禹導河工成後。河不爲患者一千六百餘年。但商代成湯遷亳。已有因河患關係之說。去導河時僅六百餘年耳。終商之世。遷囂遷相遷邢遷耿遷殷。凡歷五徙。皆與河患有關。盤庚三篇。率籲衆戚。想見當時河患之迫切。是千六百年無患之說。殆亦不盡然之事也。惟古代土廣民稀。水勢所至。則移民以避之。並無何等隄防。故亦無所謂潰決。順其自然。浸久復歸故道。因得安息。周初數百年間。遂不聞有何種患害。乃成禹功千六百年之歷史。後世治功愈多。而爲害乃益暴。漢賈讓以移民避地。放任不治爲上策。就現在而論。則河流所被。皆中原繁盛之區。戶口稠密。移不勝移。亦避無可避。今昔異勢。固不能并爲一談也。

周

定王五年。河徙宿胥口。東行漯川。至長壽津。與漯別。東北至成平。復合禹河故道。至漳武入海。

按自禹功告成以後。越夏商而周。至是凡歷一千六百七十六年。是爲河道大徙之第一次。自周以前。對於河流。皆主不治之政策。故河工不著。而爲患亦尠。降入春秋。王政失墜。列國分疆自治。黃河流域。國以十數。其時爲自便計。或貪水利。或避水害。因有瀦決防壅之事。而黃河隄工亦必發起於此時。所以桓公九合。以曲防爲五命之一。賈讓謂黎陽百餘里間水再西三東。當時之弊可想。阻遏既多。水失其性。因而有橫決改道之事。制之愈深。斯發之愈暴也。或謂禹之九河。齊桓公塡塞其八。以作民居田邑。下流被壅。此實爲當時徙道之原因。以時代考之。河道改徙。適在桓公稱霸之後五六十年。情事相近。亦自持之有故。要無論是否果由此事發生。而以障遏過甚。激而橫溢。固必然之事也。

黃河第一次大徙河道圖(圖一)

秦

始皇二十一年。使王賁攻魏。引河溝灌大梁城壞。

按河溝即蒗蕩渠。在浚儀縣北。當今開封城北。賁塞斷故渠。而引水由東南出口以灌大梁。是爲黃河南向之始。

漢

文帝十二年河決酸棗。

按酸棗在今河南延津縣境。史稱東濆金隄。括地志金隄一名千里隄。在白馬東。當今滑縣東北。世稱防河巨工。始於漢武帝之瓠子宣防。據此觀之。則武帝以前。已有千里金隄。其施工固已久且大矣。其事必在五霸七雄之時代。以列國分疆無統一之紀載。故自漢以上。闕焉不詳。史之書河決者自此始。

武帝元光三年。河決頓丘。夏又決濮陽瓠子。注鉅野。通淮泗。氾郡十六。

按水經注黃河北瀆。初經頓丘縣。即澶州。當今濮陽清豐兩縣境。直隸舊大名府屬東北。至是改流。過其縣東南。歷畔觀。經東陽武。奪漯川之道。東北至千乘入海。畔觀屬今山東觀城縣東陽武屬朝城縣。皆舊曹州府境。嗣以漯川狹小。不能容。故於其夏復自長壽津溢而東。以決於濮陽瓠子。在今滑縣境。亦曰瓠子口。河之南通淮泗自此始。

元帝永光四年。河決於清河靈鳴犢口。

按爲清河郡靈縣之鳴犢口。在今山東高唐州南境。

成帝建始四年。河大決館陶及東郡金隄。灌四郡三十二縣。水居者十五萬餘頃。

河平三年。河決平原。

鴻嘉四年。渤海信都河溢。灌縣邑三十二。敗官亭民舍四萬餘。

新莽　建國四年。河決魏郡。氾清河平原。至千乘入海。北瀆遂空。

按此次河決。自元城東出館陶東武陽。絕漯水而東北至高唐。又絕漯水東北至千乘入海。以水經注所考與今地考之。凡滑縣濮陽范縣朝城陽穀茌平禹城平原德平樂陵商河蒲台高苑博興利津各縣。皆此次改道所經之地。自周定王五年河徙後。至此凡閱六百十二年。是爲河道大徙之第二次。

黃河第二次大徙河道圖（圖二）

六朝　晉武帝泰始七年。河洛伊沁皆溢。沒民舍千九百餘家。秋稼一千三百餘頃。

劉宋元嘉十八年。河氾溢害居人。

北齊河清元年四月。河溢。

按自東漢明帝時。王景因莽時決河故道修治以後。河汴分流。就黃河變遷歷史論。實爲一大關鍵。惟當時本因治汴之故。連帶及之。並不關係河患。故本篇初未之及。然自景修治以後。六朝河患。史籍所載。寥寥可指。論者因以景治河成績比之禹功。或謂六朝擾攘之際。即有河患。無人注意。且分疆畫界。各事其事。並無統一之信史。因之一時記載。遂多疏略。未必果爲事實。釋之者又以爲河患所被。動輒跨州連郡。震動耳目。非比其他事迹。可以遺漏。果經鉅患。必有傳聞。即令六朝遺著。稗官野乘及雜見於他書者。亦尚不尠。何以一不之及。景之成績。當在可信。以愚意揣度。則兩種理由。均有關係。黃河在此期間。必未發生何種重大之險患。而尋常汜決。漏略失載者。亦所不免。固不能遐謂此一千餘年間。河患所著。僅止於此。遂以爲景功也。

唐

太宗貞觀十一年河溢。壞陝州。河北縣毀。

高宗永徽五年。齊州河溢。

武后長壽二年棣州河溢。

按滎陽之下有河。實自此始。

玄宗開元十年。博州河溢。

十四年。魏州河溢。

十五年。冀州河溢。

代宗大歷十二年河溢。平地水深五尺。

德宗建中元年河溢。

貞元三年河溢。

憲宗元和七年。振武河溢。毀東受降城。

元和八年河溢。浸滑州羊馬城之半。

按澶滑之間。自此多事矣。

文宗太和三年河決。浸鄭滑外城。

宣宗大中十三年。兗青各州河溢。

昭宗乾寧三年河漲。將毀滑州。朱全忠決爲二河。夾城而東。爲害滋甚。

景福二年。河從渤海北至無棣入海。

按唐制。大伾以東。衞魏澶博德棣滄七州。爲河北道。滑濮濟齊淄五州。爲河南道。自東漢至於隋唐。河不爲患者一千餘年。因之水功至少。唐自永徽後。始書河決。終唐之世。不過十餘次。亦未發生何等大災鉅險。及還流改道之事。惟此一次爲近於改徙。然區域至近。故不列入大徙之數。蓋唐都陝中。黃河流域。實爲其切近門戶。梯航所集。境內河流水利。必能通暢。中葉以後。則又皆雄藩巨鎮之所割據。占地類皆不廣。而悉擁有强兵勁旅。境內財賦。皆足自贍。想見當時河流溝洫。大概尚能修葺。無他種荒廢阻塞橫流潰障之弊害。足以累及黃河。則河汴分流以後。黃河既得安宅。亦自能循途守轍。守其常軌。即少有窒礙。爲害亦緩。故論黃河之利害。不僅在黃河本身。尤於環境情狀。有絕大之關係。論河事者。不可不注意及之也。

五代

梁高祖龍德三年。河決酸棗。東注曹濮及鄆。

按此本爲朱友貞以限唐兵者。然曹濮之患。實始於此。亦即爲宋時橫隴河決之先兆。河勢至此。已漸形東注矣。

同光二年河溢。

三年六月。雨江河百川皆溢。

後晉高祖天福三年。河決鄆州。

四年河決博州。

六年河決滑州。

七年瓠子河溢。

開運元年。河決滑州。漫汴曹濮鄆五州。

三年河決楊劉。氾澶滑。西入莘縣四十里。又自朝城北流。

按此爲全河南徙之始。而後世所稱周環八百里之梁山泊。亦自此漾成矣。

後漢高祖乾祐元年。河決魚池。

三年河決鄭州。

後周太祖廣順二年。河決鄭州滑州。

按五代擾攘。略與六朝相等。而爲期視六朝爲至促。乃六朝河患至少。而五代反多。於彼何也。蓋自黃巢之亂。中原各郡。所在塗炭。又以羣雄分割。兵革不息。人民無復安生樂業之餘地。溝洫水利。一切廢塞。皆足以爲河病。六朝南北。分土分民。尚時有數十年之休息。足以補苴掇拾。五代則起仆相尋。席不得暖。更無餘力足以及此。河勢自楊劉東潰。分爲二派。匯爲大澤。瀰漫數百里。又東環古隄而出。灌齊棣淄諸州。過處壅塞。模糊已無復河道眉目。此實荒廢不治之現象。河身既病。而沿河環境。殆無一不病也。迨後周顯德時。始稍稍注意治理。然受病過深過廣。已非旦夕所能奏效。故終五代之世。正如養癰釀毒。慶曆大徙之患。植根實在此時。貽誤於百年之前。而大禍乃發於百年之後。可懼也。

宋

太祖乾德三年。河決陽武。又決澶鄆。

四年滑州河決。壞靈河縣大隄。

開寶四年河決澶淵。判司封郎中姚恕棄市。知州杜審肇坐免。

五年河決濮陽。又決陽武。

太宗太平興國二年。河決孟州之温縣。鄭州之滎澤。澶州之頓丘。

七年河大漲。蹙鄆州城幾陷。

八年河決滑州。汜澶濮曹濟諸州。東南流至彭城入淮。

按此爲南流由淮入海之始。

雍熙元年。滑州房村河決。

淳化四年。河決澶州。陷北城。壞廬舍七千餘家。

真宗咸平三年。河決鄆州。浮鉅野入淮泗。

景德元年。河決澶州横隴埽。（在舊大名府開州東）

四年河決。壞王八埽。

大中祥符三年。白浮圖村河溢。爲南風激還故道。四年。河決棣州之聶家口。及李氏灣。環城數十里皆水。壞民舍無算。

按此次之決。更大於前。因徙州於陽信。而自此澶滑之間。益無寧歲矣。

五年河又決棣州。

七年河決澶州。

天禧三年滑州河溢。歷曹濮澶鄆。東入於淮。

按是爲黃河入淮之始。先是太平興國八年。河已先經入淮。咸平三年再入之。最遠則漢元光三年爲入淮之始。殆以復皆經修塞。故更以此次爲入淮之始。四年已塞復決。天聖二年命魯宗道塞之。五年河成。賜名爲天台埽。天台既塞。而滑州之患乃移於澶州矣。

景祐四年河決橫隴。

按自此遂爲大河經流。東京之故道廢矣。

慶曆八年河決商胡。穿六塔合永濟渠。注乾寧軍入海。

按商胡埽在舊大名府開州東。自王莽三年改徙以後。至此凡閱一千三十有七年。是爲黃河河道大徙之第三次。自五季以來。河久不治。潴積汗漫。頓成游騎無歸。蘊毒必發。自是必然之事。前此既已南趨。至此復退而北。蓋以丁五季亂後。中原水利不修。南流荒塞多梗。故舍遠就近。亦自然之勢也。

黃河第三次大徙河道圖（圖三）

皇祐二年河決館陶之郭固。

嘉祐元年。六塔河決。

按六塔屬舊大名府清豐縣西南有六塔集。先是真宗景德元年。河決澶州橫隴埽。尋復修塞。景祐元年河又決。而橫隴遂爲大河經流。迨商胡埽之決。橫隴之流遂斷。已復決於館陶之郭固。旋亦修塞。但河流仍復滯壅。中丞李仲昌因請穿六塔引河歸橫隴故道。因塞商胡北流。而六塔河不能容。故至是復決。

五年黃河北流復決。分爲二派。

按自商胡決復。復別分出一派。歧而爲二。舊決河爲北流。新分出者自魏恩東至德滄爲東流。名之爲二股渠。自此東北遂成分流矣。

神宗熙寧元年。河溢滄瀛。

熙寧九年河決澶州曹村。凡灌郡縣四十有五。而濮徐鄆徐尤甚。

按此爲黃河南北分流之始。澶淵北流斷絕。河道南徙。東會於梁山張澤濼。分爲二渠。一合南清河入淮。一合北清河入海。北清河即大清河。自東平歷東阿平陰長清齊河歷城濟陽齊東惠民青城濱州蒲台至利津入海。即今黃河奪濟入海之道。南清河即會通河自東平歷汶上嘉祥濟寧。會泗水入清河。

元豐三年。河決澶州北。

四年澶州小吳埽復決。自澶注入御河。恩州大水。

五年河決鄭州原武埽。

七年河溢北京。

按有宋一代。河患頗甚。而歷次潰決。適當曹鄆澶滑數州之地。相沿病點。略與五代相同。自滑州之天台埽既塞而患乃獨遺於澶州。河先一再入淮。汲汲欲南而極力塞之於北。商胡決復。河又汲汲欲北。而偏欲挽之使東。擾擾一代。若故與黃河爲難。無怪其不治也。

金

世宗大定八年。河決李固渡。潰曹州城。分流單州。

二十九年。河決曹州小隄北。

章宗明昌五年。河決陽武故淤隄。灌封邱而東。歷曹濮鄆范諸州縣界。至壽張注梁山濼。仍循熙寧河決故道。分爲二派。南派由南清河入淮。北派由北清河入海。

按自宋慶曆八年徙道以後。至此僅越一百四十六年。是爲黃河河道改徙之第四次。爲時最近。而改道之勢最遠最巨。離舊河道乃逹數千里。實爲古今河道之大變革。此次潰決情形。實與宋熙寧九年相同。根本悉基於前。現在不過循其舊迹而前次不列於大徙者。以曾經堵塞也。自此以後。南流遂不復塞而汲胙之流絕矣。

黃河第四次大徙河道圖（圖四）

元

世祖至元九年。衛輝路新鄉縣廣盈倉南河北岸河決。同年南陽懷孟衛輝新鄉等郡河溢。壞廬稼無算。

二十年。衛輝河南等路河溢。

二十三年。河決汴梁路。衝突開封祥符等縣十五處。

二十四年。汴梁河溢。

二十五年。河決襄邑睢州考城各縣河溢。是年汴梁路陽武縣諸處。河決二十二所。

按至元九年。新鄉河決。是大河固猶在新鄉也。自經此次之決而河勢一變。新鄉之流絕矣。明年。會通河成。遂以匯受全河之水。

成宗大德元年。河決杞縣蒲口。旋徙而北。入蘭陽儀封。

二年河決。漂歸德屬縣。

延祐七年。河決塔海莊東隄蘇村及七里寺等處。

泰定帝泰定元年。河決開封由汴梁東入徐合淮泗入海。是年曹丘楚丘開州河溢。

文宗至順元年。河決大名路。濟陰新舊隄俱潰。

順帝至正四年。河決金隄。北侵安山治入會通河。延入於濟南河間。

五年河決濟陰。

六年河決。

八年河決濟寧路。

按至正十一年賈魯河成。而河之形勢又一變矣。

十六年濟州任城河決。

二十三年東平壽張河決。

二十五年東平河決小流口。達於清河。

二十六年河氾東明曹濮。下及濟寧。

按自此始以一淮受全河之水。

明

太祖洪武元年。河決曹州從雙河口入魚台。

八年大河南決。挾潁入淮。蔡河之下流遂絕。

二十四年河決原武之黑陽山東經開封城北又南行至項城經潁州壽州。全入於淮。故道遂淤。

成祖永樂十四年。河決開封。經懷遠縣。由渦河入淮。

英宗正統二年。濮陽范縣河溢。

三年。邳州河決。魚台金鄉嘉祥大水。濟寧東平俱溢。

十年河決荆隆河陽穀隄。

十二年河決張秋河灣。合大清河入海。尋決滎澤入淮。

十三年河徙開封西北入汴。至壽州入淮。又決滎陽自開封府城北。經曹濮二州陽穀縣以入運河。至兗州府沙灣之東決大洪口。諸水從之入海。景泰四年。河決張秋。

天順五年。河自武陟徙原武。

孝宗弘治二年。河決原武。支流爲三。一自封丘荆隆口漫祥符下曹濮。入張秋運河。一出中牟下尉氏。一從儀封考城歸德由徐邳入淮。

五年荆隆河口復決。潰黃陵岡。氾張秋戴家廟。掣漕河與汶水合而北行。未幾又決張秋河。

七年。劉大夏築太行隄。北流遂絕。

按自四次改徙。河流大勢業已南向。然北流涓滴之路。依然未斷。尚成南北分流之勢。自此隄既築。將黃陵岡完全截斷。因之北流遂絕。乃真以一淮受全河之水矣。自金章宗明昌五年改徙後。至此凡閱三百年。是爲黃河河道改徙之第五次。

黃河第五次大徙河道圖（圖五）

十三年。河決李家橋。河南楊家口淤塞。馬水河橫流曹單。

十八年。河北徙三百里。至宿遷縣小口入漕河。

武宗正德四年。河溢孤皮營。決曹縣之溫家口馬家口。又決衡黃陵岡埽。溢入賈魯河。

八年。河決曹縣天仙廟孫家口。從城東北行。

十年。河決曹縣之焦家潭。

十二年。河決城武。壞城郭田廬無數。

十八年。河徙入渦河。壞民居無算。

世宗嘉靖五年。上流驟溢。東北至沛縣廟道口。截運河注雞鳴台口。入昭陽湖。

六年。河決曹單城武楊家口梁靖口。

八年。河決飛雲橋。北徙魚台。出穀亭口。

九年。河決曹縣胡村寺。分道入運。

十三年。廟道口淤塞。是年河決趙坡塞。南向亳泗。東出穀亭之流絕。

十九年。河決野雞岡。由渦河入淮。

二十五年。河決曹縣。溢入城武單縣金鄉魚台等縣。

三十六年。河決原武。湮曹縣城。決北大隄。氾城武金鄉。

三十七年。河北徙。新集淤而爲陸。二百五十餘里。視故道高出三丈有奇。

三十八年。河決曹縣舊老隄南長隄。

四十四年。河決曹縣。

四十五年。河決沛縣飛雲橋。分十數股。潰入南陽湖。運道淤塞。

穆宗隆慶二年。河決沛縣。氾曹單。

神宗萬曆五年。河決曹單。溢金鄉魚台。

十五年。河決荆隆口。潰曹縣白茅村長隄。挾陶北沙河氾溢長垣東明各縣。

十七年。河由李景高口決陳睢故道。

二十一年。河決單縣黃堌口。氾汶上魚台濟寧鉅野。

二十四年。河復決黃堌口。

二十五年。河又大決黃堌口。氾河南夏邑永城江南宿州界。出宿遷新河入大河。

按自此決流。半由徐州入舊河濟運。而二洪告涸。

三十年。河決蒙牆寺。入歸德南與淮會。入洪澤湖。

三十一年。河決單縣蘇莊。復衝沛縣太行隄。灌昭陽湖及夏鎮。氾魚台。

三十二年。河決朱旺口。

三十五年。河決單縣東南灌城北四十餘里。

四十六年。河決皮沙隄。由封丘曹單至考城。復入舊黃河。

熹宗天啓元年。河決靈壁。由永姬湖出白陽口。仍與黃會。故道湮塞。

三年。河決徐州大龍口。徐邳靈睢河並淤。雙溝河亦淤。上下百五十里。俱成平陸。

莊烈帝崇禎二年。河決曹單十四堡。

四年。河決原武湖村鋪封邱荆隆口。衝曹縣塔兒灣太行隄。又決單縣柳河口。

五年。河決曹縣曹家口。

九年。河復決曹家口。

十年。又決。

十六年。河決汴城。南入於渦。

按有明一代河患頗爲煩數。自弘治二年決荆隆口。經曹濮張秋而入運河。自此黃運二流。乃時發生糾葛。河決一次。輒擾及運。爲向來罕見之現狀。蓋宋都汴梁。以御河爲漕運。元行海運。又有會通河。以助轉輸。與河運之關係殊不重要。明則定都燕京。罷海運而專用河運。四五百萬之南漕。專恃此一綫河流。爲之轉轂。既欲資河以利運。又恐穿運以妨漕。於是河之與運。遂成不解之糾葛。明爲治河。而其實則專爲治運。而通運不可一日息。則治河皆急旦夕功。治之之法愈紛。而河之爲患亦益甚。其根本癥結。則上流之水道寬。而徐州之河道狹。於是曹單沛魚台一帶。浸淫汜溢。殆無寧歲。上游壅塞。河勢漸由渦河旁洩。於是淮揚各郡盡成澤國。浸而牽入鳳泗。及其末葉。更發生祖陵之問題。左支右絀。乃益無法措手矣。故區區河患。遂與明代相終始。嘉靖之季。國事日非。而河患亦因之更促。迄於崇禎。寇盜四起。朝廷已無暇兼顧。即有修治。亦皆草率敷衍。僅顧目前。因是旋治旋決。變態百出。蓋河之利害。與一切政治情狀。皆有密切影響。吾嚮謂黃河治法。不當專顧本身。尤當兼顧環境。及其他地勢水利。推而言之。則於一切國政人事。又皆有相當關係。固不獨限於水利之範圍也。

清

順治元年。河決單縣柳河口。

二年。河決曹縣流通口。

三年流通口決水北徙午溝。至徐州一帶。河流涸竭。

五年河決蘭陽。

七年河決封邱朱源寨東北德河灣。運河衝潰。

九年河決封邱大王廟口。水從長垣趨東昌。壞安平隄。北入海。旋又決祥符之朱源寨。全河北徙。

十四年。河決祥符之槐疙瘩。又南徙決陳留之孟家埠。

十五年。河決城武縣城南蔡家樓。

十七年。河決陳州之郭家埠。又決虞城之羅家口。

康熙元年。河決曹縣石香爐口。同年又決開封黃練口。祥符中牟陽武杞縣通許尉氏扶溝等七縣田禾盡沒。

三年河決祥符閻家寨。同年又決杞縣。

四年河決虞城永城夏邑三縣。田禾盡沒。

六年河決煙墩口。

七年河溢。平地水深五尺。傷官民廬舍甚衆。董口河道淤塞。運道改由駱馬湖。

九年河決曹縣牛氏屯。又決單縣譙龍寺。

十一年虞城河溢。

十二年河決新村。三叢三決。

十六年。河決武官營。

四十八年。河溢虞城雷家集。儀封洪卲灣張家灣各隄工均斷口數十丈。

五十七年。武陟原武河溢。

六十年。河決武陟馬營口魏家口。注滑縣東明長垣及濮州范縣壽張。直趨張秋。潰東岸。由大清河入海。

六十一年。河決武陟。馬營口大壩南尾衝潰。

雍正元年。沁黄交漲。決武陟梁家營二鋪營侯家店及滎澤各隄。同年鄭州民人誤挖陽武故隄。大溜漫決中牟縣之楊家隄。又決鄭州來童寨民隄二處。

八年。河溢祥符縣。

乾隆四年。曹州趙家集西黄水漫溢。衝決臨河大隄。

九年。河勢南徙。

十六年。河決陽武十三堡口門。經太平鎮。分爲二道。沿隄東流。入延津信卯二縣。復合於封卯之居廟渠至鐵爐莊。又分二股。一由太行隄之王家隄口入直隸界。一由太行隄之大冊口入東明縣之魏河。出張秋鎮梗運河入海。

十八年。河溢。決陽武縣隄壩數處。

二十一年。孫家集河溢。微山湖淤塞。荆山橋圯。

二十六年。河決中牟楊橋水氾曹州境奪渦入海。同年武陟滎澤陽武祥符各氾漫。決隄岸十五處。

四十五年。河決儀封考城奪渦入淮。

四十七年。儀封河溢。水齧荷澤護城隄幾潰。
四十九年。睢州河溢。
五十二年。河決睢州。南入渦淮。
嘉慶二年。曹汛壩河溢。
三年。河決睢州。全由亳州入洪澤湖。
八年。河溢祥符封邱武陟各縣。
十九年。曹縣河溢。衝漫安陵大豐等處村落無數。
二十四年。蘭陽儀封河溢。同年河決武陟馬營壩注張秋東北入海。北岸隄工漫溢。衝入曹縣。
二十五年。儀封河溢。
道光元年。東平大清河西岸漫口。又杜家窪莊後鄭家莊東蓮花灣單家樓漫口。
二十一年。河決祥符下南廳之祥符汛。漫決八十餘丈。注鳳潁奪淮。河南安徽兩省五府二十三州縣。均被害甚重。
二十三年。河決中牟南岸下汛九堡。漫口二百餘丈。由鳳潁入淮。
咸豐元年豐北漫口。淹及山東滕嶧各縣邊境。
五年河南蘭陽汛銅瓦廂三堡河決。水由直隸東明長垣開州山東濮州范縣至張秋匯流穿運歸大清河。由利澤鐵門關北蕭神廟以下。分二河蓋牡蠣嘴入海。

按自此全河北徙。南流故道盡涸。蓋河道南向以後。歷來治河者惟加功於河隄。而沙積日甚。河身淤墊。南中河道皆成仰高之勢。而河隄兩岸形勢。南高北低。水力益傾於北。故歷、來、南、隄、決、口。合龍、必、易、爲、力。北隄、決、口。合龍、必、難。足見黃河自身。早有汲汲北向之意。全以人力逼迫。擠之南行。故稍一鬆懈。立即改而北注。其來已非一日。此次、銅、瓦、廂、之、決、因、明、景、泰、十、三、年、謀、塞、河、灣、決口。作八、閘、九、堰、以、利、水、勢。同時、於、銅、瓦、廂、開、渠、二、十、里。引河、水、北、入、運、河。故渠、遺、迹、尚、在。河水、出口、即、循、此、渠、北、向。盡、掣、全、溜。因、而、乘、勢、趨、駛。遂、一、瀉、而、不、可、復、遏。黃河、南、流、七、百、六、十、餘、年。至、此、忽、折、還、北、道。依於天時地勢之關係。固非一時人力所能挽救。自明、孝、宗、弘、治、七、年、改、徙、至、此。凡閱。三。百。六。十。有。一。年。是。爲。黃。河。河。道。改。徙。之。第。六。次。即。爲。現。在。通。流。之。河。道。

黃河第六次大徙河道圖（圖六）

同治二年。河溢菏澤定陶曹縣濮州鉅野城武等處。半入巨浸。濮州因之徙治。

七年河決趙王河之紅川口。大溜漸移安山。由安山入大清河。沈家口。田家灣。新興屯各處皆漫溢。

十年河決鄆城侯家林。水由沮河民堰漫入南明湖。又由汶上嘉祥濟寧之趙王牛頭等河。直趨東南昭陽湖。水勢散漫。數百里皆成巨浸。

十一年河決趙王河東岸之張家支門。南半入濟。北半入沮。

十三年。河決東明石莊戶。其東老王戶鄧樓一帶皆漫溢。

光緒四年河決直隸東明縣屬之高村口。水入山東菏澤縣境。

八年歷城桃園決口。水由濟陽入徒駭河。經商河惠民霑化入海。陽信海豐利津等縣。均被水衝漫。爲患甚巨。

九年凌汛大漲。山東歷城齊東章邱惠民利津等縣同時漫溢。決口十餘處。所在民堰均被衝毀。同年復漲溢齊東蒲台各地。漂沒村莊人口無算。

十二年。山東章邱濟陽河溢。搶護安固。已而復沖決濟陽惠民各處民埝。

十三年河決直隸開州。漫灌濮州范縣壽張各縣。溜勢直趨南下。穿運而過。漫及陽穀東阿平陰禹城各境。是年鄭州石堡橋大決口門刷至五百餘丈。大溜直趨東南。自豫而皖。山東爲之斷流。

按此爲前清最後一次之大決。當時飛芻轉粟。震動全國。除由戶部撥帑修塞外。並特開鄭工河捐。派員分赴各省勸募。照捐例兌足八成現銀者。盡壓諸班。遇缺即補。以此前清季年。鄭工納捐之官吏。遍布於各省。清政由此失軌。然足見河患情勢之重鉅。從前已往之事。大抵得之傳聞。所存不過數頁記載。似無甚足以注意。惟此事猶在耳目中。因此而推想以前三百餘次之大決。其所感受之損失。寧可以數計耶。

十五年。利津韓家垣漫口。

十八年。山東惠民利津濟陽章邱等縣民埝漫溢。遷出災民三萬三千餘戶。

二十一年。山東濟陽齊東壽張等縣。先後漫溢。

二十二年河決山東趙家菜園。利津民埝亦潰決三百餘丈。

二十三年河決山東歷城章邱界之小沙灘。水經齊東高苑博興樂安等縣入海。

三十年河決山東利津縣之薄莊。口門寬至三百餘丈。

按有清一代。視河務頗爲重要。故河之變遷大害。亦視宋明爲末減。據見於奏牘者。謂鄭州之決爲第三十九次。則視之明代。幾減其半。第綜核各書記載。實在尚不止於此數。而彼此所列之事實。亦往往互有出入。蓋各以耳目所及爲準。如山東通志則詳於山東。而河南通志又獨詳於河南。各據本省成案。以足三十九次之數。而實際則當時各省規避處分。其決而不甚爲害。或隨決隨塞者。往往不以奏聞。在本省則不能掩。因此而發生歧異也。其間又有漫與決之區分。稍稍不同。蓋開始卽以頂溜衝決某處隄岸者。其情勢險急明白可指。而受害亦較巨。當然不易掩飾。若先因漫漲氾溢。逐漸增大。而同時被漫隄工。發現坍壞者。何處始禍。不易根究。事後稍爲修葺。卽可以掩其迹。本省長官同在處分之列。雖明知之。而亦不願發覆也。但比較總以在豫境者爲多。豫河志謂三十九次之中。在豫境者二十有四。雖其中小有差異。而大概亦不甚相懸。論者因謂爲河南土性鬆脆之確證。但此固未始非易決之一種原因。而河南爲歷代河工之所注集。全省地面。橫渠直港。開鑿幾遍。所在皆有河形。水一注入。卽成現成河道。駕輕就熟。使有駁駁千里之勢。在他省雖有漫溢。不過淹浸而已。而豫省則一經漫注。立卽可以掣溜成河。受患之多。亦未始不由於此。其實前清河工注重。十九皆在南河。而淮揚地勢低窪。所患皆在灌浸。因而潰決之事反少。最初尚沿明舊。所決率在曹單。後乃移於蘭儀。咸豐以後。則在山東爲多。而以全河形勢論之。則北流以後。河患必視前時爲少。因南流本出勉强。而北流係天然固有之軌道。勢順而性適也。所以咸豐以後。歷更髮捻之亂。對於河事。完全懈弛。山東亦始終未有規畫。而除鄭州一次決口外。並未有何種巨險。入民國後。政府幾等置之不理。防河經費。及其他一切布置。視前清殆不及十分之一。而始終未見巨患者。亦以此也。然則乘此機會。因勢而利導之。去其害以修其利。事半而功倍。豈非千載一時之良會也。

中華民國二年河決濮陽。山東壽張等縣。被害甚重。

十年河決利津之宮家壩。

十四年河決直隸濮陽之李升屯。及山東之黃花寺。

按歷代河患及河道遷徙之大勢。依上列所著。略已可見矣。每發生一次禍患。則犧牲幾許之金錢生命。每閱一次變遷。則毀滅若干之村市田廬。區區就此數十頁記載中。約略審核。已不可以數量計。因害患而始有變遷。因變遷而益滋害患。循環相生。互爲因果。而永無止息。昔人謂黃河即古洪水。吾國四千餘年歷史。本以洪水發始。而亦以治水開基。堯典首稱洚水儆予。而錫命元圭。始啓中天之景運。乃何以更歷此四千餘年。而河猶此河。患猶此患。致我國累朝歷史半成河患之日記。俄而氾溢。俄而潰決。俄徙而北。俄徙而南。俄而損害千萬人民。俄而漂沒十百郡邑。前後相屬。不絕於簡。就其間綜核比較。則受患之巨。實以明爲最甚。宋次之。金、元又次之。次五代。次唐。次漢。次六朝。次商。次周。而由夏以上。溯唐、虞。自一度平成以後。迄未更聞昏墊。蓋去禹近。而治績尚新也。有清一代。則在唐、與宋、明之間。患視唐、爲多。而視宋、明、爲減。然其治之之力。亦視各代爲稍勤。大概比觀。大抵愈近愈劇。而愈古愈殺。大有每下愈況之情狀。但自來歷史所載事實。閱時愈久。則湮沒愈多。如六朝以至五代。河患頗少。而論者謂因分爭割據之故。報告不周。紀載疏略。有患不能悉紀云云。亦未嘗無相當之理。致固又未可執此以作定憑也。雖然自三代以來。迄於見在。河之爲患同。而所以患之之故不同。三代而上。所患在漂沒而已。水至則避。無抵抗故亦無潰決也。入於春秋。而隄防之創興。於是有資水以爲利。亦有用水以爲害者。黃河流域。各國林列。當時溝洫創興。農田灌溉。急資河潤。旱則瀦壅爲私擅。水則洩注以壑鄰。藉黃河以相互競。甲受其利。則乙受其害。此其患之在於國爭者也。更進一步。則水亡人國之法已著。知伯因之以沉晉。王賁用之以滅梁。自是迄至五代。利用黃河之事。數見不一。楊劉之護駕水。梁以之亡者。周以之而興。駸駸與五代終始。得河之利則喜。受河之害則懼。此其患之在於戰略者也。宋之於河至汲汲矣。河勢欲北。必欲挽而東之。其惟一目的。祇慮其益深趨虜界入海。一方可由海中濟師。一方則駕舟爲梁。長趨直入。無法備禦。此其患之在於防邊者也。河至金而南流。論者謂金人有意爲之。欲以疲宋。考其事實。或未盡然。既已南行。藉此可以去累而嫁禍。固爲彼之所甚願。既利其南。必慮其北。種種布置。皆防北徙。此其患之在於應敵者也。元之大旨亦復如此。明則藉河濟運。命脈所係。四五百萬南漕取道於河中者五百餘里。既患其淤徙以妨運。又患其橫潰以穿漕。而末年又患其浸灌祖陵。故明之所患者爲獨多。而河之爲患者亦至甚。清之先略與明同。其復中河皂河次第開鑿。漕運取道河中。爲程不及二十里。故其後止患河之穿運。而不甚患河之誤運。最後則所患獨移於淮揚。蓋江淮河濟。四瀆并於一隅。稍一不慎。數千里悉成巨浸。而彼處又適當財賦重地。榷關鹽課。國家根本之所倚賴。故不惜傾全力以圖之。在明時如謂漂沒若干縣邑。朝廷並不十分注意。若一妨及運道。則舉朝皇皇。如不謀夕。清初亦然。其復乃始移視綫於南河。今則首都以南海運已通。而河流亦已北徙。從前種種河患。悉已不成問題。所患惟在潰決氾溢。傷害人民而已。顧慮簡單。稍加措意。即可無事。故爲今之計。非徒弭患。當謀興。利。然患。果。盡。弭。利即自然而興。因勢而利導之。固非有二事也。

治河說略卷之四

歷代治河成迹述略上

唐虞三代

竹書紀年載帝堯十九年始命共工治水。此時尚未有黃河。而洪水之患則固無河道。萬流無所宣洩之故也。共工官名蓋專設以治水者。則當時之水患重大可知。紀年載帝堯六十一年始改命伯鯀治水。則前此四十餘年皆共工之所治也。其治績如何已不可考。年久而功勿績則其無成效可知。所以卒受幽州之罰。鯀之治法亦無可稽。或謂爲隄障之法所自始。今河南尚有鯀隄。故自古稱之爲湮洪水。或謂其所主張。即漢延年開河上領注胡中之法。因此而氾濫益甚。顧推測之詞皆不足爲準。要其九載弗成固明確之事實也。

帝堯七十五年。始正鯀不治之罪。殛之於羽山。而擢其子伯禹爲司空。禹之治績。具詳於禹貢。其扼要之法。即從導山入手。蓋水道因山脈而成。兩面山脈所夾之地。即爲天然水道。隨山以導水。就其本來之軌轍。而絲毫無所用其智巧。惟於流道不暢之地。則爲之疏鑿以助之。龍門之功。其最著者。因山以治水。山治而水亦治。此禹所以奏平成之績。九河既導而黃河之在吾國。亦即從此出世矣。

按上篇言治久病之河。當先知其經過之病象。然既經過歷代之治理。則陳方脈案。又不可不加之參鏡也。區區河患一事。而吾國自漢以來。更歷十數朝代。經幾多賢君哲相通人智士之研究。精神財力悉瘁於此。其治之有得有失。得者可以師。失者可以鑒。則皆前事之圭臬也。特治河圖籍。浩如煙海。欲究其說。非窮累年月。不能卒業。茲特綜集羣編。節敍大要。分代臚列。以備隨時鈎考之助。因擇要以編纂。逆挂一而漏萬。然舉一反三。亦可得其大概矣。

禹之水功。不僅在於黃河。然黃河實爲治水之所由發端。亦即禹功之所以託治。江漢淮泗。皆連帶而類及者。默計當日之人工。物力交通器械必皆遠不如後世。乃區區以八年之功而迹所至。幾過於全國。疆域貢道。賦則物產。一一釐定。此實極可驚駭之一事。所謂非常之事。成於非常之人者也。

禹貢導河積石以下寥寥數語。於河流源委。本極明白。史記潤色原文。而增入廝爲二渠。載之高地數語。乃頗啓後人之疑問。孟子言。禹之治水行所無事。水性就下。爲何而載之高地。難端既啓。羣議滋紛。釋之者謂當時龍門以下。一片汪洋。卑下處益深浸不測。無可措手。不得已乃先從高處開闢一道引之入海。此冀州渤海之河也。以後水勢漸降。始徐徐勘定水道。因而通之。以爲兗州之河。而下游既通。水力傾注。冀州高地之河。旋即湮塞云云。比較諸說。最爲近理。蓋河源出於高地。建瓴之勢。隨處可導。可以有酌擇利便之餘地。若聽其全勢就下。一至卑窪之處。百流並集。潴成澤國。更無法可以引之順行。高地趨下易。而平原就範難。使之先由高地出海。殺其水力。以徐定適宜之方向。此亦當然之情理也。

史稱禹功告成後。河不爲患者千六百餘年。但古文謂夏少康三年。命商侯冥治河。而商侯即死於河。說者因謂玄冥之神主水。實因此而封之云云。稗野之談。不足盡據。果如其說。則是夏時已先有水患矣。殷代五遷。論者謂均有河患關係。因當時地廣人稀。水勢一至。則移民以避之。任其所向而不與之爭。無所謂治。故亦無所謂害。成湯遷亳。仲丁遷囂。亶甲遷相。祖乙遷邢遷耿。盤庚遷殷。名為五遷。實有六遷。或因盤庚遷殷。即湯亳之故地。故不復計。然湯所遷為南亳。盤庚所遷為西亳。名同而地實不同也。考南亳古稱穀熟。在舊歸德府東南四十里。西亳即今偃師縣地。囂即今滎澤縣。相即今臨漳縣。邢即今邢台縣。耿即今山西河津縣。以地勢考之。不盡為河患所及。而殷世之曾有河患。固比較實在之事也。成周之世。封建之制已立。沿河一帶。率皆著名大國。爭强競富。有潴之以為利。有洩之以嫁害。於是一切隄防疏鑿之事以起。齊桓著曲防之禁。孟子有鄰壑之譏。足見當時各國水工。互爭人巧。無所不至。因其主旨皆為一國私利。並不在於治河。故不能列之於河工。漢文時已有金隄千里之目。其為五霸七雄遺迹。顯然可見。齊與趙魏皆以河為境。利害最為迫切。其餘各國。覬利圖便。枝節斷續。亦皆各有工作。數百年之紛擾。中原方罷。東溝西港。縱橫四布。忽興忽廢。殆已破碎無完土。後世河道偶決。八面傾注。皆有現成可趁之遺迹。坐是一瀉千里。動輒跨州連郡。而不可遏止。後世河患之多且巨。其病根殆基於此。而當時水利修飭。溝洫四通。水有所用。疏散旁達。故不能聚而為災。自禹後千餘年。河道得以安流順軌。不發生重大災變者。亦未始不賴其力。萬世之害。一時之利。得失相倚。此亦考求河事者所當詳悉研究者也。因各國均專私已利。而於河流大勢。絕不注意。逡巡至定王五年。而有河道大徙之事。自宿胥口決口。東行漯川。至長壽津復與漯別。東北合漳水。復合禹故河。又東北歷浮陽參戶成平舒至章武入海。成平即今之交河。按春秋緯寶乾圖。言齊桓遏八流以自廣。九河故道。僅存其一。下流既壅。上流當然潰決。由此觀之。河徙雖在定王之時。而其因實造於襄王初年。桓公稱霸之時代。吾前謂河之爲患。由於侯國分土。各以私利壅遏疏鑿之所造成。此亦其一證也。

先是周威烈王十三年。史載梁山崩。晉河沿岸壅塞。自龍門至於底柱。水三日不流。所在皆成高山崇阜。河雖壅而水道不徙云云。蓋其地猶在孟津以上。兩岸尚有檢束。不得自由沖徙。但經此一次大變。如人身已經受病。又未聞有何種治理之法。則日久必須發洩。河之爲變。自在意中。其徙道之處。以今輿圖對證。則濬縣、滑縣、濮陽、内黃、清豐、南樂、大名、冠縣、館陶、堂邑、清平、清河、博平、高唐、平原、德州、景州、吳橋、東光、交河、滄州、青縣、靜海、天津諸縣。皆爲徙河經過之地。沿河各國。多受影響。計當時爲救患計。亦必各有相當之工事。而史册無可考證。祇得付之闕如矣。

秦

秦幷六國。黃河流域。悉隸版圖。當時置郡及於河套。迄今尚有溝渠遺迹。可謂高掌遠蹠矣。然其主旨在於拓地。故治河之規劃。迄無所聞。

始皇二十二年。王賁伐魏。引河溝以灌大梁。大梁城壞。而魏因之以拔。是實爲河水南向之始。趙襄子謂水能亡人國。足知春秋戰國中此等事實。所在多有。此亦造成後世河患之一因也。

漢

孝文帝二年。河決酸棗。東潰金隄。按酸棗屬陳留郡。戰國時爲魏地。秦拔魏置縣。今屬延津縣地。當時令太守王尊治之。尋即堵塞。大抵施功不巨。故亦無何等工事可紀。然史之書河決者自此始。今延津滎陽諸縣。至清豐、鄄、濮達於安平。綿亘千里。皆金隄遺迹所在之地也。

武帝元光三年。河水徙從頓丘東南流入渤海。已而復決於濮陽瓠子口。注鉅野。通淮泗。氾郡十六。此爲黃河漫入淮泗之始。先使汲黯鄭與卒塞之。旋治旋壞。功久不成。而丞相田蚡時方貴盛。以封邑在鄃。河徙轉受其利。因言江河改徙。皆關天事。不可以人力回。帝遂爲之中止勿塞。災地人民。久久不得復業。咨怨日甚。越三十餘年。元豐二年。帝從東封還。乃奮然令郭昌汲仁發卒治之。上自臨決河。沈白馬玉璧。命從官自將軍以下皆負薪至決河。是時東郡燒草無柴薪。乃伐淇園之竹以爲楗。先窰植於決處。再以土填之。是即後世釘樁埽壩之法所由昉也。作瓠子之歌以勞人民。詞極哀切。爲後世所傳誦。遂導河北行。復禹舊道。作宣房宮於隄上以紀功德。此實爲後世大舉治河之第一事。

按瓠子當今滑縣地。宣房既塞。不久復北決於館陶。別出爲屯氏河。廣深與大河等。又分出一支爲張甲河。東北至章武入海。

屯氏河圖（圖七）

元帝永光四年。河復決於河清郡靈縣之鳴犢口。而屯氏之流絕。其復遂由千乘入海。河之害濟自此始。

成帝建始四年。河復決館陶。及東郡金隄。氾溢兗豫。入平原千乘。凡灌四郡二十二縣。先是清河郡都尉馮逡奏言清河承河上流。城郭卑下。土壤疏脆。而所以無害者。以屯氏河通兩川分流也。今屯氏河塞。靈犢又益不利。獨以一川兼受數河之水。如有霖雨。必虞暴溢。北決則病四五郡。南決則病十餘郡。今屯氏河流絕未久。其處易浚。可以分殺水力。助大河泄暴水。事下丞相御史。以財用不給。暫可弗浚。至是乃遣大司農非調均錢穀。存給所灌之郡。謁者發河南以東漕船五百艘。徙民避水。以杜鄉薦任王延世爲河隄使者。黃河之特設專官自此始。延世塞以竹絡長四丈大九圍。盛以小石。以兩船夾載而下。三十六日而隄成。改元河平。

按竹絡盛石一法。爲後世河工所倣用。最爲得力。河平三年。河復決平原。流入濟南千乘。遣丞相史楊焉等雜治。六月乃成。先是延世以功成。被厚賞。焉頗妬之。因言於帝。謂延世治水計劃。皆某人所教。而其人實由彼介之於延世。故名之同治。鴻嘉四年。焉又言從河上下。患底柱隘。可鐫廣之。上卽令焉鐫治。裁沒水中。不能去。而水益湍怒。患甚於故。是歲渤海清河信都河水氾濫灌縣邑三十一。敗官亭民舍四萬餘。以河隄都尉許商與丞相史孫禁共行視。孫禁請開通大河。令入故篤馬河。至海五百餘里。水道浚利。又乾三郡水地。可得美田二十餘萬頃。足以償所開處民田廬舍之損失。又歲省治隄救水吏卒三萬人以上。許商以爲河道數徙。不離古九河之域。在今成平東光界內。相去約二百里。今孫禁所欲開者。在九河南篤馬河。失水之迹。處勢平夷。旱則淤絕。水則爲敗。不可許。公卿皆從商言。會谷永李尋等言。河決災異。上應天象。不可以人力強。今因其自決。可且靜待勿治。以覘所向。水所欲居。自當成川。然後順天心而圖之。則費省而功必成。於是遂止弗塞。

自王延世以河工被重賞。衆庶爭陳議。競便巧。朝廷更徵使言之。於是上書論河事者以百數。而賈讓三策。最爲千古傳誦。奉爲不刊之名論。其大致謂土之有川。猶人之有口。理不可塞。隄防之作。始於戰國。壅防百川。各以自利。今內黃黎陽東郡津北。以至魏郡昭陽數百里間。隄障曲折。節節激觸。河再西三東。迫厄如此。不得休息。安得不潰。今徙冀州之民當水衝者。決黎陽遮害亭。放河使北入海。河西薄大山。東薄金隄。勢不能遠。氾濫自息。論者或謂敗壞城郭田廬。百姓怨恨。今瀕河十郡。治河歲費且萬萬。及其決。所殘無數。如果出數年之費。以業所徙之民。河定民安。千載無患此謂之上策若乃多穿漕渠使民得以溉田分殺水怒從淇口以東爲石隄多張水門旱則開東方下水門溉冀州水則開西方高門分河流鹽鹵下地塡淤加肥高田五倍下田十倍民利灌溉雖勞不罷民田適治河隄亦成富國安民支數百歲故謂之中策若乃繕完故隄增卑培薄勞費無已數逢其害此最下策云云

賈讓所謂上策仍襲三代移民避水之法古代人不足而地有餘所在曠廢偶謀遷徙就高圖便隨處可得棄地於水亦不足惜至漢時實已不甚適當若論現在則完全無此辦法微論地皆有主千萬災民一時難得空曠之地可以安置人民邱墓所在爾田爾宅經營勿替皆欲以傳世長子孫今欲令之東西轉徙永無定所決非人情所安況患無定期來無定向亦無法可以豫圖處置讓之上策在今日直是無可以擬議之價值其中策以減殺水量灌溉農田爲本務自是切要之圖惟單就黃河本身著想多穿漕渠多開水門亦恐利未興而害先見蓋河流浩蕩每每乘隙而入開之易而防之難也至於下策則歷來治河率尠能出其範圍故迄無安定之日耳此外言者率皆牴牾龐雜一無主旨其稍有意義者祇有下列之數語

長水校尉關並言河決之處率在平原東郡左右其地形下而土疏惡禹治河時本空此地秦漢以來河決常在曹衛之域南北相去不過百八十里可空此地勿以爲官亭民舍

御史韓牧謂禹時入海之路以有九河今盡湮沒當於其地相度穿復縱不能爲九但爲四五宜有禆益

大司空王横言禹時河入渤海地高於韓牧所欲穿處今所行非禹古迹也禹之行水本隨山下

東北去。宜更緣西山足開闢一道。使乘高地而入海。乃無水災。

上列諸說。似皆蕪淺無精意。然以尚能自成一說。故史家採列之。則其他更復可知。築室道謀。收效罔至寡薄。可歎也。

新莽始建國三年。河決魏郡。泛清河平原。至千乘入海。北瀆遂空。

按此爲第二次徙道。魏郡即相州。當今彰德舊屬之臨漳縣。以今輿地考之。則滑縣、濮陽、觀城、濮縣、范縣、朝城、陽穀、茌平、禹城、平原、陵縣、德平、樂陵、商河、武定、青城、蒲台、高苑、博興、利津諸縣。皆此次決河所過之地。莽先以墳墓均在元城。恐受水害。及河決而東。元城不憂水患。莽意甚以爲得。故遂置之不治。而自此九河故道。益湮沒不可復問矣。

東漢

明帝永平十三年。王景修汴渠。築隄自滎陽東至千乘入海。先是西漢元平之季。河道屢決。迄置勿治。自莽時大決。爲害益深。光武時陽武令張汜上言。河決積久。日月浸毀。宜修隄防以安百姓。光武即爲發卒。而浚儀令樂俊復言。新被兵革。民不堪命。遂又中止。其後汴渠東侵。歷歲彌廣。水門數處。皆在河中。兗豫百姓怨歎。永平中。乃始議修復汴渠。渠會有薦樂浪王景能治水者。帝召與語。應對敏捷。帝甚善之。乃賜山海渠書、禹貢圖、及錢帛。爲發卒數十萬。遣景與將作謁者王吳修築渠隄。自滎陽東至千乘海口千餘里。景乃商度地勢。鑿山阜。破砥磧。直截海澗。防遏衝要。疏導壅積。十里立一水門。令更相洄注。無復潰漏之患。由是河汴分流。復禹故迹。帝親隨巡行。詔濱河郡國置河隄員吏。如西京舊制。景因是顯名。王吳及諸從事者。皆增秩一等。自漢至唐。河不爲患者一千餘年。論者因以景之治河爲能讚禹遺績。功施於後世云。

按此爲禹功以後治河第一成績。其開通汴渠。與導河入海。實爲兩事。議本因修汴渠而起。東漢都於洛陽。與汴渠興廢利害之關係。最爲密切。是時以河決侵汴。至汴渠淤塞。全失其利。所謂水門盡在河中云云。即汴渠之水門。爲河決所浸灌也。顧欲修通汴渠。不能不先籌決河之去路。使河流通洩。而後汴渠水道得以安固。一事兩利。同時而並舉。故汴通而河亦安。其所稱商度地勢。鑿山阜。破砥磧。直截溝澗云云。則導河入海之事也。其所稱防遏衝要。疏導壅滯。十里水門。更相洄注云云。則修通汴渠之事也。自讀史者不加深考。乃以兩事并爲一談。其綱明爲修汴渠隄。因有千乘海口一語。而將以下所列。舉屬之於此一事。悉概爲治河之盛績。而忘其修汴之正文。後來各書援引。往往將河汴分流一語刪去。而當時真相。益不可見矣。考禹之治河。既全引河流大勢入海。同時即於滎陽置水門。分大河爲陰溝。引注東南以通淮泗。至大梁浚儀縣城北。復分爲二渠。一渠經陽武縣中牟臺下。爲官渡水。一渠即始皇時王賁所鑿以灌魏郡者。謂之鴻溝。莨菪渠自滎陽五出池口來注之。其鴻溝即出河之溝。亦曰莨菪渠。景於滎陽作水門。以受河水。過河以東。積石爲隄。亦謂之金隄。漢靈帝建寧四年。復於敖城西北。壘石爲門。以遏渠口。故世謂之石門渠。東合濟水。濟與河渠渾流東注。至敖山北。又兼邲水。春秋晉楚戰於邲。邲又作汳。後人避反字。因改爲汴云云。此即汴洛之源流。見於宋參知政事張洎之奏對。宋至道元年。帝以汴河歲運江南米六七百萬斛。因令侍臣張洎具述汴水疏鑿之由。洎因具以上對。當時並引王景開汴之事爲證。章懷注通鑑。並詳其說。足見禹時河道。故有南流一派。蓋以黃河來勢既暴。又兼受涇渭洛沁諸水。益湍悍不可制。故汲汲導之入海。而一面則利用汴水渠道。南引分洩。以資豫冀各州灌溉水運之用。去水之害而仍不遺水之利。水既分洩則經流之暴勢亦殺。既受其利。並減其害。所以千數百年不生大患。其間調節挹注之法。必極周密。所謂禹盡力溝洫者。即此可證。否則雍冀梁豫數州。涇渭洛沁汾諸大水。幷集於一綫河流。而悉數傾導入海。不留一滴。俾得紓泗滎注以給各地生民之利用。揆之情理。寧復有當。禹貢導河。僅述其大勢。故不瑣及。後人因遂不知禹河本有南通淮泗之一道。至於河流沿革。每多疑揣。宋時去古稍近。迫非確有依據。當然不敢妄對。而證以王景此役。則事理益復顯然。此實治河歷史之一大樞紐也。隋之御河。元之賈魯河。其根本關係。亦悉基於此。景所治千乘入海之道。實即依決河本來之途軌而加之以疏鑿。順水性之所趨就。而益助其便利。自然安流通暢。而無所阻遏。河流既已通暢。則汴渠不受侵灌。可以回復故狀。乃益從容葺理。隄防疏導。俾得紓回挹注。以盡其利。而後通之於淮泗。以分洩黃河一部之水力。汴以河為源。有不竭之用。河以汴為委。得分洩之功。以此河汴分流。兼資並倚。而相安於無事。是景仍是修復禹本來之舊法。並非於禹功以外。別掓良策。然自此遂能一千餘年。不受河患。漢帝謂聖人作事。通於神明。有以也夫。

汴河圖（圖八）

唐

開元十六年。以宇文融充九河使。融請用禹貢九河故道開稻田。幷回易陸運錢。官收其利。數月不息。事多不就。

按自王景治河後。河汴分流。至此已將及七百年。六朝劉宋元嘉北齊河清中亦屢載有河溢之事。然爲患至尠。唐自貞觀以來。陝州、齊州、棣州、博州、魏州、冀州。先後皆載河溢。大抵偶然浸氾並未成何等大災。故亦絶無治河事迹可述。至是乃始有九河使之設。計當時必有可以引起注意之情勢。而融迄絶無措置。觀其所請。直是以河爲利。於河患之無甚注係。亦可概見矣。顧史言其功多不就。而後來亦迄未發生巨險。惟憲宗元和八年。載滑州河溢。滑州薛平魏滑田宏正。徵役萬人於黎陽界開古黄河道十四里。自此滑州不受水患云云。則未開之先。滑州必已迭見水患。終唐之世治河工程。祇此兩事而已。自後太和大中。皆有決溢。率皆無大損害。歷代河患之少。實以唐爲第一。論者因歸功於王景之餘績。閻百詩引程子之説。以爲漢宗水德。故多水災。唐土德勝水。固鮮河患。氣運之説。在現時已未足引據。宋敏求謂唐自天寶後。河朔諸郡。並隸藩鎮。縱有河事。亦不上聞於朝廷。此或應有之事理。但果有巨工大患。即不載之國史。亦當傳播於見聞。耳目衆著之事。非可以銷匿也。茲固不能謂唐代盡無河患。然其未有因河患而興作之巨大工事。固已確然無疑矣。

五代

後唐莊宗同光二年。發兵塞決河。先是梁於楊劉決河水以限晉兵。連年爲曹濮患。至是命將軍婁繼英督汴滑兵塞之。未幾復壞。

明宗天成四年。修治河北岸。宣差左衛上將軍李承約祭之。長興初。張敬詢爲滑州節度使。以河水連年潰溢。乃自酸棗至濮州。廣隄防一丈五尺。東西二百里。

後晉高祖天福七年。鮑子河漲溢。詔梁州節度使安彥威督諸道運民。自豕韋之北。築堰數十里。給私財以犒民。堰以速成。曹濮賴之。以功加邠國公。詔於河決之地。建碑立廟。

後周太宗廣順二年。河決鄭州滑州。王浚請自行視。許之。遂周塞決河。

世宗顯德元年。遣使分疏決河。先是以楊劉潰決。塞治無效。河益連年東潰。分爲二派。匯成大澤。彌漫數百里。又東環古隄而出。灌齊棣淄諸州。久不能塞。至是宰相李穀親自監視。自陽穀抵張秋。役徒六萬。三月而隄成。明年。遂疏汴水。自唐末河久不治。遂侵及汴。汴水因之亦決。自通橋東南。悉爲汙澤。世宗謀擊唐。先命發民夫。因故隄修導之。衆皆以爲難成。世宗曰。數年之後。必蒙其利。遂舉工。帝親行視至泄橋。自取一石。於馬上持之。既至。塞以供磁。從官過橋者。皆人取一石投之。又明年。疏汴水至五丈河。於是齊魯舟楫。皆通於大梁。顯德五年。汴渠、成。浚汴、口。導河、流、達、於、淮。於是、江、淮、舟、楫、始、通。

按自東漢至於五代一千餘年。河道雖小有變革。大抵河汴分流。尚循王景之舊迹。唐代以不受河患。始終於河事。迄未注意。一時雖不生大險。而淤塞散漫。消極之變象。天然爲勢所必至。五代政局更迭。頻數短促。遠甚於六朝。以此對於河事。類皆不暇顧注。迄於後周而治象小定。世宗又係求治有爲之主。故就位之初。即汲汲注意於此。然荒廢過久。受病已深。李穀雖以三旬之工。勉强修塞。要不免將就其事。已非復前時之故道。其間、更、離、出、一、支、爲、赤、河。猶、鮑、子、既、塞。別、出、屯、氏、也。汴、渠、自、王、景、後。至、今、亦、爲、第、一、次、之、修、治。施、工、歷、四、年、之、久。大、率、修、繕、完、固。必、遠、勝、於、塞、河。以、故、至、宋、猶、賴、其、利。蓋以國都所在。河之利害較遠。而汴之利害尤切也。自隋大業中開通邗溝以後。汴梁之下游。疏達益廣。故此時可以直通江淮。經此一治。汴河之利。更甚於往昔矣。

宋

太祖乾德二年。遣使將治古隄。議者以舊河不可卒復。力役且大。遂止。但詔民治遙隄。以禦衝注之患。

按自東漢至此。大河皆循莽時決河故道。即王景所治之千乘入海河道也。但五代以來。歷年過久。其間不無變革。周世宗時。雖有治河之舉。施工多在汴渠。而於入海河道。僅能將就補苴。並無何等規畫。故結果更添出赤河一派。即其他河道。亦率多自由改易。實際已非東漢之舊。然因未有正式規定河道。故尚認王景所修之河爲正流。所云古隄舊河。即其故道也。蓋當時尚有大舉修復之議。卒以役大中止。所謂遙隄。即離河較遠之隄。後世已成習用名詞。其名即始於此。其後赤河決於東平之竹村。下游七州之地。並罹水災。三年河決武陽澶鄆。四年決滑州。詔殿前都指揮使韓重贇。步軍都頭王廷議。督士卒數萬人治之。以後屢有河決之事。乃定以正月分遣行視。發畿甸民夫繕治。季春而畢。歲以爲常。

開寶四年。河決澶淵。帝以官守不時上言。甚爲震怒。通判司封郎中姚恕棄市。知州杜審肇坐免。五年正月。詔治河州縣。除准舊制種藝桑棗外。委長吏課民別種榆柳。及土地所宜之木。河隄種樹。歷代均有通令。其端實始於此。蓋樹木可以固隄。又可以充防河材料也。是年五月。河大決濮陽。又決陽武。詔發諸州五萬人。遣潁州團練使曹翰護其役。翰辭。太祖謂曰。朕聞河決。信宿以來。焚香告天。若天災流行。願在朕躬。勿延於民。翰頓首曰。昔宋景公一言而熒惑退舍。今陛下憂民如此。上感天心。必不爲災。遂至河上。親督夫役。未幾決河均塞。是歲詔搢紳有素習河事深知籌策者。並許詣闕上書。魯人田吉纂禹元經十六篇。詔赴闕面詢。甚善其言。將授以官。以親老固辭歸養。

太宗太平興國二年。河決孟州之温縣。鄭州之滎澤。澶州之頓丘。皆發沿河丁夫塞之。七年。河大漲。蹙鄆州城幾陷。詔承旨劉吉馳往治之。八年。河決滑州之韓村。汜澶濮曹濟諸州。東南流至彭城界。還入於淮。詔發丁夫塞之。隄久不成。乃遣樞密直學事張齊賢乘傳詣白馬津用太牢加璧以祭。十二月乃塞。

按此爲河決南流由淮入海之始。自東漢王景治河後。河流本與淮通。乃由汴渠入泗間接以入淮。至周世宗復修汴渠。下流益廣。乃週可與淮通。然尚由他水次第灌輸。並無正式入淮之道。至是乃由河直接入淮。不假他道矣。

先是隄久不塞。命使者按視遥隄舊址。使者回奏。以爲治遥隄不如分水勢。頃自孟州抵鄆。總有隄防。惟滑與澶最爲狹隘。請立分水之法。宜於南北岸各作斗門。北入王莽河以通於海。南入靈河以通於淮。啓閉隨時。可以節暴流。溉農田。通舟楫。此富庶之資云云。不報。

雍熙元年。滑州房村河決。帝曰。近以韓村河決。隄久不成。安可重苦吾民。當以諸軍治之。乃發卒五萬。以侍衛步軍都指揮使田重進董其役。淳化四年。河決澶州。巡河供奉官梁睿言滑州土脈疏。河岸易潰。請於迎陽鑿渠。引水四十里至黎陽合大河以防暴漲。許之。明年新渠成。帝又按圖命羅州刺史杜釣率兵夫自韓村至州西鐵狗廟鑿渠五十餘里。復合於河以分水勢。

真宗咸平三年。河決鄆州。浮鉅野。入淮泗。景德元年。河決澶州。四年。壞王八埽。並詔兵夫完治。大中祥符三年。遣使於滑州經度兩岸。開減水河。是年。河決棣州聶家口。明年復決聶家口。及李氏灣。棣州環城數十里民居悉壞。乃徙州城於商河。七年。詔罷葺遥隄以紓民力。是年。河決大吳埽。築新隄亙二百四十步。水乃順道。八年。京西轉運陳堯佐請於滑州之迎陽村北開小河以分水勢。報可。天禧四年。滑州河溢。歷澶濮曹鄆。東入於淮。即遣使賦諸州薪石楗橛芟竹之數千六百萬。發兵夫九萬人治之。明年河塞。羣臣入賀。上親爲文刻石紀功。已而復決於滑州天臺口。下走衛南。浮徐濟。其害益甚。以上新經大工。慮困民力。詔被災州縣。勿復科調民夫。

按山東通志。載梁山濼合清水古濟渠東流入海云云。古汴渠即王景所治通淮泗之故道。周世宗時所修廣者也。先是以河道屢決。著作郎李垂上導河形勝書三篇。幷圖。請推禹故道。自大邳之間。疏爲六渠。令各合屯氏、百濟、朝河、衛漳、白溝、赤河、諸水。分道入海。詔下學士任中正陳彭年等詳定。咸以垂所述頗爲周悉。惟滑台而下。派之爲六。緣流湍急。恐水勢聚而爲一。不能各依所導。設或必成六派。則是更增六處。益難隄防。亦慮入滹沱漳河。漸至二水淤塞。益爲民患。其議遂寢。至是復言疏河利害。命赴大名府滑衛德貝諸州。與長吏計度。垂還言大致謂今議河事者。不外二說。一決河而東。使入王莽河。與西河故瀆。注金赤河。深處水勢浩大。蕩盡民田。其難一。若決河而北。爲害較少。恐一旦河水注御河。蕩易水。經乾寧軍入獨流口。遂及契丹之境。或因此搖動邊鄙。其難二。臣請於二難之間。請畫一計。請自衛州曹公所開運渠。在五里河北岸凸處。就岸上堅土。引之正北稍東十三里。破大禹故隄。注裴家潭。進牧馬坡。又正東稍北四十里。鑿大邳西山。釃爲二渠。一遶大邳南足。決古隄正東。復澶淵故道。一遶通利軍。至大禹所導西河故瀆正北稍東五里。開南北大隄。入澶淵舊道。與南渠合。如是載之高地。於大邳二山睢股之間。分酌兩渠。不遠三十里而復合於澶淵。則滑州之水。不治自涸云云。朝議以其煩擾罷之。讀垂先後兩議。於河道似頗詳悉。而詳細推按。大抵泥於史記載之高地廝爲二渠及北播九河數語。意禹功在大邳之閒。今就其故地。仿其遺法。必可據勝。而不明言其旨。蓋亦信書之過也。明年。知滑州陳堯佐於城外西北築大隄。又疊埽於城北。護中州居民。復就鑿橫木下垂木數條以護岸。名之曰木龍。當時賴焉。木龍之法始此。復並舊河開枝河以分水勢。詔嘉獎。

仁宗天聖元年。以滑州決河未塞。詔募京東陝西淮南民輸薪芻。調兵伐瀕河榆柳。賑溺死之家。二年。遣使詣滑衛行視河勢。五年。發丁夫三萬五千。卒二萬一千。緡錢五十萬。塞決河。八年。始詔河北轉運使司計塞河之備。良山令陳曜請疏鄆滑界糜丘河以分水勢。遂使巡視遙隄。景祐元年。河決橫隴。遂爲大河經流。東京之故道廢。

按自東漢至此。皆行王景所治之莽河故道。五季之末。實際雖有變革。然以外未有正式規定之河道。故尚以此爲經流。大勢未甚相遠。當時謂之京東河道。橫隴本澶州十三埽之一。至是由此潰決。據山東通志。自濮州東。東平西范縣東陽穀東南東阿長清北。自長清以下。仍與京東故道合。經流全體改道。而故道十之七八。已全廢涸。千數百年之遺迹。至此乃根本改革。此亦河道變徙之一重要關鍵。而以地域相懸。尚不甚遠。且不久復有商胡之巨變。故不列於大徙之數。自宋初至此。不過七十餘年。河流潰決。幾數十次。率在澶滑二州之地。而滑州尤十居其七八。治河巨工。以十數。而亦悉集於此處。除補塞已成決口。惟以開河分水爲惟一上策。絕不聞於河流上下稍有兼顧擬議。及其他挽救防禦方法。足見當時河工知識之幼稚。蓋因千餘年未受河患。普通於此事。皆不注意。絕無練習河務人才。臨事而復强應。故不免張皇束手。惟知頭痛醫頭。脚痛醫脚。而絕不知考求受病之原理。此亦曰承平日久。民不知兵之象也。

橫隴改徙河道圖（圖九）

慶曆元年。詔權停修決河。自此久不復塞。而議開分水以殺其勢。未興工而河流自分。有司以聞。遣使特祠之。命築隄於澶以扞城。八年。河決商胡。舍永濟渠注乾寧軍入海。

按自王莽三年徙道。至是凡閱一千三十有七年。是爲河道大徙之第三次。自橫隴改徙至此。凡閱十一年。商胡既決。而橫隴之流遂斷。商胡亦澶州十三埽之一。在開州東北。河自此決口。經冠縣館陶邱縣夏津武城恩縣德州各縣。商胡決於慶曆八年。而合永濟河注乾寧軍以入海。則皇祐元年之事也。皇祐二年。河又決於館陶之郭固。四年而塞。

至和元年。遣使行度故道。且詣銅城鎮海口約古道高下之勢。二年。殿中丞李仲昌請自澶商胡河穿六塔渠引河。歸橫隴故道。詔發丁夫三十萬修之。

按郭固既塞。而河道猶壅。故一時議者。有塞商胡開銅城以回橫隴之說。上年巡視古道。殆即爲此。六塔渠在商胡決河與橫隴故道之間。故仲昌欲因之以復舊河。可省一段工役。然朝議頗不一致。歐陽修三疏抗爭。尤極剴切。有三大患五必不可之說。大致謂回一大河之正流。其勢必不可能。且修葺三千餘里之隄防。須移一縣兩鎮。科配工料。騷動六路一百餘軍州。工費浩大。爲國斂怨。頻年災患。聚三十萬人於貧虛之際。農民失業。其患尤巨。萬一改道。六塔河必不能容。又將漫決云云。迭下兩制臺諫中書詳議。賈昌朝孫抃等力主塞商胡開六塔。歐陽修劉敞等均主就已成決河防葺。以減恩冀之患。而是時富弼當國。頗主仲昌言。故遂行之。既而商胡北流入六塔河。果不能容。連次潰決。皇祐四年。又復大決。歐公之言竟驗。

嘉祐五年。都轉運使韓贄言四界首古大河所經。即溝洫志所謂平原金隄。開通大河入海五百里者也。自春以丁莊三千浚之。支分河流入金赤河。一月可畢。今令商胡決河。自魏至於恩冀。乾寧入海。二股河自魏恩東至於德滄入海。分爲二。則上游不壅。可以永無決溢之患。乃上四界首二股河圖。詔如其策。役三千人。期月而畢。按自此商胡決河。分爲二道。先是商胡決後。直至恩冀乾寧入海。嘉祐八年。河復決於魏之第六埽。自魏恩東至德滄入海。蓋即唐馬頰河之故道●合馬頰東北至德平合篤馬河。又東北經樂陵合鬲津至海豐入海。因其從商胡決河分流。故謂之二股河。韓贄蓋因其已決之道而修治之。故工省而易集。因稱商胡決河爲北流。二股河爲東流。

二股河河道圖（圖十）

英宗治平二年。始命都水監浚二股河以紓恩冀之患。都水監言商胡湮塞。冀州界河淺。房家武邑二埽由此潰。慮一旦大決。則更甚於商胡。乃遣都水監張鞏戶部副使張燾等行視。遂興工役。卒塞之。

神宗熙寧元年。南溢恩冀瀛等處。帝甚憂之。於是都水監李立之請於恩冀瀛等處。創設生隄三百六十七里以禦河。而都水監丞宋昌言謂今二股河變移。請迎河淡進約簽入河身。以紓四州水患。遂與屯田都監內侍程昉議。請相六塔舊口。開二股升道以導東流。徐塞北流。乃由部水監具奏。而提舉河渠王亞等謂黃御河帶北行入獨流東砦。經乾寧軍滄州等八砦邊界。直入大海。其近大海口闊六七百步。深八九丈。三女砦以西。闊三四百步。深五六丈。其勢愈深。其流愈猛。此天所以限契丹。議者欲開二股。漸閉北流。此乃未嘗覩黃河在界河內東流之利云云。於是朝議之糾紛又起。韓琦呂公著趙忭等皆不主其說。而張鞏李立之宋昌言程昉等持之甚力。是時王安石當國。獨主昌言議。帝以問司馬光。

光請如昌言策。於二股河之西。置土約辯水令東。俟東流漸深。北流漸淤淺至二分時。再行堵塞。而鞏等急於見功。才及六分。即請閉北流。光復言之。帝乃遣光與內侍省副都知張茂則乘傳勘視。安石以光議不合。獨遣茂則。茂則還奏遂言東流已及八分。乃遂閉北流。張鞏等因奏大河東徙。詔奬諭司馬光等。北流既塞。而河自其南四十里之許家港東決。氾濫大名恩德滄永靜五州軍境。三年。命茂則相度澶滑以下至東流河勢隄防利害。遂閉二股河。五年而功成。河復決於北京夏津。帝以河患不息。有罷工意。而安石極言北流不塞。佔公私田至多。向如二股已修。溢出腴田無數。庸非利乎。帝復從之。

按前說亟閉北流。并之於二股。北流塞而復決。則此一爭議案已可結束。至是復言閉二股河者。蓋欲總治其上下游。以二股河爲正式河道也。既修而復決。則此舉之得失。更屬明白。而安石尚堅持不已。所以東流北流之爭議。遂與宋相終始。可歎也。

熙寧六年。選人李公義獻鐵龍爪揚泥車法以濬河。遂下其法於北京。旋置濬河司。以虞部員外郎范子淵爲都大提舉。公義爲之屬。

按其法用鐵數片爲爪形。以繩繫舟尾而沈之水。篙工急櫂乘相繼而下。一再過水。已深數尺。使宦官黃懷信試之。以爲可用。尚嫌其太輕。安石乃請令公義與懷信共商增損。乃別置濬川杷法。以巨木長八尺。齒長二尺。列於木下如杷狀。以石壓之。兩旁繫大繩。釘於大船。相距八十步。用滑車絞之去來。以撓蕩泥沙。或謂水深則杷不及底。淺則曳之不動。卒乃反齒向上而曳之。人皆知不可用。惟安石獨善其法。使懷信先試之。以濬二股。因言於帝曰。治河之效。莫如開直河。徒以近河土淺。數尺下即水。不容施工。今以此杷數千濬之。則諸河淤澱。皆非所患。歲殆可省費數千百萬。帝曰。果如是甚善。但近聞河北小軍壘當起兵夫五千。合境之丁。僅及此數。一夫至用錢八緡。故歐陽修謂開河如放火。不開如失火。與其勞民。不如勿開。安石曰。勞人以除害。所謂毒天下之民而從之者。帝乃許以春首興工。以杷法下北京提舉大名府界金隄范子淵。與通判知縣共試驗之。皆言不可用。會子淵以事至京師。安石詰問其故。子淵乃希旨言曰。法誠善。第同官議不合耳。安石大悅。遂置濬河司。差子淵都大提舉。公義爲之屬。許不拘常制。舉使臣等。入船木鐵工匠。皆取之諸埽。官吏俸給。視都水監丞司。行移與監司敵體。是時北流閉已數年。水或橫決散漫。常虞壅滯。外監丞王令圖請於北京第四第五埽開修直河。使大河還二股故道。乃命子淵及朱仲立領其事。開直河深八尺。可用杷疏濬二股河及清水鎮河。凡退背魚肋河則塞之。安石因盛言杷之功。謂若不輟工。雖二股上流。可使行地中。

按鐵龍爪濬川杷云云。正如清季李鴻章所購外國挖輪之雛形。用意相同。而其法幼稚。直同兒戲。乃遂至傾動朝廷。宋儒專尚文學。而不講技術。足見當時河工器械全不研究。安石素以經綸學識自負。亦何至爲區區一杷傾倒如此。幾視爲惟一公案。蓋彼實未嘗深研河務。而又亟意於急功興事。神宗以久治不效。其意已怠。適有此器。乃欲利用以鼓動之。此安石之愎。亦安石之深也。

熙寧七年。命都水詰官吏不以災聞者。外都水監程昉以憂死。是年都水監劉璯言。自開直河閉魚肋。水勢增漲。雖二股深快。而蒲泊以東。下至四界首退出之田。略無固護。宜築縷河隄一道。以遏漲水。從之。

九年。河決澶州曹村。澶淵北流斷絕。河道南徙。東會於梁山張澤濼。分爲二渠。一合南清河入淮。一合北清河入海。凡灌郡四十五。而濮濟鄆徐尤甚。

按此爲黃河南北分流之始。南清河即泗水。北清河即大清河。因下游北流已閉。二股河通洩不及。上游因之連歲潰決。又無根本治法。所以橫流散漫。均瀦蓄於下游。當時所以有梁山泊之稱。是年判大名府文彥博奏德州河底淤澱。上游恐至壅潰。魏博恩澶等境必受其災。請豫爲經制。又言各埽材料皆不如數預備。兵夫亦多缺額。應請審擇水官愼重河事云云。先議自夏津開簽河入黃。又自張村直東築隄至龐家莊。詔樞密都承旨韓縝相視。縝言新河已成河道。不如就加修治。稍可經久。詔可。

元豐元年。決河塞。新隄成。詔給十萬緡。下諸路。以時儲峙封椿植草。非朝旨及埽岸危急。無得擅用。二年。護黃河岸畢工。詔中分爲廣武上下埽。三年。河決澶州。外監丞陳祐甫謂商胡橫隴故道。皆不可復。惟大邳大行之間。爲禹舊迹。請詔河北漕臣一員先行按視。從之。四年。澶州小吳口復決。注入御河。恩州大水。自大名至瀛州築隄。河復北流。詔東流已墊淤不可復。將來更不修閉小吳決口。候見大河收納應合修立隄防。令李立之經畫以聞。立之因言。臣自決河相視。至乾寧軍。分入東西兩塘。次入界河。於劈地口入海。皆通行無阻。宜修立東西兩隄。又言北京南樂館陶宗城魏縣淺口永濟延安鎭瀛州景城鎭。皆在大河兩隄之間。乞相度遷於隄外。於是遂用其說。分立東西兩隄五十九埽。定三等向著。河勢正著隄身爲第一。順流隄下爲第二。河離一里內爲第三。退背亦三等。隄去河最遠爲第一。次遠第二。一里以上爲第三。立之在熙寧中。即力主生隄之議。爲王安石所遏。至是乃實行其言。

元豐五年。河決鄭州。入原武溝。刀馬河。歸納梁山濼。詔原武決口已奪大河四分以上。不治之。將貽朝廷憂。其輟修汴河隄岸司兵五千。并力築隄修閉。是歲復決溢南皮清池永静軍阜城各埽。提舉汴河隄岸司復言洛口廣武埽水淤塌岸。萬一入汴。人力難支。詔都水監官速往護之。既而廣武上下埽危急。以急救獲免。七年。河溢北京。按臣王拱辰言河水暴至。數十萬衆。號呼待救。而向例錢穀稟轉運。常平歸提舉。軍器工匠隸提刑。埽岸物料兵卒屬都水監。倉卒呼應。無以集事。請不拘常制。詔事干機要。速奏復牒稟。所屬不及者如所請。冀州王令圖奏大河行流散漫。河內旋生灘磧。宜令澶州相視水勢。使之復故道。明年神宗晏駕。事遂中止。

按熙寧之初。主河事者。專欲閉北流以導東流。元豐以後。因河決西北。議者因又欲復禹舊蹟。神宗初甚有心於河事。而末年見治多無功。意亦寖怠。安石力主程昉范子淵。二人亦以河工自任。而皆非其才。帝亦愛惜民力。屢裁抑之。故益無所成。程昉先故。子淵後以御史呂陶劾奏。黜知陝州。制文謂汝以有限之才。興必不可成之役。驅無辜之民。置之必死之地。蓋蘇軾詞也。

哲宗元祐元年。詔未得雨澤。權罷諸路兵夫。既而復詔秘書監張問相度河北水事。旋以王令圖領都水。同問行河。先是令圖知澶州。建議濬迎陽埽舊河。又於孫村金隄。置約復故道。本路范子奇仍請於大吳北岸修進鋸牙。擗約河勢。至是問言臣至滑州決口。相視迎陽埽。至大小吳水勢低下。舊河淤仰。故道難復。請於南樂大名埽開直河。并簽河分引水勢入孫村口。以解北京向下水患。令圖亦以爲然。朝議將定。會北京留守韓絳奏引河近府非是。乃詔問別相視。二年。令圖必欲從前議。朝廷復從之。既而令圖死。以王孝先代領都水。仍請如令圖議。

按自是而回河東流之議又起。一時朝論大滋糾紛。自商胡決後。分爲東北兩流。王安石主閉北流而導東流。越二十一歲。爲熙寧二年。而北流閉。又十二年爲元豐四年。河復北流。於是復有修復禹迹之說。當時東流雖尚有水。已非二股河之故。范子淵之開直河。即就二股河修濬取直。實已爲現在回河之張本。此次倡議者爲王令圖。繼主其役者。爲王孝先范子奇張問吳安持李偉俞瑾張景先王宗望劉奉世李仲鄭祐。贊和之者。安濤王徵叟郭知章等。持反對者。范純仁呂公著韓絳蘇轍王覿王存胡宗愈謝材卿范百祿趙君錫曾肇趙稱梁燾范祖禹朱光庭王祖道等。交章論辯。反覆各數十上。其主回河者。大致以北流不息。恩冀受患。幷呑御河。漕運梗阻。乾寧一壘。孤懸危絕各語。而其最警要者。則以是時朔方郡縣。多半已入虜境。謂南北分界。特河爲固。如北流不挽。萬一徙而更北。從契丹境入海。則邊防之利全失。胡馬南牧。可以直抵京師云云。此一問題。大抵爲主持回河者之唯一後盾。以危詞聳聽。使反對者不敢負責。駁之者則謂恩冀已災之地。北閉無益於殘破。東流未災之地。東行反或至沈淤。況河之所行。利害相半。水來雖有敗田破稅之害。去後亦有淤厚宿肥之利。今河退之地。賦役全復。此恩冀之患。不足慮也。御河自懷衛經北京。漸歷邊郡。餽運商賈。自是天然之利。今河自小吳北行。占壓御河故地。雖使北京以南。折而東行。御河湮滅。已二百里。昔時之利。何由復見。此御河之說。不足憑也。契丹之河。自北南注入海。地形北高。更無北徙之患。而海口深闊。不易轉移。藉令北徙。則我國據河上游。乘流而下。患在契丹。亦不應由我代慮。則邊防之說。不足憑也云云。雙方扼要之旨。不過如此。迭下兩制樞密臺諫審議。而是時文彥博呂大防頗主回河之議。呂公著范純仁蘇轍嘗貳宰府。亦時時牽掣之。故朝旨亦屢有反覆。有取調停之說者。謂令圖向主由孫村口引水還復故道。其策甚善。惟測量流分尺寸。恐其說難以實行。張景先謂果欲回河。惟在北京以上滑州以下爲宜。仍於孫村口濬治舊河横隄。止用逐埽人夫兵料。幷年例客軍春夫。逐漸爲之云云。朝廷頗是其說。蓋用其計議而緩行之。不特別增工添料。稍以平反對者之氣。三年。復詔黃河未復故道。終爲中國之患。王孝先等所議。已嘗興役。不便中罷。宜接續徵集工料。決要回復故道。三省樞密院速與商議施行云云。又亟欲實行矣。范純仁復一再抗疏諫阻。有四不可之說。王存胡宗愈蘇轍曾肇等。並各連章極論之。會朝廷遣范百祿趙君錫前往相視。百祿等回奏。亦以爲東流高仰。北流順下。決不可回。幷言孝先等亦明知功不可成。初則以先開減水河。俟河流通快。新河勢緩。徐議閉塞北流。已是召赴都堂。則又請以二年爲期。謂來年取水入孫村口。若河流順利。工料有備。便可閉塞回復故道。而又不待新河勢緩矣。孝先俞瑾知用物料五千餘萬。迄今未有指擬。度事理終不可爲。故爲大言。且云若失此時。即永無回河之理。實預爲卸責之地。臣等謂河流轉徙。本無一定。請假以五年。休養民力。儲積物料。俟流勢改變。然復因勢而利導之。釃爲二渠。分派行流。均減漲水之害。則勞費不大。而功亦易就。安得謂一失此時。永無回河之望云云。四年。冀州南宮等五埽危急。詔發提舉司物料百萬與之。百祿等復言修減水河。役過兵夫六萬餘人。費錢糧三十九萬二千九百餘貫。用過物料二百九十餘萬條束。官員使臣軍大將凡一百一十餘員。勞擾妨民。願罷有害無利之役。挪移工料。繕築西隄以護南決口。未報。已而詔罷修河及減水河。未幾。尚書省復以爲言。謂北流不治。若河尾直注北界入海。則全失險阻。不可不慮。詔百祿君錫條畫以聞。百祿等復言昨按行黃河。自獨流口至界河。又東至海口。界河向闊百五十步至五十步。深則一丈五尺至一丈。

自黃河行流以後。闊處至五百四十步。次亦二三百步。深者三丈五尺。次亦二丈。趨海之勢甚迅。故大吳以上數百里間。雖遇歲汛。終無決溢之患。此乃下流深快之驗也。至塘濼雖有限遼之名。固無禦遼之實。商胡之決。即已澱淤。迨今四十餘年。並無邊警。自回河之議起。首以此煩動聖聽。殊不知大吳初決。水未有歸。猶不北去。今入海湍迅。界河益深。又復何慮。已而都水監復上言大河千里。未見歸納經久之計。今宗城又復決溢。雖欲不爲東流之計。亦不可得。以河勢未可全奪。故爲二股之策。今相視新開第一口水勢湍猛。發洩不及。故不俟工畢。更撥沙河隄第一口。泄減漲水。雖未保冬夏常流。已有可爲之勢。必欲經久。遂作二股河。較今所修。利害輕重。當可顯著等語。蘇轍復奏。謂夏秋之間。河流暴漲。由孫村口東行。乃是每歲常事。而李偉與河埽使臣。因此張皇。以分水爲名。欲發回河之議。臣聞河道西行孫村左側。大約入地二丈。今所報漲水出岸。由新開口入孫村不過六七尺。欲因六七尺水。而奪入地二丈河身。雖三尺童子。亦知其不可。請急命有司。依累年漲水舊例。觀水勢所向。因其東溢。引入故道。以紓北京旦夕之憂。至於開進等事。一切毋得興工。俟水勢稍定。不過一月。漲水既落。則西流之勢。決無移理。并閉孫村漲水目前即已斷流。特河上官吏不肯奏知耳。而是時吳安持李偉力主東流。謝材卿則謂近歲河流入地已深。決無可回之理。上河議一篇。召赴政事堂會議。大臣不以爲然。已而李偉上言已開撥北京南沙河直隄第三鋪。放水入孫村口。大河東流。已極順利。漸次刷成港道。不須開淘。見今已爲二股約奪大河三分以東。若再得夫二萬。八月興工。十月可畢。非但二股通行。亦將遂爲回奪大河之計。今已擗拶東流。使當修全鋸牙。遷遞增進一埽。而取一埽之利。比至來年春夏之交。定可全復故道。朝廷今日當極力必閉北流。若不明詔有司。即令回河。恐遷延觀望。遂失機會。朝廷遂從其議。因復置修河司。五年。梁燾奏言。朝廷治河。東流西流。本無偏私之見。但今東流未成。邊北州縣。未至受患。其役可緩。北流方悍。邊西州縣。日夕可憂。其備宜急。今傾半天下之力。專言東流。而不加一夫一卒於北流之上。得不誤國計乎。去年北流屢決。全由隄防無備。臣願嚴責水官。修治北流埽岸。使一方均被惻隱之恩。因詔開修減水河。已而復詔三省。以雨雪愆期。權罷修河。蘇轍因奏言臣正月中還自契丹。所過吏民。皆額手相慶。言近有朝旨。罷回河大役。惟減水河工。尚遷延不止。民間竊議。意大臣業已爲此。勢難遽回。既爲聖鑒所臨。要當還遣盡罷。今月六日。果蒙聖旨。以旱災爲名。權罷修河。民方憂旱。聞命踴躍。臣竊詳聖旨。實乃上合天意。下合民心。而大臣奉行。不得其平。由此觀之。乃是大臣所欲。雖害物而必行。陛下所爲。雖利民而不聽。至於委曲回避。巧爲之說。僅乃得行。君權已奪。國勢倒置。逆順之際。實爲不便。今黃河既不能復回。則宜亟罷修河司。只令河北轉運司。盡將一道兵力。修北流隄岸。罷吳安持李偉都水監差遣。正其欺罔之罪。不獨河事就緒。天下臣庶。自此不敢欺誑朝廷。弊事庶幾漸革矣。已而李偉復言大河自五月後。日益暴漲。始由北京南河隄第七鋪決口。水出於第三第四鋪。幷清豐口一幷東流故道。河槽深至三丈至一丈以上。比去年尤爲深快。頗減北流橫溢之患。然今已秋深。水當減落。若不稍加措置。慮至斷絕。即東流遂成淤澱。望下所屬官司。經畫沙隄等口。分水利害。免淤故道。詔吳安持與本路監司及李偉按視。具合措置以聞。蘇轍復上書言。修河司若不罷。李偉若不去。則河水終不得順流。河朔生靈。終不得安居。六年。竟救竄責李偉。自元祐初擾攘至此。回河之議。始作一頓挫矣。

七年。以吏部郎中趙偁權河北轉運使。

按宋制以轉運使主治河錢穀。都水監主隄埽工料。故轉運使亦爲河工重要官吏。偁素與安持不協。嘗上河議。力言回河分水之不可能。請繕大河北流隄防。閉宗城廢上下約。開闞村河門。使河流湍直以成深道。聚三河工費以治一河。願以河事并都水條例。一付轉運司。而總以工部。罷外城司使。措置歸一。則職事可舉等語。至是詔令南北外兩丞司管下河埽。令河北京西轉運司副判官府界提點分認界至內河北。仍於街內帶兼管南北外部水公事。蓋外、丞、司、使、尚、未、盡、罷。而、河、務、職、權。自、此、乃、半、移、於、轉、運、矣。此、實、爲、河、事、之、大、轉、關。回、河、之、役。正、可、告、一、結、束。乃、未、幾、而、以、大、河、東、流。賜、都、水、使、者、吳、安、持、三、品、服。都、水、監、丞、李、偉、再、任。於、是、而、回、河、全、案。困、之、復、活。是時安持輩尚不敢昌言回河。乃創爲軟堰之說。謂置之北流約水以分水勢。陰爲逐漸閉塞之基礎。

蘇轍復上書極論。以爲東流本人力所開。闊止百步。冬日河流斷絕。故可置堰。北流是大河正流。比之東流。何止數倍。見今河水流行甚駛。軟堰何由能立。水官之意。欲以軟堰爲名。實作硬堰。陰爲回河之計。朝廷已覺其意。萬不可從。趙偁亦上議極論之。謂今日大患有三。北流全河。患不能分。東流分水。患不能行。宗城河決。患不能閉。今水官一不謀此。而專議塞北流。知北流伏槽之水易爲力。而不知闞村方漲之勢。未可以并入東流。止知一日可閉之利。而不知異日既塞之害。欲斷北流而不執其咎。乃引分水爲說。姑爲軟堰。知河衙之不可以軟堰禦。則又爲決堰之計。臣恐枉用工費。而以河爲戲。請俟漲水伏槽。再觀大河之勢。以定東流北流。已而水官請進梁村上下約。束狹河門。既涉漲水。遂壅而潰。南犯德清。西決內黃。東淤梁村。北出闞村。宗城決口。復行魏店。

北流因淤遂斷。河水四出。遂壞東郡浮梁。於時監察御史郭知章。言臣比緣使事至河北渡孫村口。見水之趨東者。河甚闊而深。又自北京過楊家口。見水之趨北者纔十之二三。然後知大河確宜閉北行東。乞下都水監相度。吳安持因此乃復兼領都水。即建言近準朝旨。已堰斷魏店剌子向下。北流一役斷絕。然東西未有隄岸。若漲水稍大。必被灘漫。乞塞梁村口。縷張包口。開清豐口以東雞爪河。分殺水勢。呂大防以與己意合。向之。詔同北京留守相視。范純仁復爲右相。與蘇轍力持以爲不可。復降旨令都水監與本路安撫轉運提刑司共議。轉運使趙偁深不以爲然。提刑上官均頗助之。偁時仍爲轉運。因言橫隴六塔商胡小吳。百年之間。均從西決。近則初決南京。再決宗城。三決內黃。亦皆西決。則地勢西下。皎然可見。今欲彈河患而强之使東。逆地勢。戾水性。安能有成。請開閻村河門。修平鄉鉅鹿焦家等隄。濬澶川故道以備漲水。大名安撫使許將謂今縱河北流。恐下游湮塞。而上流橫潰。爲害益廣。若閉北而盡趨東流。又慮受水不盡而破隄。竊謂宜因梁村之口以行東。因內黃之口以行北。然後盡閉諸口。以杜大名諸州之患。俟春水大至。徐觀其勢。以定成議。如東流故道足以盡受。則內黃之口可塞。如不能受。則梁村之役可止。如此則民心安固。而河之順復有時。詔令吳安持同都水監丞鄭祐與本路安撫轉運提刑司官具圖狀保明聞奏。郭知章又極言東流大勢。已不可遏。而巡司議論。時有異同。臣謂水官朝夕河上。所知必確。請先任之。都水使者。先是朝廷以吳安持久治無功。乃還爲太僕卿。而代之以王宗望。宗望奏築金隄七十里。障流北。使東還故道。未幾。呂大防罷相。右正言張商英乃劾彥博大防。專任吳安持。京東河北五百里內外。擾攘八年。民罷財盡。而無尺寸之效。乃代之以王宗望。宗望仍以彥博大防遺意。力主東流。以梁村口吞納大河。今則梁村淤澱。而閉河隄兩處決口以泄水矣。前議罷七十里隄以障北流。今則云俟霜降水落興工矣。九年之內。年年礬山水降。霜降水落。豈獨今年始有漲水。朝廷咫尺。不應九年爲水官欺蔽如此。乞遣使按驗虛實。詔可。已而宗望奏言自奉詔九月上稟成算。自閼村下至拷拷隄。七節河門。並皆閉塞。築金隄七十里。盡障北流。使全河通還故道。又自閼村下至海口。補築新舊隄防。疏濬淤淺。雖盛夏漲潦。不至淤塞。乞宣付史官。紀紹聖以來。聖明獨斷。至此成績。詔宗望等具析修閉北流部役官等功力第以聞。安持時爲工部侍郎。因上言準朝旨相度開濬澶州。地形高仰。未可興工。欲乞先行疏導燕家河。仍令所屬。先行計度工料。詔都水監俟來年漲水月分。詳具利害以聞。於是三省樞密院奏往時吳安持因紓南宮等埽危急。遂就孫村口爲回河之策。及梁村進約東流。而孫村口窄狹。因之潰決。至德清軍等處。均受水災。今春王宗望。雖於內黃下埽。斷閉北流。然漲水之時。猶有三分水勢。上流諸埽。已多危急。下至將陵埽決壞民田。今又據宗望奏。盡閉北流。東還古道。乃訪聞東流向西地形已高。水行不快。將來盛夏漲水。全歸故道。不惟舊隄損缺怯薄。閼村新隄。亦恐未易枝梧。兼京城上流諸處隄埽。亦恐壅滯衝決。不可不預爲經畫。詔安持宗望等。自閼村至海口。逐一相視。張商英因奏言今年已閉北流。都水監長貳。交章稱賀。則是河水已歸故道。止宜預防修葺而已。乃宗望却欲開澶州故道。安持乞候漲水相度。緣澶州故道。若不與東流底平。則纔經水落。立見淤塞。若與底平則從初自合閉口回河。何用九年。費財動衆。乃爲之悠悠之談。九年皆有漲水。安持豈得不見。何用延至明年。狡兔三穴。顯爲藏身之計。訪聞先朝水官孫民先賈權民皆有河議。乞取索照會。召前復本路監司。及經歷河事之人。與水官詣都堂反覆詰難。務衷至當。於是朱光廷范祖禹范純仁皆上疏極論。痛言安持宗望之欺飾。元符二年。李偉時爲北外都水丞。因言相度大小河門。乘此水勢衰弱。並皆修閉。各立蛾蝟埽鎮壓。乞須於河北京東西路。差正夫三萬人。其他夫數隨宜和雇。又乞於大河身內開小河一道。以待漲水。紓解大吳口下注北京一帶向著之患。並從之。是年六月。河決內黃。東流河道。全數斷絕。乃詔大河水勢。十分北流。其以河事付轉運司。責州縣共力保護隄岸。左司諫王祖道請正吳安持鄭祐李仲李偉之罪。投之遠方。以明先帝北流之志。詔曰可。自元祐七年。東流之議。復起紛擾。七年之間。一再反覆。至是而又告一段落。於是回河全案。始完全結束矣。

徽宗建中靖國元年。尚書省言。自去夏蘇村漲水。全河漫流。今已淤高三四尺。宜立西隄。詔都水使者魯君貺。同北外丞司經度之。左正言任伯雨因言河流淤澱。久而必決。不可以人力制。爲今之策。正宜因其所向。寬立隄防。使不至大漲漫流。若恐北流淤澱塘泊。亦只可因其舊岸。增設隄防。乃爲長策。風聞近日又有議者。獻東流之計。設若興工。實自困之道云云。西隄之役遂以中止。崇寧三年。復詔開直河。以殺水勢。廷臣因言。奉詔措置大河。歷勘沿邊州軍。回至武强。循河隄至深冀。又北過遠來鎮。並遣人相視恩州河流次第。水性就下。引之就高。必不可得。西山積水。勢必欲下。因勢順導。自無壅遏云云。四年詔增二埽隄及儲蓄以備漲水。工部因言乞修蘇村等處運糧河隄爲正隄。以支漲水。較修廢隄直隄可省工四十四萬。料七十萬。從之。尚書省復言。大河北流。西山諸水。在深州武强瀛州樂壽埽。俯瞰雄霸莫州。及沿邊塘泊。萬一決溢。爲害甚大。五年詔滑州繫浮橋於北岸。仍築城壘。置官兵守護。並葺陽武故隄。大觀二年。詔於陽武上埽第五鋪開修直河。以分減水勢。二年河決鉅鹿縣。詔遷縣治於高地。以趙州隆平下濕。幷遷之。是歲改用出錢免夫之法。先是河工例定於每歲春首調發人夫十萬騷動數路。有因而破產者。以滑州魚池埽合起夫役。改令輸直買土。比之調夫反有贏餘。因詔自後上戶出錢免夫。下戶仍出力充役。都水使者吳玠言。自元豐小吳口決。北流入御河下合西山諸水至青州獨流砦三叉口入海。雖得保固形勢之策。而歲月浸久。侵犯塘隄。雖治隄扞禦。然以八尺之隄當九河之尾。恐不能敵。乞降旨遇有損缺。逐時修補。以免毀壞。從之。三年詔沈純仁開撩兔源。分減廣武埽下漲水。四年都水使者孟昌齡言。今歲夏秋漲水。河流上下。並行中道。滑州浮橋不勞解折。大省歲費。詔許稱賀。官吏推恩有差。昌齡因獻議導河大伾。置永遠浮橋。謂河流自大伾之東而來。直至大伾山之西而止。數里方回南。東轉而過。復折北而東。則又直至大伾山之東。計東西相直。徑不過十里。地勢低下。可以成河。倚山可爲馬頭。又有中潬。正如河陽。若使引穿大伾大山及東北兩小山。分爲兩股而合於下流。因三山爲址以繫浮梁。省費數十百倍。可寬河朔諸路之役。朝廷喜而從之。五年橋成。因降德音於河北京東西各路。自居山至大伾山浮橋屬濬州者賜名爲天成橋。自大伾山至汶子洋屬滑州者爲榮光橋。俄而改榮光爲聖功。御製橋銘。磨崖以刻之。

按自元符以來。廷臣鑒於回河之役。頗憚興作。因此歷有詔命。皆以因勢利導爲詞。補苴修葺。勉維現狀。而河流亦反藉以安靜。此次昌齡蓋先以河流中道探帝意。乃遂爲之稱賀推恩。知帝忻慕美名。其計可入。始敢以大伾浮橋之說進。於是乃降德音稱聖功。摩崖刻石。小人之伎倆。覰於必中而後投之。計至工而術至巧也。開河時水流雖通。湍激猛暴。過山稍隘。往往泛溢。近巖民夫。

多被漂溺。因亦及通利軍。後遂注成巨濼。又大河浮橋歲一造舟京西之民。尤困其役。官吏聚斂。父子相繼領職。乾沒無數。史稱昌齡建三山之策。回大河之勢。僅爲數歲行路之觀。而漂泊生靈。亡慮萬數。吁其冤矣。靖康後。始以發覺姦利罷黜。

七年。臣僚言恩州寧化鎮大河之側。地勢低下。正當衝激。歲久隄岸怯薄。沁水透隄甚多。一失隄防。一隅生靈。所係甚大。且恐妨阻大名河間諸州邊路。乞付有司。貼築固護。從之。都水使者孟揚言。舊河陽南北分流。立中潬。繫浮梁。頃緣北河淤澱。一橋河狹。每遇漲水。多致損壞。欲措置開修北河。如舊修繫南北兩橋。從之。重和元年。詔滑州濬州界萬年隄全藉林木固護隄岸。其廣行種植。以壯地勢。又詔孟州河陽縣第一埽。河勢湍急。迫近州城止二三里。其令都水使者同漕臣河陽守臣措置固護。是秋雨。廣武埽危急。詔內侍王仍相度措置。宣和元年。開修兔源河。并直河畢工。詔獎諭。欽宗靖康元年。以京西轉運使奏本路歲科河防夫三萬。溝河夫萬八千。現在民力困敝。乞予量減。詔減八千人。

按歷代河患。莫甚於宋。而其紛糾亦莫過於宋。在宋天聖以前。惟知遇決則塞。甚且開分水河。以外更無措置。雖河工知識不免幼稚。而尚不失爲補偏救弊之計。縱無大益。尚不擾民。廷臣中惟李垂曾發大議二次。一請於大伾下分析六派。一請鑿大伾西山。釃爲二渠。其計之當否。見在雖不能懸斷。但觀其措置。似乎矯揉太甚。恐實施必多支吾。當時亦因煩費不用。大抵皆持穩慎態度。自橫隴之決。而風習爲之一變。好事者。不顧民力物力。竊欲徼天幸以立奇功。動輒以回河故道。爲唯一至計。商胡既決。則欲回之於橫隴故道。商胡再決而成二股河。則又欲閉北流而回之東流。其後。河益北流。則又思回之於禹河故道。最後東流又已變革。則又欲由孫村口以回其故道。紛擾累代。所費人工物力。亡慮以億萬計。而結果乃無一事之可成。除補苴小工不計外。其間可舉大業。約爲六起。一爲李仲昌之開六塔河。二爲宋昌言之開二股河。三爲李立之之立生隄。四爲王令圖吳安持李偉等之開孫村口。五爲孟昌齡之鑿大伾立浮橋。乃至李公義之鐵龍爪。亦幾經審議。成爲一種公案。蓋宋初已千餘年不受河患。當事者皆無此種經驗與知識。故惟知以補塞分水。爲盡治河之能事。至於横壠商胡一再大徙。痛深創鉅。當局頗有非根本修治不可之覺悟。而又不知其所以治。好事者乃迎機而入。逞臆見以圖嘗試。神宗志在有爲。安石敢於興事。一聞其說。似覺較之塞決分水。規畫稍爲遠大。似有根本修治之希望。不知以萬里河流。不能通身檢點。究其癥結。而但就區區腹部咫尺之地。東壅西鑿。輒欲變更大勢。永奠安流。寧有萬一之可能。在發議者亦未必果有深籌密慮。確然自信之決心。第欲藉此以竊假旦夕之事權。而私幸其功罪之不易暴露。方以爲平原大河。決東決西。無所不可。人主既不能親見。人民又不敢上聞。即有利害。當不至立時顯著。而實不知水性之暴烈。稍違其意。巨變立形。無法可以掩護。主議大臣。先則爲人所欺。後則自護其失。故終至於情見勢絀而無所悔。幸神宗猶有愛惜民力之心。故屢試不效。即不肯盡情傾聽。特重違安石之意。且復虛與委蛇。終至竄責李偉而後已。爲害雖巨。猶有限制。特此風一開。奔競者挾全力以圖之。投間抵隙。無所不至。李偉甫竄。而王令圖王宗望輩旋即接踵而至。終成二次回河之一大擾攘。雖以文富諸公之老成持重。而迄不能不墮其術中。雖以歐蘇諸公之抗詞極辯。而迄不能挽救其已失。然統觀當時諸賢之議論。河工知識。固已稍進於曩時矣。惜皆偏於消極之主張。而絕未嘗稍爲積極之研究。實施固限於時勢。然并論說而無之。一若黃河之爲害固非人力所能挽救也者。則固守舊太甚之病也。然六塔孫村之案。尚有幾多人之諫阻駁詰至於大伾浮橋。欺飾尤著。則竟無一人能置一言。則元氣銷爍已盡。不久而宋社亦且隨以南徙。此又人亡國瘁之明證也。宋代河事經過如此久長之歷史。繁複之辯論。鉅大之工作。既始終不著一成績。亦始終不出一人才。此尤最可怪異之事。南渡以後。黃河流域全入金境。故河事亦即於此告終。而有宋一代。竟與河患相終始。可歎也夫。

金

世宗大定八年。河決李固渡。潰曹州城。分流及單州。都水監梁肅請於李固南築隄。從之。

按自宋室南渡。黃河流域。盡入金境。故自此宋史不見河事。朱子語錄。謂自元豐間大河北徙。而中原多事。後來南徙。而金人亦多事。世宗初年。范成大北使。見濬州城內有黃河積水。以爲是時。復有北流之事。似以水之南北爲有關係於國運者。蓋元祐紹聖之間。河已北流。而舉朝必欲挽之東流。實無多大理致可言。此等浮說。尚沿前時之習見。主南流者。本以南北利害爲大問題。流播既多。不覺傳入於一時之耳目。故遂成爲一時信讖也。

章宗明昌五年。河決陽武故淤隄。灌封邱而東。歷曹濮鄆范諸縣。至壽張。分爲二派。北派。由北清河入海。南派。由南清河入淮。吸胙之流遂絕。

按此爲黃河大徙之第四次。自宋仁宗慶歷八年改徙後。至是凡閱一百四十六年。終北宋之世。黃河分爲南北兩流。宋人以全力挽之使東而不可得。至是金人盡閉北流。而東流淤塞既久。勢不能受。因而向南崩注。江淮一帶。遂受其害。北清河即大清河。自東平歷東阿平陰長清齊河歷城濟陽齊東惠民青城濱州蒲台利津入海。即今黃河奪濟之故道。大勢雖東流。而與二股河之故道又不相同。南清河即元代所開之會通河自汶上嘉祥濟寧會泗水而至清河。自此南流遂不復塞。乃成南北分流之勢矣。

元

世祖至元九年。河決衛輝新鄉之廣盈倉。自康武出陽武南而新鄉之流遂絕。委都水監丞馬良弼與本路官同詣相視。并力完修之。十七年。乃遣使窮河源。自漢張騫以後窮河源者實始於此。二十五年河決汴梁。太康通許杞三縣陳潁二州皆受其害。二十六年開會通河。起須城縣安山西南由壽張西北至東昌。又西北至臨清。引汶水以達御河。長二百五十里。中建牐三十一。以時蓄洩。

按須城在今山東泰安舊府屬之東平。安山在東平州西南。今爲運河所經。有安山鎭。先是畢輔國始於堽城左汶水陰作一斗門。遏汶入洸。南通淮泗而未分於北。至是始分流絕濟由壽張以北達於臨清。洸河本汶水之支流。自元遏汶入之。其流始盛。今由滋陽至濟寧濟水。即大清河也。以往時南北分流北流固未斷絕自此河成後而北流入海之水完全斷絕始以一淮受全河之水矣。

成宗大德元年。河決杞縣蒲口。旋徙而北。自陳留入蘭陽儀封。二年。河決歸德。於時命河南廉訪使尚文相度形勢。文因言黃河萬里。其勢湍猛。爲中國患。殆數千年。自古治得其當則用力少而患遲。不得其宜則用力多而患速。今陳留抵睢。東西百有餘里。南岸舊河口十一。已塞者二。自涸者六。通川者三。岸高於水計六七尺。或四五尺。北岸古隄。其水比田高三四尺。或且相等。大抵南高於北約八九尺。隄安得不壞。水安得不北。蒲口今決十有餘步。迅速東行。得河舊瀆。行二百里。至歸德橫隄之下。復合正流或强湮纍。上決下潰。功不可成。今宜順水之性。於河西郡縣築長隄以禦氾濫。歸德徐邳。民避衝潰。聽從安便。過被難之家。宜於河南退灘地內給付頃畝。以爲永業。與時他處河決。亦復如之。蒲口不塞便。朝廷從之。已而河朔郡縣爭言。河北桑田。恐盡漂沒。塞之便。復從之。明年而蒲口果復決。差官修築。報修土隄二十五處。共長三萬九千九十二步。計用葦四十萬四千束。樁二萬四千七百二十株。役夫七千二百人。同時河南北道廉訪司上言。河患至急。而潰決以後。紛紜論議。動至經時。近歲亳潁之民。幸河北徙。得地耕種。有司不能遠慮規畫。遂使陂灣盡爲陸地。杞縣三叉口舊本播河爲三。分殺水勢。往歲相次湮塞。南北二叉。三河之水。合而爲一。下流既不通暢。自然上溢爲災。是自奪分泄之利也。今水勢趨下。有漫梁山鉅野之勢。苟不預防。曹濮濟鄆必將蒙害。今水監之官。概非所習。既無實才。又尠經驗。乃或妄興事端。反爲民患。爲今之計。莫若於汴梁置都水分監。妙選幹才。專司其任。隨時巡視修葺。職掌既專。事功可立。較之恵出以後。鹵莽從事者。當爲有益。

按尚文所言。即賈讓之上策。河南北廉訪所陳意略相同。大抵皆主隨宜修塞。而不欲興工動衆。

蒲口塞後。他處仍復潰決。自是塞河之事。無歲不有。其後水北入河。復歸故道。一如尚文之言。

仁宗延祐元年。汴梁路睢州等處。決破河口多處。開封府小黃村口形勢尤重。七年河決塔海莊東隄蘇村及七里等處。河南等處行中書省上言。近議於小黃村決口。擬築月隄一道。并修築障水隄堰。委行省官屬按驗。於小黃村河口測量。比舊淺減三尺。陳留通許太康舊有蒲葦之地。後因閉塞西河塔河諸口。以便種蒔。致他處連年潰決。各官公議。大河自陽武胙城由白馬河間東北入海。歷年既久。時有衝決。其明驗也。陳州最爲低窪。瀕河之地。禾麥不收。欲爲拯捄。奈下游無可疏之處。若將小黃村河口閘塞。必移患鄆郡。決上游南岸。則汴梁被害。決下游北岸。則山東可憂。事難兩全。祇當以小就大。如免陳州差稅。及陳留通許太康被難之家。依例賑卹。其小黃村口仍舊疏通外。據修築月隄幷障水隄閉河口。別難擬議。於是凡汴梁所轄州縣河隄。或已修治。與當補築及疏通者。條例具備。旋據河北河南廉訪副使奥屯奏。近年杞縣小黃村決口。水距汴城遠無數里。若有浸灌。其害匪輕。經大司農下都水監移文汴梁分監修治。自次年十一月興工。三月九日工畢。總計各隄高廣丈尺若干。工料若干。計工二十五萬三千六百八十。用夫八千四百五十三人。又據平章站馬赤報稱。幷工修築塔海莊等處。計修隄岸四十六處。該役一百二十五萬六千四百九十四工。用夫二萬一千四百十三人。

泰定帝泰定元年。河決開封。由汴梁東入徐。合淮泗入海。是年曹丘楚州開封濮陽[illegible]河皆溢。二年修曹州濟陰河隄。

文宗至順元年。河決大名路。濟陰新舊隄俱決。據報魏家道口塼堌等處。缺破隄堰。累下樁土。均被衝洗。周圍泥淖。難以施工。又沛郡安樂等堡。旱災缺食。難以差使。今先差補築磨子口等衝破新舊隄七處。共計用夫六千三百四十人。樁料若干。又新馬頭孫家道口障水隄又壞。添差二千人。餘俟來春併工修理。三年幷修楚丘河隄。

順帝至正四年。河決金隄。北侵安山治。入會通運河。延袤於濟南河間。是年河決曹州。發丁夫塞之。五年河決濟陰。六年河又決。八年河決濟寧路。十一年以賈魯爲工部尚書。充河防使。先是兗兗復爲丞相。以大河連歲潰決。議根本修治。言於帝。願自任其事。帝嘉納之。乃命羣臣集議。廷中言人人殊。莫得歸宿。魯先爲山東道及都水使者。嘗詣河上相視。驗狀爲圖。以二策進獻。一議修北隄以制橫決。其費省。

一議疏塞並舉。挽河使東行故道其工費甚大。及是復以一策對。脫脫甚韙之。於是遣工部尚書成遵。與大司農禿魯。行視其議。遵等自濟濮汴梁大名行數千里。掘井以量地之高下。測岸以究地之深淺。博採輿論。還復。具言河之故道。斷不可復。且山東連年荒歉。民不聊生。若聚二十萬衆於此地。恐爲患滋鉅。顧脫脫先入魯言。聞遵等議。大怒曰。汝謂民將反耶。自辰至酉。論辯終莫能入。明日執政謂遵曰。丞相意已定。且有人任其責。公勿多言。幸爲兩可之議。遵曰。腕可斷。議不可易。遂出遵河間鹽運使。乃薦魯於帝。大稱旨。遂於是年四月二十二日興工。七月疏鑿功成。八月決水故河。九月舟楫通行。凡濬故道二百八十里又百五十四步。鑿生地三十四里一百步。修完決口一百七處。十一月水土工具畢。河復故道。南匯於淮。東入於海。帝遣使臣。報祭河伯。召魯還京師。論功超拜榮祿大夫。集賢大學士。賜脫脫世襲答剌罕之號。宣力諸臣。升賞有差。特命翰林學士歐陽玄製平河碑文。玄更親就魯訪問。詳述其治法道里工料費用細數。另撰至正河防記。以備後人之參考。附載第七卷歷代河工章制雜法篇。

按賈魯治河。爲王景後一大成績。其事實略與景類。而結果乃適相反。景以開汴渠爲名。而導河自滎陽至千乘入海。事起於汴。而效乃著於河。魯以治河爲名。而自滎陽以至朱仙鎮直通於淮。事起於河。而工實在於汴。黃河自禹時本爲南北兩流。惟南流皆由各水間接通灌。由河通汴。由汴通泗。由泗通淮。溝洫交互。調節水利。不爲經流。故論河道者。祇在北而不及南。自景開汴渠。而南北分流之勢較著。自隋開邗溝。由淮以通於江。南流所及益廣。而江河兩大幹水。數千年來。各分流域。絕對不能翕合者。乃頓有貫通之脈絡。在吾國之交通史上。實爲一大進步。宋都汴梁。江淮轉運。輸漕數百萬。悉以汴河爲樞紐。其對於汴河。修治防護。不遺餘力。治河工急時。每月停輟御河工程。撥兵夫數千升治河工之事。可知其在汴河。固常年有一定之治河兵卒也。河汴固相通流。然河自爲河。汴自爲汴。仍各自爲一道。商胡決後。分爲東北兩流。河勢傾於北流。而宋人必欲挽之東流。擾攘累代。卒不可得。南渡以後。金人漸閉北流。於是而有明昌五年南決大徙之事。論者咸謂金人有意迫之南潰以病宋。詳考事實。殆不盡然。未決之先。其君臣頗旦夕憂慮。恐防河決。所以圖謀而挽救之者。無所不至。不過密於防北而疏於防南。是其天然之情勢。既決以後。覺得南決之患。與彼無甚關係。且可以藉紓注處。故亦樂從其便。而不復更圖挽救。若謂有意爲之。則達的之後。應有賞賚。而王汝嘉等反以此受重罰。則其故可知矣。顧自此乃退挾泗通淮。不復紆回間接。於是南北分流。十之六七已傾於南。而齊兗之間。遂無水患。南勢更盛。而北之東流一派。涓涓不息。固依然未斷也。自元至元二十六年。就東流大勢開會通河。下流雖較疏暢四達。而入海之道益弱。全河大勢。遂已直注於淮。但並未有因勢疏濬之事。日久當然壅滯。而由汴河間接之一道。自宋南渡後。亦久不修理。節節荒塞。所以時有潰決之事。此時河已大理南向。故但就中間一段。開通疏濬。使南行之水益得通暢便道。不受阻梗。而河患自平。王景時北流尚盛。非先導北。則汴河無法可治。故雖爲治汴計。而不能不注意於北流之正河。元時則北流已不成問題。故但就汴境通闢南行之道而已足。此魯所以施工之大旨也。就山東河南直隸三省通志及關於河流水利各書。於新出之豫河志豫河續志。反覆考證。知賈魯所治河道。實始功於儀封縣之黃陵岡南。記中所謂白茅者是也。豫河續志引大清一統志及鄭州志謂賈魯河有三源。西二源出滎陽縣界。東源出梅花山北麓。是爲賈魯河之源。合流於張家村。下流至滎澤縣西南。經京水鎮爲京水。又北受須索二水爲雙河橋。至此而三水始合。就大體論實皆汴河之流域。汴水古名汳水。後避反字之嫌。乃改爲汴。今人以京須索三水爲賈魯河之三源。誤也。志又謂東經鄭州北。又東經中牟縣南。又東南經祥符縣之朱仙鎮。西元季因漕運不便。令賈魯疏治。故自鄭州至朱仙鎮。皆名賈魯河云云。此蓋賈魯施工開鑿處。閒記中所有新鑿生地數處。通計三十四里一百步。其不全用舊水道可知。自朱仙鎮西。又南經尉氏縣東之張市白潭。入扶溝縣界。東北有雙洎河。溱洧二水合流。自西北來注。其流始盛。又東南經西華城北。折東南至周家口。自朱仙鎮至此。陸路計程二百八十里。有潁河沙河。先後自西來注。爲潁沙交會之處。自周家口又東南流。經山東之曹州碭山歸德。並及江蘇之徐州路。自沈丘入安徽太和縣境。由潁州府北正陽關入淮。自祥符以下。則爲其修隄補決之地也。元社不久即屋。入明清後。旋復次第淤塞。清季考求遺迹。已多茫昧。按河防記所列經過地段。曰南白茅。曰劉莊村。曰專固。曰黃堌。曰凹里村。曰張贊店。曰楊青村。皆非有名城鎮。不易考核。據豫中人士之研究地理者。謂與志中所列途徑。不甚相符。汪玢黃河考。謂川瀆考引河防考言大河舊道。由新集歷丁家道口馬牧集韓家道口司家道口牛黃堌趙家圈蓟門集出小浮橋。爲賈魯所復故道云云。黃陵岡在今蘭封縣北五十里。新集口在今商邱縣北三十里。黃堌口在今虞城縣。蓟門集在今蕭縣。依地勢當由蘭封經睢縣寧陵縣商邱縣虞城縣碭山縣蕭縣而至徐州。自新集以下。即汴河故道。自新集以上。則爲賈魯之河。並不經朱仙鎮。汪氏所引。較爲可據等語。就地聞見。自必親切。顧與各書記載。已不免牴觸。然則其當時取道得當與否。其實在之利害得失。尚難爲確實之判斷。然在王景以後。已爲一大成績。比較上總爲稍有規畫之治理。故賈魯河之名。在治河歷史上。已占重要位置。當時因以黃河正流。全數容納。所役十餘萬人。施工不過四月。事後並未發生何等鉅險。則就當日而論。要不能不視爲一度之成功。據此爲例。可斷知黃河之根本治理。固非絕不可能之事。彰彰明矣。魯之規畫。大抵皆就南流故道。疏通取直。故工不多而效易見。其取逕雖與王景汴河絕對不同。而施工於汴則一。景因東京故道。以濬北流。魯因汴河故道。以濬南流。皆順已然之水性而治之。所以並得一時之安。然則治河之得失。亦大略可覩矣。

賈魯河圖（圖十）

至正十六年。濟州任城河決。二十三年。東平壽張河決。二十四年。河泛東平曹濮。下及濟寧。

按賈魯河開濬以後。尚發生數次河患。然皆不在魯所治之地。故亦不能引以爲魯病。此時元政已紊。絕未聞有切實之治理。論者謂自賈魯河開濬後而羣盜以起。元遂以亡。由其勞擾過甚。所以終促元祚。此則別爲一事。不能並論。魯之所役。不過十餘萬人。而期限且短。前此固有數倍於此而不以爲害者。何獨於魯而苛責之。至正末葉。國事紛亂如此。即不開此河。元亦未必不亡。詳閱歐氏所記。治河本計之得失。始且不論。而第覩其當日措置。魯固不失爲一幹練勇任較有水工意識之人才。其中亦頗有許多創見。而利用沈舟一法。尤爲其全功制勝之上著。山東通志。謂其受命以來。未逾半載。昏曉百刻。分番受事。無少間斷。强敏之才。近古未有。殆不誣也。

治河說略卷之五

歷代治河事蹟述略下

明

洪武元年。河決曹州。八年。大河南決。挾穎入淮。蔡河之下流斷絕。

二十四年河決原武之黑陽山。經開封城北。又南行經穎州壽州。全入於淮。而賈魯河之故道遂淤。同時由曹州漫東平之安山。而會通河亦淤。南北兩道。同漫塞。明年詔發民丁及十七衛軍修築河隄。以是冬大寒而罷。

永樂九年。工部尚書宋禮。督開會通河。用老人白英策。於東平戴村築壩。遏汶水使西流。盡出南旺。四分往南接徐呂二洪。六分往北。達於臨清。侍郎金純。復從汴城荆隆口下達埽場口。築隄導河一入會通北流一入淮泗南流。自此又復南北分流之舊道矣。先是以河歲爲患。令工部侍郎張信前往巡視。信訪得祥符縣魚王口至中灤下二十餘里。有舊黃河岸。浚而通之。則水可殺。遂繪圖以進。詔發河南民丁十萬。命興安伯徐亨等相度開浚。仍以宋禮兼董之。七月竣工。自是水循故道。而河南之水患稍息。

正統二年。濮州范縣河溢。三年。邳州河決。魚台金鄉大水。濟寧東平俱溢。十年。河決荆隆口。詔山東三司完治。十二年。河決張秋灣。合大清河入海。尋決滎澤入淮。命工部尚書石璞治之。十三年。河徙開封西北入汴。至壽州入淮。又決滎陽東至開封而南。經陳留自亳入渦口。經蒙城懷遠入淮。再決入柳州口。漫流曹濮陽穀以入運河。抵兗州府沙灣之東。決大洪口。諸水從之入海。命侍郎王永和相視修築。

景泰四年。河決張秋。以沙灣久不治。令左簽都御史徐有貞治之。有貞行汶濟。踰衛及沁。循河道濮范往來相視。乃言今欲治河通漕。須先疏其水。水平乃可治決。決治方可多建隄壩。以時節宣。無令溢涸。然復河流可得而安。若驟加湮塞。則潰者益潰。淤者益淤。河終不可得而治。有撓之者。謂不塞河之患。而反欲開之為患耶。上遣中使就問。有貞出二壺。一竅五竅者各一。均注水而並瀉之。五竅者先涸。於是使者喻意。歸報而議決。有貞至是乃作治水閘。疏水渠。渠起張秋金隄。南行九里。至濮陽濼。經博陵壽張沙河。至東西影堂。又沿至蓮花隄大豬潭。乃踰范濮。經澶淵以接於河沁。內倚古隄為固。外恃梁山濼為泄。因言河水過則為害。微則為利。乃置上下二閘。以節宣之。凡河流旁出者。更築九堰以障之。堰長袤皆萬丈。又作放水閘於東昌龍灣魏灣。皆樹立表度。水盈過丈則泄。復於開封荊隆口銅瓦廂等處開渠二十里。引河水東北入運河。以濟漕渠之涸。阿西鄄東曹南鄆北之水。出沮洳而資灌溉者。為頃百數十萬。堰之上楗以水門。下繚以虹隄。架濤截流。柵木絡竹實之石而楗之。凡百五十餘日而工成。賜渠名廣濟。閘名天源。由是水通古河入海。運道復完。

按自洪武初至此。河流屢決。以國事初定。均未及注意修治。即治亦無大效驗。有貞此次實為明代治河第一次之成績。然徐邳之間。已奪黃河為運河。雖得一時濟運之利。而黃運合并。終明之世。糾葛乃益多矣。清咸豐中銅瓦廂之大決改徙。即因此次所開二十里之河渠。兆禍於數百年之後。而植根於數百年以前。可知治河建置。須有極縝密之顧慮。或收效於一時。而遺患於千載。此不可不慎也。

弘治二年。河決原武。支流為三。一自封邱荊隆口。漫祥符。下曹濮。入張秋運河。一出中牟下尉氏。一從儀封考城歸德。由徐邳入淮。命侍郎白昂治之。昂乃築陽武長隄。防張秋中牟之決以入淮。濬宿州古汴河以達泗。自小河西抵歸德飲馬池。經符離而南。皆浚令深廣。又疏月河十餘以殺其勢。塞決口三十六。由是而河入汴。汴入睢。睢入泗。泗入淮。以達海。而水患以平。又以河南入淮非正道。恐卒不能容。乃復於魚台歷德州至吳橋。修古長隄。又自東平至興濟。鑿小河十二道。引水入大清河及古黄河以入海。蓋主東北分疏之法。已而復荆隆口。東北至張秋入運河。復阻糧道。命官治之。五年荆隆口復決。潰黄陵岡。泛張秋戴家廟。掣漕河與汶水合而北行。命侍郎陳政治之。弗克奏效。未幾復決於張秋。運河之水。從之入海。運道淤涸。議者謂河道終不可復。宜復興海運。而朝議弗是也。時河流湍悍。決口闊十餘丈。六年。以劉大夏爲副都御史。任治河事。大夏行視之曰。是下流未可治。當先治上流。導之南行。且築長隄以防大名山東之患。俟河流順軌。而後決可塞也。乃發丁夫數萬。於黄陵岡南浚賈魯河以殺水勢。下由丁家道口會黄河出徐州。流入運河。又從黄河南浚孫家渡口。別開新河一道。導水南行。由中牟至潁州。東入於淮。又浚四府營淤河。由陳留至歸德分爲二派。一由宿遷小河口。一由亳州渦河會於淮。又從黄陵岡築堰壩十餘處。并大名三尖口等處長隄二百餘里。及修南岸於家店銅瓦廂隄一百六十里。又於河東置減水石壩。下分五洞。以泄水勢。然後治張秋兩岸。立表貫索。網連巨艦。穴而窒之。中實以土。至決口。去石沉艦。壓以大埽。既合復決。旋決旋塞。八年二月功成。繚以巨垣。隱如長虹。凡用軍民夫十二萬人。鐵一萬九千斤。竹木薪芻不可勝計。詔改張秋爲安平鎮。明年大夏又起河南胙城經滑長垣東明曹單諸縣。下盡徐州築長隄。亙三百六十里。而漕道復通。今謂之太行隄。自此遂以一淮受全河之水。

按大夏與有貞。在明代治河。皆頗有名。所處又相先後。有貞以去水爲主。先治下游之法也。大夏主導水南行。浚賈魯河以殺其勢。是先治上游之法也。取徑絕不相同。而同時並著成效。可見治河並無定法。全在臨時運用之妙。固不可膠柱鼓瑟。泥成法以圖功也。自金人閉北流而大河南徙。遂成南北分流之勢。北流之東流一段。依然自行入海。自元人作會通河。東流之水。疏暢四達。而入海之流遂弱。故當時即有全河歸淮之說。然北流之水雖絕。入海之道猶未盡窒也。自太行隄成。盡障北流之勢。黃陵岡水口窒斷。而黃河大勢。乃悉傾注於淮。北流入海故道。可謂完全斷絕。實爲河流之一大變革。自明昌五年至此。凡閱三百年。是爲河道大徙之第五次。以後弘治十三年。十八年。皆有河決之事。而十八年乃北徙至三百里。至宿遷縣小河口以入漕河。自此河流南向。與運河之關係較密。黃運並患。乃擾擾無寧歲矣。

正德二年。河徙入泡河。大壞民居。四年河溢皮狐營。決曹縣之溫家口馬家口。衝黃陵岡埽。溢入賈魯河。敗張家縷水小隄。循運河大隄東南行。而賈魯河下游淤澱。亦出張家口。合而南注。遂決楊家口。經曹單二城。直趨豐沛。命侍郎李鐘治之。八年河決曹縣之天仙廟口。十年決曹縣之焦家潭。十二年河決城武。以城武單縣屢遭河汜。改遷高地。

嘉靖五年。上流河溢。東北至沛縣廟道口。截運河。注鷄鳴臺口。入昭陽湖。汶泗南下之水。從而東。而河之出飛雲橋者漫而北。沙泥鎮淤亙數十里。筦河官力濬之。僅通舟楫。六年河決曹單城武楊家口梁靖口。廷臣請修城武以南廢隄。至曹單之黃德。詔會議舉行。乃議復塞老和尚寺八里屯張家莊等處。發丁夫數萬。於昭陽湖東北起汪家口。改鑿新河。南抵留城口。以避黃河衝決之患。尋以朱衡議阻罷役。

乃即故道濬之。修築單縣林臺至沛縣舊城隄百四十里。以塞入湖之道。又浚趙皮寨孫家渡口。以殺上游之勢。沛曹復通。七年廟口淤塞。總理河道都御史盛應期奏塞白河以殺水勢。別開昭陽湖左新河一百四十餘里。以通漕運。功垂成而罷役。八年。河出飛雲橋北徙魚台。出穀亭口。九年。決曹縣胡村寺。分道入運。議濬趙皮寨抵寧陵故道。並築睢州張見口至歸德長隄以禦汎濫。尋以河流改遷罷役。十三年。廟道口。復淤塞。命都御史劉天和治之。先是河決趙皮寨南向亳泗歸宿之流驟盛。東南梁靖之流漸微。梁靖岔河口東出穀亭之流遂絕。自濟寧至徐沛數百里。運河悉淤。運道阻絕。於是有引黃河開漕河二議。莫能決。天和乃躬親相度。自趙皮寨東流故道凡百二十餘里至梁靖河底。視南流高丈有五尺。自梁靖河口東流故道凡二百七十餘里。始至穀亭。已悉為平陸。乃言道遠費廣。河已不復導。惟有濬淤修閘。以復先朝成憲為便。而入春運舟且至。期限迫促。乃測河深淺。以尺計工。以日計限。復議濬南旺淤淺。以免盤剝。築曹單長隄。以防衝決。旬日議定。詳悉條列以聞。上深用嘉納。命南北畿輔山東河南文武監司以下悉聽節制。許一切便宜從事。乃戒期分土。羣力畢効。於曹縣梁靖口東岔河口。添築縷水隄。上自河南原武。下迄曹單。各築縷水隄一道。凡濬河三萬四千七百九十丈。長隄縷水隄一萬二千四百丈。修閘座十有五。順水壩八。植柳二百八十餘萬株。役夫十四萬有奇。白金七萬八千餘緡。木一萬七千四百餘根。稭草十九萬五千餘束。鐵六萬五千四百餘斤。麻灰磚石之類稱是。役始於正月中旬。迄於四月初旬。運道復通。晉天和工部右侍郎兼左僉都御史。仍理河道。在事官員遷賞有差。天和著有問水集。詳記其事。當時升施植柳六法。曰臥柳。低柳。編柳。深柳。漫柳。高柳。因其所宜以護隄岸。收效最巨。天和此次治河。亦頗稍著成績。而五年之後。河患復起。十九年決野雞岡。二十五年決曹縣。二十六年曹縣復決。三十六年決原武及北大隄。三十七年河北徙新集。淤而爲陸。視故道高三丈有奇。三十八年復決曹縣舊老隄。南長隄。四十四年。又決曹縣。四十五年決於沛縣之飛雲橋。分爲十數。復潰入南陽湖。議者言欲徙開夏鎮。從南陽至留城出城口就高仰以避漫流。帝以爲然。命大司空朱衡督理。以潘季馴爲副。季馴分工受事。躬行畚鍤。閱十旬竣事。省原估經費三之一。河工成。晉季馴右副都御史。

隆慶二年河出沛縣汜曹單。三年河復溢。自清河抵淮安城西。淤塞三十餘里。決方許二壩出海。而寶應湖隄奔潰。山東莒州郯城皆溢。溺死人民無算。是時總河翁大立繪圖以獻。因言用權宜之計。則當棄故道而就新衝。作經久之圖。則當開泇河以避洪水。衆議以爲自來河流順軌。均由人力。今既不能引他水以濟漕。而新衝之渠。猝未可就。惟築決口則故道宜可通。至如泇河之議。雖工費不貲。而一勞永逸。比歲疏鑿。費亦自省。於是復以朱衡往蒞其事。蓋開泇河之議。本發於衡也。衡因言自景泰間奪河爲漕。今徐邳之漕河即黃河也。昔河趨濟博。則決曹單魚沛。而沽頭上下諸閘盡廢。後趨邳遷。則決野雞岡口下亳河。而徐呂二洪頓涸。今新河雖築。而茶城以南。猶屬黃河。非盡斥遠之。無以善後。宜將議者開泇口之說。下廷臣詳議。報可。

按明自景泰間奪黃爲運。而河道變易。動即牽及運河。衡開泇河。實欲爲運河自開一道。故有斥茶城以南遠斥黃河之說。後來一再展轉。始克見之實行。亦明代河工一大要案也。

萬歷五年。河決曹單。溢金鄉魚台。總河侍郎潘季馴條陳六事。一塞決口以挽正河。二築隄防以杜潰決。三浚閘坎以防外河。四創滾水壩以固隄岸。五止浚海工程以節糜費。六寢老黃河之議。以仍利涉。詔如議行。先是河決桃源崔鎮。淮決高堰寶應。河淮並決。而山陽高寶興鹽等處。匯爲巨澤。桃源一帶運道梗阻。議者謂無塞決河。開支河以殺水。而濬海口以通之。至是季馴行視。謂海口淤沙往來。隨濬隨淤。無法可濬。惟導河歸海以水治水。則導河即所以濬海。然河不易以人力導。惟繕固隄防。使無旁決。則入地益深。是治即所以導河。河決上游固宜疏。今決下流。但疾赴海而害自袪。何事於疏。第塞崔鎮東納河淮正流。並趨入海。則海口自通矣。並言天下之事。不難於治河。而難於衆口。天子下其議。大司空幼孜對如季馴言。乃特假便宜行事。不中制。於是季馴乃築高家堰。起武家墩經大小澗至阜寧湖。以捍淮水東侵。又築隄起清江浦沿鉢池山柳浦灣迤東。以制河南溢。並處河內衛閘蝕漕。乃嚴五閘啓閉。專待漕艘。六月漕盡築壩。官民船隻由壩車盤。河無內灌。自徐抵淮六百餘里。築南北兩隄。蜿蜒相望。於是淮畢趨清口。會大河入海。海口果不濬而通。十五年河決荆隆口。潰曹縣白茅村長隄。挾陶北沙河泛長垣東明二縣。尋塞之。十六年河又大潰。復起季馴總河務。時季馴已鎸職爲民。以廷臣交薦。特起都察院右都御史。總督河道。季馴仍持前法。親與夫役雜處畚鍤間。沐風雨。裹霜露。髮白面黧。耐勞而得衆。卒能使兩河合軌。緣河人民。復見室廬邱隴。百萬漕艘。轉運無害。一時稱爲大治。惜成功以後。隄堰雖設。而疏濬無法。卒至流沙日壅。清口日淤。二十一年河復決汶上。決魚台。決濟寧。決鉅野決邳州宿遷高郵。泛濫泗州一帶。時河臣力主分黃。開桃源之黃家壩三十里下五港口入海。漕臣議請廣入海之路。盡闢清口之沙。以導淮正流。後河臣卒主分黃之策。乃黃不之所分之路。而之黃涸。二十四年二十五年黃涸口連次潰決。直泛河南夏邑永城二洪告涸。而徐邳之流幾斷矣。三十年河復決蒙牆寺。入歸德。南與淮會入洪澤湖。三十一年。決單縣蘇莊。衝沛縣太行隄。灌昭陽湖及夏鎮。三十二年決朱旺口。三十三年決碭山朱旺口。凡役夫五十萬。六閱月而工竣。河歸故道。三十五年。決單縣東南。灌城北四十里。四十六年。決皮沙堽。由封邱曹單至考城。復入舊黃河。總河黃佐治之。

按萬歷數十年間。河患至數。而治河之功亦頗著。季馴治河。其生平主運漕於河。則治河即所以治漕。會河於淮。則治淮即所以治河。合河淮並入於海。則治河淮即所以治海。蓋以築堤束水借水攻沙爲惟一主旨。而當時頗受其效。故論明代治河之功。獨以季馴爲多。所著有河防一覽。敘古今河事始末頗悉。蓋當時以漕運爲主要。凡所載河流決泛而不言治法者。並非置之不理。因河官職守所在。當然設法修塞。循例之事。不復一一關白朝廷。惟一礙及運道。即有大舉之興作。歷按成迹。鑿鑿可見。蓋決河祇害及人民。尚不汲汲。而運道一梗。即影響於京師大局。故視之特爲重要也。

天啓三年。河決徐州大龍口。徐邳靈睢雙溝各河並淤塞。上下百五十里。悉成平陸。

崇禎二年。河決曹單十四堡。四年河決原武湖村鋪荊隆口。衝曹縣塔兒灣。又決單縣。總河李若塞之。五年決曹縣曹家口。九年十年又決。總河周鼎塞之。此時羣盜並起。朝廷已不暇兼顧。雖有修塞。亦草草補苴而已。

按明代河患。實遠甚於各朝。論者似謂明減於宋。而考其實際則視宋爲多。惟其治河成迹亦頗可紀。不似宋之紛擾無緒。要其主旨所在。大抵偏重於漕運。治漕者十之五六。治河者十之三四。故必以漕運通行爲最後之成績。其最著者則景泰時之徐有貞。萬歷時之潘季馴。弘治時之劉大夏。嘉靖時之劉天和。其餘如朱衡吳桂芳萬恭潘師曾諸人。亦皆收效一時。卓卓可紀。平江伯陳璚尚書宋禮。實爲明代河工之鼻祖。但其功皆在漕河。而不在黄河。故本編未詳及之。就治黄河而論。徐有貞主疏下游。劉大夏主治上游。潘季馴主築隄束水借水攻沙。所主張各有不同。而皆能自行所見。鼎鼎然占治河歷史人物之地位。以視宋之一事無成。一人不名者。殆不可同日而語。推原其故。蓋明人以已成之災。就病以圖補救。宋人興無事之役。僥倖以立奇功。情事既殊。成敗斯異。而宋時初受河患。上下臣工皆無素習之經驗學識。迨於明代。則河患已成中國一大事項。士人平素亦皆稍稍注意研究。通盤比較。河工知識亦較進於宋時。當時研究河事者頗多。今升節著一二於下。以見一時論說之大概。

邱濬論言周以前。河之勢自西而東而北。漢以後。河之勢。自西而北而東。宋以後迄於今。則又自西而東而又之南矣。河之所至。害以隨之。禮曰。四瀆視諸侯。瀆者獨也。以其獨入於海。故江河淮濟。皆以瀆名。今以一淮而受黄河之全水。是合二瀆爲一也。宋以前河自入海。猶能爲害。況今淮河合一。而清口又合沁泗沂三水以並入於淮。曩時河水。如鉅野梁山等處。猶有所瀦。如屯氏赤河之類猶有所分。雖以元人排河入淮。而東北入海之道。猶微有存焉者。今則以一淮受衆河之水。而無一滴之滲漏。是其爲害。何可勝言。且本朝建國幽燕。漕東南之粟以入京師。必由博濟。則河萬不可使之東行。一決而東。則河渠乾涸。歲運不繼。害且移於國計。今河患日大。民生日困。失今不治。或生他變。設欲興工動衆。又恐煩費不貲。爲今之計。莫如以大禹爲法。禹之、導、河、既、分、一、爲、九。以殺、其、洶、湧、之、勢。復合、九、爲、一。以合、其、奔、放、之、衝。萬世、治、水。此其、準、則。後世言治河者。莫備於賈讓之三策。然歷代所用。皆不出其下策。上中二策蓋罕用焉。宋儒朱熹有言。禹之、治、水。只從、底處下手。臣因朱氏之言。而求大禹之故。深信讓之上中二策。以爲可行。蓋欲得上流之宣洩。必先使下流之疏通。今若於下流迤東之地。擇其便利汙下之處。條爲數河。以分水勢。又於所條支河旁地宜稻之處。仿江南之法。創爲圩田。多作水門以資引灌。河既分疏。水勢自然消滅。然後於河身之中。去其淤沙。使河水日深。則中所受。不至上泛於陸。委有所洩。可以直達於海。則患日除。而利日興。或謂無故捐數百里膏腴之地。破民間田廬邱墓。必招民怨。臣謂開封以南。每歲淹沒腴田。何止數十萬頃。今所費近海斥鹵之地。至多不過數萬頃。兩相比論。孰多孰少。請於開河處所。官爲相視。値民居則給以地而償其室廬。損民業。則倍其償而免其租稅。民知上恩。亦復何怨。

宋濂議略言比歲河決不治。乃下丞相會集廷議。言人人殊。濂則以爲中原平曠。無洞庭彭蠡以爲之匯。故河常橫決爲患。其勢非多爲之委以殺其流。未可以人力勝也。河源自吐番西部之星宿海。流經崑崙以至積石。從積石上距星宿海蓋六千七百餘里。其來既遠。其勢必怒。故禹導河。至於大伾而下。醞爲二渠。北載之高地。過洚水至於大陸。播爲九河。入於渤海。自禹之後。無水患者。一千七百七十餘年。此無他。河之流分而其勢自平也。周定王時河改故道。九河之迹。漸至湮沒。至漢文時河決酸棗。東潰金隄。武帝時決瓠子。注鉅野。通淮泗。氾郡十六。此無他。河之流不分而勢益橫也。逮宣防之築。河道北行二渠。復禹故迹。其後又疏爲屯氏河。復入於千乘德棣之間。復播爲八。而八十年復無水患矣。成帝時屯氏河塞。河又決於館陶。灌四郡三十二縣。由是而觀則河之分不分。利害昭然可覩矣。方今曹鄆千里。悉爲巨浸。比古尤甚。莫若浚入舊淮河。使其水復流於故道。然後入新濟河。分其半水。使之北流。以殺其力。則河之患可平矣。

正德中胡世寧言。今河自經汴以來。南分二道。其一出滎澤。經中牟陳潁至壽州入淮。其一出祥符。經陳留睢亳至懷遠入淮。其東南一道。自歸德出宿遷。其北分新舊五道。一自長垣曹鄆出陽穀。一自曹州雙河口出魚台塌場。一自儀封出徐州小浮橋。一出沛縣飛雲橋。一出徐沛之間境山之北溜溝。此六者。皆入漕渠而南匯於淮。今皆淤塞止存沛縣一河。勢合岸狹。不得不溢。所以豐沛徐州。漫爲巨浸。溢入沛北之昭陽湖。以致運道壅淤。漸成湮塞。然淤久必決。決而東南。其禍猶小。決而東北。禍不可言。爲今之計。莫如因故道而分其勢。其陽穀魚台二道。勢近東北。不可復開。而汴西滎澤孫家渡口決矣。宜就濬之。以分上游之勢。其餘四道。宜擇其便利者。開濬一道。以分下游之勢。或恐豐沛漫流。久而不徙。欲修城武以南廢隄。至於沛縣之北廟道口。以塞新決而防其北流。此亦一計也。至於運道。止塞沛縣以南三十里。而不能遽開者。以夏秋水溢。沙隨水積。不能成功。今莫若於昭陽湖左滕沛魚台之中。別開一河。南接留城。北接河口。閘五六尺。以通二舟之交。冬月冰結船止。更加濬閘。以爲運道。此其上策。不得已而思其次。則聞國初漕運。由淮達河。在陽武起陸百有餘里。至衛水入船。轉運至京。又聞沁水至武陟縣紅荆口分流一道。越六十里通衛。近年始淤。是由沁可以達衛也。宜遣官相視。於紅荆口或陽武上下開通一河。北達衛水。以備徐汴之塞。此亦一計也。

按治河論說汗牛充棟。要皆陳陳相因。漫無主旨。以上諸篇。在當時爲最有價值之議論。邱宋兩公皆主於分疏下流。邱則擬於近海條開引河。即仿禹九河遺法。宋則主南北分流。南入淮而北入濟。亦循前代已著之成績也。胡公之言。就當時情勢發議。故比較稍爲實在。然大旨亦不外於分疏。其另開新河濟運。則明代治河者往往多用此法。蓋運道歲有期限。萬不容於延誤。必待河治通運。勢已無及。故舍此無他法也。然所開新河。往往不久淤塞。河道一改。新河亦隨之而廢。百萬工程。遂同虛擲。此皆黃運牽制之弊。而明代之河所以終不可治也。

清

順治元年。黃河自復故道。仍歸徐州亳蒙之間。先是崇禎間。河道屢決。無暇修塞。橫流散漫。幾已無復常軌。而河水大決馬家口。灌開封城。溺死三十餘萬人。河遂由渦達淮。故道頓涸。是年河決單縣柳口。命兵部尚書楊方興總督河道治之。七年復決封邱朱源寨。東北注沙灣。衝潰運隄。荆隆口溢。旁注曹單。八年塞之。九年封邱大王廟口決。沙灣復潰。河督楊方興築隄岸自西岸河濱至八里廟開引河長五百丈。是年又決邳州決睢寧。十二年始並塞之。十三年沙灣隄岸及引河工成。並築考城芝麻莊隄。

按順治初國事初定。於河工尚未暇注意。雖連歲潰決。亦但補苴旦夕而已。至晚年乃擢朱之錫為河督而成效始著。

康熙元年。河決曹縣石香爐口。時朱之錫為河道總督。奉命修塞。公先於順治十四年。以吏部右侍郎擢督河道。駐濟寧州。十五年河決山陽。乃馳赴清江浦。築戧隄以衛之。決口遂塞。宿遷董家口為淤河所塞。別開新河四百丈於舊渠以東。以通運道。十六年疏言我朝數百萬京儲仰給東南。凡籌河者必先籌運。今黃河自滎澤至山陽。運河自惠通至清口。前明規制。十存其五。欲一一修治。工繁帑絀。謹酌盈虛權度緩急。條上十事。皆報可。因復太行老隄。十四年河決祥符槐疙疸。又決陳留孟家埠。十五年決陽武之慕家樓。十七年決陳留郭家埠。皆尅期堵塞。不勞不傷。是年石香爐既塞。河復決原武祥符蘭封等縣。公自爲短歌。道鐸以勸功。役者皆踴躍從事。河工條例。皆其手訂。四年疏言南旺爲運河之脊。北至臨清。南至台莊。全賴四十餘閘啓閉節宣。若官差兵船強使開閉。則上下游之運道悉阻。旋奉旨嚴禁。生平治河。殫竭心力。每當工急時。南北交馳。暑冒烈日。冬犯霜雪。與夫役雜處共甘苦。故人樂爲用。嘗言非滲泊、無以耐風雨之勞。非精細、無以察防護之理。非果斷、無以應倉卒之機。又曰。刑名錢穀。皆可以文移辦治。獨河工非足到眼到不可。旋以積勞歿於任所。屢著靈異。乾隆中。特封助順永寧侯。因是何工人員均奉爲朱大王。清代治河名臣。以公爲開創第一。自公歿而河事復壞。六年決煙墩。七年董口淤塞。運道改由駱馬湖。九年連決曹單二縣。總河王光裕塞之。復築芝麻莊隄。十二年河決新莊。三築三決。

康熙十六年。河復決武官營千家岡張堡等處。帝以連歲河患。黃淮交敝。海口大淤。乃特簡安徽巡撫靳輔爲河道總督。予以特權。自山東河南巡撫以下。悉聽節制。凡直隸大名天津江南淮揚徐潁各地方。俱照舊督理。武官四品以下文官六品以下。均准以軍法從事。公感激知遇。風餐露宿。殫力從事。遂大挑山清高寶等四州縣運河。並清口爛泥淺引河四道。及清口以下至雲梯關河道。先後上河工事宜八疏。興革利弊。悉中窾要。帝皆嘉納之。先於宿桃清三邑內開引河以濟運。又於清口以下。直出雲梯關外。並開引河以導入海之勢。又開白洋清河以東引水河。並築河岸遙隄縷隄。修高堰。堵翟壩。創築雲梯關外東水隄一萬八千餘丈。塞于家岡等大決口十六處。十七年創建王家營張家莊減水壩二道。又自龍王廟起至四舖溝止。築隄四千九百八十三丈。又至桃源東界至石人溝。築縷隄一道。長一千八百六十三丈。又築江都漕隄。以高郵清水潭決深不可築。更於湖中繞筒開河一道。改築東西隄。

與舊隄相屬。名曰永安河。十八年。創建宿遷之朱家堂温州廟。桃源之古城。清河之王家營。安東之節良口。減水壩共六座。又改置南運河於三汊河。開滾水壩於江都之鰍背寨。十九年。再置滾水壩於高郵城南。及寶應之子嬰溝。又於山陽運河。創減水壩一座。又建碣山毛城太谷等處減水壩十一座。開皂河百四十里。上接泇河。以通運道。避黃河之險。且取近一百數十里。自此河成。而漕舟之經過黃河者。不及二十里。平穩便利。厥功至偉。即所稱中運河者是也。又開張家莊通運口。二十年。增置高郵南北滾水壩八座。凡對壩皆開越河。以防舟行之險。舊隄要處。悉更以石。又建寶應高郵等處減水壩六座。改建高郵五里鋪車邏港減水壩二座。二十三年。帝南巡。諭黃河倒灌運河。須酌妥策。使之永不倒灌。輔請於徐睢黃河南岸添建減水壩。如遇淮黃並强。則啓北岸減壩。黃强淮弱。則南北並啓。以北壩洩黃。南壩引黃助淮敵黃。如此可免倒灌。帝大賛賞。是年重挑金灣人字河。建惠濟牐。又築中河兩岸東水隄。又建永濟康濟雙金門三牐。凡八年而諸役並竣。運道通暢。河以大治。而創開中河以避黃河一百八十里之險。爲績尤鉅。二十四年。復疏請添築考城儀封陽武三縣河隄七千八百丈。封邱縣荆隆口月隄三百三十丈。榮澤縣埽工二百一十丈。以防上流異漲。又請增設蘭陽儀封榮澤三縣河員。免開歸二府人民。採辦青柳。以山東單縣南岸隄工百四十八丈。改歸河南虞城修防。以河南考城北岸隄工五十丈。改歸山東曹縣。均報可。三十一年。以陝西災。截南漕二十萬石。泝河而上。貯蒲州。賑秦民。命公董其事。自清河上達三門砥柱。竟得安流無恙。以積勞在任病故。公奉敕編著有治河方略。其在河工。殫心竭力。不避勞怨。先後疏上兩河善後策。及河工守成事。規畫井井。後之河臣。守其遺剩。均莫能易。其進呈書表。有云知臣愚足集成。頻申之廟略。察臣戇輕任事。深戒之小心。諒臣孤則易搖。屢寬之文法。憫臣勢將召怨。曲賜之保全。昔潘季馴功被當時。四任而再黜。念臣非才踰等。一命而十年。足見當時委任專一。亦成功之由。歿謚文襄。四十六年帝復南巡。眷念遺蹟。復特旨褒諭。追贈太子太保。蔭予世襲雲騎尉。

康熙三十四年。諭黄河沙灘。消長本無定所。水緩處可設滚水壩。急流斷不可設。三十八年帝復南巡。視河工。諭河臣。朕由運河一帶。至徐州迤南黄河。見河底高灣甚多。以致各處受險。又至歸仁隄高家堰運口各處。隄岸愈高而水愈大。此非水大之故。皆因黄河淤墊甚高。以致歷年漫溢。若專事築隄。終屬無益。且運口太直。黄水倒灌。致清水不能暢流。朕欲將黄河險工頂溜灣處。一律開直。使直行刷沙。河身刷深一尺。各河水即小一尺。刷深一丈。即少一丈。如此則水行地中。隄壩亦可不設矣。是時于成龍爲河督。乃題准於清江大牐加高四層。又將大牐北岸下鴈翅倒卸十丈。並越河牐東鴈翅碎磚工十二丈。一升改建石工。又將板牐口埽工一百二十丈。盤糧廳前埽工五十五丈。淮城西門護城隄椿埽工三百六十丈。又估挑澗河。自興文牐起。至劉均溝止。長一萬四千零三十二丈八尺。並洩河自牐下起至謝陽湖止。長八千二百五十丈。三十九年。諭總河張鵬翮將黄河曲處挑直。鵬翮因言凡河上有衝大溜之處。對岸必有沙嘴。即從此挑挖引河。以殺其勢。水自可平。是年。於南關大壩迤南還建大滚水壩一座。長六十六丈。東邊壩迤南還建大滚水壩一座。長六十四丈。並堵南關並柏家墩兩壩。四十二年。帝復巡視河工。於舟中製河臣箴賜張鵬翮。有昔止河防。今兼漕法。既弭其患。復資其力等語。河臣題准煙墩險工。於大王廟東建挑水壩一座。龍窩險工。於張家莊建挑水壩一座。九里岡險工。於大王廟東建挑水壩一座。舊龍門處建壩二座。半路劉險工。於上水頂衝處建挑水壩一座。長自九丈至二十七丈不等。四十三年諭挑灣取直。必須於對岸水淺處築挑水壩。通流入引河。方爲有益。又諭開減水壩亦須於水緩處。不可迎溜。以防奪河。並諭於洪澤湖沿岸設救生椿。四十四年挑挖清溝河。使澗河水勢歸海。六十年。河決武陟大壩南尾衝潰馬營口下淤塞十餘丈。決水至張秋開葦河頭洩入大清河。是年十二月。馬營口工竣。始築葦河頭。

按康熙南巡五次。率因視河而行。凡所指示皆切中事理。而一朝河臣如靳輔于成龍張鵬翮皆一時清勤廉幹之才。與朱之錫而四。得人之盛。莫與爲比。觀靳文襄所陳。則康熙知人之識與用人之專。殆亦冠越前代。而文襄之功尤爲卓卓。今世言治河者。必首稱潘靳。固不虛也。

雍正二年。議定河工定例。每工寬長一丈高一尺。用葦柴三十八束。秫稭如之。月隄離隄遠者。就近圍以套隄。甚長者上下截以遙隄。作重門保障。又頂衝大溜埽灣之處。遇河壓坍塌。應將受衝處所。砌成斜坡。復用密葉大柳。懸於坡上。以禦急流。加高豫省南北兩隄。北岸自滎澤至山東曹縣各築遙隄月隄隔隄。三年於曹縣芝麻莊築挑水壩。四年總河齊蘇勒請於芝麻莊上流築挑水壩。復於芝麻莊大隄後原有月隄。接築隔隄長二百八十丈。曹縣北岸衛家樓大隄舊月隄後。添築隔隄長五百四十丈。六年單縣諸望壩建埽工八十丈。

按雍正一代河患絕少。故河工亦甚簡約。蓋經過康熙時一番整頓。全河工事業已就理。閱時未久。當然不至發生問題也。

乾隆四年。曹州水溢。衝決趙家集臨河大隄。當即堵築。視舊益加高厚。幷新築月隄七百十丈。五年議准清口黃淮交匯。爲黃運湖河之樞紐。應於風神廟前東壩接長三十丈。止留口門二十丈以資收束。自東向西。接長五十五丈。接挑水壩回流入運。六年議准黃河自宿遷經桃源玉清河二百餘里。運河南岸自宿遷十字河至清河雙牐。通築縷隄二萬五千二百五十二丈。又隔隄九道自十字河至桃源九里岡通築一萬一千四百八十四丈。又隔隄五道。以南岸縷隄作北岸遙隄。七年諭治河之道。欲使黃水暢流無所壅滯。必須保固高家堰隄工。從前總河雖將石工稍加幫修。不若多費帑金。於隄工險要及卑薄之處。一律加修石工。以圖永遠。是年復准裏河運口。爲淮揚運河關鍵。口門不可太寬。以不出四丈爲度。十六年諭。洪澤湖上承清淮汝潁諸水所以保障者。惟高堰一隄。天然壩乃其尾閭。每伏秋盛漲開壩。下流悉被其患。下流諸民甚以爲懼。督臣轉藉爲防險秘鑰。朕南巡越三滾壩。周覽形勢。知天然壩斷不可開。設隄本以衛民。而反以災民。此豈國家本意。天然壩當立石永禁開放。近者河臣等於開天然壩亦深以爲非。而請於三滾壩外增建二石滾壩。以資宣洩。朕謂增三爲五。則以過水言之。向過三尺者即爲五尺。人必有議其巧避開壩之名。而陰襲其用者。是宜爲之限制。上年滾壩過水三尺五寸。天然壩仍未開放。應即以是爲準。俾五壩石面高下惟均。以仁義禮智信爲之次。禮義智三壩一如其舊。智信二壩則於石面之上。加封浮土。三堰已過水三尺五寸而猶不足以減盛漲。則啓智壩之土。仍不減。乃次及於信。如此節宣有度。較開天然壩之一往莫禦者懸殊矣。再高堰石隄至南滾壩以南。舊有土工。石隄有首無尾。形勢不稱。應自新建信壩以北。一律改用石工。如此方首尾完固。永爲淮揚利賴。是年河決陽武十三堡。泛曹單。十七年諭。豫省黃河大隄之外。舊有太行隄一道。由直隸連接山東。歷年久遠。未免殘缺。著查明動項修理。二十一年孫家集河溢微山湖淤。荆山橋圮。旋即堵合。二十二年。帝南巡至孫家集及荆山關。二十三年諭豫東黃河大隄相隔二十餘里。不與水爭。乃民間租種灘地。增築私堰。致河身漸逼。一遇漲水。易於衝潰。溜注隄根。即成險工。着嚴行查禁。又諭令駱馬湖尾閭早行開放。騰空湖面。以待汛水。又諭巡漕給事中奏稱東省水患。由微山湖之漲溢。而湖之漲溢。由黃河北岸之內灌。請於湖南圈築攔黃隄工。即以取土方塘。挑成順隄河形。導入荆山橋入運。並於內華山西。建通湖牐座。以資宣洩等語。具見悉心籌畫。著逐加閱勘。妥議請旨辦理。旋遵旨議准照辦。二十六年河決開封陽橋。二十七年諭朕閱視高堰武家墩迤北。當時命建磚工。足資保障。其由濟運壩至運口五百餘丈。一律接建磚工。二十九年。諭雲梯爲入海尾閭。一片汪洋。原不應設立隄岸。或以上遊清口洩水較多。因有子埝隄防之議。不知清口暢洩。利在下游州縣。不可勝計。至附近不過阜寧安東二邑。即一時盛漲所溢。不過十分之一。一切毋庸置議。四十七年。儀封河溢。四十八年。命黃河沿隄種柳。並禁近隄取土。四十九年。諭天然牐下既舊有引河。年久淤墊。理應一律疏濬。所稱高堰石子堰尾工尚矮。並應一律加高培厚。五十六年。濬徒駭馬頰附近支河。

按康熙初次南巡視河。其時靳文襄爲河督。帝一路勘視。並不自出主意。而虛心延訪。周歷省察。至棹小船看驗河灣海口。到處留心研究。纖悉不遺。似藉靳公爲導師。奏疏批答。往還商榷。積有十餘年之經驗。於河工已成熟習老手。自靳歿後。繼任河督于成龍張鵬翮齊蘇勒等。才識均出其下。因此一切工程措置。大半皆經其手定。每遇巨險大工。河臣章奏。均具有詳細圖樣。帝即於其上。用硃筆改畫。批示地點作法。頗中肯綮。隔數年又巡視一次。沿途指點。隨令興作。往往見有明效。于成龍資格已老。頗亦强鯁自信。或不盡受指揮。至張齊則唯命是從。絲毫不敢緬越。然奉命而行。總不致發生如何錯誤。足見康熙對於河工實肯用心。亦確有見識。至乾隆迭次南巡。亦大半以視河爲名。河工章奏。硃筆批畫。亦一襲康熙成式。然詳細研察其所指畫。率皆浮掠光影。並無精到之見解與實在之辦法。成則居功。敗不認過。南巡時對河工亦有許多上諭。則皆掠美市恩之事。與康熙相去遠矣。

嘉慶八年。諭總河嵇承志所奏祥北魁星樓迤東一帶。鑲做新埽七段。迤下頭壩新壩等處。搶鑲新埽七段。又下北廳補鑲新埽七段。着查明地方丈尺。先行具奏。十年。奏准高堰大隄。於舊工卑矮處所。間段二三層石工。共長二千六百五十二丈。又普律加幫大隄土工長一萬六千三百六十九丈。又通加高一層。用河磚築做。上加石塊以爲海墁。又諭長麟戴衢亨奏。高堰隄工。爲淮揚一帶保障。原有石工。每爲風浪掣卸。惟有加築後戧土坡等語。原估太寬需費較多。茲據復議。擬加寬頂二三四尺以資防禦。着照所請辦理。又諭。王營減壩地勢既逼近黃河。自當量爲改建。着照所擬挪置舊壩西首。如式築做滾壩。並添築石壩。以爲重門承護之計。至沿河兩岸大隄。徐州之上及淮揚各屬卑薄處所。自應普律加培。所有估修銀二百餘萬。着先於兩淮運庫提借四十萬兩。交由鐵保先將較甚各處。於伏汛前趕急加培。其餘分別段落核定銀數。於本年霜降後次第興工。其雲梯關海口一帶既須加築長隄。爲束水歸槽之計。着照所擬自八灘以上酌量接築。俱令鐵保等詳擬辦理。又諭黃河南北兩岸大隄。自嘉慶八九年培築以來。逐漸淤墊。所有七廳隄壩單薄等處。自應擇要增培。着於大汛以前。一律趕辦完竣。十五年諭松筠等奏奉旨河工事宜。和衷商榷。擬分別次第。先於雲梯關外南北兩岸。提築隄工。及修復舊河身閉堵漫口各工程。均着照所請行。又諭吳璥徐端奏修復海口舊河大工一摺。海口爲全河尾閭。前人相度經營。立法至爲完備。自應遵照前規。督率在工員弁。將舊河挑挖深通。以爲一勞永遠之計。又諭馬慧裕奏勘明雲梯關外挑河築壩情形。請照吳璥所估再行酌量趕挑。自應如所辦理。又諭大學士等會議江南總河吳璥通籌南河全局。修復舊規一摺。朕詳加披閱。內如修復惠濟牐王營減壩各款。著即趕辦。此外請於大汛期內趕堵禦黃壩一款。該督等原爲暫救倒灌起見。頻年河患由於倒灌，而又借倒灌以爲濟運之資。遂至病不能除。計無所出。今請堵壩過黃。於倒灌之弊。誠可稍減。而漕船未經過竣。又將如何飛輓。且重運回空。源源來去。即暫時堵閉。於河務大局有何裨益。今河漕既難並治。應即悉心籌畫。速行設法辦理。俾漕運不致淺阻。而河工亦無妨礙。至修濬毛城石壩一款。毛城壩基已非靳輔舊制。節次啓放。屢有漫口吸漕之事。兼恐經由入湖之路。日漸停淤。倘一經潰漫。下游受害必多。是以前經查勘未行。今該督等謂非此不能減洩盛漲。從前因冬春水弱啓放。以至正河停淤。今遵舊制。止於盛漲時啓放。自可有益無損等語。該督等如果確有把握。再行詳擬具奏。請旨辦理。又高堰爲淮揚數郡保障。所有碎石坦坡。前此屢經試辦有效。該督等業經奏明定議辦理。今忽以分年填砌日久費繁。又欲改建高堰二隄以資重障。二隄雖有舊形。而新土浮鬆。安能較石堰更爲得力，究竟現在情形若何。著即據實直陳以便定議。是年奏准漕工舊龍門以下單下汛二堡。河勢北趨。二壩南面。必須加幫。並於壩內建築魚鱗土壩四道。又黃莊壩新工河勢塌灣。築挑壩三道以護大隄。又曹工二壩合龍之處。外有新塘。北面舊大隄缺口極寬。不足爲恃。還補缺口二十四段。長一千九百一十丈。接築新隄二段。長二百五十丈。十六年諭高堰大隄一經風浪。動行掣卸。必須籌畫經久之策。吳璥等前經請築碎石坦坡。嗣又改請加培二隄。今閱陳鳳翔奏。現有坦坡處所。大隄仍不免坍塌。而有越隄之處。大隄可以無虞。是二隄之勝於坦坡，已有明驗。着即照該河督所奏辦理。惟該處保障舊恃大隄。大河若不得力。二河豈復可恃。自應先將大隄殘缺之處。一律修補齊全。再將二隄築辦如式。使可收重門保障之益。十七年。諭柏齡等會議黃運河湖各工善後章程。所開築挑水壩切坡抽溝。搜捕獾鼠洞穴。修浚減水牐壩。磨盤埽及將築做坦坡之工。加培大隄。添做後戧。修復鉗口壩各條。均照所議辦理。再啓放毛城鋪一節。該處本係洩泄要路。前因下游河渠多已淤墊。一經洩放。水即汜濫無歸。是以不敢輕議。茲該督等議於距河較遠等處。挑挖引河。修築壩堰。使水有鈐束。自可無虞掣溜等語。如此通盤籌畫。更屬有益無損。至堰圩石工。添築二隄。原屬不可恃之事。今以加培之工。添築大隄後戧。自較得力。悉如所議辦理。又諭據松筠等奏。查勘山盱隄堰及下游地勢情形。並毛城鋪無須修復等語。所議俱是。高堰以大隄爲根本。大隄堅固。則二隄毋庸添築。二河更無須挑挖。著照所議將大隄單薄之處。分別培築。至五壩急須修濬。即著以次估修。又諭柏齡等奏查明海口通暢各緣由一摺。覽奏忻慰。黃河之性。總在去路通暢。則大溜直走中泓。河身刷滌日深。自無旁溢之患。所謂束水攻沙。其效莫大於此。現據查河水自雲梯而下。直至海口南尖。俱深至二三四五丈不等。黃流衝入海中。約有四五十里。此即迅注尾閭之明效。至全淮匯入洪澤湖。以清刷黃。尤爲治河良策。惟清水非豫爲儲蓄。則力弱不足以敵黃。而蓄清之道。全在保護高堰。欲保護高堰。必先修浚五壩。今五壩已壞其四。惟存智字一壩。而禮壩跌穿之後。洩水過多。下游高寶等處。已受其患。該督擬將禮壩速行修復。所見甚是。昨已有旨修復五壩。即使工費浩繁。不能同時並舉。本年當先擇何壩最要先行修葺。其餘以次遞修。務復舊觀。然後治河關鍵得有把握。至引黃入運。有利無害。皇考聖訓至明。近日河工各員。仍以借黃濟運爲詞。其意總欲使黃河爲患。則大工屢興。伊等不但可以侵帑肥私。並可藉爲升遷捷徑。

且其從前獲咎之員。亦可希圖開復。而國計民生之念。概置弗顧。嗣後若再有倡爲此論者。即應挐問治罪。十九年曹河縣河溢。安陵大豐等數十村盡爲流沙。二十年論百齡奏請於徐城以上因山改建滾水壩一節。治黃之法。隄防與宣洩。二者不可偏廢。近來南河減水堵閉。日漸淤廢。每遇大漲南北隄岸在在可危。該督等議將十八里屯兩牐中間。削平山頂留口門三十餘丈作爲天然滾壩。以虎山腰爲重門擎托。並於引河兩岸。加培隄岸。以爲宣洩。尚爲因地制宜。工歸節省。着照所擬辦理。二十四年。黃河北岸漫溢。衛曹縣。二十五年。河南儀封馬營壩溢。漫水至濮州。因於州城南。築護城隄。自蘇家莊至逯家橋。及城廟內外東北西北各村。皆藉以保障。已而馬營壩工合龍。張秋東岸漫口亦堵築完竣。將長清平陰肥城東平東阿陽穀壽張范縣濮州菏澤各州縣積水。分路疏銷。是年奏准儀封合龍。其大壩及挑水壩。依律加鑲堅實。並添築挑壩二壩土戧。幫寬舊隄。蘭儀儀睢二廳河壩工程。亦均修補。

按嘉慶一代。河患絶少。詳考事實。所有各地河工。皆於未出險以前布置。作預防之計。與歷來因河患已作。臨時補救者不同。其當時防河主旨。一以疏暢尾閭爲要義。故所有鉅工。及奉諭規畫者。皆在雲梯關以外海口。尤注重於高堰。蓋是時河流大勢。偏注南河。上游即有潰決。爲患不巨。兩淮揚諸郡。地方繁盛。爲國家財賦精華所係。黃淮幷集。全恃一綫高堰爲之保障。所以朝廷對此特爲關切。觀嘉慶上諭。其指示河務。明白洞達。實出乾隆之上也。

道光元年。東平大清河南岸長隄漫口。馬家廟東嶽廟杜家窪蓮花灣各處均氾溢。又牛家村迤東水衛大溜。頂衝單薄。改建月隄。並北岸古臺寺毛家口各處均出險工。是年並諭添修馬營壩土埽各工。凡接築加高幫厚。通計三千七百餘丈。又諭嚴琅奏豫省黃河兩岸隄工。自嘉慶二十五年盛漲後。節經增培添築。並普加子堰。惟灘旣因淤增高。隄卽因淤見卑。普加增培。爲費過多。除新築之堰。幫寬加高外。舊有隄堰及添築戧埽填補殘缺等工。並准其照估修辦。二年。大清河南北岸險工漫口一律修竣。七年。奏准黄河兩岸隄勢。於出水較矮者。分別加高。並添築子堰。其舊頂過窄不敷加高者。於兩面幫寬。或一面灘頂臨黄壩台加築寬大子堰。以資簽樁釘橛。八年。奏准揚河廳高郵汎東岸有車邏南關五里中興四壩。以資分洩。惟今昔情形不同。酌中定制。以運河之水長至一丈二尺八寸。卽開放車邏壩。至一丈三尺二寸再開大關大壩。一丈三尺六寸。開五里中壩。一丈四尺。開南關新壩。卽由各該廳州較準水則尺寸。勒石遵守。十年奏准高郵汎之新中南三壩。仿照車邏壩旁各建耳牐一座。金門寬一丈二尺。十二年。奏准山盱信壩。跌塘過深。礙難修復。移建於夏家橋舊仁義兩壩之間。較舊制升高一尺。牆石加高二層。壩下石舌。比舊加增七丈。下接灰土八丈。於臨湖一面添做石舌三丈。俾上下均有擎托。可免衝跌。十四年。奏准江南徐州東西東水隄。及天然牐下東堰。均擇要幫培。十五年授栗毓美爲河東河道總督。先是黄河北岸。自武涉至封邱二百餘里。南岸自祥符下汎至陳留六十餘里。皆地勢卑下。因多串溝先本隄河間積水斷港。久之溝首受河。呑納河流。又久之溝尾亦入河。而串溝遂成支河。於是以遠隄十餘里之河。忽而直至隄根。化爲至險之工。人不及覺。覺不及防。往往潰隄。遂爲大患。栗乘小舟周歷南北。時北岸原武汎串溝受水。已寬三百餘丈。行四十餘里至陽武汎。溝尾復入大河。又合沁河及武陟諸灘水悉注隄下。情勢危急。兩汎素無工。故無稭石。隄南北皆水不可取土築壩。栗焦急無術。乃籌得一法。卽於是處收買民磚。向衝溜處抛積成壩。親自監督。晝夜不少息。凡歷四十餘日竟於沿隄成磚壩四十六所。壩始成而風雨大至。支河首尾皆決開數十丈。而隄不傷。栗由是知磚之可用。又試之原陽越隄。及攔黃埝皆效。遂奏請減買稭石銀。兼備磚價。以一千磚爲一方。價六兩。每有工役。碎石及稭埽之用大減。有不便其事者。爲蜚語上聞。粟前後陳奏。言護隄之防。率用稭埽。然埽能壓激水勢。俯齧隄根。備久不用。又易朽腐。碎石坦坡。惟鞏縣濟源。產石較近。而採運已艱。河工失事。多在無工處所。千里長隄。勢不能盡爲儲備。而河勢變遷不常。衝非所防。遂爲決口。磚則沿河民窰。終歲燒造。隨時取用。不誤事機。且磚及碎石皆以方計。而石多嵌空。磚則平直。每方石五六千斤。而磚重三分之一。一方石價。購磚兩方。而拋磚一方。當石兩方之用。其質滯於石。故入水不移。堅於稭。故永久不腐。又土不能築壩水中。磚則水中拋壩。即疊成坦坡。亦能緩受急衝。化險爲夷。或謂磚可保將來未生之工。不能用於已生之後。然使將生者可保。即別無已生之工。昔衡工之決。因灘陷埽不能施。馬營壩之決。因補隄不能得碎石。使知用埽不如拋磚。收磚易於運石。則數千萬之官銀可省。奏入皆允之。十六年。奏准黃汎廳屬唐郭汎攔黃埝工尾。向有挑水壩。年久坍塌。現購備磚塊。拋築磚壩。又於七壩下築挑壩一道。並修補已坍之八壩。然壩復於空當築壩三道。層層托溜。下南廳祥符上汎黑堽二十九堡。向有蓋壩一道。陸續坍陷。現以磚石裹護。並接築壩堰。又挑築磚壩。自該汎至陳留汎止。估築土壩。並將舊有壩格加寬接長。擇要幫培隄戧。逐段攔護。以免喫重。又奏准山東魚台汎八十餘里。兩岸官隄日形殘缺。今已乘時修築。粟公在清代亦爲治河名臣之一。自發明用磚之法。數年中。凡節省官銀一百三十餘萬兩。而工用益堅。後人多取爲法。粟在河督任內。先後五年。未有一次河患。因此有河官全恃福命之語。不知其即在勤字上得力。平居時刻刻注意於全河之曲折高下。隄工新舊。河溜嚮背。皆在其隱度中。人員能否。材料盈絀。亦皆一一明白。用能先事措置。不使發生險工。即如陽武之事。道廳營汛員弁皆不注意。而反由河督巡視發見。其在工之勤謹可知。故雖無赫赫之功。而無形收效。尤爲重大。嘗言治河能知費之爲省。斯爲真能省費者也。後人服之。以爲名言。十九年薨於任所。因有栗大王之目。中葉以後。在河臣中巳卓卓矣。

按道光一代。所有河工。率不外加高培厚四字。於河務初無特別巨大工作。中惟二十一二十三年間。祥符中牟。先後兩次漫決。餘亦未有何等險患。乃河工經費。歲出驟增至三倍以上。即南河一處。每歲動至四五百萬。蓋承乾嘉康阜之後。物力漸厚。朝野以侈靡相尚。率作之精神巳弛。而上下之綱紀日隳。一切弊端。從之而起。栗雖以清介名。對於所屬。亦不能有所整頓。積重難返。可歎巳。

咸豐元年。豐北三堡黃河漫溢。奉諭着瑞常於路過徐州。察看滕峄等汛隄工。二年。諭總河顔以燠奏上年豐北漫口。山東境內淹沒多處。着該河督設法辦理。三年。豐北大工合龍。全河歸正。巳而豐工大壩西土基漫塌。大溜趨入微山昭陽兩湖。南路隄堰悉被淹沒。五年六月。河南蘭陽汛銅瓦廂三堡潰決。大溜直向西北斜注。淹及河南封邱祥符二縣。復折轉東北。漫注河南蘭儀考城及直隸長垣東明等縣。復分三股。一股由趙王河走山東曹州府南下注。餘兩股由直隸東明南北分注。經山東濮州范縣。至張秋鎮。穿過運河。漫入大清河歸海。濮范以下。壽張東阿以上。盡遭淹沒。其他如東平汶上平陰茌平長清肥城齊河歷城濟陽齊東惠民蒲台濱州利津沿河州縣。悉被波及。災民甚衆。是年六月。諭軍機大臣等。蘭陽爲黃河上游。較豐北之距海較近者。迥不相同。據奏漫水微向西趨。復折往東北。是巳直注山東境。若不及早堵合。伏秋大汛。水勢正長。該督現擬如何宣洩導之入海。着即速行籌辦。又諭現在軍務未竣。帑項支絀。河工漫口。向來暫開捐例。以濟要工。著於河南山東兩省。設立捐局。無論銀米麵麥。及土方稭料。均准報銷。又諭歷屆大工。必須帑項數百萬兩。現在軍務未平。一時斷難興築。若能因勢利導。使横流有所歸宿。則附近田廬民舍。尚可保全。蘭陽漫口。即可緩堵。着李鈞派張亮基周歷查勘具奏。八月。山東巡撫崇恩奏蘭陽漫口。雖分注三省。而山東受災獨重。水由曹濮歸大清河入海。經歷五府二十餘州縣。漫口一日不堵。民田廬舍一日不能涸復。且黄全穿運。萬難容受。在常時運河盛漲。掣曳歸海之路有三。一在張秋以上。東昌府陽穀聊城交界。開龍灣減水閘。洩入徒駭河。東北經博平高唐茌平禹城齊河臨邑濟陽商河惠民濱洲至霑化入海。一在東昌府堂博清平交界。開魏家灣減水閘入馬頰河。東北經清平高唐夏津恩縣平原德州樂陵慶雲至海豐之沙土河入海。一則開東阿之五空橋。即洩大清河至牡蠣口入海。今三河故道。雖未盡湮。而淤淺已久。以全黄穿運之水勢。斷非三河所能容受。若欲因勢利導。使黄流別有歸宿。則惟尋金時故道。盡廢運河諸閘。一使之由濟寧迤南會泗水達淮徐入海。一由東昌臨清以北會衛水歸天津入海。再以東岸之大清徒駭馬頰三河。爲旁洩之路。由利霑等縣入海。以分其勢。或可免旁趨之患。洵如此議。則棄運河爲黄河。數百年利濟之功。一旦廢塞。不易修復。且運河隄埝。向不如黄河之固。萬一沖決。貽患不可盡述。臣通盤熟籌。舍此更無分洩之策。而更易成規。非臣所敢輕議。疏上。諭俟張亮基抵東後。再與熟籌。又諭蘭陽漫口。議者有因此使河流北徙由大清河入海之説。此時命張亮基查勘。祇爲目前緩築之計。若欲從此徙河北流。尚須特派大員。詳加履勘。十二月。亮基查明被水州縣。及黄河穿運入海情形。亦無他法。惟勸民切灘築堰。堵截支河。旋諭東撫崇恩照辦。六年。諭瑞齡慶祺。自潼關起至黄河決口止。自決口以下至山東境內。分路繞行。詳悉履勘。繪繕圖說呈覽。七年。山東齊河縣知縣蔣士濆。以齊河境內。除大清河外。尚有溫聰趙牛倪倫三河。自南而北。爲夏秋洩水之所。而大清河起於魚山。隔張秋鎮運河四十里。自上年河決。黃水灌入溫聰趙牛倪倫三河。一片平漫。無法措置。請於張秋至魚山一帶。築長隄四十餘里。以資控遏。旋報可允行。自是數年。張秋以東。自魚山至利津海口。地方官勸民築埝。逐年補救。漸能復業。惟蘭儀之北。張秋之南。黃流自決口出奪趙王河沙河。及舊引河。汜濫平原汪洋千里。始無法收拾矣。旋經在河臣工集議。奏准黃河旁溢以來。各廳境內河身。淤墊顯露。今估築對頭小壩。逼溜刷淤。使河底老淤逐漸刷去。庶海口從此深通。

按黃河南流。已歷三朝。至此復行北還。實爲古今河勢之一大變革。自明弘治改從。至此凡閱三百六十有一年。爲河道大徙之第六次。上溯明昌南徙之始。又三百年。其實則明昌以前。已屢有汲汲圖南之象。考其始事。幾閱千年。方其北向。百計挽之使南而不得。及其南向。百計挽之使北而不能。一旦翻然改圖。遂使千里橫流。立時北向。說者咸以爲天意所主。不關人力。但其中亦固有人事醞釀之消息。先是明景泰四年。曾於銅瓦廂開渠二十里。引河入衛以濟運。迄今故道尚未盡塞。入清代後。以南流大勢已定。防其復決。惟有築隄東護爲主旨。而河身積淤日高。則益增高其隄以防之。二百餘年。日以加高培厚爲事。及嘉道之季。黃河隄身。已高於徐州之城垛。水行地中者。乃漸至行於天上。水性早已弗順。而以清代防護之周密。重隄密壩。節節周布。河身亦竟困於束濕。逼使不得不南。而防之之法愈周。則蓄之之力愈厚。故一旦橫溢。遂至一瀉千里而不可復遏。上流河岸地勢。本南高而北低。水勢早傾於北。故歷來南岸決口。堵塞必易。北岸決口。即須數倍之工力。而下游河身。積淤尤重。故河形實際已成高仰。乾嘉時刻意注重尾閭。雲梯關海口通暢。故上游雖覺壅滯。而入海一段去路奔迅。尤有掣曳之力。至道光一朝。河事稍懈。對於海口。已不似前此之注意。因之流道益梗。其不能不轉而北者勢也。會得閒隙。訑近又有二十里之故道可乘。則沛然從之。無復紆顧。自道光末年。即有人倡北徙之議。而魏源籌河論。言之尤暢。略謂河道南流。中隔泰山脊脈。於事理本屬弗順。由北入海。本為天然故道。通盤籌計。在河工上實不知可省若干萬億。而且可以不致時虞潰決。但現在情勢。以種種牽制。必不可行。將來黃河必有自行北徙之一日。祇可徐俟彼時。再籌治法云云。逆料數十年後。乃如燭照。足見由人事上推測。已有必然之趨勢。智者可以覩於未萌。則其不能諉之天意可知也。魏氏固以河自北流。為國家之幸。若能即時措置。因而導之。未始不可復王景之故蹟。顧當時洪楊之亂已起。清廷岌岌應付。對於河事。雖遭此巨變。亦不暇復加兼顧。欲以區區小壩。弭此大患。亦無聊敷衍之甚也已。

同治二年。東撫閻敬銘奏黃水漲發。曹州府屬之菏澤曹縣濮州鉅野城武悉被淹沒。各路山水應由大清河運河出水者。因外水頂托。無從宣洩。以至金鄉東阿東平長清等縣。雨水不能歸入運河。亦被浸灌。此外附近運河大清河各州縣。汎濫之處。不可勝計。已飭多撥民夫。擇要堵築。并令僱船筏救渡災黎。三年。奏准修補山東東平戴村壩。是壩向為遏汶入濟之關鍵。五年。復奏移濮州舊城於南岸。並修補城北金隄。以工代賑。用為北路屏蔽。十一月。署東撫丁寶楨奏查勘濮州隄工。足資抵禦。十二月。直督劉長佑奏黃河日漸北趨。本年秋汛沖刷開州新修金隄。險工五段。清豐南樂大名。皆所必由。一經浸決。勢必由深冀青滄訑近入海。逼近畿疆。大局何堪設想。惟有上修長垣之大行隄。及接築新埝。下修開州之金隄。中間無隄處所。一律接築。加高培厚。爲急則治標之計。惟上游在豫。下游在東。懇飭河東督臣。會同三省。統籌全局。合力興修。方可一勞永逸。七年。黃流盛漲。沖決趙王河之紅川口霍家橋。大溜漸移安山。入大清河。而沈家口田家灣新興屯皆漫溢。八年丁寶楨奏上年趙王河衝決。鄆城全境被淹。當經勸募居民。於春初堵合各處小口。均已堵閉。惟紅川蘇水勢較大。不易施工。已成隄身百餘丈。尚有口門十餘丈。未能堵合。又迤南胡家堰決口。亦以工料未集。未能趕辦。大汛經臨。祇得俟秋冬水涸。再行勘辦云云。其後紅川口民堰屢築未就。溜勢遂益趨於東南矣。九年。漕督張之萬以黃河穿運。無法鈐束。請築南北兩隄。酌留運口。以爲束水攻沙之計。運口添築草壩。平時堵閉。以待漕船。其無關運道處。不必興修。得旨。張兆棟蘇廷魁丁寶楨會勘議辦。旋丁寶楨等先後查勘。以築隄束水。必須蘭工口門西岸相接。一氣聯絡。若專築中間一段大隄。置上下游於不顧。則上游之水無所攔束。或由空缺越過。則新隄即成虛設。即上游勢高不至漫溢。而中段既束。下游毫無隄防。建瓴之勢。直注張秋。奔騰傾瀉。東阿以下十數州縣。益被淹沒。此猶就水勢現趨東境常情而論。若築隄束水。而於兩岸新隄。各留運口三丈。又以草壩堵塞。防黃水倒灌。黃流猛激。誠恐下游魚山一帶狹窄處所。稍形壅滯。上游一氣奔注。新築壩閘。難當其衝。萬一奪運北趨。則東省之東昌臨清。直隸之天津河間。地勢低下。必受淹沒。北路衛河。亦將壞裂。地近畿疆。未敢率意舉行。是時兵部主事蔣作錦上言。請就東境現行河道。築隄束水。事半功倍。奉諭丁寶楨查覆。旋以辦理難期得力而罷。八月。黃水暴漲。河決鄆城之侯家林。水由沮河民堰漫入南旺湖。又由汶上嘉祥濟寧之趙王牛頭等河。直趨東南。漫入南陽湖。橫流散漫。不可條紀。丁寶楨奏侯家林分溜。漫溢湖河。關係運道。上下游僅恃民埝。不足以資捍禦。擬就東岸相度地勢。改築官隄。分汎防守。已飛咨河臣勘估。於冬春趕辦。會河督喬松年復奏趕辦不及。請俟來冬興工。仍奉諭及早堵築。丁寶楨乃請自往督工。旋奏前河臣蘇廷魁查勘侯家林溜勢甚急。請於上游孟家莊分溜之處。先將河面堵合。則此間溜勢稍弱。較易施工。兹細勘孟家莊雖有淤灘。土軟沙鬆。難期穩固。不若專就侯家林堵合。兩岸老崖牆基可恃。乃於次年興工合龍。十一年。趙王河東岸張家支門決口。南半入濟。北半入沮。九月。漕督喬松年奏運河淤墊。擬先堵黃河旁決之霍家橋。及其餘決口。使水勢專趨張秋一處。幷於兩岸築隄。自中間有閘運道之處施工。上下游暫行緩辦。計北自開濮交界之舊隄起。接築至解家山止。南自張家支門起。接至馬頭山止。兩岸各計一百七八十里。爲東黃蓄清之計。其張秋以北運河。即借黃濟運。若有流弊。再用引衞濟運之策。諭丁寶楨文彬詳議具奏。丁寶楨覆奏。以東黃濟運。恐無把握。因論復淮徐故道。大致謂河自決口入東。一千三百餘里。欲創新隄。至少相去必須十里。棄地若干萬頃。是有損財賦者一。兩隄界內村落民舍無數。其州縣城地應遷徙者。不下十數處。是難於建置者二。泰山山陰之水。悉向北注。除小清溜瀰數水。可以自行入海外。餘皆以大清河爲尾閭。東黃之後。大清河水勢抬高。各水無法宣洩。是妨於水利者三。東綱鹽場。坐落利津霑化等縣。黃水漫漫。產鹽日絀。是礙於鹽綱者四。復故道有四便。就現有河身。不須棄地棄民。便一。因舊存隄岸。不煩創築。便二。廳汎裁撤未久。人才尚有餘遺。便三。漕艘灌塘。不慮阻閼。便四等語。而中間大段所注意者。尤以漕河不能統一爲根本癥結。疏下廷臣會議。十二年。命直督李鴻章妥籌辦法。李鴻章查明復奏。大致謂現在銅瓦廂決口約十里。跌塘過深。水涸時尚餘三丈。舊河身高於決口水面自二丈以及三丈不等。如欲挽回故道。必挑深引河三丈餘。方能吸溜東趨。查乾隆年間。蘭陽青龍岡之役。費帑至二千餘萬。大學士阿桂奏言引河開至一丈六尺。人力無可再施。今豈能開至三丈有餘。又十里口門。亦古今創見之事。自來決口。至多不過二三百丈。尚且屢堵屢潰。數年不成。今即合龍。豈能保固。且蘭儀下抵淮徐之舊河身。率高於河地約三四丈。老淤堅結。年來避水之民。反而移住其中。恃爲高阜。村落漸多。禾苗無際。若挽地中三丈之水。跨行於地上三丈之河。其危險情狀。不問可知。而歲久乾隄。即加修治。必有受病不易見之處。萬一上游放溜。下游旋決。收拾更難。議者以爲爲運道計。終不能不挽之南行。以會清口。臣查嘉慶以後。清口淤墊。黄高於清。已不能啓壩送運。道光以後。遂至終歲不啓。不得已而行海運。今即能復故道。亦不能驟復河運。此淮徐故道。勢難挽復。且於漕運無甚裨益之實在情形也。至河臣喬松年擬於賈家樓堵口築隄。工程尤不易辦。該處本非缺口。乃大溜經行之地。無隄無岸。一望浮沙。若興作於茫茫沙土之中。無從起手立脚。即勉强逼溜堆沙。終恐浮沙易潰。適足攖河之怒。而所耗實多。至借河濟運。與導衛濟運之法。同一難行。惟河不挽復故道。傷及東省如丁寶楨所奏財賦有傷。水利有礙。城池難移。鹽場被浸各節。均屬可慮。惟臣查大清河原寬不過十餘丈。今已刷寬半里有餘。冬春水涸。尚深二三丈。岸高水面又二三丈。是大汛時河槽能容五六丈矣。奔騰迅疾。水行地中。誠非人力所可挽救。目下北岸一帶。民間皆接築護埝。詢之土人。並無開口奪溜之事。岱陰諸水。亦經擇要築隄。隨時消長。受災不重。沿河各城。幸年來官民防守。亦無大恙。以後可守則守。不可則遷。似應隨時設法。東省鹽場在海口者。雖受黄淤。產鹽不旺。現以膠萊之鹽接濟引地。無虞淡食。總之河在東省。固不能云爲無害。但得地方官設法維持。尚不至遂爲大患。近世治河兼言治運。遂至兩難。臣愚以爲沿海千里。洋船雲集。已成創局。正不妨借海道運輸之便。以擴商路。而實軍儲。

此時治水之法。不外古人因水所在創立隄防一語。查北岸張秋以上至開州一千餘里。有古金隄可恃爲固。張秋以下抵海口八百餘里。岸高水深。應由山東撫臣隨時飭將原有民埝保護加培。南岸自安山下抵利津。多倚泰山之麓。誠爲天然屏障。惟安山上至曹州府境二百餘里。地形較窪。爲古鉅野即宋時八百里之梁山泊。自宋元明以迄我朝。凡河決入大清河之年。無不由此旁注曹單金鄉鉅野各邑。甚至呑湖幷運。浸溢數十州縣。波及徐淮。其侯家林決口。現雖築固。惟上下百餘里之民埝高者丈餘。低者數尺。斷難久恃。此處若有一失。則西南之運道水櫃。復被沖淤。而黃河分流勢緩。北行入海之道亦淤塞。請飭該撫臣於秋汛後。將侯家林上下民埝。仿照官隄一律加高培厚。若能接築至曹郡西南。更爲久遠之計。得旨着丁寶楨酌量將張秋利津一帶民埝加培堅固。旋據復奏侯家林上下民埝。一律照舊基改爲高厚官隄。約計三百餘里。是年秋。東明石莊戶決口。溜勢分爲三道。由石莊支門經下湖運者爲南溜。由正河北注入鄆壽者爲北溜。由紅川分入沮河者爲中溜。三溜以南爲大。其間支流互串。忽南忽北。河無正身。巡撫丁寶楨奏請東趨之水。均過張家支門。從此施工。則東趨鉅嘉北注鄆城之水。自可漸涸。應將南路之水。移於西北近水灘地。則民田運道。可冀保全。惟菏澤之北濮州之南。民地被淹。尚復不少。復查上游民埝決口。多已淤閉。惟石莊戶一處口門已寬至一百四十八丈水深丈餘。若將此處堵合。則張家支門之水。可期不堵自涸。再就北面近水灘地。接築長隄。即菏濮民地幷免水患。一切詳細辦法。俟署撫臣文彬到任。酌量具奏云云。蓋是時丁寶楨方以假離任也。十三年東撫文彬以石莊戶難以施工。奏請緩辦。於是江督李宗羲河督喬松年會奏。黃河工程。關係南北大局。未有上游決口不堵而下游能防範者。同治十年侯家林決口。旋復合龍。上年侯家林以南之黃老户等處。又復潰決。江境銅沛一帶被淹不少。江北數十萬生靈。引領以待東省之堵口。乃自秋徂冬。協款已定。忽罷堵口之議。雖撫臣文彬或有萬不已之苦衷。而江省防河。更有萬分爲難之處。查江境運河與東境運河相接。如果黃水下注。直達昭陽微山等湖。仍必以中運河爲銷路。運隄殘缺五六十處。隨在可以橫流。無論修補甚難。即使一律修補。而欲以淺窄之運河。銷氾濫之黃水。勢必立形潰決。黃河一入江境。全無關攔之法。倘上游不堵。而令下游防範。譬猶重門洞開。而轉欲於旁門別户。嚴爲扃鍵。終歸無濟。懇飭東撫詳加籌度。石莊户口門總難施工。先將黃老户等民埝決口。竭力堵築。然後從容集議。力圖遠大等語。是年十月。丁寶楨回任。以石莊户決口。奪溜南趨。形勢大變。因疏言上年秋間。東明石莊户決口。黃水漫溢。下注東境。誠恐敗壞大局。當於十月查明估辦。茲臣銷假南來。道出清江。始知前項工程。迄未舉辦。行過清江以上。目睹中河六塘。水勢瀰漫。人民蕩析。入東境後。探悉嘉魚鉅野濟寧嘉祥魚台金鄉等州縣。悉被淹沒。滕嶧濱湖民地。與微山獨山昭陽諸湖連成一片。水面寬至數百里。皆係黃色。災民四散。而自濟寧至宿遷運河。南北兩岸。沖刷殆盡。大勢已不可收拾。皆石莊户口門大溜奔注之故。行抵省垣。即日出省。親赴石莊户口門上下履勘。查石莊口門現在寬約三里。大溜激湍。不比春間之寬僅一百數十丈。堵築之難十倍於前。且正河已淤平二十里。估挑引河。爲數甚鉅。惟有於下游水面較窄溜勢稍平之地。相機籌辦。冀可節省。至堵口既在上近口門之處。即須就該處地勢。近水築隄。俾上下游一氣聯屬。今與前修南路之隄相處既遠。恐難就用。北岸雖有金隄。歷年既久。殘缺過甚。修補亦不足恃。且濮范金隄外涸出灘地。自一二十里至五六十里不等。亦未便置之不顧。今擬近水另建縷隄。而以金隄爲遥隄。約計南北兩岸各長二百五十里。每里約需銀五千餘兩。五百里之隄。約需銀二百五六十萬兩。其堵口之費。此時未經勘定。約計連加挑引河。至省亦須二百萬兩。約共四百餘萬兩。請飭下部臣預爲籌撥有着之款一百五十萬兩。迅速解東。以免臨時貽誤。十一月。又奏查勘石莊戶下游十餘里。南爲菏澤之賈莊。北爲開州之藍口。藍口之西。有向北小溜一股。約分大河二分水勢。十餘里外。歸入舊河。細察情形。惟有在賈莊藍口。作爲壩基。即假入河微溜作爲導引。若由賈莊堵合。正溜由藍口分溜引歸舊河。則由張家支門黃老戶下注東南之漫水。皆可斷流。現在壩基已定。即經委員安設廠座。催集正料。臣親駐工次。曉夜催趲等語。旋於十二月興工。又言立壩已有頭緒。築隄即應早定規模。必須統上下游一律兼籌。就東省而論。南岸一律築隄。則曹濟各屬被淹之地。均得免害。北岸一律築隄。則濮范涸出地畝。皆可保全。而金隄爲北面屏障。亦不致喫重。惟菏澤之上游。又在東明。濮州之上游。又在開州。是直隸之必須一體築隄。尤不容緩。若東明無隄。則菏澤之隄無益也。開州無隄。則濮州之隄無益也。直隸南岸。應自何店築起。以屬於菏澤。北岸應自茅茨以屬於濮州。請飭下直隸督臣妥速籌辦。旋奉諭飭李鴻章妥速籌辦。

按同治初元承銅瓦廂大決之後。當時髮捻繼亂。益以外交之兀隉。國事糾紛。因迄未暇顧注。至十年以後。大局略定。適會連歲潰決。始有籌河之計。在此期間。南行北行。時論頗爭持不決。而以主南復淮徐故道者爲多數。蓋一代河流改徙。必有主復故道之一說。以人心狃於所習。似以已成前迹爲一定不可易之途轍。而其間尤有地方區域之關係。即淮徐之人。刻欲拒之使北。而魯省之人。亟欲推之使南。皆有切己利害。故爭持尤爲劇烈也。不知河流所至。有形之害固巨。而無形之利。實亦非細。經過一次淤澱。則肥澤鋪積。下屆之收穫必倍。而有水之地。交通輸運。事事便利。自大河南流。淮徐頗受水害。理應貧瘠。而乾嘉之際。淮揚繁富。甲於全國。此即其明證矣。就歷史論。山東曹單一帶。自歷代以來。每有河患。必當其衝。被災者蓋不知數千百次。宜其早爲墟落。轉徙淨盡。而至今人口依然稠密。知必有所以維繫之理。由河之害易見。而河之利不易知也。今人一不深考。第視黃河如毒螫。而以能遠之爲得計。不知有河之地。即爲交通便利。土地膏腴之地。治之得法。自可收其利而避其害。德之萊茵。美之密爾失必流域。爲全國財源所自出。其明證也。無河之地。求其有河則事殊不易。而謀國者必千方百計以溝通之。蘇彝士巴拿瑪之開鑿。爲費之鉅。費工之多。皆所不恤。豈好爲多事哉。誠以無河區域。害則時或波及。而利則萬不可圖也。以此而論。則無河不如有河。遠河不如近河。彰彰明甚。當時議者。率皆從避害著想。而無一知爲求利計者。故立論雖多。中肯者殊少。中國以農立國。農以土爲基。天一生水。地亦乘之。水土之關係可知。乃數千年來。舉國嘖嘖。無一能爲根本之圖。致使錦繡山河。長淪浩劫。數千百萬之農民。流離於水旱偏災之中。可勝浩歎。自銅瓦廂決口以後。蘇皖人民。羣慶災星之已去。而齊魯方面。則阻之無法。防之無力。兩地朝貴。北主決使返南。南主應順水性。紛紛擾擾。而朝議亦因以不決。以大段方針未定。因之對於東境。一無措置。自十二年經李鴻章覆勘以後。不能回南之情勢。略已明白。衆著北行之計粗定。自是對於魯省。始行著手規畫。然至今魯省輿論。尤以李爲嫁禍。怨之頗切。石莊戶之決口。丁寶楨業已估定辦法。以請假移之署撫文彬。遂爾束手無策。乃竟置之不理。坐視全境浸沒。數十百萬災民顛連於澤國。而不一圖拯救。延誤經年。直俟丁寶楨回任後。始行堵塞。丁寶楨尚能挽救於口門五倍漫流橫溢以後。而文彬竟不能集事於漫決方始規模已定之時。可知河之治與不治。全在人才之關係。爲政在人。信矣哉。

光緒元年。丁寶楨督修菏澤賈莊大工。堵築合龍。水勢仍歸舊河。下注張秋。全溜入大清歸海。四月築南岸長隄。直東兩境共二百五十餘里。東省占一百九十里。頂寬三丈。底寬十丈。高一丈四尺。其北岸隄工。以趕辦不及。先修金隄以爲屏蔽。十月。經伏秋大汛。通工平穩。請於賈莊北添築挑水壩。又請疏浚沮河。以免漫溢。均報可。

按此爲黃河北流後。在魯省大舉施工之第一次。莽時河決後。數年不治。迄王景始因其故道。順流疏濬。而河流暢利。遂成千年無患之鉅績。蓋入地益深。河流益迅。沙不壅滯也。此次銅瓦廂潰決北徙以後。亦幾二十年不理。迄丁公始有稍完善之治理。惜其專注於東河避害。而於河道正流。尚未有切實疏濬之事。其施工專在地面以上。未嘗搜剔河身。故不能澈底暢利。河身不暢則流不迅。流不迅則沙易渟。不久而復生變患。然當時固以避害爲急。以丁公任事之勇敢負責。若假以時日。或當有更進之規畫。惜在魯不久。至北岸隄工。亦草草補苴。未竟初志。可惜也。

三年。東撫李元華奏。黃河南隄。自賈莊直抵東平。均已完固。惟上游自直隸東明寨。經長垣至河南考城十三里鋪止。約七十餘里。並無隄岸。與下游曹屬尚未聯絡一氣。昔年侯家林之役。以怵於鉅費。未遑顧問。遂至賈莊決口。賈莊以下。前功盡棄。而河南山東仍然受害。山東之首當其衝無論矣。且運道自南陽湖一帶下至清河。仍復潰失。非得數省合力統籌。集有千百萬鉅款。不能規復。惟愚民無知。不惟河南安徽未曾受害之地。視若痌瘝無關。即江蘇雖曾受害。而遠隔千里。亦計不出此。惟山東曹濟各屬。切近之災。日盼修築。而力不從心。現飭曹州府知府馬映奎勘估。自東明至考城七十餘里。長隄高一丈。項寬一丈六尺。底寬六丈。約需經費實銀五萬兩。惟越境圖功。深恐呼應不靈。臣已函商直隸河南協力襄助。至濮范之間。自黃水改道。流爲澤國。迨至賈莊決口。稍有生機。及賈莊合龍。受災如故。查南隄至北面金隄。中間六七十里。雖金隄時加修築。用以屏蔽京師。而於濮范之村莊田畝。絲毫不能保衛。臣此次親赴河干。沿河紳民具稟。願以民力承修。惟求酌給津貼。由官防守。此隄築成。濮范陽穀壽張東阿五州縣地畝。約可涸出千餘頃。隄工自濮范抵東阿。計一百七十里。約長三萬餘丈。照算須費數十萬金。今俯順輿情。費可減半。事半功倍。至北隄上游。內有八里。係直隸開州轄地。臣已函商直隸派員辦理。銜接一氣。以蕆全功。並飭東平以下九百餘里各沿河州縣。就所有民隄。一律加高培厚。以防潰決。是年八月。山東濮范等縣黃河北岸隄工。亦一律完竣。四年。東撫周恆祺奏。直隸、高、村、隄、工、決、口。溜向東趨。下注菏澤鄆城鉅野嘉祥濟寧等處。現經直隸堵築。水至嘉祥。漸即斷流。賈莊隄壩無恙。八年。山東、歷、城、桃、園、決口。水由濟陽入徒駭河。經商河惠民濱州霑化入海。徒駭河北岸。到處漫溢。巡撫任道鎔駐工籌辦。旋即堵塞。是年奏准。培修山東利津縣鹽場竈壩。東西兩岸。共長一萬二千八百餘丈。升於該壩上游。築東西橫壩一道。九年。山東沿河各州縣。因凌汛大漲。漫口林立。歷城齊東章邱惠民利津各處皆潰決。倉場侍郎游百川奉旨赴東查勘。奏請疏馬頰徒駭導河北行。議格不行。東撫陳士杰奏。查東省黃河。現在兩岸離水。不過三四尺。臣前任臬司。於光緒元年到東時。河岸去水。尚高二丈至一丈四五尺不等。今不及十年。變遷至此。以前例後。不出十數年。河岸且將變爲河身。且南高北低。水勢偏趨於北。北岸長隄。雖竭力保護。亦難深恃。臣再三考察。歷代治河成法。竊謂遠法不如近宗。當以前河臣靳輔爲則。總計靳輔生平辦法。不外、築、隄、以、障、其狂。減、水、以、分、其勢。疏、濬、以、速、共宣三語。臣反復研求。舍此亦別無長策。而堵分疏三事。難以並舉。爲今之計。當先以修築長隄。及開通小清河二者爲急務。惟長隄兩岸千四百里。亦難同時興工。現經派員分築長清齊河惠民濱州各北岸。歷城齊東章邱各南岸。限來歲正月告竣。再行接辦長清南岸。歷城濟陽北岸。濱州青城蒲台南岸。統限來年四月告竣。小清河現由馬家樓入海之二十餘里。及張家壩以上之百餘里。約三月前後。亦可竣事。因奏黃河自長清下抵利津。南北兩岸。先築縷隄以爲保障。北岸民隄。本有十之六七。南岸僅有十之一二。應就原隄加高培厚。凡不接續之處。一律補築。其頂衝險要之處。並築重隄。因奏准培修歷城濟陽長清惠民齊東青城濱州利津各縣。南北兩岸民埝壩埽四萬五千餘丈。又奏准修濬徒駭河。於上游口門建立石壩一道。以洩黃河盛漲。又奏准於山東十四戶口門。建築磨盤挑水壩數座。十年奏准山東新築長隄。南岸東阿平陰肥城。依山傍麓。地勢較高。毋庸修築。由長清起。至利津交界三里莊止。計長三百三十餘里。均底寬八丈。頂寬二丈。高八尺。北岸地勢較窪。上接濮范金隄。自東阿界接合平陰縣。共長九十五里餘。該二縣北岸低於南岸。較之他縣。地勢略高。定以底寬五丈。頂寬一丈。高八尺。其下爲肥城地界。迤漸窪下。由該縣北岸起。至利津民埝第一段止。計長四百零三里。均底寬八丈。頂寬二丈。高八尺。又齊河齊東濟陽蒲台等縣。均添築護城隄。其長清歷城惠民等縣。均加修隔隄月隄。約四十餘里。自利津城以下。改修民埝長一百六十餘里。定底寬五丈。頂寬一丈二尺。高八尺。鐵門關以下。添修窰壩五十餘里。底寬三丈。頂寬一丈。高八尺。又奏准修築大隄。原定底寬八丈。頂寬二丈。高八尺。寬有餘而高不足。應再加高二尺。十二年以張曜爲山東巡撫。兼辦河工。是年章邱濟陽惠民各民埝。次第漫溢。大小六口。共寬二百餘丈。溜勢均入徒駭河。同時南岸民埝亦決水向東入小清河。均先後堵塞。十三年。直隸開州大辛莊漫溢。灌入山東濮州范縣壽張。溜勢向南穿運。漫及陽穀東阿平陰各境。一股從茌平遶南淹及禹城全境。是年八月。河南鄭州十堡石橋河大決。溜趨東南。自豫西皖。山東黃河正流爲之涸斷。自蘭儀以下。直至利津。人可以涉。此爲近代河決之第一次險惡。東撫張曜奏請乘勢規復南河。奉諭緩圖。九月以李鶴年署河東河道總督。命李鴻藻督辦鄭工。十四年自春徂夏。鄭工杜口僅餘六占。不日可望成功。詎至七月二十四日。西壩捆船失事。隄工因復大潰。又未先期放河引溜。以至口門淘刷日漸深闊。奉旨李鶴年革職遣戍。李鴻藻革職留任。改派吳大澂署理河督。十二月鄭工合龍。黃流復歸東境。十五年。山東利津韓家垣決口。張曜請以是處入海較近。毋庸堵塞。以暢尾閭。仍於兩岸各築隄三十里。以束河流。是年。齊河歷城章邱各縣上年決口一律堵塞。張曜並令於沿河兩岸一律種柳。張公於東省河工。頗殫勞瘁。常川駐工之日至多。魯人甚感其德。故至今對於河隄遺柳皆有甘棠之愛。自男婦老幼言及張撫台無不感念。其才識雖遠不及朱靳。在最近河務大員中。亦可謂能盡心力者。十六年。平陰齊河濟陽齊東蒲台各縣護城隄埝一律竣工。並以洛口爲省城門戶。一律修築石壩。以復頻年河決。濟南終免水患。張公治河成績之在魯者。尤以此爲最著。十八年伏汛漲發。惠民利津章邱各縣民埝。同時衝決。旋即修塞。先是黃河下游青城濱州蒲台利津及上游歷城章邱濟陽等州縣多數村落。尚在隄內。終年淹浸。甚爲困苦。張曜奏請擇地給貲遷徙。甫遷出七百戶。而秋汛驟發。遂不及辦。至是巡撫福潤承張公遺意。設遷民局三處。遷出歷城章邱濟陽齊東青城濱州蒲台利津八州縣災民三萬三千二百九十七戶。設立新莊三十九處。人民稱便。二十年。福潤奏遷齊東縣治於九扈鎮。二十一年。東撫李秉衡奏。濟陽利津齊東壽張各縣隄埝先復漫溢。均已趕籌堵築。惟利津之呂家窪地勢本低。距海不遠。大小村莊只十二處。以下六里即無大隄。亦無人煙。應否堵合。俟覆勘查照辦理。旋奏山東河道向由利津鐵門關入海。光緒十五年。韓家垣漫決。前撫張曜奏請即改由此處入海。年來海潮頂托。逐漸淤高。現查呂家窪決口。水門二百十餘丈。奪大溜十分之八。韓家垣正河淤塞。僅由口門迤東分水十分之二。繞出楊家河入海。黃河千里奔注。下無去路。必於上游橫決。呂家窪地本極低。已成入海形勢。勉強堵塞。似非所宜。惟該處產鹽灘池一百六十餘處。無從保護。擬俟親查履勘。詳議奏聞。二十二年。李秉衡奏上年呂家窪決口。親往察勘。擬以該處為出海之路。至今年五月。復往審視。西北一帶。漸見淤淺。惟口門至陳家屋子。溜勢尚順。復查勘舊河。自蕭神廟以下至海口。地勢益低。極為通順。是以有由呂家窪至陳家屋掘開圍墻。導入舊河之請。迨伏汛初臨。趙家菜園決口。水入霑化屬之絳河。絳河即徒駭河之下游。復擬改道由此入海。利津以下可免沈溺。至八月復往相視。則徒駭河已盈隄拍岸。勢不能容。且由趙家菜園至入徒駭河之處。不過十餘里。略有溜溝。以下則一片瀰漫。既無河身。亦無隄岸。若欲開河築隄。勢不能行。而呂家窪至陳家屋子。復漸淤乾。是以復有堵兩處口門。從老河東岸開挖新河。以達蕭神廟舊河之請。蓋以黃河變遷無定。只有因勢利導。舍此別無良圖。復查韓家垣河身至海口。深只五六尺。至二三尺。鹽船至此。必用小船駁運。此次所挑新河。擬定面寬十六丈。底寬四丈。深一丈。較韓家垣深至數尺。將來大溜引入。雖不敢謂必能通暢。或不至遽形阻滯。至呂家窪口門已堵。鹽灘盡可涸出云云。二十三年。春初凌汛盛漲。歷城章邱民埝均被沖刷決口。旋即堵塞。五月。利津縣屬之北嶺子西灘兩處。復相繼衝決。兩處之水匯由絲網口入海。李秉衡以該處近海。居民甚少。請留為入海之路。二十四年。東撫張汝梅奏前年李秉衡開挖陳家莊新河。挑工未畢。即值凌水暴漲。不能施工。上年北嶺西灘兩處漫決。水由絲網口入海。正河幾至斷流。嗣復西灘漸次淤塞。大溜全注北嶺。復由北嶺倒漾至西灘漫口。分入正河。涓涓細流。今已全河湮塞。查北嶺至西網口入海。計七十餘里。均已刷成河身。其勢極順。現擬自北岸薄莊起。至南岸北嶺子止。修築新隄一道。計長四百二十丈。將舊河截斷。並將西灘旱口堵塞。將舊河南隄。改作新河北隄。另建南隄一道。自十六戶起至絲網口止。計長七千丈。使河身有所收束。得以逼水東沙等語。時以東省黃河屢溢。特命中外臣工。保薦熟悉河務人員。並令羣臣集議。籌一勞永逸之策。尋奏請簡派大員察看。諭令李鴻章會同任道鎔周汝梅前往履勘。周歷河干。通籌全局。並估計各項工程經費。奏明請旨辦理。二十五年。李鴻章奏勘視河工籌議大治辦法。大致謂山東河勢。上游險工較少。決時亦少。中游以下。險工愈多。因而潰決之事亦多。下游近海百里無隄。有亦單薄。現由絲網口入海。一望彌漫。並無河槽。水流自四五尺至一二尺。愈下愈淺。尾閭因之阻滯。益以改道之後。東省河防。本屬創辦。經費支絀。未按成法。查光緒九年。撫臣陳士杰建築中下游兩岸大隄。高止一丈。基寬亦只五丈至八丈。南岸自長清至蒲台。計四百里。北岸自東阿至利津。長六百里。兩隄相距。自五六里至八九里不等。應即就此兩隄。加培高厚。永爲修守。惟南北兩隄以內。均有守埝之處。民埝單薄。一潰則并及於隄。惟居民安土重遷。一律遷出。不無爲難之處。應即酌量情形。先行擇要遷移。將來總以廢埝守隄爲正策。至兩岸大隄。爲河工至大關係。今處處卑薄。非特險工難資防禦。即平工亦時有鑽漏。擬一律加培。凡平工以頂寬三丈。險工以四丈五尺。底寬以十一丈至十五丈爲率。其改埝爲隄之處。并照此式修培。遇有應行展寬取直之處。隨地酌量估辦。至下口入海尾閭。尤關全河大局。現絲網口入海去路。偏向東南。形勢弗順。而汪洋無涯。築隄作壩。均無法施工。不能束水攻沙。下壅因而上潰。今勘得鐵門關故道。尚有八十餘里之河形。愈下愈見寬深。直通海口。較絲網口韓家垣兩處之路爲順。疏築之工。亦較兩處爲省。然建攔河大壩。挑引河三十餘里。築兩岸大隄八十餘里。費亦不貲。惟下口不治。全河皆病。此爲必不容已之事。臣等通盤估計。除俸餉不計外。約需銀九百三十萬三千餘兩。工程分年辦理。經費亦分年具領。五六年可期辦竣。謹擬大治辦法十一條。

（一）大培隄身。擬險工加頂寬五丈。平工三丈。四尺高以一丈六尺至二丈爲率。通計兩岸舊隄埝工。長二十三萬四百十五丈三尺。需銀六百二十七萬九千二百餘兩。

（一）下口尾閭。應規復鐵門關故道。挑引河三十餘里。兩岸築隄各八十里。并築攔河大壩一座。又將西隄內居民。酌令遷徙。撥地蓋屋。約需銀二百萬兩。

（一）建立減水大壩。俟大隄告成再行興辦。

（一）添置機器浚船。約需銀三十萬兩。

（一）設遷民局。約需銀二十八萬兩。

（一）兩岸隄成。應設廳汛武職官缺。

（一）設立堡夫。

（一）隄內外地畝。給價除糧。收官管理。約需銀二十四萬四千五百餘兩。

（一）南北兩隄。設德律風傳語。并於險工段內。酌設小鐵路。以便取土運料。約需銀二十萬兩。

（一）兩岸清水各工。俟治黃粗畢。量加疏築。以竟全功。

同時並上治標辦法。請大治需時。法當先謀救急。黃河連決。弊固在民埝卑薄。而物料不足。兵夫太少。亦有以致之。請自光緒二十五年起於原定歲修六十五萬之外。又再添修費四十萬兩。以爲增添夫料雜項之用。至現在兩岸隄工。岌岌可危。應修之工。不勝枚舉。祇有先行擇要加修。擬於前奏大治案內。撥銀六十萬兩。速募災民。趕於春間興工。加高隄埝三四尺。幫寬一二三丈。其頂衝極險硬灣。相度抽挑河溜。以掣水勢。庶幾汎漲得資抵禦。而沿河災民。亦得度日等語。疏上。下六部九卿翰詹科道一體會議。旋奉諭軍機大臣等奏。會議山東黃河工程。李鴻章等所擬大治辦法。與救急治標辦法。均尚切實。請照議辦理。並飭戶部分別籌款等語。尋復奉諭。此次籌辦工程。均在山東境內。毓賢以巡撫兼管河工。責無旁貸。即著督飭上中下三游總辦。切實經理。二十六年。濱州張肖堂堵口。二十七年。惠民五楊家堵口。同年。又堵築章邱陳家窰。二十八年。利津馮莊堵口。二十九年。惠民劉旺莊利津小寧海莊王莊。均先後堵口。此皆前歲漫決之水口。是年東撫周馥。奏設遷民局。實行前奏遷移隄內民莊之計畫。按戶酌予津貼。給地購屋。並須發牛刀籽種。民情頗爲忻悅。三十年。利津薄莊決口。周馥赴工履勘。尋奏該處口門寬三百五十二丈。今若堵合。估銀須一百九十四萬兩。非特巨款難籌。且防守毫無把握。當經乘舟由漫口下駛。測量水深一丈數尺至二三丈不等。寬約二三四里不等。奔騰浩瀚。水勢迅利。東北四十里入徒駭古黃河。係霑化邊境。又行六十里達海。水勢寬深。更勝於上游。兩岸一望荒蕪。村莊極少。較從前鐵門關韓家垣絲網口三處入海。加倍暢達。乃知此路低窪。水勢爭趨。非人力所可挽回。與其耗無益之財。逆水下之性。救民而終莫能救。不如遷民避水。較爲兩得其所。惟口門以下十餘村。約共四五千戶。必須買地遷屋。妥爲安置。及移設鹽垣等項。統計亦須五十萬金。擬在工賑捐款內撥用。旋下部議行。山東下游向無石工。周撫飭令於險要工所。均改建石壩。以是工程堅固頗爲得力。又於沿河設立官窰三處。燒磚作壩。並設全河電綫。一時河工。頗資利便。三十一年。溥莊新工完竣。兩岸築成新隄。南自溥莊七龍河起至大牡蠣灘止。計長二十六里。北自西鹽窩護莊隄起至霑化縣後馬廠止。計長十三里。大溜由徒駭入海。自是數年頗稱順軌。宣統四年之中。竟未發生險患。以至無事可紀。此亦河流改道以後。在山東境內。頗稱小康之時期也。

按河事迄今明季。敗壞已極。蓋以匪亂紛紜。不暇兼顧。聽其自由汗漫。幾成不治之症。清初國是草昧。亦尚未遑注及。至順治十四年始任朱之錫爲河督。乃循明季潘季馴之成法。經營規度。於是修太行。挑高郵。開新河。汲汲補苴。疏達首尾。始獲粗有眉目。然猶僅爲一時治標之計也。自康熙十六年。以特旨任靳輔總河事。假以特權。予以久任。會當清室始興。國力全盛之時代。康熙之明。足以知人。而文襄之才。足以任事。又能殫心盡職。數十年孜孜兀兀。確爲實在之治理。黃運兼顧。蓄洩並籌。其着手首在於海口。海口既通。乃注意於隄工。卑者培之。薄者厚之。斷者續之。堅益求其堅。實益求其實。於是數千里金隄。一氣銜接。遂成金湯磐石之勢。而更以滾水減水各壩。爲之調節。節節計擬。如量宣洩。南流本非河性所順。因受其鉗束。竟不能不帖耳南趨。蓋數十年中。有如駕馭悍馬。執鞭策以相臨。飽其芻秣而調其勞逸。心營目注。一絲不懈。直無隙可容放軼。因有運河之關係。不能專就黃河本身設計。故以治河而論。未必遂爲根本至計。以防河論。直可謂徹底統籌。纖悉備具矣。有清一代。河患所以減於宋明者。其基礎全在於此。文襄歿後。繼任者于成龍張鵬翮輩。類皆一代廉幹之才。足以守其成法。迄於乾隆之時。則河底實已淤高。漸成積不能容之勢。雖河隄日與俱高。而畢竟水行地上。隨處可以倒洩。故是時主河事者。乃一面用力於隄。而越隄格隄。逐處添置。而一面更專究心於壩滚水減水各壩。次第設立。殆亡慮數十百座。蓋蓄之之法已極。不能不用洩之之法以調劑之。不待其自洩而預爲之洩。使不至過於脹悶。則暫時亦可相安。至於嘉慶時代。則洩之之法又窮矣。沿隄壩座處處俱遍。亦更無可容置之地。乃更換一法。而惟一專注於尾閭。嘉慶一代之工作。大半皆在雲梯關外海口之處。但求出河通暢迅利。其力即足以掣引中流之積滯。康熙時如服參苓補劑。專固元氣。使不外散。乾隆時如服荆防四香。以疏通表散。治其中飽。輕者用汗。重者用吐。至於嘉慶乃專恃大黃芒硝利用攻下之一法矣。道光以後。諸技皆窮。隄無可增。壩亦無可置。乃惟有以幫高培厚爲事。且就原有各壩。東移西徙。屢更其處。已近於無聊點綴之工作。然畢竟有許多負責官吏。時時顧注。以河事爲專責。雖弊端已重。帑項之到工者不及半數。顧究尚有此半數之款。耳目注集。類能先事而預爲之謀。不似各朝河工。必待潰決一次。而始作一次之補救者。清之防河。視宋爲特難。漕運牽制。視宋爲尤重。而自順康以至嘉道。數百年中。初未嘗發生何等重大之河患。而其棘手之故。又皆在運而不在黃。則治功之軒輊。亦略可覩矣。自咸豐時兀然改道。而情勢乃一大變。千歲南流。頓時北返。其事至可駭異。而其實乃爲必至之勢。河本以北爲自然之歸宿。其南也。固因受迫而然。非其所願。徒以數百年束縛之牢固。不得不俯就銜勒。至此而駕馭之法已窮。當然必有絕韁飛駛之一日。在清時亦早有人倡北流之議。明清兩代。所以必欲維持南流者。以濟運爲之樞紐也。至道光後。海運之趨勢已成。南流之羈絆自必日形鬆懈。天時與人事交乘。自有不容不北者。其所爭不過遲逺之間。今不待人力而自圖之。自覺更爲暢快。默深之論。早已預料及此。若當時果能因其天然自力之途轍。而益爲加工疏濬。以一暢其千年盤鬱之氣。一如王景之治千乘海口。至少當可得數百年之安謐。乃一誤於時勢。再誤於人言。以舉棋不定。因循坐視。直俟數十年後。變患已見而始爲之謀。則勢不能不先謀治標救患之策。無暇更爲河流本身。謀其便利。滋可惜也。自河入東省後。清廷以無法兼顧。乃祇得勸民築埝以自衛。一鄉一邑。人自爲政。曲折斷續。當然不成片段。至丁寶楨而上游始有官隄。至陳士杰而中下兩游。始有聯續之隄。實在並非官築。不過官督而民爲之。稍有津助。即後來所稱官隄。亦大半因民埝基礎而改作之。故其勢仍不得不將就其曲折斷續之勢。以勉强相聯綴。故比工程師盧法爾謂其遠近灣曲。不可理解。亦牽於時勢。無可如何者也。李鴻章覆奏所稱大治規畫。實際已是因陋就簡之圖。況後來并此亦未澈底實行。故論清代治河之功。當以嘉道爲止。其注意多在南河。北徙以後。直謂之未嘗有治焉可也。然而渴者易飲。如丁寶楨張曜。固已差强人意。魯人至今銘頌之矣。

中華民國

民國二年。河決直隸濮陽縣屬習城集迤西之雙合嶺。水由東北趨入陶城埠。仍歸正河。漫淹山東濮范數縣。當時決口並不甚寬。溜勢亦尚平緩。立加防堵。本易集事。會值南北搆兵。聽其氾濫。無人置理。次年口門遂刷至八百餘丈。於是乃成巨工矣。戰事稍定。始任徐世光爲河工督辦。於四年正月興工堵築。四月合龍。凡費銀三百餘萬。已而習城隄工復潰。大名道尹姚聯奎修塞之。凡費銀八十一萬三千餘元。十年。山東利津宮家壩潰決。口門刷寬三百餘丈。利津霑化濱縣各境。村莊三百餘處。災區占五千四百方里。被難災民。六萬餘人。均露宿隄上。情極可慘。時山東督辦田中玉兼任省長。魯人呼籲於政府。政府乃派田爲督辦。以山東河務局長勞之常爲會辦。責令修塞。田乃與美商亞州建業公司商合包堵。公司要求工料價九十五萬元。議將定。會魯省政局有更動消息。事遂中止。已而熊秉琦任山東省長。復繼續前議。計挑挖引河一道。截流挑水壩各一。甲乙丙丁戊新隄五段。其包費爲華銀一百五十萬元。上列種種。直至十一年十二月始行開工。向來河工堵築。大抵多用柳葦稭草。摟紮作埽。從決口兩邊立壩下埽。逐漸向斷隄鑲接。東小水口。謂之進占。預先估測決口丈尺。分爲幾占。兩邊同時進築。愈進愈近。最後止餘水口若干丈尺。乃一面開放引河。雙方預備薪埽。同時填塞閉氣。謂之合龍。美公司當時不適用吾國舊法。其進占手續。乃用打樁機將七丈長之樁木。平行打入。釘以橫板。外蒙鐵絲網。然後於其中拋填碎石。俟石出水面。乃就樁木上架以橫梁。上鋪小鐵軌。由軌間裝土。傾入其中以實之。較舊法頗爲迅捷。但新隄被伏汛衝刷。旋築旋塌。決口終不可合。土人先告之稭埽之法。公司不信。最後乃攙用舊法。由營汛代修稭埽二十餘所。隄以穩固。蓋新工土未堅實。不能受水衝激。稭以柔輭能緩水性也。十三年五月合龍。十四年直隸李升屯民埝漫決。未幾山東壽張縣之黃花寺大隄亦決。會民軍李紀才部進攻山東。兩軍方在激戰。遂不暇置顧。魯人籲請政府飭下直隸協同負責堵築。並咨蘇皖協助。派大員專任其事。政府亦迄未置理。迭次估計工款。自一百五十萬元至四百五十萬元不等。需帑過鉅。益無法籌措。時張宗昌在魯方預徵丁漕。經山東河務局長林修竹召集濮縣范縣鄆城壽張陽穀汶上東平東阿八縣災民代表商議。請以各該縣預徵丁漕六十萬元。截充修築李黃兩處決口。不足則由八縣人民攤派夫料。蓋李升屯雖在直境。而受災乃在東境。故直隸初不汲汲也。旋得張宗昌允可。即以林修竹爲督辦。河務分局長王炳燁爲會辦。是年二月兩處同時興工。四月初先後合龍。已而黃花寺新工復行潰決。第二次四月二十六合龍。又陡起險象。經極力搶護。卒於四月三十日完全告竣。共費六十七萬餘元。既而蘇浙各省協助善後工款二十三萬元。派員至工監放。因於各新工隄壩民埝。一律加高培厚。工事稍固。先是宮家壩之役。由華洋義賑會助款三十六萬元。賴以集事。此次復於大工至急時。由該會臨時派人持款三萬元到工購買土方。得力尤鉅。友邦僑民。能不分畛域。急人之急。自是可感。而此等巨工。本爲國家正當支出。非普通慈善事業可比。乞鄰之予。未免可愧。而同時政府巨公。鄰疆將吏。乃秦越視之。漠然一不置意。又可歎矣。

按前清河工盛時。有南東北三河督。益以直隸兩江總督。漕運總督。河南山東兩巡撫共同負責。河督以下自道廳以至丞簿。無慮數十百員。而南河局面尤鉅。文自道廳。武自參游。河工員弁。不可勝數。歲糜帑至四五百萬。北徙以後。大勢全移於山東。實占東南兩河督之責任。而反不設專官。即以河務悉委之巡撫兼任。以三游總辦分理其事。有差無缺。歲款不過百萬。久而始定。視前時已遠遜矣。入民國後。升裁三總辦而改設一局長。歲款不及五十萬。視清季又不及其半。直豫兩省。大略相等。國人之視河務。幾漠然不之措意。然而近數十年。除濮陽南宮數次潰決外。亦未聞有何等重大之河患。昔以數倍之力。治之而反形多事。今一不之理。而亦無大患。豈果自來治河者之無事自擾耶。不知北流徙道之始。水力迅利。海口未塞。大清河藉其洶刷之力。驟深驟廣。據前時查勘。河槽乃深至六七丈。水行地中。雖漲汎而尚足以容納。故不至於泛溢。因其不甚爲患。近則河流漸次淤積。海口亦漫流無定。遍地皆沙。再若千年。河身淤墊已平。又成水行地上之

勢。恐横流四達。非但魯省沿河各縣。將受其患。即河北天津各處亦在可危之中。虎兕出柙。將至

不可收拾。然則及此圖之。尙是曲突徙薪之機會。幸勿以其無事而忽視之也。

治河說略卷之六

歷代河工章制述略上

按前清黎襄勤公謂漢時賈讓之策。不可以治宋明之河。康熙之法。不可以治嘉慶之河。至言哉。法因時易。勢隨地變。況現在科學發達日新月異。欲論今日河事。而尚狃於數千載以上之成軌。刻舟求劍。寧復有當。惟黃河號為難治。其地理形勢與普通水道。皆有殊異。其間經過數千年之歷史與名人碩彥之經營擘畫。所有沿革損益。種種章程規制。皆根於事實經驗。亦具有幾許之精神識力。明之潘尚書。清之靳文襄。尤為其卓卓者。而文襄治河。對於土方水量流速。皆以精密算法為根據。實已具有現今科學之妙用。所以有清一代。關於河工章制。異常周密。大抵皆根據於文襄者為多。前事不忘。正未可一概抹煞。視同芻狗。況根本治理。亦非積年累月。不能集事。在此研究籌備新工期內。對於現有河道。不能不有維持現狀之辦法。尤不能不兼採舊制以資防護。特是河工之書。浩如煙海。所有前代章制。率皆散見雜出。不易得其要領。茲因總列羣書。反復紬繹。揭其概要。分為官制兵夫經費工程材料器械名詞雜法七門。急就之編。掛漏自所不免。然自漢迄今。河務設施之大致。差已約略可覩矣。

一、官制

民國肇造。國體政體同時改易。前代官制。當然不復適用。但欲搜考河事。博綜羣籍。究其得失。非先明白歷代統系官制。無以悉其分功舉任之所由。而河工諸書。於官司一門。率多漏略。因河工本非正系之官。往往臨時暫設。忽廢忽置。紛紜繁錯。不可殫究。行水金鑑所列。最爲詳備。而雜錄羣書。前復牽引。複舉歧出。令人目迷五色。今先逐一鉤核。斷代作表。次第排比分析。方始粗得端緒。以表系繁瑣。不復羼入。今姑揭其綱要如左。

唐虞三代

虞廷九官。而司空主平水土。故禹以司空而主河事。至成周幷爲六官。而司空掌土。尚仍舊制。水附於土。言土則水在其中矣。月令季春命司空修利隄防。導達溝瀆云云。則河防水利。固爲司空重要專職。特司空所掌。不僅在於水功。乃置屬官以專司之。周禮冬官所屬。川衡澤虞司川司險掌固。皆治水之官也。降及春秋戰國。黃河流域。國邑林立。王政不能統一。各國皆各自爲制。至爭水利。至避水害。而隄防之制大興。計當時必皆設有專官。史記有水工鄭國入秦爲間之事。可知當日已有專門人才。諸侯去籍。已無可考。秦禁文字。記載並闕。惟魏志稱秦漢以來。皆有都水之職云云。則水官固未嘗廢。後世以都水專司水事。固沿周秦舊制也。蓋自禹以治水奏平成之績。河工一事。歷來莫不惟一要政是視。則設官分職。定必異常完備。雖無明確之記述。固可推揣而知之者也。

漢

漢初不設司空。而以御史大夫與丞相並重。故治水之官。其先隸於少府。蓋綜括川澤之稅課。以別於田賦而供王室之別用。其意重在收入。而不重在治理也。成帝時以御史大夫爲大司空。於是司空之職。仍復其舊。第所奉職權。略沿御史大夫之故。雖復其名。未復其實也。史稱太常三輔。皆有都水之官。武帝尤重之。更增左右使者。使統其任。又稱劉向以知書能讀禹貢。爲三輔都水都尉。可知漢時實沿秦舊制。設有都水一系之官。署考當時職官。有都水丞。水衡都尉。監津渠漕水掾等等名目。河以都水使者爲長官。丞與都尉爲佐貳。而監津渠漕水等掾。則分在於各郡國。爲直接管理之官吏也。第都水先屬少府。後屬司農。轉屬太僕。其上尚有長官。尚非完全獨立之機關。但此皆普通水官。自宣帝時。以王延世爲河隄使者。實爲黃河設置專職之始。成帝時有河隄都尉許商。哀帝時有使領河隄關。並其有河隄字樣者則皆屬治河專官。其下別有分區監守之官吏。蓋已別於都水而自成一統系。武帝既親隄宣房。視之頗重。因而特設專官以領之。治河之有專職。自漢始也。

東漢

光武初去大而稱司空。列爲三公。名義雖尊。實際仍不治水土之事。而都水一官。尚沿西漢舊制。稱都水臺。其屬則廢丞而設參軍。又有謁者錄事等官。蓋仍爲普通水官。至明帝時。始詔如西京舊制。仍設郡國河隄官吏。以此證知西漢治河一系之官。屬東漢初曾經廢置。而至此乃復設之也。其復之之故。實因王景治河而起。可知其專屬於河事。因當時黃河新治。史謂其至千乘入海千里皆有隄障云云。是當然不能不以專官守之。同時有將作謁者王吳。河隄謁者王誨。謁者之官。略如後世特派員之制。能以其職事。直接謁告於朝廷。可大可小。殆河官一系之領袖也。

魏晉

魏時仍置大司空。而尚書省有水部郎以專司水事。尚書綜職而水部分曹。此爲後世歷代部司官制之所由昉。此外仍沿漢制有都水臺。則水部郎不過擬議文書。猶後世部中之司官。而都水臺實執行治水之事務者也。晉沿魏制。大致亦無甚變更。惟以水曹屬之司農。並設水曹侍御史。水曹以外。更設運曹。而都水臺之設立如故。其屬有參軍主簿。吏設前後左右中五水衡令以佐其事。於諸州各置都水從事一員。而特詔以河隄謁者幷屬之於都水臺。於是而治河特系之專官與普通水官合幷於一。至此始命幷屬。則益可以證明在兩漢時。河官固自成一系。不屬於都水臺也。都水臺之兼管河務。則自晉始也。當時有都匠中郎將樂世率五千人治河之事。猶後世之有技監技正。因其專門知識而用之也。

六朝

六朝相承。於晉制無甚變革。齊梁於都水臺皆置左右使者以爲之長。參軍謁者爲之屬。亦略與魏晉同。梁復改都水臺爲大舟卿。在卿列之末。其下設丞與主簿並置河隄謁者八人以爲之屬。則管理河務者也。似由旁系之機關而列入於正系。自此秩望較崇。周承梁制。仍爲大舟卿。而更設司水大夫小司水等官以佐之。官屬亦加備矣。但其間曾經復稱都水臺。屢有變革。最後復稱大舟卿。

隋

隋承六朝舊制。大舟卿之下有丞有功曹。然不久而仍復都水之名。改臺爲監。設都水監少監各一員。分設舟檝河渠二署。以都水監領之。後更改監爲令。置都水令少令各一。其舟檝河渠兩署長官。並稱爲署令。

按自兩漢至隋。河患甚少。故其所有官吏。大抵對於普通水事而設。且專管河隄之官。惟兩漢曾特別設置。蓋皆感於一時之河患而起也。至晉時以河患減少。仍復合幷。但其中尚有一部分管河專官。如河隄謁者之類。固未盡廢。三國六朝諸史書。於職官一項。皆不十分詳贍。兼之漢魏晉三代相承。雖易姓而無改制。其敍述各種章制。往往前後牽幷。不能斷代。六朝尤至相淆渾。難以剖析。茲特從各史考較。參以通考典志。揭其大概如此。

唐

唐制工部設尚書侍郎。其所屬分設都水一曹。有郎中員外郎主事。以至令史書令史。漸與後世官制相近。令史書令史。如今之僱員書記也。然郎中以下。亦但主文書封駁。而都水令依然獨立。後改爲監。監設使者二人。次丞。次主簿。次錄事府史掌固。仍領舟檝河渠兩署令。而以河隄謁者六人爲之屬。其大概一承隋舊。惟裁去少監。而於舟檝河渠兩署。各置一丞以副之。河渠署令之下。復設津令。而副以津丞。河隄謁者所屬。增設典事三人。掌固四人。蓋參考古制而損益之者。工部與謁者所屬。各有掌固。本之周禮。而津令津丞。則周禮之大小司川也。此亦於普通水官之中。而仍留一部分管河之專官者。

按歷代史書。至唐而新舊參合。記載始爲完整。故水官官制。亦復斑斑可考。而都水監正式隸於工部。亦自唐而上溯周制。統系始秩然分明。唐書工部都水郎中員外主事。掌天下川瀆陂池之政令。總天下水泉。三億二萬三千五百五十九。除江泗等數大川外。凡中川一百三十五水。小川一千二百五十二水。石柱之梁四。木柱之梁四。造舟之梁四。皆以國工修之。餘由所管州縣隨時修理。唐時對於全國川泉。乃已有此精密之統計。足見當時官吏。尚能留舉其職。以今較昔。不免生遜集之思矣。

五代

五代史無職官志。又記事簡略。故於水事官職。一無可考。其散見各記傳者。周顯德時。有水部員外郎韓彥。晉天福時。有治河府尹觀察防禦各使並兼河隄使之命。唐臣蕭希甫傳。有河隄牙官李纂。天福中主部上策。有偷挖隄堰。害及秋苗。隄長處死之語。除水部外。其三官皆屬於河隄。以外官論。河隄使爲上級。牙官爲中級。隄長爲下級。足見當時對於河務。各有相當之職責。其他設置。亦必周密。固未嘗膜視也。

宋

河患至宋而劇。故河務人員。亦至宋而獨爲繁雜。除工部尚侍郎員。一如唐制外。其都水監衙門。亦依舊獨立。舊本隸於三司河渠司。嗣復轄屬工部。而權限特視歷朝爲重。其尤異者。在唐以前。都水係綜管全國之水官。不過以河工一系。幷隸屬之。如遇有開河治水巨工。則臨時暫派大員以治之。或即由地方長吏治理。尤以幷任之轉運使者爲多。並不定屬於都水也。至宋時則水工專屬之都水監。且似專爲黃河而設。其實行之職務。十九皆屬於黃河也。即有特別派遣之員。都水監仍視爲本等職務。可以從中主持。廷臣如有陳奏。亦必發交都水核議。復則任河事者。必畀以都水之職銜。一若惟都水爲河務正當衙門者。此刑宋代特殊之情勢也。先以判監事一員。爲都水監長官。同判監事一員副之。後則判監事改稱使者。而同判改爲丞。先置丞二員。輪川以一員駐外辦事。復另設南北外監丞各一員。南外監丞駐應天府。北外監丞駐東京府。分地辦理。都水監所屬。統有都提舉官八員。東京排岸司監官四員。監埽官百三十五員。堰監官二十一員。渡監官六十五員。南北兩外監丞所屬。皆另設有主簿。丞貳本爲散官。而南北兩外丞。竟可以直接建言。逕行其職。可以與大臣抗議。此又情事之特異者。總之都水監一系。自使者以下。皆河務之正任官也。宋轉運使。即明清之總漕。定制河工事務。隄埽屬之都水。錢穀屬之轉運。撥派夫役。屬之提刑。撥派軍卒。屬之宣撫使。而轉運以錢穀所主。又有河道通運之責。故與河務關係。尤爲密切。其力足以與都水相持。中間曾一罷都水。而幷屬之於轉運。以此轉運與都水時多異議。乾德五年。詔沿河各府州長吏。皆兼河隄使。天聖初。詔畿內及近畿州縣長吏。皆兼管勾河道。開寶五年。詔沿河十七府州各置一判官。兼管河隄。以故地方長吏。亦能有所建白。又南北兩作坊副使。遇工事往往簽派。此皆以他職兼領河務之官也。天聖時以參知政事魯宗道爲總河。熙寧中。以程昉爲都大制置河防水利司。元祐中。以李偉乞請置修河司。熙寧中。復以范子淵爲都大提舉疏濬黃河司。至和二年。以殿中丞李仲昌提舉河渠。天禧元年。以鄧守思爲修河鈐轄。天聖初。以張君平充修河都監。此皆臨時特置之官。因事實而發生。不久廢置者也。宋之河官。亂如紛絲。今分析觀之。則條理自易明白。其他與論河務之人雖多。皆以他職建議。與黃河官制無關者也。

金

金以工部綜水事。尚侍郎員主事令史。悉仍宋舊。惟添置一覆實司管勾。蓋綜核出納之職也。都水監亦沿舊制。而以長官爲監正。設分治監於衛州。專任規措黃沁兩河之事。監丞二員。以一員住分治監辦事。惟於都水官屬。頗有改革。沿河共置二十五埽。其六埽在河南。十九埽在河北。後又於滹沱河添置三埽。因分河道爲六處。設都巡官六員。散巡官每埽一員。共二十八員。分隸於各處都巡官。其後又特設京埽巡河官。於分治監設勾當官四員。以備差遣。大定中。並詔南京歸德等沿河四府十六州長貳。均提舉河防事。開封鄆城等四十四州縣令佐。均管勾河防事。餘皆如故。

元

元代工部尚侍員外。均如舊制。惟無一定員額。同時可以任至三四五人。而裁去郎中一級。其主事爲筆帖式。此外尚無大變革。都水監沿舊置設。品秩提高。向來多在四五品間。元特升爲從三品。而制度則頗有更張。即以都水監二員爲長官。又設少監三員。其直屬者。爲監丞三員。以下判官經歷知事肇帖式通事掌印各一員。另有回回令史一員。蓋爲回疆河工而設。以備通譯回文回語者。於山東河南均各設行監。於行監並置少監監丞各一員。其屬有河防提舉司。又於汴梁及東河之景德鎭。各設都水分監。另有領河道提舉司。秩正三品。視都水監爲崇。蓋都、水、仍、爲、普、通、水、官。而此、爲、治、河、專、官。不、屬、都、水。又、還、復、兩、漢、河、官、獨、立、之、制、度、矣。此外又有懷孟路河渠正副使。漕運河渠司。大通河道提舉司提舉及同提舉副提舉各一員。並設寧夏河渠司。又別設河渡司。類皆屬於領河道提舉司。惟河渡司後仍升於都水監。員缺旣多。又彼此不相統攝。都水監向以一機關綜全國之水事。自兩漢以迄於金。職權雖時輕時重。而名義上則未之或改。此來官屬雖益盛於舊。而實際則權散職分。無形之中。不啻同於解紐。蓋都水名義尚沿周秦之舊。爲臺爲令爲監爲卿。至宋而始集權歸中。實舉其職。金時已不如宋。自元之四散分裂。而職權遂不復舉矣。元之開會通河賈魯河。皆爲一代大工役。而都水監不聞參與其列。其視同閒散可知矣。

明

至於明而河官之情勢又一變。蓋自來治河。皆兼治運。而宋都汴梁。運道較便。元都燕京。每年南漕均由海運。河運不過數十萬石。視爲補助之資。故對河道得失。並不十分汲汲。明遷燕京而罷海運。每年南漕四五百萬。皆恃漕河一綫爲轉輸。旣欲防河之患。又欲資河之利。故其視黃運兩河。直有性命相依之勢。而都水官制。不得不因而改易矣。工部尚侍郎員主一仍宋制。都水監升於工部。設都水司。而向來獨立任事之資格。遂以無形消滅。其初以漕河首創事重。一切經營建置。悉以侯伯尚侍爲之。故漕河通運創於平江伯陳瑄。而成於尚書宋禮。先時所差侯伯。原係勳舊子孫。亦冀藉此調劑。後來漸次專用朝官。大抵勳門責介。實能勝事者少也。先分黃河爲三段。自通州至濟寧。濟寧至儀真。各以工部郎中一員爲管河官。稱爲分司。體制頗爲崇重。而河南一段。則設一按察副使以主其事。以御史二員分任巡視。遇有河工查驗時。則以給事中勘之。此外尚有管洪管泉管閘管碑管船各官。皆以工部之郎中員外主事分任之。而管洪、管泉、管閘之責任爲最重。部員中又以主事爲最多。因此工部之對於河務。確有綜持主核之力。職權、視前代爲特重矣。明時部員體制崇。而權力鉅。簡任之大臣。率由司官推舉。故各項分管主事。皆稱提舉司。與監司大員抗禮。較後來清代之主事。蓋迥不相同矣。先以侍郎或都御史一員。總理漕運。而以郎中御史夾輔之。意本重在漕河。祠因河道潰決。阻礙漕務。管河郎中力不能任。則臨時特派一大員以治之。事訖仍復還京。後以屢修屢決。乃遂以總理河道爲定缺。常川以工部尚侍。或都御史一員主之。以工部出任者必兼都御史。以都御史出任者必兼工部尚侍。即由他部尚侍。或巡撫被推派者。亦必改任工部兼都御史而復就任。以工部爲其本職。而都御史爲風憲大臣。可以彈糾百僚也。大率以侍郎爲常制。而尚書爲特制。侍郎出任成功後。則以工部尚書命召還京。用示酬庸之典。先本稱總理河道。成化後改稱總督河道。並加提督軍務兼銜。以便指揮。沿河各兵備。均聽節制。自吳桂芳兼理河漕後。又沿稱總理。普通則稱總河。總漕河漕兩臣。因職務關係。往往互相齟齬。蓋漕臣以糧運得失爲考成。河臣雖亦同負漕運之責。而必以河事利害爲本制也。中間曾經幷河於漕。不久旋復。其初以勳舊不濟。而改用京僚。京僚外任。大都養尊處優而不省河事。故季世又漸漸改用外官。其管河管泉管閘各差。向全用郎員主事者。漸以同知通判縣丞主簿代之。而主簿爲尤多。其管泉一項。並用典史吏目。蓋外官各有本職轄境。俸給可省。而呼應較爲靈通。上官對之亦易於指揮也。其山東河南兩巡撫。皆有兼管河道之責。後並載入敕書。當總河裁撤時。兩省河道。均各以屬之巡撫。後雖復設。而巡撫兼理之任。遂為永法。其管河洪泉閘之部員。先皆不屬於總河。後乃於總河敕書加入督率字樣。權限乃益歸一矣。總之明代河道事務。以工部為主管綜持。總河為直接負責。總漕為連帶。管河郎中為分任。御史主巡察。給事中主勘驗。山東河南兩巡撫為兼理。而管洪管泉管閘諸官。職在分贊河漕兩務。而各府州地方長官則共負當然之責任者也。尚有管河參政參議等名目。似是因人偶設之官。並非常職。成化中。言者謂河工挂名隸事。多至一百二十餘人。成則分功。失不受罰。請除正官十一員外。一體撤去云云。可知當時挂名之習弊已與一如前清之河工投效。民國之顧問諮議行走。名目紛紜。殆亦無從究詰矣。

清

清承明制工部尚侍郎員主事。一仍其舊。惟尚書滿漢各一。侍郎滿漢各二。有時或以大學士管部。則每部堂官至有七人。河工隸屬該部。先時一如明制。部權頗重。後來康雍乾三代。皆以英明自負。河臣率直接稟授方略。部臣不敢干涉。因而漸漸散棄矣。先設河道總督一員。嗣添置副總河。嗣改副總河為河東河道總督。嗣以直隸總督兼任北河。以所屬天津通永永定清河大順廣五道。分管子牙漳衛諸河。而漕運總督兼管南河。自儀真以下。歸其負責。其在蘇皖境内者。並以兩江總督兼任之。北河於黃河關涉殊少。東河兼河南山東兩省。以直隸之河北道。及河南開歸陳許道。與山東運河道兗沂道曹濟道。歸其所屬。分管黃運兩河事務。後又專設南河總督。以淮徐淮海兩道屬之。而當時黃河大勢均趨於南。故南河一職。特為重要。先沿明制。於南河北河中夏鎮濟寧南旺通惠衛河七處。均設分司管理。黃運兩河。以工部滿漢司員派充。三年二任。管理歲修搶險之事。康熙中先後撤回。南河東河皆經設置副總河。已設復裁。已裁復設。反覆數次。而爲時皆極短促。嗣裁北河河督。但於直督敕書內加入兼管河務字樣。兼職而不兼官。兩江總督。曾以軍事繁劇。罷兼管河務之職。道光中仍復舊制。河督之下。文職爲管河道。率以巡道兼任。河道所屬爲河廳。每道管轄三四五六廳不等。以同知通判任之。其下有州同州判縣丞主簿巡檢各官。武職爲統領河營參將一員。分統游擊二員。每營各以守備一員管領之。其下有千總把總外委各官。每道分廳。每廳分汛。每汛分堡。皆畫疆而治。核算錢糧購備材料等事。以文官爲主管。武官爲兼管。監督工程。訓練兵士等事。以武官爲主管。文官爲兼管。彼此連帶負責。期在互相牽制。其間遷移裁并。忽廢忽置。自河道至主簿巡檢外委把總。皆屢有反覆。淮揚徐海兩道。忽分忽并。忽而專管河道。忽而復任分巡。中間曾特設河庫道一缺。後又并歸淮揚。亦不知幾經改革。咸豐初。裁河東河道總督。歸并山東河南兩巡撫管理。五年。河流改道北徙。而南河文武官吏。自各廳同通以下。裁缺者以百數。河督同時裁撤。於徐州添設總鎮一員。以河標裁兵弁。改八鎮標。已而海運大通。南漕次第改折。漕督亦以次并裁。數百年經營締造之河漕兩務。千百萬人之衣食窟宅。一旦渙散。倏如泡影。時勢變遷。可異也。

民國

自前清咸豐間。河道北徙。大勢全集於山東。彼時髮亂已起。捻亂繼之。軍書旁午。無暇兼顧。又議者多半欲挽回南行故道。久持不決。以是對於山東河務。初未有何等措置。咸豐十年以後。知南回之勢。一時無法辦理。乃將南河文武河員廳汛。次第裁撤。而東省亦漸漸草定辦法。作簡單之組織。先分全省河道爲兩段。嗣又分爲三段。爲上中下三游。各游以道員一員爲總辦。而綜成於巡撫。各游依舊設立營汛堡。分畫地段。由武員督兵分守。以文職佐貳官爲委員。略如前時分廳之制。而一體改缺爲差。直豫兩省。已經改組在前。大致相同。入民國後。各省政府改組河官之制。亦隨同改革。並皆改設爲局。以局長一員總任其事。而隸於本省最高行政長官。其體制略與廳道相同。於其下更設分局。仍各分汎堡。畫疆負責。如山東則照舊時三游之制。畫爲三分局。總局局長自兼中游分局。而上下游各置一分局長。以分任之。直隸於總局之下。於南北岸各設一分局。河南則總局之下。仍按前清廳制。以一廳爲一局。共爲十一分局。武職營汎。暫仍其舊。大段規模。雖約略相等。而省自爲政。名稱組織。殊不一致。民國十二年。始經內務部草定河官官制。通行各省。畫一遵守。定名爲河務局。河南直隸山東皆設河務局。設局長一員。下設分局。設分局長一員。局長由省長咨行內務部呈請簡任。分局長由省長咨部呈請薦任。局中分設三科。科長科員由局長呈請省長委任。其河營武職。亦另行編制。各營河兵改爲工巡隊。蓋河務局隸於各省省長。而綜成於內務部也。但各局組織尚未完全畫一。因官制草案依法律須通過國會。當時部議爲收回事權起見。草草釐核。亦屬一種暫行性質。嗣值國家多事。以後遂不暇更行注及。故至今尚無確定之制度。今姑依現制分別列表如左。

現在管理黃河河務官制表

- 河南省政府
  - 河南河務局
    - 下南分局
      - 下南上汛
      - 下南中汛
      - 下南下汛
    - 鄭中分局
      - 鄭下汛
      - 中牟上汛
    - 陽封分局
      - 陽武汛
      - 封邱汛
    - 武原分局
      - 武涉汛
      - 武滎汛
      - 武原汛
    - 孟溫分局
      - 孟縣汛
      - 溫縣汛
    - 下北分局
      - 開封北汛
      - 陳蘭北汛
    - 上南分局
      - 滎澤汛
      - 鄭上汛
    - 中牟分局
      - 中牟中汛
      - 中牟下汛
    - 陳蘭分局——陳蘭汛
    - 東汛分局——東沁汛
    - 西汛分局——西沁汛
    - 鞏縣購石處

各汛分配工巡隊設隊長一人兵士二三四十人不等仍各分暨負責管理以事務員照料之購石處專管購備全工石料事宜

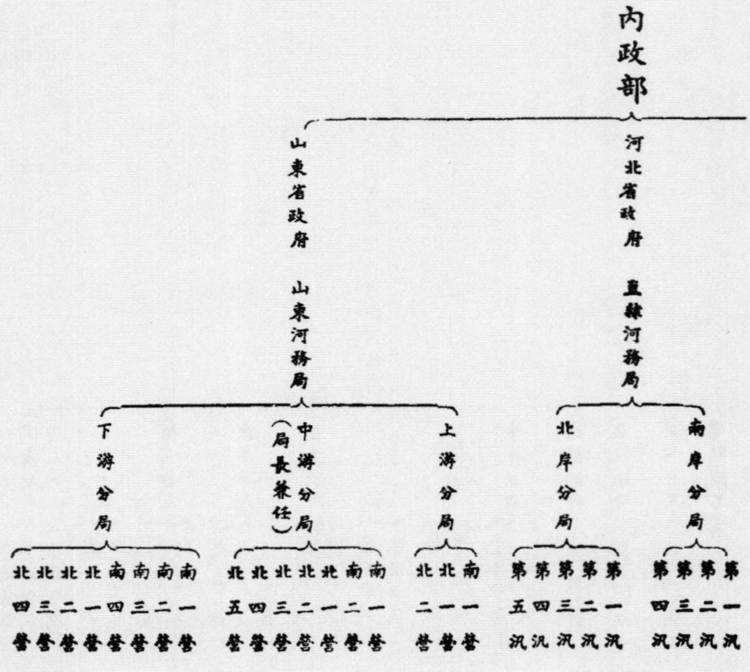

各汛設有工巡隊汛主任一人巡長一人兵士二三四十人不等仍各分堡負責管理

每營設營長一員兵夫七八十人不等仍各分汛管理設汛長一人汛弁若干人各汛仍復分堡

工巡隊之制度。各省尚未畫一。似應提前整頓。工與巡分別辦理。以一部分改爲河工警察。使負稽查沿岸隄工及保護沿河樹木之責任。察看沿隄形勢。隨時報告各局處理。參用水上警察之制。另定河工警察法。關於河工上之違禁事項。均由警務處理之。以一部分正式組織河工工程隊。除舊有工程外。應授以河海工程上之新知識及技術。河工警察。可以分隸於各省之警務處。而兼受河務機關之指揮。其在工程部分。則三省應升設一工程總隊。而以各省爲分隊。使受總隊長之指揮監督。仍受所在地局長分局之指揮。如此則遇有工事三省可以互相通融赴急。尤便之大者也。

二、兵夫

歷代遇有河患。疏塞挑濬之役。皆起民爲夫。動至數十萬。徵集至五百里以外。甚至發淮揚之民以治北河。人民自備饘橐。持畚鍤。千里從役。寓居草臥。數十百人共一草圍。一遇寒暑瘟疫。殍殣相繼。或氣未絕而已埋。或死經月而不葬。終至僵屍滿地。臭穢。狼藉十九以飽禽犬。此誠天下之虐政矣。然鳥集獸散。竣工以後。譁然各去。新成之工。無復有人顧注。不久而即成淤潰。至明代而河患益多。當事者亦漸有經驗。稍感覺起夫之種種不合。於是而有折納幫工銀之議。由官代募。先本限於上戶。後亦漸次放鬆普通折徵河銀。募夫充役。公私稱便。然無論是歲有工無工。而河銀遂成永例。且遇特別大工。仍須起夫。或攤加河銀。此時河工。尚無額定之兵夫。而已有額定之歲餉矣。

顧明以漕運爲命脈。漕河又半假道於黃河。沿途數千里泉閘林立。在在需人看顧。於是而有泉夫牐夫渡夫壩夫橋夫溜夫淺夫等等名目。人數不下萬數千人。泉夫管泉。牐夫管牐。淺夫挑淺。溜夫則能泅水之人。爲有時引溜施工之用。除溜夫外。大都屬於運河。其屬於河工者。普通謂之河夫。亦稱堡夫。以其分堡認工也。率皆沿河附近居民。挂名河籍。受值至少。有事則召集赴工。無事則居家農作。此時尚無額定之兵。而已有額定之夫。如是在平時勉可敷衍。而歲修工程仍須起夫。臨時指定某縣出夫若干。謂之簽派。間亦有半募半派之工作。稍給工值。而一面紛紛派夫。一面仍即截漕請賑。爲國家計。實亦未爲得算也。

清承明制。先於額定募僱之外。仍行簽派。至康熙十二年。始詔河南省黃河歲修工程。以後不准簽派民夫。十三年令江南一律不得簽派。千餘年之虐政。至是方得脫於罟網。十七年靳輔爲河督。奏言河夫各有生業。受值既少。不能責以常年居工。不能得力。不如改募河兵。勒以軍法。較爲着實。奉旨允准。於是而河營始立。直隸河南山東。亦先後改夫爲兵。然常僱之夫。仍未盡除。因泉閘橋渡之事。用兵不如用夫之便也。

前清河務規制。在康熙時最爲整肅。而江南河營初立。辦法尤極嚴密。計先後共成河兵二十營。計九千五百三十三名。以參將一員統領之。游擊二員分領。山東河兵七百六十四名。河南河兵一千二百五十六名。直隸亦有三千餘名。則均分撥永定河及南北運河。同時民夫之屬於黃河者。計江南堡夫二千二百五十八名。河南堡夫一千三百九十六名。其山東牐夫淺夫等共三千餘名。則十之八九屬於運河泉閘者也。當定以後歲修理搶險工程。河兵擔十成之六。民夫擔十成之四。南河兵九千餘名。原定戰糧一百四十六名。每月餉銀一兩五錢。餘爲守兵。均一兩。雍正元年奉旨改爲戰二守八。因是河兵樁手盡補戰糧。樁手者即搶險下埽時上埽釘樁之人。最冒危險者也。既而奉命江南沿隄設立堡座。以兵住宿。既復奉命更作夫堡。民夫一體住宿。先是靳文襄定制。自海口至雲梯關。以一兵管三十丈。兩里設一堡。以十五兵住守。兩堡給一淺船。常川巡游疏浚。以上直至徐州以次而稀。自一兵管四十五丈以至九十丈。至是而兵與夫始皆有定額。平均約及兩萬人之數。

先是文襄深慮河成之後。不能留心看守。勢必逐漸廢毀。盡棄前功。而南北兩隄。合有四十六萬餘丈。通扯一人管三十丈。實際已甚竭蹶。就計已須一萬五千餘人。而河兵不及一萬。倘有他事。萬不敷用。至少須添募一萬數千人。方可足給。但無故擴充。歲費數十萬。勢所不能。於是再三籌度。擬請准河兵一名招幫丁四名。不論兄弟親戚。給與沿河灘地若干畝。免予納租。令其幫同負責看守。以爲河兵之助。則國帑不費而事集。卒以格於廷議。不得允行。

文襄一切治河計畫。多出之幕客陳璜。此議亦璜所發。既不得請。則擬變通以行之。海口既通。雲梯關外涸出沃地數千頃。璜欲就此行屯田之法。以成前議。忌者乃交訐之。而文襄亦坐是罷斥。未幾復起。則陳已先故。公亦怯不敢復言。然心中常惓惓於此事。恐成之之難而毀之之易也。公歿後未數年而河事果復大壞。康熙四十二年南巡。睠戀成績。思之不已。復有太保世襲之恩命。蓋自來河事之不克長治。其弊悉由於此。急則萬目瞻注。悉力以從事。緩則置之度外。坐視淩夷。待至險狀已出。則又不惜運金以塡之。大功一成。精神立弛。善後之策。必多疎略。所以河雖屢治。而終於不治也。

雍乾以後兵制夫制。亦屢有變更。要之視於康熙。率皆有減無增。惟相去尚不甚相懸。但兵夫雖日以減少。而官員則日以加多。多養一官。則減十兵夫而不足。所以經費雖積增至五六百萬。而兵額夫額迄不聞稍有增益。若如文襄之計。即如意布置。還添募河兵萬數千人。亦不過歲增二十萬金。得人而理之。按部就班。謹守成法。亦何至如後日之糜爛耶。

自咸豐五年河流北徙。而南河官兵夫役。至十年始行裁撤。改設總兵於徐州。尚存數營。悉由河標改歸鎮標。當時河勢集於山東。顧以軍事方興。在山東亦無何等布置。同光中軍事稍定。始漸漸規定辦法。先分爲上下兩段。復更分爲上中下三游。每游以河兵若干營屬之。河南直隸則改由巡撫兼任。故於舊制初無甚改革。然舊時之兵制夫制。至是已全然廢弛矣。在遜清三百年中。就河務論。清廷之對於人民固不失爲寬厚。汲汲欲免除前代苛役。而民間派夫之累。實際仍不能免。遇有大役。以給值派募爲名。縣定額數。值由官發。工人入手。殆已不及半數。文襄奏請改派募爲和僱。分遣委員前赴各縣。聽人民自由應募。願應者先給以十分之二之工值。備作安家資斧。用意本極深厚。不幸此次大役奉命中止。已發工銀。無法收回。十餘年後始奉豁免追賠。地方官吏因此爲詞。益警和僱之不當。而派募之法。遂與有清相終始。良法之不易推行如此。可慨也。

民國改組各省均設河務局。河務分局。山東尚沿舊制。三游各設分局。計上游三營。中游七營。下游八營。共爲十八營。但每營人數。不過七八十人。河南直隸大致亦略相同。惟均已改營爲隊。計河南設分局十一局。各分管一二三汎不等。共爲二十一汎。汎各設工巡隊一。直隸兩分局。分管九汎。汎亦各設工巡隊。均以巡隊長領之。三省幷計。大率不過二千餘人。就河事論。尚嫌不數。然數百年苛派之苦累。從此當可永遠解除矣。

三、經費

河工經費。歷來各無一定。向多任意起夫充役。動至數十萬人。赴期而集事。故工雖鉅而費不鉅。在國家並無一定歲額。至明代始有間發帑爲之者。劉大夏之役。即發款至數百萬。要皆臨時請撥。再定辦法。至後來漸漸變爲折徵。應役之夫。得折納相當銀兩。由官代募。先由上戶照辦。後來中下戶亦仿行之。在官民皆感便利。然自是遂成定課矣。前時假如今年無工。當然即可以不起役。自改折之後。則歲有一定加課。謂之河銀。有例外大工。且須勻攤加徵。於是兩河工衙門。始有一定歲入矣。清初尚沿明制。自康熙時次第豁免。而河銀一項。逐漸消滅。然河督衙門。每年仍有額定收入。均由各省及鹽稅兩關撥入。初時亦尚有河銀及黃河灘地之收入。清代河工。重在南河。故收入亦以南河爲巨。雍正八年。至多時歲至六十七萬有零。嗣亦屢有更改。康熙中對南河河務。頗極注意。屢興巨工。歲入當然不敷。凡遇大工。亦皆臨時奏請。逐案分銷。以後每成一工。即隨案奏定歲修之費。故歲修經費亦分案釐定。遇本段工程發生意外之險。則臨時奏請款項。謂之搶險。後來歲修分案報銷鉤稽。手續繁瑣。易滋弊竇。故各省歲修。皆籠統定一總限。儘在一定限內開支。本來較易稽考。但因此而各省應在歲修開支之款。皆報搶險。去一弊又生一弊。所以後來。連歲修搶險。亦各省限定總數。嘉慶中。山東黃河搶修。每年限定四萬五千兩。河南黃河搶修。每年限定二十二萬兩。直隸黃河搶修。限定二萬兩。南河搶修。限定五十萬兩。是爲第一次之黃河經費定額。向來直隸河務重在永定河。山東重在運河。黃河經過地方有限。皆不注要。故爲數亦少。以後直豫兩省。雖亦漸有增加。大約所差無幾。河南搶修漸增至三十萬。連歲修亦不過六十餘萬。獨南河繼長增高。有加無已。嘉慶十二年。於增加料價一案。即驟增兩倍。重定爲一百五十萬兩。是爲第二次之黃河經費定額。十九年河督黎世序報銷一百五十九萬。奉旨申斥着賠。是後靡費益甚。道光元年河南亦動至一百餘萬。山東亦請增三十萬。南河竟用至三百四十八萬二千八百餘兩。河工歲出。動逾六百萬以外。積弊已成。內外一氣。根深蒂固。雖有廉幹之河督。亦不敢有所改革矣。道光十二年。南河更定爲歲額三百萬。不准再逾。是爲第三次之黃河經費定額。其時河南山東率皆在六七十萬之間。大率先撥一批。續請一批。平均各二三十萬。至報銷時。又溢增若干萬。明不加增。實亦與年俱進矣。然此猶爲普通支出。若特別大工。仍復另行請款。河南青龍一案。用至千萬以外。固不在此數也。第南河三百萬之歲額。依然不給。不久髮匪繼起。南河亦完全改道。於是百年弊藪。始同時銷解矣。河於五年北徙。當時軍事倥傯。迄無暇置理。直至咸豐十年。始將南河文武官吏一體裁撤。彼時河勢集於山東。然多半尚主張復回故道。向南向北尚無成議。因之經費一層亦未有正當區處。山東旋定歲費六十萬元。直至光緒中葉。鄭工大決。以後又閱數年。始有整理河務之計劃。特命李鴻章前往閱勘。覆奏極言故道之不可復。而南流之議始寢。旋奏定山東歲增黃河歲修經費五十萬兩。每年通爲一百一十萬。又另案擬定大治計劃。歲費五百餘萬。分年辦理。至是而治河經費又經一度之規定。然以後大治案迄未徹底實行。惟山東兩案扯平。每年尚可得五六十萬餘。故山東之河。至今尚能勉强維持現狀者以此。至今迄無確實保障者亦以此也。入民國後。各省河工歲費重新支配。大率視清季定數再加核減。計現在額定者。河南爲四十二萬元。直隸爲三十八萬元。山東爲四十八萬元。統計爲一百二十八萬元。山東尚有特別費五萬元。共爲一百三十三萬元。以袤延三省幾二千里。往時大工在外。歲糜六百萬之河工。今乃減之又減至於此數。尚或支領不及其半。視前此不過十分之一。而欲以求治。固已難矣。視昔之糜費六百萬者。固同一不治。甚矣治河無善法。應亟求根本解決之道也。

右各省河務局均設局長一員。各分局均置分局長一員。局長分局長。依部章均分別爲一等二等。局長下分科辦事。均設有技術員事務員。河北計兩分局。共轄丸汛。各汛設主任一員。工巡隊設巡長一員。隊兵夫二三四十名不等。河南計十一分局。共轄二十一汛。汛置工巡隊隊長一員。兵夫各二三四十名不等。又購石處處長一員。山東三分局。共轄兵工營十八營。每營兵夫七八十名不等。設營長一員。分管各汛。汛置汛長汛弁等職。全河三省河務。通共局長三員。分局長十五員。營長十八員。汛主任隊長等七十餘員。河工兵夫二千餘名。河營兵制。涉及陸軍部範圍。前內務部於所行改組通章並未提及。以此各省仍未畫一。直隸河南。皆以汛爲單位。而山東尚留營長一級。營下仍復分汛。其各局之內容辦事組織。亦復各不相同。河南於各分局外。另置一購石處。亦爲各省所無。總之自河流改道後。全河河務。即已完全懈弛。省自爲政。未經過畫一之整頓。入民國後。視河務益不措意。內務部雖草定一次官制。其目的。第爲收回管轄權限起見。對於全河河務未嘗有所規畫。故通章發布以後。目的已達。即不復更加措意也。以前清工部兩尚書四侍郎。直隸西江北河南河東河漕運六總督。山東河南兩巡撫。淮揚徐海等十四道。三十餘廳。一參將。兩游擊。二十三員守備。暨數十府州縣印官。及州倅丞簿數十百員。共同負責之河務。而委之區區浮置之三局長。從前不列廳處正系。現在亦非省府委員。在省務會議向不列席。脫有搶險告急之事。輾轉籌謀。滋虞紆緩。而況黃河一綫河道。通貫三省。或上流失事。而遺患於下流。或下流不慎。而受害在上流。初不能以畛域相限。如一人之病。而頭腹足分段治理。各用其法。如何可望有效。如前歲李升屯黃花寺之決口。因山東直隸互相觀望。幾於釀成大險。在無事時。殊若不足重輕。一旦有事。則被害動至數十州邑。公私損失以億萬計。實爲民生禍福之絕大關鍵。未雨綢繆。似不能不稍求完善之辦法。愚意以爲職位之高下。尚在其次。對於各局長。必須與以相當充分之權限。而後可責以積極擔負之事功。最好能特派明幹大員。綜持其事。俾有通盤規畫。酌剩挹注之餘地。仍督率三省局長分頭辦理。各局既得有稟承。政府亦有所委責。事權既一。而後責任有歸。免致以推諉遷延發生意外之災禍。最小限度。亦必就三省先設一聯合機關。於各汛期內。如何確定規劃。常川接洽。黃河本有各地報水之法。似宜設法回復。以便預防。此亦曲突徙薪之計。切望當事諸公注意及之也。

四、工程

按吾國對於河患。自昔祇有遷徙遠避。知避而不知防。後來乃漸知築隄塞決疏濬之法。而防河之工事以起。元明以降。河患日劇。當事亦漸有經驗。防之之法愈密。而爲患之道亦愈多。河之變態百出。而防之者。亦百變其法以應之。交爭並進。乃遂留此歷史上之如許成跡。以今日泰西科學之發達。日新月異相互比絜。不免幼稚已甚。而數千年來更歷幾多之明君哲相。與數千百輩之通人名彥。瀝肝膽。熬心血。胼胝手足。益之以數千億萬之金錢物力。犧牲千百萬人之身家性命。逐漸研磨進步。區區精粹之所表著。盡在於此。抑亦吾國河工歷史之結晶矣。在根本治法未告成功以前。維持現狀。仍爲至要。自不能不稍加探討。以資緩急之甄採。故作者漁獵羣書。反覆鈎剔。綜成條貫。於此一篇尤稍加詳焉。閱者幸勿以前人糟粕。厭其繁冗。亦庶幾土物心識之義耶。

河

治水工程之最鉅者莫如河。其他工程多以丈計。而河動以里計。至少亦在數十里以外。故於施工之法。尤宜詳慎。計河之分別有下列之各種。

（甲）新開河　因黃河正流之勿順。疏之不。洩之不可。濬之又不得。一時無法治理。則相度適宜之處。別開新河一道以通之。如元之開會通河賈魯河。明之開泇河。清之開中運河是也。但其中亦有兩種區別。一因新決將成之流道而開之。一則別從生地開鑿以導河流。前者如王景之開汴河。而疏濬北流千乘入海之道。即因周定王時所決之流道而開之也。事與挑浚相等。而本條則專就新鑿者言之。但須開鑿生地。亦必斟酌於適當之形勢。或有舊河故迹。與利用天然窪地湖沼。及其他大小現成之河流。而稍稍疏濬一二隔塞之地以通貫之。則工省而易成。又須地勢低順。下有去路。與近地河湖。及全河上下流道。不相關礙。故其事最當慎重。尤以能預計故河之水量地勢足以容受。而便於遷就爲主要。否則糜工費。動至數十百萬。而放水之際。故河不肯如計容就。勢必發生意外之潰決橫溢。非特百萬金錢付之流水。而公私所受損耗。尤不可以數計。自來建議者。往往欲藉新河以邀奇功。而十九歸於失敗。明總河曾如春力主開王家口之河。卒以放水失事。一夕憂憤而卒。此足爲車鑒也。故歷代新河之議案。亡慮十數。而成績可紀者。止有上列會通賈魯數河。則其得失亦略可覩矣。

（乙）引河　引河者。就本河經流所及。特開一小河以吸引其溜勢也。但其法可區分爲下列之數種。

一、隄內引河　引河之在隄內者。又分數種。

（子）切灣引河　河身以內。正流曲折。流淤沙積。日久必成掃灣衝激之勢。如河流南向。其北岸必生沙嘴。愈積愈長。而流之曲益甚。則沙之積亦愈多。正溜逐漸衝至南岸隄根。一遇汎漲。則險工生矣。欲將沙嘴完全挑去。勢不可能。故其法莫如從沙嘴上。直開引河一道。將沙嘴切斷引溜直行。則水勢順利。自然逐漸衝刷寬廣。溜歸中道。而兩隄之險。皆無形銷弭矣。清康熙帝所謂切灣取直。即此法也。

（丑）挽險引河　三汛霪雨。上流河水欲漲。預知洪流將至。奔騰激射不知所向。亦無法可以抵抗。惟有於全河中間適當之地。急開引渠一道。使大溜至此。可以趨入中流。而後兩岸危隄。可以無事。此救急之法也。決口凡合龍之際。亦必先開引河。消納正溜。而後金門水落。可以集事。亦臨時挽險之一法。正與此同一作用。

（寅）迎溜引河　決淤正河。已成平陸。一旦修塞完竣。將挽全河正流。復歸故道。其初次放水。傾峽倒流。勢極湍悍。稍一不慎。立生潰決。宜於河身緊要處。預開引河。以迎其頂衝大溜。使不至縱橫旁溢。建瓴之勢一順。自然安平迅利。不生他變。此與前法略同。不過一用於臨時。一本於預計耳。

（卯）刷沙引河　凡淤積已久之河。河面皆有一層板沙。厚自一二尺至三尺不等。堅結完固。河流刷之不動。年久者。板沙以下。別有一層爛泥。亦二三尺。其下復爲板沙。層累而下。或至三四五層。此時欲用束水攻沙之法。殆恐不生效力。須酌定地段。先開引渠。至起去二層板沙爲止。深止四五六尺。寬自一丈至一丈四五尺。每開引渠一道。再隔一二丈又開一道。順開三五道。俟逢盛漲放水。藉兩邊沖刷之力。中間所留硬底。不久亦即沖刷淨盡。數渠合并爲一。則刷沙之效益巨。此真事半而功倍者。此法發明於靳文襄。從潘季馴以水治水之法會悟而出。本爲疏濬河身積沙之用。後來即用其法以疏濬海口。亦著成效。所謂神而明之。存乎其人者也。

(辰)通串引河　河身寬處。兩隄相去。或至數十里。其離正流較遠之地。謂之背工。向不預備工料。寄且無人注意。但近隄處所。往往有低窪積水之地。亦可長至數里。謂之串溝。平時溝頭溝尾。與正流下皆不相通。似無何等問題。然積水既久。風浪鼓盪。串溝以次日加長大。一遇雨潦盈溢。向下宣洩。溝頭受水。每至吸引正流。直趨隄根。背工立成巨險。患每生於不及覺。即使臨時發見。而以素無工料之故。變在呼吸。亦無法可以搶護。蓋此等處所之隄。率皆年久不修。大溜沖刷。往往立成潰決。務在河官隨時查察。遇有此等串溝。即當詳勘地勢。或於串溝首尾。攔截淺壩。俾遇漲不受正流沖激。或離隄較遠。而前法不甚適當者。則酌定地勢。於串溝首尾。速開引河。使溝首迎接正溜。而下游溝尾。仍可以納入正流。一面更於隄身加高幫固。可免倉卒無措之患。前清嘉慶中。河督栗毓美。即以巡視串溝。大奏成績。所謂詳人之所略者也。

(二)隄外引河　引河之在隄外者。亦分爲數種。

(巳)緩衝引河　黃河一決。則全流盡趨決口。洪流萬丈。樁埽皆無所施。則惟有於上游對岸。急開一引河。引水他洩。則決口水勢。立時寬緩。始有從容商酌著手堵塞之餘地。此亦用之於救急者也。

(午)減水引河　新築隄岸。束水當然稍急。猝遇汛漲。或下游淤墊。一時宣洩不及。勢必至於橫潰。惟有於險工上游。酌定相當地段。別開引河一道。使從隄外他去。則水勢稍緩。隄工即可賴以保全。

（未）分水引河　分水河即減水河。義本相類。故亦可以渾稱。但稍有區別者。減水河即聽其自尋去路。一往不返。分水河則有暫分而復合之法。假如上游河身寬闊。而此處忽然收束狹窄。量不能容。兩岸又礙於山脈城邑。無法開拓。則惟有於上流酌開引河減水。以殺其勢。然水分則力弱。刷沙之力不足。又有河身淤積之患。乃詳細相度。將所開引河繞過此段要害。而仍合於下游。若干里外。幷入正河。則中間之險可避。而全河之水不分。可謂兩得之計。漢書言王景治汴河。令十里一水門。更相回注者。其實即是此法。後人對此數語。往往發生疑義。因滋聚訟。大抵於治水方法未有經驗也。

（申）月河　月河實即上條所列分水河之一種。因其地段稍短。上分下合。附於河身。明白可見。恰成半月之形。因謂月河。其作用實與分水河同一意義也。

（酉）抽溝　作用略同引河。因工程地勢之需要。可以無須開鑿引河。即以抽溝代之。雖淺狹數尺均可。因其狹小不成爲河。故以抽溝名之。如在溜勢沖激之處。止須作成抽溝。立即刷爲引河。或爲疏導積淤之用。隄內隄外均有。

（丙）運料河　築立新隄。如不兼帶挑河者。即定於隄根若干丈以外起土。酌定寬深丈尺。挖成一道小河。俟河中受水。即以資搬運隄工物料之用。蓋隄工動至數千百丈。工上運送物料。爲途孔遠。費鉅事艱。藉此運載。可省人力不少。一面又可收納潦水。免浸隄根。此亦兩利之事也。雖同在隄外。而無引水作用。故別爲一種。

今依前項作用之分別。立表以明之。

- 河
  - 新開河
  - 引河
    - 堤內引河
      - 刷沙引河
      - 挽險引河
      - 切灣引河
      - 迎溜引河
      - 通串引河
    - 抽溝（堤內外均有工小而用頗鉅）
    - 堤外引河
      - 分水引河
      - 稜衝引河
      - 減水引河
      - 月河
  - 運料河

隄

開河以外。其次之工大而用鉅者。莫如隄。潘印川以九澤既陂爲禹時有隄之據。此尚未可遽定。但月令明有修利隄防之文。而周禮大司空所屬司川之外。更爲掌固司險。則隄防之制。已行於三代無疑矣。蓋古代黃河流域。首先發達。人民多半沿河而居。大患則遷移徙避。小患則就地防護。築土爲隄。此亦自然發生之情識。後世或痛詆之。謂水祇可疏而不可障。古人治水。並無用隄之法。實亦過當之詞也。隄之區別。可以分爲下列之數種。

(甲)金隄　隄之始作必以土。後來感覺土之易受沖刷。乃易之以石。黎陽以上。去山頗近。取石甚便。故周時已有石隄。後世因石隄之堅固。乃稱古石隄爲金隄。漢文帝時所謂金隄千里者是也。明清以來。改土為石之隄。所在多有。康熙中至欲以黃河兩岸全隄。自徐州以下。盡易為石。以圖一勞永逸之計。當時已估工三千餘萬兩。帝謂有益於民。雖費不惜。後經詳詢河臣。再四研究之結果。謂中間多處地段。悉皆浮沙。無堅實之地址。且風水激盪。勢猛之時。高堰極大石條。亦復為之飛擊。所費既鉅。恐亦不能保其永固。以此中止。現在欲求永固工程。當然莫如用石。或塞門德土。惟不必兩岸盡束金隄耳。

(乙)遙隄　隄防之始。皆緣河岸而立。其後感覺迫束太急。易如潰決。乃皆遠河為隄。使有紆迴游行之餘地。庶勢緩而怒可殺。齊魏以河為界。兩國隄岸。去河皆二十五里。在當時或至有契約。然藉此可免潰決。即為歷久所得之經驗。故至今猶奉為信條。劉禹潘靳諸公。皆謂築隄離河務遠。固本於古法也。其初必先有近河之隄。後以近隄恐易衝決。乃更於遠處築隄。以備之。因而謂之為遙隄。萬一近隄衝決。則水勢至此。仍有相當之限止。遙隄之名。蓋對於近隄而起也。

(丙)縷隄　隄防雖以遠河為定法。然水太散漫。則無力而淤積。欲其攻沙。不能不圖束水。故雖有遙隄。而緣河兩岸。仍不能不設立一隄以束之。使河流常在一定軌轍。則流速而沙可以不滯。遙隄以防其盛漲。縷隄以限於平時。其初以遙隄為主。近隄率稍卑薄。以其一綫直長如縷。故謂之縷隄。後來亦率以次漸增高厚。遙縷之工程。殆無甚區別矣。

(丁)月隄　縷隄之外復有遙隄。重門保障。大勢已臻鞏固。然既有縷隄。則防守修理之人。當然舍遙而重縷。顧遙隄工程雖固。而不能隨時修葺。則風雨外摧。蟲鼠內蝕。未及數年。即已虛有其表。故一旦縷隄橫潰。勢必直趨遙隄。以殘舊朽毀之遙隄。當一瀉圜直駛之大溜。如湯沃雪。無不立時消鏁。於是乃不得不更求精密之法。河隄因正溜所向。分形勢之緩急。如察見此處首當衝激。已成險象。則於隄內更築短隄一段以禦之。首尾仍附於正隄。作眠弓式。以弓背迎當溜勢。望之如半月形。故謂之月隄。亦有附作於隄外者如正當汜漲之際。察見隄中一段。已有滲漏之迹。而隄內業已漲滿。無法措手。止有趕向隄外。圍築一月隄。水即通過隄下。如無走泄之路。即不至吸溜崩潰。漸至月隄水滿。以水抵水。隄身即可安固。再俟水落以後。從容整理。其溜勢過盛者。即時將月隄以內。用土填平。則力量更爲堅實矣。

(戊)越隄　即月隄之稍長者。長則不見爲月形。以其越在遙縷兩隄之間。故稱之爲越隄。或曰河水至此。可以繞越而過也。總之爲隄間加隄之法。或以月越音近通用。漸歧爲二。亦未可定。

(己)格隄　有時縷隄已潰而遙隄居然未潰。本是得力之事。然大溜所向。一受遙隄阻隔。衝之不動。往往即順隄根而行。一日之間。即可刷成河形。引溜幷注。則遙隄旦晚且至全段崩潰。其患尤巨。因此更於兩隄之間。横築土隄數道。即使水至遙隄。不能順隄直掃。溜勢一阻。則掣曳之力必緩。正隄之險狀立紓。待至兩隄格間注滿。水力停漾。或仍可以折回正河。效用至巨。以其阻格水勢。故謂之格隄。或言横直相倚。形如格子。故有時亦稱爲横隄。其形勢固横向也。

(庚)撑隄　與格河相等。亦横隄之一種。以其支撑於兩隄之間。故稱撑隄。格隄專爲隔水。而此兼有支撑隄身之作用。故別稱撑隄。康熙時以名不雅馴。大加申斥。謂其巧立名色。藉圖浮冒。此後乃不敢見之文字。然實際尚有沿稱之。

(辛)重隄　隄之直者。爲遙隄縷隄月隄越隄。横者爲格隄撑隄。名目已止於此。然以後河患日甚。河官爲預防起見。祗有多爲隄障之一法。層層防護。以免萬一之失。如清口運口一帶。上下左右。縱横四布。密如蛛網。殆非前項名義所能概括。遥中有遥。縷中有縷。無所歸類。則惟有以重隄名義概之。蓋有此而隄之區别。始可完全包括矣。

（壬）子隄　盛汛漲溢。水至漫過隄面。雖不即潰決。而堅土一被沖刷。隄身愈刷而水力愈大。勢非崩潰不可。此時遠地取土不及。救急之法。惟有急就隄邊取土。趕將隄面築成小隄一道。暫時攔約水勢。寬厚約均在三四尺之間。一面趕向隄後幫土。築成後戧。以資救護。因其附在隄上。故謂之子隄。此固極險之事。必不得已而爲之者也。

（癸）埝　自咸豐中河流北徙。山東沿海州縣。半沈巨浸。清廷方有軍事。久不置理。人民不得已。乃沿河各築小隄以圖自衛。以其卑薄不成爲隄。乃名之爲埝。河南同時亦有此種情形。厥後政府並勸民爲之。以後漸改建官隄。乃别名之爲民埝。其間亦多有就民埝爲官隄者。然身賴民埝之處亦尚不少。故至今山東河工。尚有守隄守埝之不同。如臨黄民埝。尤爲其最著者。埝字不見經傳。集韻作都念切音店。韻會啫叶切音攝。益也陷也。於字音字義。均無所取。於捻匯之捻字同一毫無來歷。乃居然通行習用。見之文牘章奏。遂成一代之典實。可知古來此類文字。往往而有。無理可解。必欲强加穿鑿。反爲多事也。

（附一）子埝　因河水漫埝。無法搶護。乃於埝上暫立小埝。以過鋪流。蓋緣子隄之名而仿用之者。

按築隄之法。首先酌定去河遠近。總以稍遠爲當。但過遠又無效用。隄内棄地太多。於民產損失尤巨。故必須審量適可爲宜。次相地形。凡高下曲折。務欲與河流大致相應。順其天然之大勢。次相地質最好能得老崖堅土。否亦必須實在生土。如浮沙稀泥。決不能用。次乃酌量取土遠近。及隄之高寬丈尺。隄基陂坦。以計定每丈土方若干。全隄共長若干。需土若干方。以人工折價計算。共需經費若干。已有相當把握。凡新隄隄根。至少以六丈爲度。隄頂二丈之率。普通以二收之法。則每高一尺。兩面各收二尺。隄陂以坦爲妙。務使走馬可上。旣確定基址。先將隄基刨深槽形一二尺。草根浮屑一律取淨。然後撥水一次。周密夯硪堅實。再行取土填築。取土之地。務遠隄根。爲主。至少亦須在若干丈以外。均先插定標誌。務用堅實老土。逐層鋪墊平勻。普通以長六丈爲一段。每鋪至一尺。即行夯硪一次。須築至七寸爲度。最少則一尺三寸爲一層。夯硪一次。築至一尺爲度。先以一尺高短樁勻豎隄面。俟一律平露停硪。方免彼此厚薄。再以水平試驗。如地勢有凹突者。務須特別加土。一律鑲平。須逐層夯硪。築一層。硪一層。方能到底堅實。於兩面坦陂及分段交接之處。尤當特別注意。隄成收驗。以極細鐵籤。插入土中。抽出後以細嘴鐵壺盛水注之。能不立時滲入。方始合式。通稱爲飽滿。但須防胥役作弊。若下籤時稍作旋轉搖動。附籤之土。以受磨擦而緊密。當時亦可不滲。或水中攙用魚膠草汁亦然。並須格外留意。旣全隄試驗如式。更須就兩面坦陂上。橫掘一二尺。再行籤驗。防其中間草率。而於隄面浮蓋數尺堅土。以備驗收也。如一面開河一面築隄。則起出之土。立時勻鋪隄面。一工而抵兩工之用。最爲便利。其土方即以河底起土之深廣丈尺計算。每出土一方。平均不過再加十分之二三。連鋪填夯硪。一律在內。即非開築並舉者。亦以能在河內取土爲便。一則路近工省。不蹧蹋民地。一則取土之坑。遇漲即復淤平可以取之不竭也。惟萬不可離隄太近。恐其積水浸壞隄根。甚且引溜傾注。爲害尤甚。起土之坑。

尤不可順隄一綫。作成河形。須令差參出入。每數丈即留出一橫斷土埂。約在三四尺以上。如此則遇漲即淤。不至溜刷成河。若河中無土可取。必不得已而在隄外。亦須酌定地段。至少須在隄根十五丈以外。但現在隄基六丈。將來須幫寬至十五六丈。則本離十五丈。彼時已至隄根矣。又普通地面之土。止能起至五尺。可用。以下即堅硬不能適用。假如一丈高之隄。址八丈。頂二丈。對合折算。應用土五十方。須有十丈寬之地面。方敷取土之用。若以漸而近。亦至隄根。此皆不可不預爲計及者。惟隄外取土。却不妨順成一綫河形。將來受水以後。即成一道小河。可備隄工運料之用。即前文所謂運料河也。尚有附近周圍浸水。無土可取者。並有於水中取土之法。先以乾土圍成圍埂。戽去積水。再行挑掘。逐段更移。隄成而河亦濬。此爲新文襄所發明。試驗而收效者。有一次高堰潰決。周圍數百里。皆在水底。無一坏之土可得。即前法亦無所可用。乃別籌一策。適值漕船回空之時。已到徐州。因奏請令於上游三百里。載土到工交納。給與相當價值。漕糧歲輸四五百萬石。回時悉皆空船。順便載土。得值。船工極所歡迎。北上祗載七成。下流可以盡量載重。立時可以得五六百餘萬石之好土。且可載至工所。順勢傾卸。隨卸隨築。工事因之立就。取土於三百里外。絲毫無所加費。而得此堅土。將要工首先填塞。平地即次第涸出。可以着手。此亦意想可到之事。却成神出鬼沒之功。此無他。誠至而明生也。文襄謂築隄以坦爲得力。一丈高之隄。須能坦至八丈。平均以此計算增減。方爲合式。蓋水遇坦。即不發生衝激也。但所費太鉅。故普通均以二收爲率。包慎伯謂河隄向岸一面。不妨稍陡。可將向面陂度。移之於臨河一面。則工不加而用自廣。因向面之陂。近於置之無用。且適牛馬上下人行作踐之弊。其臨河一面。則易於照看。可以禁止。且河中無所事事。亦自不生此弊。此亦深得有見之言。可以爲文襄補闕者也。

(附二)增培 以上所敍堤工。皆就築堤而言。至前清乾嘉以後。全河數千里。兩岸堤防。重叠俱遍。幾更無有可築之處。故惟有對於舊堤。增高培厚。謂之幫修。即此亦成爲河工工程之一大重要部分。在康熙時已有定制。令河兵各人於所管河堤。增高五寸。而另案增培之役。尚不在內。所以南河正堤。有寬至十五六丈者。但全是土工。與築堤初無甚分別。故不另列。其中唯一要件。只有兩事。一增高時。須將舊堤堤面浮土草根。一律搜括淨盡。微將舊土刨鬆幾寸。再以新土鋪之。方用夯硪堅築平實。免至新舊不相黏附。一則須先將老堤坦陂分級鑿成臺磴。再以新土合之。着實硪平。亦取新舊密合之義。否則新土往往成片開折。自行剝落。俗謂之剝皮坦。即新工不如法之故也。

埽

說文無埽字。不知始於何時。但近世在河工上。已成習用之名字。宋元以前。防水祇以堤爲惟一正用。至明代而埽之用漸著。然尚用於一定之地。至清代而埽之運用益廣。埽之花樣亦益多。隨宜變化。作之得法。實有可以操縱河流。酌劑夷險之妙用。自堤河而外。實占工程重要之惟一大部。蓋堤之用固定。而埽之用活潑。堤止能防維於平日。而埽可以剷取於臨時。堤工鉅而埽之工省。堤效遲而埽之效速。埽固倚堤而集事。堤實賴埽以安全。自埽之作用日益發明。而萬里洪流。直不難劑之於掌握。要在當事者之深明水性。因勢利導而已。其種類名目甚難分析。今約略區別之如左。

(甲)攔河大埽 凡另開新河而欲將故河之河流。完全改納。或決口之處。已成新河。而欲挽入之於故河。必須將現行河流。全體截斷。方可納之軌道。故謂之攔河大埽。工大費巨。稍一不慎。即成巨險。非但工料堅實。尤須審度相當地勢爲要。宜在河流轉折得勢之地。迎其溜頭而斜迤以東之。使有自然轉圜之餘地。故有全綫月壩之名目。此壩中第一要工也。大清會典載山東築打攔汶大壩。每丈兩面用排椿二十根。戧椿四根。又用椰椿二根。一木兩截。每單長一丈。用秫稭三十束。檾三斤半。土半方。凡隄壩工程。定制長寬一丈。高一尺。謂之單長一丈。所有寬長高低丈尺。均照此綜核計算。

（乙）滾水壩　凡河隄成後。恐遇盛漲之際。水不能容。必至潰決。或從隄面漫過。沖刷隄土。並極危險。乃酌定適宜處所。就隄身兩旁作壩。比隄略低幾尺。使水從此旁瀉。所以洩其有餘也。隄以東之。壩以洩之。藉是以作節宣之操縱。其制頗古。此實爲壩工最初創始之功用。其壩面兩旁跌水。均用石工灰工砌築。以免刷掃。其工料作法。略與閘牐相同。可於下文閘牐參看。

（丙）減水壩　與滾水壩相同。築壩之處。務須相定減水之去路。如近海荒地。可以聽其漫流入海。若有民居田畝之處。須酌開減水河。導入湖河。使之入海。

（丁）挑水壩　此爲壩工發明之惟一作用。如河流正溜直趨隄岸。欲挽之於中流。或開有引河。欲其迎受正溜。而勢不可得。則惟有築壩以逼之。假如溜向北岸。則相度水勢。於北岸上游相當處所。沿隄築壩一道。向下斜迤簽入中溜。逼之南向。則北隄之險可免。若用引河。須在恰好地位。藉以導引溜勢。其長短高下。極須斟酌。

（戊）順水壩　作用形式。皆與挑水壩略同。挑水則見險而逆挽之。順水則因勢而順防之也。重要之地。溜勢當時尚未衝刷。但恐將來稍一轉折。即可發生危險。乃就其本來之現狀。作一壩以順承之。挑水之作用顯。而順水之作用隱也。有時作於引河下口以維護溜勢。亦河之順水壩。

(巳)迎水壩　爲分水迎溜之用。如正河自北向南。於東岸開一分水河。恐其不肯折入。則於新河口緊接南岸。斜作一壩。簽入溜中。酌分正河之水。因所分之水量。以定其長短。實兼有攔河壩挑水壩順水壩之作用。惟攔河壩須截斷全河。而此則寬留餘地。挑水順水壩。均自上迤下。此則自下迤上。故謂之迎水壩。亦稱分水壩。

(庚)兜水壩　與迎水壩略同。一則欲其來而迎之。一則惜其去而挽之也。遇支河泄水太多。恐正流因而改道。則作壩以兜收之。亦謂之領水壩。言領水歸正道也。

(辛)束水壩　水勢寬緩散漫。欲其合幷歸一。或兩河交匯之地。出納水量。欲其有一定之節制。則作壩以束之。故謂之束水壩。

(壬)對壩　此亦束水壩之一種。實爲束水攻沙之惟一妙法。河流散漫。力緩則沙停。故於河灘兩岸相對作壩以束之。因謂之對壩。兩頭斜迤向下。作倒八字。以寬緩爲主。將灘中漫流。盡束之於中泓一道。則水聚流速。而刷沙之力自巨。河流即不至淤積。但不可倚及隄根。祇以平河槽灘面爲度。凡隄根兩面無水淤灘。普通縱在四五尺間。即以此爲准。斜入淺水三四尺之處。即七八尺矣。於平時落水慢緩中築之。中間酌留若干丈水口。節節相續。使正流常在此一定軌限。作法與普通壩工略同。但不必十分堅固。一遇大汛。即聽其淘刷以去。水落則更築之。比常壩應少用釘樁繩纜。防壩根淘刷不淨。反爲阻梗。凡陳久無用材料。均可苟用。以如許工程。明明付之流水。看似虛糜。而無形之中。收效不止百倍。蓋能保中流不至淤積。則一切險工。皆不至於發生也。但全河千里。勢不能逐段接築。故惟有用之於海口一節。止須海河通暢。則上流自然順利。費不多而效廣。此法爲道光中河督張升之幕友范玉崑所發明。歷試有效。

(癸)欒黃壩　惟黃淮交匯之地用之。黃强清弱。清多於黃。則資其力。黃强於清。則受其害。故作壩以限制之。使容納相當一定之水量。不至於倒灌而受淤積。此亦束水壩之一種。但偏於節制入水一面。此黃淮特別之情形也。

(子)二壩　凡遇決口合龍之際。金門正壩尚恐力量不足。則於其下更作一壩。以分水勢。謂之二壩。詳情並見後文堵塞門。

(丑)邊壩　決口合龍正壩上下。應更作上下邊壩以護之。以防沖腰刷後之弊。

(寅)蓋壩　壩之上。更作一壩以蓋之。

(卯)托壩　正壩之下。更作一壩以托之。

以上十四種。皆就壩之作用而區別者。

(辰)碎石壩　隄身已見險狀。而河水盛漲。無法可以搶護。則惟有將沿隄碎石急拋水中。以護隄身。使石露水面。成坦陂形。即爲一碎石壩。危險可以立止。此法本爲救急之用。向來河工均習用之。但近年豫省河工。發明此壩作用。異常得力。先因巡撫佟鳳彩悉罷埽工不用。凡舊埽坍陷之處盡易以碎石壩。而河工甚爲安靜。因是次第改埽爲壩。成效頗著。且謂碎石壩較石工填砌用灰汁合縫者。尤爲永固。因填砌石壩。膠黏一片。一遇壩根淘刷。壩即全身移動。碎石之壩。則壩根偶被淘刷。石亦隨而下陷。祇須更於上面加拋鑲蓋。即可安然無事。故近來廢埽改壩之議大興。以需款太鉅。一時不易辦理云云。此固極可研究之一大問題也。

（己）坦磚壩　作用與碎石壩同。此爲清河督栗公毓美所發明。栗公親自巡河。一旦於平工地段猝遇急險。柴料碎石。皆無法可取。不得已乃急購民間舊磚。拋險抵塞。竟以集事。因而磚壩之法盛行一時。栗公亦頗以此得名。

（午）石芯壩　隄工發生危險。急於河內沿隄作土圈。而沿圈拋石以護之。再行設法修理隄工。足以暫抵溜勢。

（未）柴芯壩　一如石芯壩之法。惟不用石而用柴。此皆由坦石坦磚兩法而變通之。

（申）天然壩　與分水壩滾水壩相同。以其就鑿山石而爲之。不需人力修砌。故謂之天然壩。黃河上游寬每至數十里。至徐州忽然窄束。河流阻塞。以此徐州上游往往潰決。但徐州一帶爲山脈城邑所限。雖屢行極力設法開濬。終不能滿一里。自來治河者皆窮於術。至清康熙時靳文襄乃急就山麓鑿成一壩。水一及壩。即聽其自然分瀉。即取所鑿之石。以作填隄之用。毫不煩費。而徐城從此遂免於患。以後他處亦仿行之。徐城上下。天然壩有四五處。甚爲得力。

（酉）石壩　豫河續志謂前清嘉慶以前無土壩。蓋挑水順水等壩均用柴。而滾水分水均用石也。清會典載山東石壩做法。壩身蓋海墁鋪砌雙料面石一層。面石下疊砌雙料裏石一層。迎水跌水鋪底石一層。埋頭鎖口。立砌牙石一路。壩基隄脚。刨槽築打灰土。蓋面海墁石下。每丈釘馬牙樁二路。外釘管石樁二路。每路俱二十根。海墁馬牙樁後。每石一丈。用鐵釘三箇。鐵鍋三箇云云。蓋滾水壩之創度。全用整石填砌者也。江南石壩做法。更爲細密。誌此以見大概。

（戊）草埽　會典載直隸草埽做法。用下埽鑲做。每單長一丈。用長一丈徑五寸葦子二百七十九束。每埽一丈。用埽夫九名。用重二十八斤縈繩一條。每條用留橛二根。埽土迎面椅把每丈用松簽八根。每埽一丈。用埽樁二根。埽上鑲墊。每單長一丈。用埽二土一鑲做。每方用長一丈徑五寸葦子五十束。土半方。樁木二根。每下八寸樁一根。用硪夫二名五分。每下樁十根。用鐵箍一道。每道重十一斤。截頭砍尖上箍退箍用木匠一工。沿邊蓋頂每丈連擰練用葦一束五分。綰葦擰練捆埽由每丈用夫半名。每釘埽由一丈。用猴橛四根云云。此即草土合用之做法也。

按用夫二名五分。即兩工半也。下同。

（亥）土埽　略與草埽相同。惟兩邊用柴。而中實以土。土之分量較多。間亦稱爲夾埽。

以上八種皆就埽之材料而區別者。

（一）雞嘴埽　沿隄作埽。斜迤而下。以護隄托溜。亦順水埽之一種。而埽身稍短。形如雞嘴。故謂之雞嘴埽。

（二）鴈翅埽　以雞嘴埽若干道。連續相排接者。即爲鴈翅埽。

（三）扇面埽　先填土埝作扇面形。而前面鑲出短埽。或鑲埽以抵溜勢。故名之爲扇面埽。

（四）腰埽　兩邊稍高大而中間稍低凹者。謂之腰埽。水小可以攔約水。大可以由中間漫埽而出。埽基完固。不用積極阻抗之力。更爲安穩萬全也。

（五）呂埽　兩邊築立高厚埽台。於中間作稍低狹之橫埽一道以截之。如呂字形。故謂之呂埽。其作用與腰埽略同。

(六)金綫壩　透迤一道。如金綫委地之狀。故名之爲金綫壩。

以上六種皆就壩之形式而區別者。

埽

埽字久爲河工通用。宋有十三埽。金立二十五埽。似作爲河工分段之名義。不專指捆紮作成之埽而言。捲埽之法。始見於元賈魯之至正河防記。然明代用埽之法尚不甚詳。至於前清而河工防險之用。一似以埽爲惟一之工具。蓋利其柔軟。不受衝激。且料易集而見功速。數十丈之決口。數埽可以堵塞。且急流深水之中。他物皆無可措手。惟此可以沈壓入底。立定基址。先本恃爲塞決之用。後乃神明變化。無施不可。護隄護壩。皆以此爲前驅。自有壩而隄之功用始全。自有埽而壩之效力益固。清會典載河南河工。埽每長十丈高一尺。由用柳十八束。無柳用稭秫二十四束。草十八束。十兩重縈繩一百條。凡長皆以十丈爲率。而按尺遞次增高。皆按積數計算。但最低以五尺爲度。至五尺始成爲埽也。五尺高之埽。須用縷一百套。纜一百條。五斤重簽頭三十條。四十斤重捆肚繩二條。四十斤重揪頭繩二條。椿木十株。橛木二十段。填埽眼柳七十五束。無柳用秫稭一百束。填埽眼草七十五束。搬料拉埽夫二十五名。繩纜等物。亦均按尺以次加增。普通可以加至長十丈高二丈爲止。用柳至七千二百束。揪頭繩重至一百斤。夫四百人。此爲河工通用之埽也。直隸做埽。每高一丈長一丈。用長一丈徑五寸葦子四百五十束。大葦纓七條。每條長二十八丈。徑一寸五分。用葦三束。小葦纓二十條。每條長三十六丈。用葦一束半。鑲墊埽眼。用葦五十束。揪頭滾肚。用縈繩一條。重四十斤。留橛二根。每根長四尺。徑五寸。籤椿二根。每根長四尺六寸。徑一尺三寸。搬料拉埽夫二十八名云云。此草壩專用之埽也。此皆就用料言之。其他山東江南各處。做法用料。

均不甚相同。即同在一省。如直隸各道。亦復各有歧異。但大致固不相遠。蓋各地河夫皆有相承之習慣。節舉兩式可概其餘。惟埽之名式頗多。約舉其概。可爲下列各種之區別。

（子）裹頭埽　遇大河決口時。急將兩頭斷隄用埽裹住。以免再行沖刷。謂之裹頭。亦稱盤頭。但水深流急。易於走脫。如裹頭一走。大溜全掣。隨而潰者動即數十百丈。此最不可不慎。如審係實在不能盤裹時。則將斷隄讓出若干丈。於上下流溜勢稍緩之地。先用土石柴稭抱隄作成一圈。以抵河溜。再將隄身鑿斷。即就此處作埽包裹。施工既便。自然易於堅固。即聽其沖刷。亦必至此而止。得有限制。此最要之工也。

（丑）護岸埽　因護隄而作者。河岸受衝刷時。趕即下埽以護之。

（寅）護壩埽　因護壩而作者。與護岸之法同。

（卯）邊埽　隄岸臨埽之地受水衝刷。急於埽旁更鑲邊埽。以之維護隄而兼護埽者也。

（辰）護尾埽　亦邊埽之一。專爲護壩而作者。挑溜之壩其下必有回溜。須更作邊埽以護之。護壩而兼以護隄也。

（巳）包灘埽　隄岸近灘之處。如灘一傾圮。則大溜即注隄根。急宜借灘勢以抵溜。速下包灘埽以護之。灘穩則隄自安矣。

以上六種因埽之作用而區別者。

（午）鼠尾埽　亦稱籬萄埽。頭大尾小。專爲決口合龍之用。凡遇堵塞決口。兩頭隄身以次接近。獨留正中一段。此埽一下。即可完全堵塞。謂之合龍。此爲河工惟一要事。亦惟一險事。因兩頭相接愈近。水口收束愈小。則水力益加湍悍。下埽之時。在工人夫登即同時上埽。釘樁添土。藉壓力以求穩固。然常有漂脫之患。謂之走失。此埽一走失。非特上埽人夫悉將沈溺。而一時洪流暴注。必將兩面已成之隄。仍復衝刷。或至牽及老隄。故此埽必須特別捆紮。頭大尾小。形如鼠尾。故謂之鼠尾埽。下埽時先以埽尾向隄內安放。則埽頭稍寬於龍口。雖受水力衝激。兩面爲隄所束。不至滑脫。反可藉其力以趲逼緊湊。此爲惟一之妙法。蓋亦幾經試驗而始發明。故此埽有極其巨大。費至數千金者。康熙南巡見之。因詢上年走失之埽是否如此。爲之駭異不置。蓋深驚水力之猛鷙也。

（未）丁頭埽　倒順互插。形如丁頭。遇凌汎之期。易於滑過。可以不受冰塊牴觸。凡鑲防風。排護埽之邊旁。以一頭緊挨隄身。連排數個。亦謂之丁頭埽。或稱丁廂埽。

（申）人字埽　形如人字。兩面分披之象。

（酉）磨盤埽　圓式平面。形如磨盤。此式頗爲穩固。

（戌）魚鱗埽　專爲護隄護牆之用。頂衝大溜之處。以次下埽防護。其上頭邊埽。務須蓋過裏頭。下頭邊埽。則藏於裏頭之內。密排銜接。形如魚鱗。故謂之魚鱗埽。

（亥）馬面埽　底出上縮。一如沿隄坦坡之式。謂之馬面埽。

（甲）枕頭埽　用柴料紮成長埽。形如枕頭。因溜勢過急。工人無處立足。則先紮成此埽。推入水中。離隄丈許。以杆撑之。勿使近隄。兵夫即趨立其上。趕將稭料推下。迅速鑲墊。亦一時救急之法也。埽內須多用繩纜牽束。勿令脫節爲要。

(乙)龍尾埽　用一尺高埽由。聯絡簽套。以防暴漲沖激。須視河身寬窄淺深用之。自二三層至十數層均可。形如龍尾扁排。故謂之龍尾埽。

(丙)鳳尾埽　此則別爲一法。以連根柳樹。掛之隄岸。聽其隨波上下。浮沈逐浪。能使溜勢不至妨隄。此法發明於元。賈魯。見至正河防記。本亦稱爲龍尾埽。近時以繩繫柳枝垂之隄下。名鳳尾埽。蓋彷其制而變通之也。

(丁)防風　亦埽之別名。水至隄根。沿隄以四五尺高之材料。鋪壓防護。使風浪不致掃蕩隄根。因謂之防風。牆前亦沿用之。以其未捲成埽箇。故不名之爲埽也。原定防風每丈用葦稭三十八束。清乾隆元年。減定爲三十束。

以上十種因埽之形式而區別者。

按埽以柳稭葦草等雜物捆紮而成。漢武瓠子歌。言河伯許兮薪不屬。薪即各物之總名。足見自漢時已用薪芻塞決。特其捲紮成埽。不知始於何時。自元賈魯河防記以前。殆未有言及者。至前清而作埽之法始密。埽之作用亦益多。捲埽之法。無論旱鑲水鑲。首先看明地勢。量定寬長丈尺。就隄身數尺外。挑挖深槽。以槽內之土。平鋪隄面坦坡。墊成埽臺。以便捲埽。若隄頂平面過窄。不敷展布者。則用木板鑲墊成之。謂之軟埽臺。用埽以長大爲得力。故普通定制。以長十丈爲率。高則自五尺至二丈。凡一丈高之埽。至少須有七丈寬之埽臺。凡十丈長之埽。即先以十二丈長之繩。順隄兩頭。用橛釘於隄上以爲之準。先將柳枝依式捆成埽心。每五尺用行繩一條。每丈下鋪捆肚麻繩一條。蘆纜亦可。鋪畢即拉腰子臨河。用繩紮縷。用柳椽穿口。安穿心揪頭等繩。再用小繩紮住埽心。將揪頭等繩挽結埽心。先鋪草爲筋。鋪柳爲骨。柳少則代以稭。用熟諳勇健之埽總二人。一人執旂招呼。一人鳴鑼以鼓衆力。鋪平以後即會行繩。先拉埽尾。然後鳴鑼發號。同時用力捆捲。後用伴桿戧推。俟兩頭平整。隨將纓子頭用繩挽結緊實。每丈釘留橛二根。將捆肚繩挽於其上。以柳橛之有倒鈎者。釘繩頭於埽內。名埽腦子。靠埽者舉手留繩。揪頭者尤宜聽埽手口號。急徐有度。將埽徐徐推之落水。其揪頭繩用活結扣於留橛之上。務須時時看守。鬆緊得宜。鬆則無力。過緊鈎戧則發橛也。一面漫漫壓土。俟其沈水着底。乃以木樁釘之。每丈須用一尺八寸木一根。若水流過急。尤宜用更巨之木。酌量添釘。樁頭須斜迤向內。不可太豎。防其傾外走滑。下樁後須詳細研察。以耳就之。埽雖着底。而尚未十分平貼。埽下尚有走水。大則樁頭必有顫動。即細亦必微微作顫。目不能見。耳可辨也。須更設法安挈。或兩頭確已着底。而地中凸凹。中間或有坑道過水。埽乃橫閣其上。務用善泅之人。入水摸索。切實填塞。否則逐漸洗空。埽必坍陷。即全隄均發生危險。埽已着實安貼。則趕即設法追壓。層土層柴。次第壓上。平均以柴一尺。壓土五寸爲度。其順隄及兩埽之間。名爲埽眼。須用柳葦鋪塞。更壓以土。但壓土不可太多。恐其擠埽外出。擺擠成險。普通凡高一尺至四尺。不用揪頭捆肚。但以小繩揪頭者。謂之埽由。長十丈高五尺以上者。謂之埽箇。清會典載埽箇爲埽由。而無埽箇之名。蓋亦習慣之漸歧也。險未至而先作者。謂之等埽。水已至隄而後作者。謂之樓崖。沿邊順下者謂之順埽。水深埽矮。不聽沈底。一二三四。聯簽層疊。或以兩埽同時套壓下水者。謂之套埽。埽有數路。其在外之一路。或有數層。其在上之一層。

謂之、面、埽。凡堵截支河。兩岸築立壩台。對面捲埽。其最後兩埽對下。專待合龍。形如閉門者。謂之、門、埽。頂溜之處。先於上首半水半旱之處。刨槽埋藏埽頭。以免衝塌。謂之、藏、頭、埽。於埽上加鑲四五尺。用大繩於岸上之十字架。再從架穿過。拴之留橛上者。爲騎、馬、埽。亦稱騎馬鑲。此又、因、作、法、之、不、同。而異、其、名、稱、者、也。總之埽之爲用。千變萬化。全在擇所宜而施之。上列各式。不過舉其大概。然大致亦莫能相違矣。其所用材料。略依會典爲準。以柳、爲、最。因其沈重易於到底。而入水不易腐也。葦次、之。秫稭與草又、次、之。大抵東河多用秫稭。南河多用柳。以取料之難易而分也。但用柳亦不能全廢葦草。以填空塞隙。非葦草不能縝密也。故率、以、草、三、柳、七、分、鑲。最爲、合、式。其捲紮之法。至正河防記。言之頗詳。但與近時通式。又不盡同。即後來諸書所列。亦有歧異。上文所述。蓋根、據、豫、工、做、法。而參、採、他、書、以、補、其、漏、略、者。因其關係之重要。故不憚瑣瑣及之也。水力之悍。無堅不破。制水之物。莫堅於石。然水即藉其抵抗之强力。以肆其反動之猭怒。故連丈之石。可以掣之於數十百步之外。柳條秫稭。以柔遇柔。其力反因之而消滅。故埽之爲用。愈推愈廣。先由塞決而推及於護隄護壩。其用已大著矣。至清乾隆間。益窮極奧妙。凡迎溜挑溜之壩。其壩頭皆鑲之以埽。謂之、軟、鑲。固欲藉其柔軟以殺水怒。然其、惟、一、妙、用。尤在、於、能、逼、水、以、刷、沙。蓋隄壩皆以埽爲主。可以避水沖激。而埽則惟其柔也。數丈之高。可以兀峙陡立。河溜至此遇之。必作回旋之勢。而力量爲之加厚。既沖其上而不得。則反沖其下以淘刷其根柢。而此處之河身。乃因之而加深。兜底倒捲。怒無所泄。翻騰而直駛。此數百十丈之內。所有泥沙。舉皆掣曳以去。更無法可以停積。水愈深愈急。愈急愈深。方過一埽。又過一埽。節節相續。其中泓一道。自必日趨於迅利。於此時時注察。埽底一空。稍有坍陷之迹。隨於其上加坯更壓。若全體腐化。即繼續而更作之。雖似稍費。而無形之中。所省殆不止十倍。故軟鑲之法。自乾隆以後。南北河工。皆普用之矣。

堰　堰之爲制頗古。蓋有兩種作用。一則障水勿令泛溢。以免其害。與隄之義相通。一則止水勿令旁洩。以資其利。與牐閘之義相通。但隄之束水。兼利其行。而堰之障水。專利其止。牐閘之用。以蓄而兼洩。堰之爲用。則全在於蓄也。然於蓄之中。亦具有利於洩之作用。如欲引甲河之水以入乙河。而水面相平。或乙河反高於甲河。則流入之勢弗順。即無法可以輸灌。必先於甲河橫截一堰。使水面抬高。而後水有順下之勢。牐閘之用乃有所施。則反賴堰以洩之矣。淮揚高堰。爲明清兩代之絕大工程。下流數十郡縣。賴以保障。其效用之巨可知。運河兩岸之泉流作堰頗多。凡以利牐閘之用也。

軟堰　軟堰二字甚新。他處均無所見。惟宋熙寧間。開二股河。當事者請先於北河作軟堰以約水。歐陽修謂其明爲軟堰。實暗作硬堰云云。史亦不詳何種作法。大抵必以葦稭聯綴。浮置河面。其下仍可過水。似攔河壩而不固定者也。此固姦人之巧法。然其設思未嘗不妙。姑留其說。亦可以備治水之一格也。

子堰　堰上更作小堰。與子隄子埝義同。

閘牐　牐與滚水分水壩之作用相同。但滚水分水壩專主於洩。而閘牐則尤重於蓄。壩之出口。必稍高於隄內平地。而牐之出口必與地相平也。凡運河兩岸泉河入口之處。均有牐以資蓄泄。運河本身亦復置各閘。以節水量。普通自旁河通灌者。率謂之牐。在本河橫截者。率謂之閘。其實固一物也。明時多稱閘。故有管閘官而無管牐。清會典河工一部。則有牐而無閘。蓋以石填砌。而於出口處分層用木板封插。以時啓閉。故亦稱之爲牐。會典載牐之定制。迎水裹頭。各横長三丈。雁翅各斜長六丈。即向内之八字也。金門口寬二丈二尺。由身直長二丈四尺。分水雁翅各斜長八丈。裹頭各横長三丈。砌石二十四層。高二丈八尺八寸。每丈用牆面石一丈。裏石一丈。裏石之後。以河磚襯之。每丈用磚七十塊。牆石之後。下馬牙椿。每丈每路二十段。入裏下梅花椿。每丈每路十五段。牆石每丈扣生鐵錠二箇。熟鐵鍋二箇。牐底鋪石。悉照上下裹頭寬長鋪砌。再於裏石之下。每丈下梅花椿三十段。横竪扣生鐵錠四箇。牐上下每丈每路。下關石椿二十根。外接築三和土。每方用石灰十石。沙淤土九十石。三和土每丈下頂土椿二十段。三和土上下口。每丈下關土椿。每路二十段。兩牆各二十四層。除蓋面一層外。其餘每層金門兩牆下板雙槽。並上下裹頭迎水分水雁翅轉角。共十有六處。每處用熟鐵錠二箇。牐板二槽。用木厚八九寸。如金門口寬之制。每塊用鐵環二箇。啓閉用檾麻繩二條。紋關石六塊。每塊長五尺。每石一丈。用灌砌石灰一石。每河磚一塊。用灌砌石灰一升。每灰一石。用濡米汁五升。三和土每灰一石。用米汁六升。每米一石。用熬汁柴二十束。

涵洞

亦放水之口。每座口寬二尺四寸。其作用略與石牐滚水壩相同。滚壩口門最大。出口處以四丈寬爲則。牐次之。出口約二丈四尺。壩之出口。低於隄而高於地。牐略與隄内之地相平。牐之出口稱金口。有横截封啓之牐板。應啓第幾板皆有規則。壩則不用啓閉之門閘。其出口處平時皆以土封之。此閘與壩之異也。涵洞最小。於隄底穿洞出水。口門徑不過二尺四寸。其隄之上面。依然相連。出水處亦與地平。其製法亦用迎水出水雁翅。其用磚石灰土米汁木椿之法。大致皆與石牐相同。其作用亦爲洩水。而牽兼引渠灌溉之用。故亦通稱之爲陡門。以其陡立隄岸也。亦稱斗門。以從此處節量水力。猶穀米之有斗斛也。隄內受水之地。須鋪出七八丈。猶閘下之有龍舌。壩下之有跌塘也。此處最當堅固。防其衝刷成塘。足以礙及隄身。普通多用石鋪。當不如三和土之穩實。價亦視石爲廉。石細琢則工巨。粗則行水不利。即磨琢平細合縫。究竟難免有水滲入。年久疏漏。逐漸將石底淘空。則石面即發生脫筍坍陷之弊。可以礙及隄身。勿以涵洞出水少而忽視之也。

故淤

涵洞固爲通渠洩水。節宣水力。用爲壩閘之助。然其中尤有故淤之妙用。此法爲清代靳文襄所發明。凡沿隄有大片窪積之地。不能種植。因之常年積水。足以浸壞隄根。則於此處作一涵洞。一任黃流洩瀉。經過數次汎漲。此地即可淤成平陸。變爲沃壤。非但可收播穫之利。而岸地益高。則隄身益形鞏固。爲益至巨也。

木龍

於臨河隄身。橫簽兩樁。再於樁首架一橫木。間尺許。用直木一根。以上端作筍。穿入橫木。下端直挂河岸。用以護隄。此法始創於宋真宗天禧間。爲滑州知州徐堯佐所發明。當時並不十分注意。至清乾隆中。高文定試用於清口南岸。挑溜北趨。立將頭二三壩險工同時淤閉。因而此法大行。更因創而推廣之。南河安東宿虹數百里之間。幾於過處設置。河渠紀聞謂木龍淤舊停新。如用之得法。效速費省。直遠過於埽壩。惟用之不當。亦能引溜。其業經著效之處。木已深埋入土。若一經刨挖。必至引溜生險。此尤不可不注意云云。其法自乾隆後。又漸不通行。近代已尠有知其事者。此亦大可研究之一問題。清會典載木龍編木自五層至十一層。長自數丈至數十丈。寬自三四丈至八九丈。均測水勢淺深。以排河面大溜。其底層餘溜。用地成障。木龍面層空檔之上。仿天平架式搭架。上添縈麻繩障繫於架上。從龍身中空檔插下。直入河底。大溜遇障。不能經過。自順障斜趨。沖刷對面沙灘。再木龍達出河心。迎溜安設。龍底緊繫纜直柱。扣繫上纜。岸上用徉戧帶住纜頭。不令走移。紮龍時逐層縱橫編木。留眼方二尺以作戧位。貫以大戧。從眼插入河底。每戧安置葫蘆架一座。上用絞車安住戧頭大纜。便於隨時起下。傍岸紮成升關木。木龍漸次升出。每次絞用眼車絞關。匠夫齊力升徉。頂住溜頭。每龍身之前。設護盤。以護龍挑溜云云。蓋由固定之工程。而變爲活動之機具。亦庶幾可謂神而明之者也。

六楞障　以下數事。蓋皆因上列木龍之制。變更而推廣之者。會典載六楞障長二丈四尺。高六尺。中心龍骨一根。用攢木十八塊。周圍六面龍脊楞木六根。兩頭中間三處。各用大撑木十根。每面用小撑木十二根。編以柳笆。升關木一根。夾樁二根。抵橛二根。留橛二根云云。蓋爲護埽之用。埽以護隄。更作此以護埽也。

三楞障　長二丈。高五尺。三面龍骨三根。中心空檔。編以柳笆。餘與六楞之法略同。蓋視六楞爲簡單耳。亦爲護埽之用。

排木障　長三丈。用接樁八條。離埽數尺。換順豎簽四路。深入河底。樁頂出水。每路二根。中留空檔。計十二層。橫下排木。間以柳枝。逼溜挂淤。每接檔一根。用楊木二根。陰陽筍湊搭合縫。旁加幫木。皆用鐵箍柳牌。長四丈。頭寬一丈四尺。尾寬二丈。高十七層。一順一橫成造。每層順木六路。橫木通梁五道。斷梁八道。貫心接樁四根。靠關木三根云云。此亦爲護埽之用。而視六楞三楞之制。更爲堅固矣。

附救生樁　此別爲一事。不屬於河工工程之列。然亦木工之一種。於工程並有連帶關係。需要尤切。故并附於此。每長十丈。釘樁木二十根。每根長二丈九尺。入土一尺。管木十根。每根長二丈三尺。

豎檔高四尺。釘梯木一根。橫檔寬五尺一二寸。梯木長九尺。兩頭出椿木之外。各一尺八九寸。俾溺水之人。得以扳援而上也。此法康熙時。因洪澤湖水深浪大。河夫往往溺死。靳文襄因創此椿。其效頗著。後奉命廣置之。如遇大工處所。酌量設置。亦造福之一事也。

濬河

按宋歐陽修謂治水之道。千條萬貫。要不外於疏塞濬之三法。可謂切中肯的。而自來治河者。大率皆有疏有塞而無濬。明時尚有挑淤之事。然不過爲運道一段之地。卒亦未嘗見效。清則除就河中挑濬引河外。此外挑濬之事。絕對罕見。故治河諸書。於築隄作埽工程。時有論列。而獨於濬之一法。殊尠道及。蓋黃河以數千里之河道。數十里之河槽。欲以開濬之法治之。夸娥移山。在勢固不可能。但濬之一法。固爲治水三法之一。在黃河本身。濬導爲難。而支河湖沼。因治河之故。而不能不旁及者。正須以濬爲惟一要道。今既備舉各法。則於濬之一事。亦未便置之不論。用特逐一羅輯。綜其條貫。約可分爲下列之三法。

(甲)有水之濬法　浚河之事。當然不能斷河絕流而爲之。故當以有水之浚爲正法。自來殊少從事於此者。惟漢史言王景治河。自滎陽至於千乘海口。商度山勢。鑿山阜。破砥磧。直截河澗。疏導壅積云云。此於疏之中。固兼有浚之意義矣。然固猶半水半旱之浚法也。其次則宋時李公義之鐵龍爪揚泥車浚川杷等等。則直爲水中疏濬之專具。其事實具詳於第三卷所敘宋代河事。三種器具。雖各異名目。要不外於水底扒動泥沙。借水力以相沖刷。實後世一切浚河器具之濫觴也。當時王安石頗深信其效。至爲之特設修濬黃河司。欲特爲盡浚諸河之用。而一時試驗之人。皆言無效。特迎合安石以傪陳之。史言其深則不能及底。淺則曳之不動。至於反齒以行之。幾若俳爲笑柄。然平心而論。在水底疏濬。實在只有此法。深不及底。則可以長其繩。曳之不動。則可以改其齒。所言二弊。皆有改良之道。惟河流數千里。寬數十里。區區以此等器具置之其中。正所謂澄之不清、淆之不濁者。謂不足以浚黃河。其理固自明確。必謂其器完全無用。實亦未必盡然。顧宋、代、治、河、用、濬、之、法。止此、一、事。而後、世、有、水、之、浚、法。亦實、以、此、事、爲、權、輿。在當時士大夫幾莫不視此事爲兒戲。詆公義爲僉人。但其用意固未可厚非也。至明代劉天和始言宋人鐵龍爪。近時混江龍皆不可用。法當先計浚廣若干丈。插標水中。次計所浚若干遠。及夫役之數而約計之。然後用新製平底方舟。橫排河中爲一層。四維各施樁橛。插絜水中。用新製之長柄鐵爬。立船中齊浚之。浚深數尺。即移舟少退。以次再浚。復數丈復爲一層如前法。水中施工與陸地同。且免夫役入水之苦。若以船隻往來河中。所浚十不及一云云。是亦曾留意於水底浚法者。顧彼嗤船行水中之無益。而其法亦不外船行水中。一樣用爬。惟改自動爲人力而已。跡其用意。似不外公義之故智。若鐵龍爪亦以連排方舟行之。安見不能同效也。但萬恭治水筌蹄又言舊制方舟數百如鱗而進。以五齒爬杏葉杓疏底淤。乘急流沖去之。其效莫覩云云。則又譏天和之法爲無用矣。萬曆中總漕吳桂芳言。曾見前輩文集中。有用混江龍浚河者。其制用檀木作軸。沈水入泥。隨船行走。船行龍轉積泥隨起。大約一面可浚淤二尺。日逐推淌。務過三尺而止。但遇桃伏秋汛水發即行推浚。每歲得浚過河身丈尺。年終奏報云云。旋由工部下總河衙門。一體推行。是明、時、亦、曾、有、水、中、浚、河、之、一、事。究其、實、際。實亦、與、鐵、龍、爪、相、同、也。至前清康熙年間。河督靳輔言混江龍之制。已不可詳考。因創爲濬河船。法以鐵掃帚兩柄。繫之舟尾。令河兵二里爲一堡。每二堡配置濬船一隻。河兵輪川巡駛濬之。以繩之長短。爲深淺之限度。近海口處繩四丈。令河弁監視。以繩直懸爲度。自海口以上。繩以次而短。自三丈五尺以至一丈五尺云云。曾經奏請造濬船一千隻。推行於東北兩河。殆靳去職。繼任于成龍張鵬翮又皆言其無效。所造濬船。多半改作運料船之用。然各省尚未盡廢。雍正四年。河南巡撫田文鏡奏報濬河工程。謂自雍正二年。至本年六月止。鄭州滎澤中牟三州縣。刷深二三尺及四尺不等。祥符陳留南陽儀封四縣。刷深二三尺及八九尺不等。原武陽河封邱三縣。刷深四五尺及八九尺一丈不等。武陟縣下至滎澤交界。刷深五六尺不等。考城商邱虞城三縣。刷深二三尺及六七尺不等。當時靳故已久。且遠在于張之後。田文鏡故精刻之人。非肯隨口阿附者。而成效并并如此。則濬河船之非無用。固已確實有據。第用靳之器必有靳之人。如靳之法而後可效。若僅置之河濡。以每月游駛一二次。責其成效。寧復可得。河渠紀聞。故謂必得治河之人。乘適宜之水勢。夫役齊力。弁兵用命。則易見功。自是不易之論。故其實河船亦仍是鐵龍爪之故法。因濬河船之有效。而知鐵龍爪濬川杷之決非完全無用者。特濬河船用於既治之後。因勢利導。故可見功。若專恃之以治未治之河。則以蠡勺海。爲效當然淺薄。又未能爲安石辯護也。雍正六年。郎中鄂禮議設犂船。以隨流濬沙云云。奉旨允行。蓋又因靳文襄之法而變通之者。以後曾經推行於各處。乾隆二年。曾諭東省疏濬河流。應製刮板四十具。鐵齒二百。推牌板六百塊。以備臨時撥用。十五年。又謂東省撈挖。向由木竿拴繫布袋。傾倒泥船運送岸外。糧船向來帶有竹篦。以之撈河。頗爲便捷。著本船派水手各帶鍬篦。幫同撈挖。十六年。復諭北運河設立堡船。以之疏浚云云。所有刮板、鐵沓、掘牌板、木竿、布袋、竹篚、等等名目。其制度均未詳及。要必爲浚河特用之器具可知。當時於浚之一法。固亦有幾許之研究矣。十八年。復令舒赫德查勘混江龍浚河船有無實用。而乾隆三十七年。又諭直隸新製浚河船一百二十隻。內有三艙五艙八艙。着以每年麥汛至白露撈浚。及江南葦盪營運料船四十隻。改製浚船之事。此等料船。本爲浚船所改。至是又復改還。則浚船之有效可知。先是於二十一年間。大學士陳世倌奏謂杏葉扒齒短而鋭。挽以竹篙。輕而無用。混江龍排列鐵齒長至尺許。墜以大石始能達底。白鐘山曾令各員施用。頗有明效。而劉統勳試用。以爲無益。謂因仿其意而損益之。請鑄鐵軸一具。約長六尺。上鑄鐵齒。長三寸而鋭其角。凡三齒共列五周。兩端貫以鐵鎖。務使直沈到底。用船一隻夫四名。首橫木樑。將鐵鎖橫繫木樑之上。用夫牽挽而行。沿路滚翻。每十船爲一排。每十里置船一排。先委員測量河底高低尺寸。按月疏浚。核其淺深以爲賞罰云云。嗣後而有翻泥車之制度。頗推行於各省。論者謂實因陳公所議而斟酌以造成之者。此清乾隆以前浚河之大概也。咸豐元年。諭步軍統領衙門奏。民人馬延齡呈遞奏章。請復康熙年間混江龍鐵掃帚刷河舊法等語。着陸建瀛楊以增查明混江龍等法。何年裁撤。從前有人請復舊制。因何仍不能行。着歷查舊案詳細具奏云云。可知當時河務廢弛已久。康熙舊制。已在若存若亡之間。是可歎也。而光緒十年。曾諭通州新衙河道。其止深二三尺者。以製造新式鐵口刮泥大板。用牛贏之力。在兩岸拖拉。並召募熟悉水工。大撳土夫。通力合作云云。似爲當時發明之新器。撳本常用家具。而大撳土夫云云。似專有此一種土夫。習用大撳者。則亦浚河特用之具。此又前清晩季浚河之大概也。我國河工向無特製器具。惟上列各具。皆爲河工所發明者。然皆專爲浚河之用。而又悉以浚有水之河爲目的。可知治河工程。惟浚最難。而浚有水之河。則又難中之難者也。浚有水之河。當然以借用水力衝刷爲本旨。要亦不能不以人力爲補助。而支河小港。水力綿弱者。尤非用此不可。惟工在水底。無實在之迹象可見。不比築隄作壩。及開鑿新河舊河。皆有明白事實。成敗得失。昭灼耳目。可以分案臚列。究其始末。故祇能就器具之巧窳與其推行久暫廣狹以推驗其一時之概況。後人欲有所效法。亦祇須於其所傳之器具求之。則第觀於上列各種器具之沿革。而歷代浚河之成績。亦大致可覩已。

(乙)渟水之浚法　凡浚有水之河。莫妙以水浚水。而略以人力引之。但求水之自力充足。則因勢利導。其效百倍。浚無水之河。則實由人力挑鑿。雖稍勞費。其事明白易見。有一定之工程丈尺可計。最難者。莫如渟水。全是稀淤爛泥浮沙積礫之類。非泥非水。欲淘刷則水已不動。欲開鑿又力無所施。故浚此等渟水之河。最爲勞苦。亦絶尠相當妙法。故各書記載。初不之及。惟劉天和問水集中有一段。似專載淘浚渟水之事。略云淤泥深陷。不能着足之工。則截河作壩。縱横填路。下施新製兜杓方杓杏葉杓。魚貫以浚之。泥最陷最深者。則用木梢柳斗下取。猿臂傳遞登岸。瓦礫之工。則用鍬鑁。溜沙之工。則用兜杓。沙姜石之工。則製鋸齒鐵叉。尺寸鑿之云云。

按雜施土草者。稀淤之地。凡人行所及之處。先用乾土乾草鋪墊。以免顛滑也。截河作壩者。既有渟水河道。必尚有來水。故必須將河水上下流。先行用壩截斷。逐段分浚。如自下而上者。則最下第一段。先將兩頭截斷。戽去積水。如法淘浚。浚完一段。則將下壩移上前段作爲上壩。而以原有之上墻爲下墻。可以仍然不動。如此逐段更移。則浚一段完一段。可得一定程序。自上而下者亦然。普通當以自上而下爲原則。因先浚下流而上流未浚。一遇漲水。上流之淤積。仍可以混入下流。永遠不能徹底。自上而下。則由源竟委。得尺則尺。自無此等流弊。但亦有別種情形。非先浚下流不可者。故又不能泥定也。縱、橫、填、路者。即將淤稀之地。先填成橫直道路數條。最好縱橫勻布。如井字之式。亦謂、之、隔、子、法。如此則浚夫即可以在隔子上作工。不必植立泥水中。而挑運往來。又可以各自分道。不相牴觸。且可分隔挑浚。先完一格。再浚一格。中間即遇雨水。亦不至累及已成之工也。俟全段浚完後。再將格子土埂。一律起淨。此實爲挑淤必要之法。兜杓、之、制。以鐵爲方口。而下承以粗麻布之袋。縫合於口。杓身既輕鬆靈活。而口袋又能容受。泥中所含水分。仍可從麻布瀝出。受泥而不受水。故一杓可兜至斗許。凡稀泥及溜沙用之。方杓、之、制。以鐵爲平底而周遭各高寸許。泥稍堅者用之。藉周遭之鐵緣以括土也。沙、姜、石、者。即半硬半軟之成片嫩石。河底往往有之。方杓兜杓。皆刮之不動。故特加鋸齒鐵叉於二杓之口。可藉其力以剷削之也。此二杓皆爲劉所發明製造。專用以浚河者。故稱之爲新製。蓋杓雖通式。而鐵叉鋸齒。則其獨創之法也。杏葉杓圓式而微尖。本河工通行之舊器。亦列於新製之下者。蓋因舊式而爲之加廣加厚。亦稍有變通。猿、臂、傳、遞。則工人皆立於一定地位。假如取泥一杓。則由甲手付之乙手。以手相承。一氣遞送到岸。以實器往而以空器返。如是循環不息。可省升降往返之勞。凡在上下懸絕地勢曲折之處。多用此法。雖寥寥數語。而爲之分析細繹。即已千頭萬緒矣。

尚有一法。遇深陷之泥。稀薄如漿。逐杓運兜。不勝其煩者。則傍隄作成一坎。並開數寸小溝。以作其出水之路。即用木梢柳斗。自河中兜泥傾入坎内。泥中所含水分。自小溝瀝出隄外。俟稀泥乾結。再謀處置。則爲功尤省。此等汚泥。可以壅田。或就地農民自願搬去。更可以毋須勞費。挑浚淤水。盡此數法。神明而運用之。亦已綽有餘裕矣。

（丙）無水之浚法　無水浚河之法。通有三種。一爲開河而兼築隄者。二爲開河中引河。三爲開鑿外引河。及其他生土支河。第一種浚築並舉。當然最爲便利。所有方法。略已具詳於前文隄工。及參見於後文材料中之土工。若浚河而不兼築隄者。則其間惟一重要方法。莫如棄土。蓋一不得當。則每逢盛漲。仍即混入河中。或因發生種種關礙。重費搬移之弊。前清對此。屢有詔令規定。先定爲五十丈以外。後更定爲一百丈。但爲開黃河引河。則雖至百丈。亦仍不出於河中。以黃河河槽。寬至數十里。固無法棄之河外也。但總以得當爲宜。如遠而不當。仍足爲害。近而能當。固無礙也。只在當時插標定誌之初。四方八面。及將來倘有變化情形。稍稍留意顧注之而已。開浚引河之法。略已散見各條。但多爲搶險引溜計。重在得地得勢。而不在於工作。故於挑浚方法。多不詳及。挑浚之工程。本甚簡單。亦自無巧異之術可取。其惟一要點。只在核算精確。督率勤密而已。前清包世臣有開河三子說。頗詳於挑浚之法。不論挑淤開鑿。皆可適用。今姑取爲藍本。而間採各種治河書所列者以互證之。庶對於挑浚一事。亦可藉資考鏡也。

三子者。子河、子堰、子溝也。凡開河不論土石新舊。必須坯頭分明。乃能幫坦底平。滲水不積。則起土擔土。行立皆爲方便。法宜於河心先開成一子河。寬在四尺以上。搭挑一塊爲度。深在一尺以上。起土兩坯爲度。有子河則兩腮滲水。同時瀝入。可另於水口掘成一井。用水車車出。然後再傍子河。分層起土。大約以七八寸爲一坯。河面起土一坯。則子河應即加深一坯。比及完工。可以就子河積水。驗全河之深淺。是否果能一致如式。最有標準。次則出土問題。太遠則苦於工巨。太近又慮其坍漫。法宜核明應出土方。分堆兩岸。各應占地若干丈。乃酌定相當地段。豎立木牌。令從遠處堆起。以次而近。海河一面。先築成子堰一道。須夯硪堅實。使限坍土不得入河。則雖近而無害矣。子堰之外。宜先開成抽溝一道。使可以通行積潦。則子堰受水。可以不至稀滑坍塌。而新土之含有水分者。亦可以從抽溝流出相當水口。不致淋損河幫。如是而三子之用已具矣。次則開河最重收分。普通率以二收爲準。若淤舊之河。率用二五收。其稀鬆過甚者。則竟展爲三收亦可。若堅土新河。則一五足矣。收分一定。即可算定土方。以棄土遠近步數。及日期程限。核定人夫若干。大約以夫五十名揷爲一塘。即於治河搭立木棚。每塘給棚一座。棚外標明號數。及小夫頭姓名所管丈尺若干。領夫若干。以核定土方列爲分數。如依算每夫每日應出土二十方。按日計算相當爲及格。有餘爲勤。不足爲惰。可據以爲隨時懲勸之地。但用懲不如用勸。務在能得其懽心。使踴躍鼓舞。樂事趨功爲妙。管理之人。須時時與之接近親密。恤其疾苦。主任者之對於辦事人員亦如之。凡與築巨工。人心忻怨之關係極爲重大。忻則期速而工周。怨則期延而工窳。相差不知幾倍。萬不可挾持官勢。專事督責。又不可一味從寬。漫無紀律。總之以精神時時照注。懲勸事事分明。爲惟一要義。即形式雖尚整齊。而精神不能貫注。仍無當也。

有在兩山之中。地位過仄。子溝子堰之法。均不能用者。則自然無可拘泥。惟子河之法。必不可少。

開河工程。必言配平河底。但所謂平者。指河身之上下而言。非謂河底也。河底形式。務以圓貼如鏤爲宜。則水行方可迅利。其深淺高下之數。依法應將河頭至出口處之高下。相差若干丈尺。再行逐段匀配。假如一百里之河。而河源對於出口相差十丈。則平均以一里低一尺爲度。若在平原。無何等高下可準者。則普通以每十里低一尺爲度。水行亦可通利。如出海之河。則近海時差度應格外加增。尾閭愈暢。則上流愈順。且非如此。不足以敵潮汐之勢也。其山中開河。棄土之地。不能充量選擇者。則無論如何。總以送出分水脊外爲度。不論遠近高矮。要在彼處界水不流入本河。雖隔一小阜亦可。否則雖遠無益也。其在河中開河者。雖有指定地段。往往由遠而近。先傾一擔於界誌之上。第二擔見土即傾。先後接連無形之中。已差至數丈以外。法於人夫齊集之時。勿令即時開挑。先令順河開一小溝。從溝上分段搭板。務令過溝傾之。即沿溝堆成一綫小埝。萬勿使其傾入河岸。發生假隄假岸等弊。既有此溝。可以吸收潦水。於擔夫行走。不受泥濘亦多便利。凡釘椿誌。必取硬誌爲準。務使無可移動。切勿拘河身丈尺。而偶遇漫水。得此亦可稍資攔約。保護新河。若開放後盛漲偶及。本是鬆土。自可隨流而去。不生礙阻也。但離引河務在相當之地。不可太近。收工時。但較原誌估定丈尺。是否如式。立見分曉。否則移易咫尺。所差已遠。此亦流弊之最大者。有河身留土堆作誌之法。必不可用。因收工以後。衆心俱懈。河中誌堆。必不能一一起淨。將來阻礙河流。受患匪淺。

子河中每隔若干丈。應須留一土埂。一則防河中發水。刷成河道。一則收工時比較河中水分高下差度。可以知全河差度之定準也。如作引河。尤爲重要。假如一百丈引河。分爲十段。插塘分作五起。每塘二百丈。再分上下兩段。必令頭塘先挑第二百丈。二塘先挑第四百丈。以次下挨。均留在止之一段。俟各下段一律挑完。再挑上段。每段仍各留四五尺之土埂。須俟全河開放。再行起淨。並宜先起河尾之埂。以河頭爲最後。若河形開放。而河尾稍有阻滯。全河立可受淤。且防全工未完時。倘有雨潦。不免毀及前功也。如此分段開浚。即遇雨潦。先成之河。可以吸收潦水。不礙工作。即有積水。去埂以後。一百丈之水。勻作二百丈。即可以毋須戽水。省力非淺。

開引河以河頭爲緊要關鍵。故開河首須細尋河頭。務以能接引溜勢爲主。即施工時亦須刻刻注意。一有失誤。其患匪輕。河尾次之。插塘時對於監工人員。務須加意選擇。凡河頭河尾。必須以老成幹練之人充之。餘者配之於河身。則上下皆有人照管。雖稍有差失。亦易於糾正矣。

凡開河估計土方。切須精細。全河之地。至少數千百丈。地勢必有高窪。相差數尺。一時殊不易分別。若一律開深若干尺。則地勢之高窪。悉如其舊。開放之後。水流一有阻滯。即生種種弊端。故萬不可全恃目力估看。勘估時必須於河身內對土作堆。以記丈尺。再於各堆上各插一望竿。務令一綫順直。不可稍有參差灣曲。然後用土平挨須打量記明某段丈尺。高者多開。窪者少開。務將全河一律平勻估計。方無貽誤。

凡新河開放。總須俟大水長發之時。以其水力迅健。不至停淤也。然遇大之漲。又恐容納不足。別生橫決。此極宜斟酌。若河中引河。則愈大愈佳。以本係河身沙土。自能洗刷寬廣也。堵口引河。以金門收水。已至十分之七爲度。開放時並宜先掘河尾平地十分之三。始行挑掘河頭。蓋河尾無溜。不能撞刷也。

堵塞

按黄河工程以塞決爲惟一大事。工鉅且險。歷來河書。均侈敘功效文牘。而於其施工方法。均不詳及。從無首尾完全。自成片段之記述。令閱者無可研究。惟新出之豫河續志。間有述及。雖拉雜分見各類。然卻有綫索可尋。今據爲藍本。就其施工程序。撮其要領。並參考他書。補其所略。別爲一段。以附於工程之後。此等工程手續。各處皆有相當習慣。與主工者之計畫部署。因時因地。大抵不能一律。然大概情形。必不甚相遠。窺見一斑。即可以曲暢旁通。作舉一反三之用。不必膠柱而鼓瑟也。

一先後　河工出險。往往同時數口並決。有時大小或至數十口。然必有一主要之大決口。向來均先堵大口。以次再及小口。至清靳文襄始發明先堵小口之法。謂大口初決勢猛。大溜一過。水勢即落。中流以外。兩頭多半無水。再不至於淘刷加寬。稍遲亦無大礙。且工大時久。堵塞以後。溜勢升出小口。必然愈刷愈寬。以次遞相推移。則待至施工次及之時。小口已悉變成大口。費累十倍。小口初決。一二埽工即可堵塞。並不費力。其口門水溜升入大口。亦無何等影響。從小而大。以次將各口悉行堵塞。然後以專工壹力堵塞大口。事簡易集。不至有顧此失彼之虞云云。歷試有驗。以後遂成定法。此等理致本甚明淺。而向來從無人計及。往往至於紛亂無措。蓋靜而後能慮。慮而後能得。經綸事業。固從學問中出也。

一裹盤　凡遇有決口。首即迅速用埽。將兩頭老隄盤紮裹住。謂之裹頭。以免再有坍塌。決口益大。此爲第一急要之先著。與工程門裹頭埽一條參觀。

按決口急須裹頭。本爲河工相傳定法。惟范玉昆幕事芻言。則反其說。謂河工遇決。千萬不可張皇手足。汲汲裹頭。因來勢方猛。溜深水急。施工不慎。往往因之搖動隄根。一刷又數十丈。此等往事。屢見不一。切宜平心靜氣。統籌全局。一面趕將材料備齊。俟大溜已過。水勢稍落。然後酌定相當地段。着手盤裹。方始萬無一失云云。范爲河工老手。其言亦必有見而發。幷誌於此。以備參考。

一踏勘　凡河流決口之處。謂之金門。欲圖補塞。首須勘明河身上下地勢。其全河大勢。悉奔赴決口者。謂之奪溜。止有幾分水勢從決口洩注者。謂之分溜。除此等分溜及支河旁決水弱勢小隨宜可塞者不計外。若正河奪溜。情勢重大。萬不可草草措手。上流一決。則下河正流必隨之而淤。如開始即奪溜者。其淤必近。若先由分溜而漸成奪溜者。其淤必較遠。大率自數十百丈以至數千丈。或至萬丈以外。欲堵新口。必先於河中開一引河。使正流仍由故道下駛。而後金門之水。可以緩慢低落。否則洪流千丈。何從措手。故踏勘之法。以酌定引河入口地段爲第一要旨。務在大河新刷灣處。水深崖陡之地。方爲得勢。其中泓正溜一道。謂之河頭。如上口寬五十丈。下口與引河同。先向河頭灘面較量灘高水面若干。應挑深若干。可過水若干。預計開放以後。大河之水可以落下若干。及金門收窄。水勢擡高若干。仍能過水若干。總以過水一丈外爲準。既得引河着手疏鑿之地。更須順河下勘。直至未曾受淤之處。現尚有深水大塘者爲止。定爲引河出口之地。以下或尚有高仰之處。則止須以抽溝引之足矣。引河本以愈寬愈妙。但過寬則費不貲。不能不酌有限制。大率在向來過水之地。開河則底寬十二丈。已勉强可用。照二收之。則河面之寬廣。隨估計之淺深而定。若另從老灘挑河。則底寬至少須二十丈。口寬亦照二收之。蓋舊河淤沙。可藉河溜淘刷之力。老灘土實。淘刷較不易也。但須細驗土色。若全係浮沙。即稍窄亦未爲不可。如係淤土。則尚須格外加寬。最患稀淤膠韌。淘刷尤難爲力。若膠淤止有二三尺。此下仍是沙底。當不妨用。如稀淤過深。只有繞越避之。然總須順導河勢。不可稍有強就。尤須詳詢土人耆老及多年河夫。詳細端酌。再行確定。否則往往爲避淺淤反遇新淤。工程更形棘手。如舊河地勢高窪不一。切須精測丈量。插段宜短。俾可一目瞭然。

一插塘　引河界段估定。應即着手估工。計寬深若干丈尺。每應起土幾方。限定幾日完工。共有若干土方。棄土之地。遠近若干。每人每日能挑土方若干。每丈連風雨假在內。估須人夫若干名。一一計算精確。然後畫定地段。派定人夫名數。剋期施工。謂之插塘。

一壩基　引河之計畫既定。以次即當勘定壩基。蓋決口過大之處。不能即就兩頭斷隄聯接補築。故金門下埽。非另立壩臺爲之基礎不可。而壩台之地位適當與否。尤有絕大關係。故以勘擇壩基。爲惟一要着。大抵宜去引河七八十丈之地。遠者乃至百丈。太近則恐其搜後。太遠則寡效也。最好能得兩頭皆倚老崖。否則亦必有一面老崖方可着手。萬一兩頭皆新淤嫩灘。惟有退至決口上游。於大河轉灣之處。另覓河頭。例如南岸決口。河流北向坐灣。即其地也。壩身寬窄。視水深淺爲度。如水深四五丈。則壩身應寬至十五六丈。高出水面三丈。上邊壩寬五六丈。下邊壩寬四五丈。高出水面二丈。上壩寬四五丈。下壩寬三四丈。高出水面一丈五尺。此其大段之定式也。

一壩臺　壩基既定。應即盤築壩臺。謂之出馬頭。即進第壹占子。進占者。即由決口兩頭。逐段向中流進占地步也。先統量決口丈尺若干。預定分爲幾占。兩面勻派。大率以三四丈爲一占。鑲出一段。即謂之進一占也。壩臺爲着手頭段。故亦稱第一占子。以次逐段對築。宜細按形勢。東西兩壩頭。對準盤築。大抵以微迎上水爲得。如就老隄堵築者。亦宜將原段老隄。加土夯築。總以高出水面一丈五尺爲度。上下兩邊。各退十丈。刨槽入水。深七八尺。以防撲後。撲後者。恐溜勢向其後方沖刷也。凡旱地見水衝激之力甚鉅。以水遇水。力量即減。故河工每用借水抵水之法。此亦其一端也。凡料土交接之處。務用軟草油泥。細細盤築。俟十分堅實。方可捆盤挂纜出占。如就灘上灘邊堵築。應先築土埝一道。上首接至老隄。下首接至壩臺。以爲壩基。防備水漲匯後。亦以高出一丈五尺爲度。倘恐溜到坍陷。則先刨槽入水深一丈許。更做順埽防護。

挑水壩　金門溜勢緊急。雖有引河。恐尚不能緩落者。則於金門上首。更築挑水壩以挑之。使全河大溜將來可以逼入引河。則堵合自易爲力。

上邊壩　於正壩之上更加一層。用爲正壩之護。隨大壩一同進占。但須參差錯出。其埽身恰爲正壩遮蓋埽眼。方資得力。

二壩　即於正壩下首。更作一壩以相托護也。此壩不必定有。然總以有爲穩帖。緣金門收窄以後。數十百丈洪流。束至數丈。水勢益厚。上水高於下水。往往至一丈以外。壩前之地愈刷愈深。因而大壩隨以坍塌不已。若更有一壩擎托。則大壩之上水比下水不過高三四尺。二壩之上水比下水不過高五六尺。水勢分爲兩級。兩壩分任抵抗。而大壩之力。已紓減過半矣。惟兩壩距離不宜過遠。當以二百丈爲率。過近則兩壩幷同一壩。效力亦減。遠則溜勢沖腰東西衝撞。反起坐灣入袖之病。惟恰到好處。擎托乃爲得力。二埽寬厚。亦以水之深淺爲度。如水深四丈以內。則埽身寬五丈。而上邊埽寬三丈。以次加減。下邊埽可以不做。其埽身長短。則察看溜勢爲之。以能擎住溜頭爲要。

出占

埽臺既定。上下擎護之法。均已預備。然後着手下埽。節節鑲築。謂之出占。其物料做法。皆與普通鑲築隄埽稍有不同。須如法預備。假如正埽每占長三丈五尺。高深八丈五尺。寬十五丈。計單長四千四百六十二丈五尺。向來隄埽丈數。均以單長計算。其法已見前文。用料之中。尤以繩纜爲多。今就三丈五尺之占。分別揭舉如下。

勾繩一百四十條　四沖共七百條

大占三十四條　四沖共百四十條

底占四路二十八條　四沖共百四十條

沖心揪頭六排　（每排用繩二十一條　五沖共七百五十六條）

腰占四路　（每路用繩七條　一沖半共四百二十條亦曰肚占）

連環占四排　（每排用繩二十八條　二沖共三百三十六條）

上下水撑擋騎馬用繩二十條

騎馬十二副計十六排　（每排用繩一條共百九十二條　五沖共繩二千七百三十四條）

外備蘇纜一千二百條

邊埽占均要蓋護正埽眼以封其門。後身護埽。乃紮根起首之地。先要魚鱗鑲護周密。以防挫後。

逐占進築。均一律照式預備。占位丈尺。如有出入。即隨宜增減之。

拉船上位　塞決工程。多半皆在水中。故尤賴船中施工幫助。其起初幾占。或尚在旱地。應先刨槽軟鑲。一經見水數尺。即將艎船拉上相當位置。以便築做。故謂之拉船上位。艎船實即蝗船。所謂蚱蜢船也。取其形同蝗蟲之意。後因改稱艎船。

捆龍骨　用直木一根置於船面。是爲龍骨。按五尺一空。多用繩纜。連船底周圍捆紮。以防船身撞擦受損。爲擔纜守傢伙之用。

明過肚　船進過溜。必至顫動。即從船之頭尾。穿過大纜一條。謂之明過肚。於後占打橛上簣。一俟撐檔。其纜即跟沖前進。

暗過肚　船之頭尾。雖有明過肚收管。而中間空檔。又須生出暗過肚以資接束。即更以大纜從空檔穿入也。因此船關係工作甚鉅。故不得不力求堅固。

底勾　明暗過肚既備。即將生纜擔入船上。共十餘道。其一端挂於墻上各橛。是爲底勾。生纜者。猶言生根之纜也。各纜挂齊。乃派兵在船身候傢伙。

撐檔　各纜挂齊。即用篙木往前撐檔。離開正墻。以便鋪做。撐檔即撐進之意。

打張　船受溜勢逼壓。不能外撐。祇得將鉤繩間撐檔出簣。派兵活留。使傢伙外懸於前眉後二尺。壓蓋脊土。集夫上跳。令埽眉喫重。青頭得以外張。活留云云。即用活結作套。而以手持之也。

二打張　打張以後。埽檔仍不寬暢。遂活留仍在前眉後二尺。如前壓土。集夫跳埽船上。跟游前進。使埽身增寬丈餘。謂之二打張。

面勾拉活留　檔已撐足。鑲高丈餘。其纜間檔出簀。拉活留復。艎船壓蓋花土。即下串心揪頭。上下倒眉。均下騎馬。再四活留。加鑲追壓到底。

門占　依前法逐占鑲做。至兩頭以次接近。預留相當占位。即於兩頭占上。做成長臺。謂之門占。如兩門相對之門垛也。

出船　工程將畢。兩面埽頭皆已接近。可以不用艎船。乃將船拉之出位。

開放引河　事前須預計工限。至此時門占已成。引河務須開浚。彼此工程皆相關連。此間工事已備。引河亦即於此開放矣。

按引河開放之遲早。大有研究。以常理論。引河能早日開放。則金門之水。可以立時淺落。施工堵塞。自然較易爲力。但埽基之淘刷不深。有同浮置。一遇衝激。不免走脫。蓋反借金門水力之衝刷使埽埽可以深壓着底也。迨門占已成。口門深勢。已至相當地位。此時水口既狹。沖刷之力至猛。如稍有延佇。金門刷深過甚。必至牽動埽基。故又利在於速。又因口門束小。則水力渟聚酣足。然後放入引河可以一氣直駛。免有停淤之患。此中消息。關係固至爲密切也。

挂纜　引河既放。金門水勢。定必爲之驟落。乃一面速進一占。即將兩埽挂纜十餘條。以備合龍。

金門合龍　金門亦稱龍門。決口亦稱金龍口。所以謂之合龍。纜既挂齊。兩頭同時進占。謂之關門埽占。此埽一下。立即搶買柴土。層層追壓緊密。以不留間隙爲度。謂之閉氣。於是而大功告成矣。

按底勾即生纜之橛。面勾即回纜之橛。蓋生纜勾繫於生橛。由艎船帶過離埽數丈以外。鑲埽即順纜鋪墊。鑲成後。再由埽上回繞。以繫於鈎橛也。串心揪頭。爲防埽心外游。串心腰占。所以擋住埽心。不致挫動。腰占所以摟束腰身。連環占所以連絡各坯。免其外游也。自來塞決之法。先易後難。蓋決口必在大汛盛漲之際。怒流沖刷。動至數百丈。而漲汛一過。則中間過溜之地。至多不過數十丈。兩頭率成旱地。若率意鑲築。埽皆浮置。一旦受水。易至坍陷。所以壩臺必立於深水之處者。因埽之着底愈深。則壩基愈形穩固也。故壩臺之下陷。反若視爲常事。視下有淘洗之象。則趕即從上加坯追壓。釘樁繫纜。但期能不崩潰爲度。如此則埽已深入地下。金門之水一落。勢必立見掛淤。則壩基反藉其淤以固護。雖有急溜亦不易衝動矣。蓋前段工程。似甚容易。以金門口寬。水勢不急也。兩頭進占。逐漸收束。束一步。緊一步。最後乃不過九十丈之間。以數十丈洪流幷注於此。此是何等力量。此時一面開放引河。一面合龍閉氣。兩頭應手。然是順利。引河開而水落金門。可以施工。龍門合而水升入引河。引河立即衝刷寬廣。順流而下。瞬息千里。河流一暢。而合龍工竣。毫無餘事矣。最可患者。引河開後。正溜不能引入。僅有少水流入。則勢弱力緩。立將引河淤爲平陸。百萬工程盡付流水。而正流不能下駛。仍即回注口門。於是金門之壩亦潰。一瞬之間。全功盡棄矣。此因引河之不當。而累及口門者。或引河本來如法。開放之後。水已下駛。而合龍之時。偶爾不慎發生問題。決口重復崩潰。則正溜立即移注於此。而引河水緩。立即掛淤。河工壩工。舉皆毀之一旦。此以龍口而累及河工者也。故緊要關鍵。全在此一息之際。雙方合拍。可以互助而成功。一有差池。遂至俱傷而兩敗。前清河工定制。懲賞均極嚴重。河督河道。例有枷示河干之法。而革職賠修。尤爲常事。然河道可以立升河督。河廳同知通判。可以立升河道。河員私人成敗。禍福之關係。尤爲重大。所以被迫而入於迷信。大王將軍之事。亦從此而起也。

再二者之中。引河之關係尤鉅。故開放必俟漲汛期內。因水力較大。淘刷之勢利。而不至於淤積也。合龍之時。往往停工以待之。清代大工。每受中旨遙制。往往以致促合龍。因而失事者。又普通合龍工程。苟非特別緊急者。必以霜降後起工爲原則。限於春汛以前完工。此一段期限。最爲合宜。往時亦有以過急失事。欲速反遲者。此亦不可不注意也。

搶險

按前清河工。每年三汛期內。必報搶險。以便請帑。因歲修限有定額。而搶險則可以臨時請款。歲修之款。明白可指。侵冒較爲不易。而搶險則事出倉猝。不必先期一再估勘。率於事後驗工。固無法可以稽核也。後來各省搶險。亦皆限有定額。然係朝廷對於河督之總限。在各道廳又自分別辦理。如無險可報。反覺淡漠無味。報一次。搶一次。既可得額外之支銷。又可邀不次之升賞。所屬全部人員。公私皆有希望。因而格外熱鬧踴躍。故搶險一事。亦漸成常年一定之通例。各道各廳各汛每年必報幾處搶險。或挨序輪次分報。以求平允而普及。長官即欲不報。文武屬員兵役。亦必不肯甘罷。往往由假險而出真險。以證成衆議之不謬。即廉幹之員。亦無法可以自持。此誠莫大之積弊也。然當時所謂險者。十九皆在埽工。因稍爲重要之地。皆已處處下埽。險之所及。必先由埽受之。埽能壓住不動。即不至於出險。故所謂搶險者。多半爲搶埽之別名。埽之出險易而搶修亦易。故一面報險。一面即稱搶護平穩。一轉移間而名利雙收矣。至此外潰決漫決之險。雖不能盡免。然此等真險。究屬僅見之事。且其可衝可決之處。必已早經下埽。則亦埽之險也。搶埽之法。當然不一。然大要不外三種。今分別舉之。

加鑲

有埽之處。忽見溜勢。逼近埽根。猝被淘刷。已見坍陷之勢。而埽身材料。年歲不久。未至朽腐者。則急搬柴加土。立刻於埽上蓋壓。謂之加鑲。層柴層土。大率以四五尺爲一坯。普通柴一尺。則壓土五寸。深水急水。酌量加重。以三層統計。平均總在四五尺之數也。看一坯不足。則再加一坯。一面並即加樁加纜。視埽已穩實。則險象即可消弭。因急溜淘洗埽根。根愈空而溜愈急。一經從上加壓。則埽亦沈陷入底。無隙可入。而沙泥乘勢淤集。反形穩固。溜頭亦即引而他去。可以無事矣。

折鑲

坍陷之狀已見。看覺無法挽救。或尚有挽救之法。而埽料業已多年。全體朽腐。稍一動手。必至完全消解。累及他埽。則一面趕將新埽捆紮。一面即將舊埽拆卸。聽其隨波逐流以去。立將新埽放下。謂之折鑲。依法追壓。釘樁定橛。視其着實穩固。然後無事。普通埽樁木。以丈二尺以上圍一尺八寸者爲度。此等埽箇着即加深。樁木務須格外長大。再看溜勢尚急。則更於埽外加鑲防風邊埽以禦之。初來之浪勢最猛。能挽過數浪。即漸漸可以抒緩也。大凡黃河風浪。率看浪頭遠近以測其來勢。如浪頭起在十丈以內者。雖大不妨。三四十丈之間。亦尚無礙。若浪頭起於七八十丈。或至百丈以外。則捲地而來。爲力甚巨。雖小亦可危也。

留蟄

搶險之時。所最當注意者。即在相連之埽位。如頭埽已見坍陷之象。先須察看相連之第二埽形勢如何。如尚無險狀。應同時即速設法。將第二埽加樁護纜。保護穩固。使不受頭埽之牽累。謂之留蟄。如第二埽亦已爲難。則索性置之。急謀挽住第三埽。同時乃作處置此二埽之法。若一不經意。頭埽一動。二三四埽連類動搖。數埽並坍。即無法可以收拾。非釀成大險不可。此等吃緊關鍵。既須迅速。又須鎮靜。非有經驗熟練之老手不可。或本無大險。而爲圖報搶險。欲有動作。反至釀成大險者。亦往往而有。此不可不慎也。

摟崖 河水將至隄下。臨時搶護。須將隄前刨成深槽。使之受水。以抵急溜沖刷之力。一面捲埽鑲護。謂之摟崖。

跨箕 隄内水已漲滿。此時欲下新埽。已無餘地。急仿合龍辦法。用艎船撐至隄岸。於離隄一丈以外。用杆撐住。而繫纜於橛上。再令老練河兵上船。將埽纜帶至船上。再依前法下埽。謂之跨箕鑲。

補漏 大汛盛漲之際。忽發見河隄滲漏過水。此是極大危險。然第一不宜令羣人趨集隄陂。哄擾踐踏。因此時隄已鬆脆。必至轟潰不救。宜令老年河兵。沿隄卸衣察看。見有渦花微漾之處。即爲漏口所在。宜仔細用手探索。探明洞口大小。如小者即先以盆嵌之。大者以鍋。再用衣服棉絮裹護。務先塞斷漏水。再謀別法。若隨探隨大。不得底止者。即以赤體坐住洞口。再令人用乾土周圍繞護。作成井圈。俟圈出水面一二尺。再從圈中跳出。立時用好土從井圈中傾下。緩緩填築。如杵頭堅實者。可稍稍用力椿築。若杵頭鬆脆。不如勿動。俟水落再行設法。其用盆鍋封口者。亦宜續用此法爲穩。倘滲漏之水已過隄外。依然未止。則須察審漏口高低限度。如離地不高者。急於隄外用好土圍一小埝。俟滲水漾滿。内外相接。即可無事。倘洞口過高。則隄内勢不能驟成高隄。或急於河中圈作石芯柴芯小壩。暫時擋溜。仍俟大勢稍定。即將隄身掘開。徹底搜根填築。切勿疏忽延誤。已見過水之隄。内容空脆。如二次汜漲。即無法補救也。此是極細之事。而爲險至巨。真所謂蟻穴潰隄者也。

治河說略卷之七

歷代河工章制述略下

名詞

按河工沿用名詞。多半爲工作者隨意創造。羌無故實。無可考證。自非夙習河事者。幾於目迷五色。驚同梵典。本編爲普通觀覽計。凡篇中夾用河工名詞之處。如非必不可易者。皆順意逕譯。以普通之文字替代之。或隨筆加之以解釋。此項名詞。原以工程一類爲最多。今除上篇工程各項名目。業經逐一分別註說。暨字義明白。可以意會之文字。不復贅述外。尚有河工習用至多至普之名詞。而意義艱僻不易猜度者。得若干條。爲隨筆節錄。臚列解釋。庶備涉覽此類書籍。可以順文直下。免費猶疑停頓之勞。因感過來之煩累。特爲開道之前驅。當亦閱者所不棄也。

奪溜 凡河流之中間。正流一道。水勢最急者。曰溜。遇大隄橫決。全河大勢。悉趨決口。別行一路者。曰奪溜。若有一部分水。從此出口者。曰分溜。因何處發生弊病。本來少水所注。而牽引大流趨集於此者。曰掣溜。總之一溜字。爲全河最要眼目。種種工作。皆以此爲目標也。

淘底 大溜在埽底沖刷。爲淘底。又凡伏汛水溜在上。秋汛水溜在下。

伸腰 河溜所衝。無法阻遏。被其充分舒展。成沛然莫禦之勢。謂之伸腰。

裏臥 河勢趨隄日近者。

上提 河流直射處。崖岸塌成深灣。下流之水無力。上游之水愈緊。則愈往上聚。曰上提。

下坐　崖岸土鬆。水力益大。全勢激怒而下。謂之下坐。

入袖　當溜成半圓形。水入而不易出曰入袖。

臨黃　言逼臨黃河之地也。

臥羊坡　言隄外坦陂寬平。可臥羊也。

走馬坦　意同前。

背工　離河甚遠。向來偏僻不注意之隄工。

過梁　隄面穿漏甚小。而河水實已穿透過隄。曰過梁。

井穿　隄頂兩邊發見窟穴。外口甚小。而內中已甚深闊。曰井穿。

偷底　將隄根老土。剷削若干。則隄身頓高。可以冒沖新工。名曰偷底。亦稱盜切。

皺查　凡幫帖舊隄。須先將隄上之土。分級開成台階步磴之式。再以新土合之。方能帖固。謂之皺查。

壓花　皺查之土。須用夯硪打實。先下一硪。上有圓影。第二下即打於圓影一半之上。半在花內。半在花外。謂之壓花。如此逐漸推移。則一地打着兩下。即抵夯硪兩邊。格外堅固。亦謂之連環套打。

接爪　如接隄一段。依頂丈量。則順隄兩頭直立。以斷人畜往來。必於兩頭拖出一小塊。以便行走修守。如露出一爪之式。

戴帽　凡於舊隄加高。其陂面必須一律坦平相接。若新加之隄。陡立隄上。不作坦陂。謂之戴帽。

墊浪窩　隄面經雨。陷成水窪。重新填補。謂之墊浪窩。

種花　如前條偷底盜切之法。而密布草子於上。以掩其迹。謂之種花。

螳腰　隄面高平。而中間、一段。忽覺、低、陷。謂之、螳、腰。

週廂　填工墻埽河水將及臨隄。預於周圍挑溝拋石。謂之、週、廂。

收分　此隄工竣工之緊要名詞。有二收二五收三收等名目。隄下寬而上狹。築高、一、尺。第二、層、於、兩、面、各、收、二、尺。謂之、二、收。高一尺。兩面、各、收、二、尺、五、寸。謂、之、二、五、收。各收三尺謂之三收。普通總在此三個限度之中。開河亦然。如河底三丈寬。上、一、尺、兩、邊、各、放、寬、二、尺。謂、之、二、收。各、放、二、尺、五、寸。謂、之、二、五、收。各、放、三、尺。謂、之、三、收。不、過、築、隄、自、下、向、上、收。開、河、自、上、向、下、收耳。依此定法。則土方定數。即可以明白估計矣。

追盤　每鑲埽一層。至三、四、尺、高、爲、一、坯。即須壓之以土。層土、層、柴。追壓、到、底。謂之、追、盤。

墩蟄　急、溜、洶、刷、埽、底。埽身、陡、陷。名、爲、墩、蟄。

形蟄　纔、見、墩、蟄、之、形、曰、形、蟄。

行蟄　謂、埽、已、下、而、欲、走、脫、也。

脫胎匯化　背工舊埽。久已腐化。河、溜、忽、來。立、見、消、散、之、象。

騎馬　追盤之時。每坯於夾檔中。勻鋪葦稭一層。謂之騎馬。

打齊眉　騎馬外露。有各、坯、層、累、之、痕、曰、埽、眉。以、板、敲、之。令其、齊、整。曰打、齊、眉。其板即謂之齊眉板。

貓洞　埽眉、破、爛、之、處、曰、貓、洞。亦稱毛洞。

雞窩　埽中窩洞之象。

眠牛伏象　隄埽中空甚巨之義。

插塘　凡挑浚河道。估定工段期限之後。計每丈每日須出土幾方。通應用夫幾人。連風雨假號估計在內。分別插派人夫。謂之插塘。

留蹬　河工定例。凡舊埽全體折卸更作。必比舊時收進一尺。謂之留蹬。一爲節省材料計。一實以防弊爲重。防其浮面鋪飾。而埽中之料。並未更新。則一埽之費。浮冒不貲。今欲收進一尺。則非根本翻動不可。即不易虛飾矣。但有人論謂此法甚爲不合。因埽依隄而置。埽位收進一尺。隄身必至削一尺。如是積久。則隄日益卑薄。所損甚巨也。

幫戧　凡隄之向岸一面。謂之後戧。在此處加土幫寬。謂之幫戧。或隄已危急。而前面已有水溜。無法施工。只有於後面幫土以厚其力。從前考試時代。凡在場中捉刀代替者。相沿謂之幫戧。即從此取義。蓋在後面幫助之意也。

桃汛　河水每年盛漲。皆有相當期限。因名之爲汛。二月桃花盛開。爲桃汛。

菜花汛　三月蕪菁作花。爲菜花汛。

麥花汛　四月麥隴黃熟。爲麥黃汛。

瓜蔓汛　五月瓜實延蔓。爲瓜蔓汛。

礬山汛　六月上流冰泮。水帶礬腥。故謂之礬山汛。

豆花汛　七月豆莢作花。爲豆花汛。

荻苗汛　八月蘆荻已華。爲荻苗汛。

登高汛　九月爲登高汛。取重九登高之義。

復槽汛　十月為復槽汛。

凴凌汛　十一二月。為凴凌汛。

以上為分月汛號。河工文牘。率以此代年月。如本年六月。必稱本年磬山汛內。如桃花菜花等名目。尚可推想而得。如磬山復槽凴凌等汛。即不易索解矣。普通自霜降後。險期已過。復槽云云。水落歸槽之義也。

三汛　常年尚有總稱。自清明節起。閏復二十日為桃汛。自桃汛後至立秋前為伏汛。自立秋至霜降為秋汛。此三汛為特別注重。汛至之期。鳴金舉火。晝夜巡邏。彷彿戒嚴之象。河督每過一汛安穩。必奏報一次。

按以上各月汛候名詞。實創於宋。前清順治初規定沿用。業已成為法典。所以奏報文牘。悉仍其舊。宋時尚有其他名詞。則已全然不用矣。

材料

河工材料。皆極粗賤之物。而河工絕大弊竇。乃即出於其中。以巨量之金銀。購極賤之土草。連山疊阜。更何從銖審而寸度之。況其中大半屬於銷費之用。新舊之混淆。甲乙之影戤。緜紛緒雜。雖離朱之明。亦無術以發其覆。前清之於材料。防備亦至密矣。至土苴之價格。皆以詔令規定。尚復何微不至。然一二人之耳目。終不能勝千百輩之欺朦。特於此中品類曲折。稍能知之。猶遠勝於不知。正未可以其細而忽視之也。茲就吾國舊法。向來所需。一切物料。撮要臚列於左。

土

俗言水來土掩。故治河材料。當然以土為唯一材料。俯拾即是。先本隨掘隨用。不加計議。逮更歷代河事之經驗。漸知取土用土。悉有相當之研究。至清而益完密。土方土價。以因時因地之區別。皆立有嚴重規制。始而北河東河與南河分別規定。繼而甲道與乙道。此廳與彼廳。漸至某縣某汛。均一一區分定則。土且如此。則其餘物料當然更有計較。以故數千萬丈之巨工。估核經費。皆有一定準據。此亦河工進步之一種現象也。

前清定制無論挑土取土。皆以見方一丈高一尺爲一方。計土給值。雖隨時隨地。屢有出入。然大率總在紋銀一錢至二錢上下。至少自八分起則至多以二錢三四分爲限。分別地段丈數。乾土濕土。旱地濘地。繞越塗徑橋渡。即同在一時一地一案。亦因遠近難易而分其等差。每見方一丈爲一大方。即按十方計算。隄工愈高而愈艱。浚工愈深而愈苦。以故同在一案。亦有通融挹注之法。如奏准以每方一錢定案者。何項工程酌加一二分。何項工程酌減一二分。但扯平不出一錢。於定案即無牴觸。先本按日計工。後來改而計土。視計工已較實在矣。經歷次試驗之結果。最妙尤莫如現買之法。每遇鉅工急要。剋期出示。聽民人自行運土到工。每一車定價若干。立時付給。民間謂之跑現錢。往往格外踴躍尤易集事。在工事上。且可以減省許多手續。此極便之事也。凡取土務得堅實老土爲主。然有一種地層硬土。雖堅實而不適用。總以細膩而有膠黏性者爲佳。浮沙爛泥決不可用。然每有無好土可取之處。必不得已。其蓋面之二尺。必以老土封之。尚有一種新淤之土。見水即滲。而其力却足以擋溜。因其堅韌過度。夯硪之力。不能築使細實。然效用特勝他土。膠性而固結也。

普通土方價值。如開浚者以起土之丈尺計算。見方起土一丈。深一尺。是爲一方。遇有圓長斜角奇零不整之處。仍以結合成方計算。浚而兼築者。亦以起土爲准。一面起土。一面即鋪卸隄面。不必轉手。連夯硪鋪填。每方不過加價二三成。其築而不浚者。則以到隄之土計算。平均每土一方。重量恰在一萬斤之數。最好製定相當土筐。每平筐五十斤。每二百筐。恰足一方。民間通用之土筐。大率亦均相當。但總不如依式定製之準的。凡填平窪地池塘。亦以所填之地形。計算方數。如平均結合。見方一丈。深三尺者。即作三方計算。其價格之差數。即以取土之難易遠近而定之。計相去有若干步。每日來往幾周。合若干里。大率每人平均連起土傾卸。約可行六十里。審知當地傭值。每日需錢若干。每方合需幾工。比較參合。即可以定土方之價目矣。凡築隄填土。愈高則愈艱辛。浚河起土。愈深則愈費力。故普通八尺高之隄。則分爲上下兩方。四尺以上爲上方。四尺以下爲下方。上方之值價。必視下方稍爲增加。反之而浚河。則以下四尺爲上方。上四尺爲下方。在下四尺。必須加於上四尺。此亦大概標準。其他如經過之道路。天氣之寒暑。農時之忙閑。皆有相當之區別。權衡斟酌。所當兼籌而並顧者也。

築隄土方。以取土之難易遠近爲準。浚河土方。以棄土之遠近難易爲準。但此兩種地段。最宜注意。勿但顧目前之便利。而重滋異日之紛煩。須詳度此地。將來有無用處。前後左右。其他方面。有無關礙。如工程形勢變更。擴充時期。此處是否應在範圍之內。均須周密計慮。勿圖省小而失大。前時往往有開土之地。後來復須填平。棄土之地。不久更煩移徙。一事兩費。爲累滋甚。而棄土再徙之案。尤數見不一。或阻塞民居道路。或妨礙隄壩工程。故每有因搬移棄土。費至鉅萬者。因作工時對於棄土地段。往往不甚注意。祇圖省近。而不意轉晌之間。已發生問題。非重新移去不可。非徒虛耗。且誤要工。故事前必須八面照顧。細心打疊。總以能得一有益地方爲主。雖稍有增費。不必吝惜。爲其一重工作。可抵兩重也。若萬無相當之地。亦總不以生後累爲要。并須留意稍爲整頓結束。令成一完好土堆。勿任狼藉散亂。以至混流溝渠。梗塞水道。

土牛　平時取土堆積隄上。預備急工搶險之用。謂之土牛。以其形如眠牛。而牛爲土屬。取制水之義也。河隄各處舊有金牛數座。鑄工極佳。或云漢物。或言宋物。尚未得明確考證。今北平頤和園之昆明湖。尚有一座。一角已壞。清季曾召洋工修補。費數十金。迄不能悉如舊式。足見前時鑄工之巧。據河工人員言。土牛必須堆積逾歲。方可適用。以新土受空氣而始消化。含有黏性也。凡捲入埽中之土。尤非好土不可。必須平時預備。以免倉猝不及之弊。

石　防水堅固之料。當莫如石。然輸運頗艱。除涵洞滚水壩閘等工程必須用石外。餘則惟近山之地。可作石隄。其離山較遠之處。隄工用石殊不易辦。故古時石隄。多在黎陽上下一帶。漢時所謂金隄千里者。以其去山獨近也。今山東惟中游取石較易。上下兩游即無法取石。康熙時曾擬將徐州以下悉改石隄。下河工各大臣審議。雖託他詞中止。其實亦以估價二千餘萬。所費過巨。恐事實上辦不到也。清會典於各種工程。均有製造定式。惟石隄之法。未有核定制度。足見完全石隄。尚未做過。惟浙江海寧海鹽塘工做法。康熙時用長五尺厚二尺闊一尺大條石所砌。丁順相間。上下交接處均有筍槽。塘底一層。寬一丈二尺。逐層收緊。至頂寬四尺五寸。頂底石縫。均用灰汁灌縫。用馬牙樁四路。梅花樁七路。每層每丈。皆用生熟鐵錠鋦扣定。實爲第一完固之工程。嘉慶重修。表面一如前式。至道光時重修折卸。則內容偷減已甚。遠不如前矣。光緒三年。巡撫梅啓照。估照舊式修築仁和塘。每丈須銀七百九十兩。足見工費之鉅。河隄萬難照辦。至其他河工石料。用於壩牆者。均以丈計價。定四尺見長爲準。分雙面丁石。單面丁石。單料裏石。雙料裏石。及豆青紅石等名目。亦皆核有定價。大約每丈自四錢至九錢爲率。若現在改用石料。當然可以塞門德土代之。第石工舊制。固亦足資參考也。

碎石　亦工料之惟一要件。凡遇險工發生。倉卒不易搶護。急以碎石拋之。使成坦陂。溜勢即止。亦以方數計算。如要工處所。照章均有儲積定額。並分別核有一定價格。近時發明碎石壩之功用最爲得力。因而廢埽改壩之議大興。極可研究。

椿　土石以外。則椿木頗爲大宗。埽壩等工程。皆須椿橛。而木龍木障。則純以木爲之。所需尤巨。清會典於各地大小椿木及楊椿柳椿杉椿。皆分別核有定價並指定採買道地。釘埽椿木率以長二丈圍一尺八寸爲通則。愈大愈妙。

磚　本爲河工材料之一種。隄壩用磚之法。明時並已通行。惟不得已而始以之代石。自清道光間。河督栗毓美發明拋磚護隄之法。而效用大顯。向來河工遇險。多用碎石拋護。自栗創此法。遂命推行各省。當時河工人員。頗感不便。因造爲蜚語上聞。栗上疏奏辯。謂背工之地。碎石倉卒難致。而磚隨處可得。利一。碎石犖确多隙。而磚平正方直。利二。碎石滑易過水。而磚性滯吸淤。利三。磚價比之碎石。雖多十分之二三。而磚一方可抵碎石二方之用。利四。磚輕而碎石重。運一方碎石可運二方之磚。利五。終舉現在工程。謂比原估碎石壩價已節省三十餘萬兩云云。衆議始息。遂發銀三十萬兩。令沿河創辦磚塞。以外並定有河磚造式。以長一尺二寸寬五寸厚三寸四分爲度。蓋南河三寸。而東河四寸也。但碎石最易朦混。爲河員之一利藪。磚則有方有塊。鉤核較易。故河員終不便之。復卒慫恿河督吳黨。以磚工不如碎石。具奏停用。謂祇可酌搭。不能獨用云云。尚係斡旋之詞也。

柳　土石磚木而外。則柳之爲用尤鉅。以其軟而受水。入水不易腐。又沈重易於到底。故作埽之用。以柳為第一。即斫取柳梢。分束捆紮。鋪墊埽內作底。再以葦草襯之。無柳始用他物。然中間埽心。則非柳不可。又沿隄種柳。其根可以固結隄岸。其枝即可取充埽材。尤為兩利之事。周禮掌固之職。以渠與樹並舉。可知其法至古。至唐時已有沿隄遍種榆柳之令。然行之未見成效。自明劉天和發明六柳之說。而效用始以大顯。清康熙時靳文襄復請令沿河縣邑舉辦柳園以資河用。並令河工人員兵夫一律歲課種柳若干株。以成績分別懲奬。其他官民並得以種柳多寡分別議敘。一時種柳之令。重疊敦促鼓舞。成效亦復卓著。常年埽料。幾可取給。以後詔令官諭亦屢經提倡。時盛時衰。然倡議者一去。不久即已搖落。人亡政息。可歎也。

柴

南方以樹枝木幹為柴。由山中砍伐成捆。雜木灌木均有。而松為之大宗。蓋為民間普通爨料。若用之以築隄埽。自遠勝於葦稭。浙江海塘。往時即專用此料。歲需數十萬擔。專由上江金衢嚴一帶採運。北方薪木甚少。故河工用料。凡所稱為柴者。率皆指葦而言。南河因接近海塘之關係。亦經試用。但仍與葦柴同歸一類。未甚注意試驗。故卒未見通行。清會典定制南河柴料。每垛長三丈。寬一丈二尺。簷高一丈。脊高一丈五尺。計四十五方云云。亦仍以葦為主品。不過薪柴既能築塘。當然亦能築埽。因幷存其說以資研究。凡料皆以垛計。以有一定尺寸。易於查驗。垛式簷低而脊高。所以避雨淋也。

蒲葦

葦亦為埽料之要件。柳以外則葦為主品。用時皆以束計。清制以長一丈徑五寸為一束。收料時亦以垛計。每垛長六丈寬一丈三尺。簷高一丈。脊高一丈五尺。有青料濕料枯料之別。新刈者為青料。未乾者為濕料。已乾為枯料也。以生於海灘者為特種。質堅而體亦長巨。清康熙時靳文襄以淮揚沿河涸出淤地八千餘頃。充作葦蕩。歲令河兵供葦一百八十萬束。張鵬翮又加三十萬束。並疊詔飭勸論沿河居民。廣種給獎。及飭內河隄岸一律栽種。固隄攩浪。鼓勵殆已不遺餘力。區區蒲葦一物。而效用至於如此之巨。相需至於如此之切。足見物無貴賤。惟其適用而已。

稭料

柳與葦均不易給。惟稭料隨處可集。取之不竭。故河工亦恃爲惟一要料。即有柳葦。亦須稭料鑲之。以其能塞空補隙。綿密無間也。稭料亦以束垛計。一如上條葦柴之制。青濕枯平勻扯算。每垛約以五萬斤爲準。青料有餘而枯料不足也。稭入水可以二年不腐。若乾積可以支一年。濕而不用。則三四月即已朽腐。故河工備料亦須有精密之計畫。否則百萬金錢。即可付之朽蠹也。當時尚有一種風習。遇河工緊要。而稭料不足。舊料已罄。新料尚未登場。即向民間購買未穫之秫稭。謂之採青。價既貴而不適用。且妨民食。然雖迭奉諭禁。迄不能免。以河工人員。喜遇特別情形。可以任意浮冒。不拘成格。然以稭料之多且普。而尚有不給之時。則費量之巨。亦殊可驚異矣。

稻草

亦工料之一。足以佐秫稭之用。每束長徑。一如秫稭之例。惟定以十斤爲率。因稻草可鬆可緊也。質性絲軟。可以塞空補隙。故雖有葦稭。亦不能不參用之。

檾麻

檾說文枲屬。正韻丘潁切。音頃。爾雅翼。檾高四五尺。或六七尺。葉似苧而薄。實爲大麻子。今人織以爲布。唐本草謂之蔄麻。一名白麻云云。即細韌之麻。所以用爲麻繩者。河工作埽普通皆用葦纜。其揪頭捆肚之繩。吃力稍重者。實非此不可。而合龍進占之事。動須數十百條。故在河工中。亦爲材料之一大宗。各地皆以上諭定價。每批購置。率至數十萬斤。其用途之廣可知。各料均由近地採購居多。惟此料必經商販。有承包攬買等事。爲弊尤鉅。

草

亦工料所必需者。以其塞堅補隙。比稭尤柔軟。易入也。故捲埽必先以草鋪底。與稻草同一功用。但生草之效用尤巨。沿隄坦陂。如能普出生草。可以不受河溜洗刷。而草根盤結。隄面益以堅固。此異常有益之事。但須得鋪地短矮纖密之草。而根莖厚密者爲佳。各地皆有特產。當留心察驗之。或收子播種。或起坯鋪植。可以擇宜而用。大都纖密之草。其根必盤結。若蓮蒿等長大之草。叢生既茂。易爲獾鼠窩穴。且根大腐朽即成水穴。非徒無益。而反滋害。斷不可用。

竹

瓠子宣防屢言及竹。淇園之竹以爲楗。似爲當時重要之物。而清會典詳敍工料。獨不及竹。想需用之處必少。殆北地產竹無多。乃不沿用耶。然詳細觀之。其中除纜以外。尚有許多椿橛等物。均可以代之以竹。若六楞障三楞障之類。間加以竹。其效用必勝於木。以其堅而能韌也。竊意河工材料。竹之爲用。大可推廣。姑錄之以備參酌。

雜料

除上列各物料外。其見於上論定價者。尚有生熟鐵石灰糯米煤炭等數種。亦係必須之物。石灰爲填砌壖之用。糯米熬汁澆灰。鐵以製錠鍋。煤炭以冶鐵者。雖爲數亦不少。似係連帶附及之物品。非河工正用之料。故不另列。

按以如此絕大之工程。而所需料目止於此數。亦可謂簡單矣。然爲物雖簡。而就其出入之總數觀之。則又可令人驚駭者。而其十之五六。皆費於作埽。以其逐年消費。正如掏雪填井。永無底止。當時因爲河員之利。故晚年埽工愈多。而耗費愈甚。河流改道以後。業以大減於往時。然直豫兩省。每年用埽。當復不少。河南自清季已倡廢埽之議。迄今益復盛行。然實際尚多沿習舊貫。以致局不定。當事者不數數然負責更改。恐以此而受指謫。如能公開討論。詳究得失。而試以實施。固亦改良進步之一大機會也。

器械

工欲善其事。必先利其器。以黃河如此絶大工程。計所需器械。當然應成一大類目。今試核實臚列。乃簡陋已甚。若以現在泰西工程比例。未免令人發噱。但亦經歷無數鉅工大險。祇特此區區器械以相應付。亦居然游刃有餘。並不感其不足。泰西之土木工程。機器林列。繪圖列說。充棟不足以盡紀。吾國向來只憑一畿爛繩尺。而飛樓畫棟連山架海。美術宏偉之建築。亦未嘗稍後於西人。以學識論不能不認爲吾國之幼稚。而就精神上論。亦不能不深歎吾國先民高矩形上道化。別有超豁象外之神奇。以後文明日進。一切鉅大工作。當然不能不借重西法機器。但高曾矩矱。亦未便妄自菲薄。遽作先進野人之誚。土鼓蕢桴揭其一二。亦所以示先代尚質之遺也。

鋤　掘土薙草之用。重而厚者。用以掘堅土。

鍤　插地起土之用。用之以鑿軟土。與鍬同。

鍬　同撅。起土入畚之用。

斧　斲削斫木之用。輕重大小利鈍。形式不一。兼可破堅土墩石。

刀　有鉤刀斫刀鐮刀劈刀等類。爲斫木刈草及一切宰割之用。

扁杖　肩挑之用。亦稱扁挑。或稱扁擔。其稍長大者爲扁樁。樁必連索。故亦幷稱樁索。樁以作擔。索以捆紮所擔之物也。

梯　升高之用。長短不一。以級數多少爲別。

鉤　有木有鐵。爲鉤懸各物之用。或繫之擔杖兩頭。以便挑取各物。

扒　亦作爬。或作杷。有齒内卷。有竹有木有鐵。質料形式不一。爲扒取土草及一切物事之用。

篩　篩石灰沙土之用。以竹製之。粗細大小不一。

絡　有繩製竹製藤製各種。用以絡石及一切重物。

槓　扛擡重物之用。

畚　盛土之用。以竹爲之。亦稱畚箕。

筐籮　盛土之用。大小形式不一。

杓　盛水之用。亦可以起稀土。形式大小不一。

夯硪　夯音壑上聲。北音作抗。用力舉物之義。硪音峨。平地堅實之用。豳風所謂九月築場圃者是也。河工以此爲要具。因仿其法而推廣之。取圓木或圓石一段。上下平面。於周圍紮附直檔持手木柄。或以繩帶軟物繫之。以數人對舉舂築隄土。大小形式不一。河工所用者最輕以七十斤爲一架。有至數百斤者。自兩人以上共持至十數人不等。

水車　戽水之用。南方之製稍巧。北方則尚用桔槔舊式。

搖車　所以絞成繩索者。各地名稱不一。南中亦稱索架。

以上實即普通家用之農具。移用於河工者。

繩尺　即墨綫曲尺。木石圬三工通用之。

鋸　斷木之用。大小不一。木工所用。

鑿　鑿孔破物之用。木石圬三工通用。闊狹大小不一。

鉋　敲動之具。木石兩工通用。圬工亦兼間用之。鐵工尤要。木質者通稱榔頭。大小不一。河工用處尤多。

鐻　刨木出細之具。木工所用。鐵工亦用之。其式不同。

鑽　鑽木之具。木工所用。鐵工亦間用之。

風箱　鐵工冶鐵所用。以扇爐起火者。古謂之槖籥。

爐　鐵工冶鐵所用。

鉗　鐵工所用。木工亦間用之。

絞車　即現時之起重機。木石圬三工通用。僅用軸木一根。巨纜一條。以交叉十字木二根爲一付。多者可以增至數十付。雖千萬斤之重物。可以自由左右。制極簡而用極巨。亦吾國古代之機器也。

舂石　即現時之壓重機。以纜繫巨石。高懸於上。沈之下墜。藉其壓力以爲用。敲壓各物。凡釘舂等事用之。各地名稱。亦復不一。

以上即木石圬冶四工所用之器具。移用於河工者。河工中四種工匠。皆所必需。故即以其所用之器械爲器械也。

營造尺　工部頒給。丈量工程材料之用。

弓步　工部頒給。丈量工程之用。

秤　稱物輕重之用。

鐵錐　長三四尺。上粗下鋭。上邊有兩耳如環。以便握手用力。爲收工驗土之用。

鐵壺　亦可用錫製。式如普通茶壺。有嘴以注水。亦爲收工驗土之用。

以上數物。亦係普通用具。而在河工中。則爲特別重要之需。故附列之。

鐵龍爪　宋時李公義所製。上見第四卷敍宋神宗熙寧中事。

揚泥車　同上。

濬川耙　同上。

混江龍　此爲浚河器具之最古者。其名義見於記載。實在李公義鐵龍爪之前。然明時總河吳桂芳奏言。臣於前輩文集中。見有混江龍之法云云。製法見第六卷開濬篇。是彼時已止存其說。並無其器矣。而劉天和問水集。又言宋人鐵龍爪。近時混江龍之法皆不可用。則是當時固實有此器。而且爲河工所經試用者。劉在吳前。前後相去不遠。同在河工之人。何以劉尚習見。而吳乃僅得諸前人之文集。似已成餘閒軼事。此可異也。又清康熙中。河督靳輔又言混江龍之製法。不可詳考。乃始仿其意而自造浚船。吳奏已由部下河工衙門。是明已通行。何以至清初幷製法均無可考。此又可異也。而乾隆十八年。又命舒赫德試驗混江龍及浚河船有無效用。二十一年。大學士陳世倌奏治河之具。本有杏葉扒鐵掃帚混江龍等器。又言混江龍排列鐵齒。長至尺許。墜以大石始能達底。白鐘山曾令廳員施用。頗有明效。劉統勛試之以爲無益云云。此皆在靳輔之後。則清時明明有此器矣。靳公何以獨未之見。此尤可異者也。先後百數十年間。忽而通行一時。忽而遺法俱失。區區一器之存亡隱現。反復乃至數四。無怪漢儒之考訂古器。往往互相歧異。至於聚訟也。蓋混江龍之名。固前後相承。而其製法則未必盡同。後者因有名稱。推其意而仿製之。不久旋又廢棄。後者又因而仿製。明時之混江龍。不必爲古時之混江龍。清之混江龍。又未必即明之混江龍。不過以堅木爲軸。其上著齒。大概規模。總不甚相遠耳。顧同屬一器。即使同一法式。而其間配置尺寸。稍有出入。即有適用不適用之區別。況法式亦未必果出一致。所以或言有用。或言無用。皆就其一時之所見以爲言。固未可據爲定評也。但無論如何。混江龍固不失爲浚河器具之椎輪大輅矣。

杏葉扒　明浚河器具。見前條。並見第六卷開浚篇。

杏葉杓　明浚河器具。見同前條。

平底方舟　明總河劉天和製。見同前條。

長柄鐵杷　明劉天和製。見同前條。

兜杓　明劉天和製。見同前條。

方杓　明劉天和製。見同前條。

以上皆明以前浚河器具。

浚河船　清靳輔製。見第六卷開浚篇。

犂船　清雍正中郎中鄂禮議製。見同前條。

翻泥車　清乾隆二十一年。大學士陳世倌奏製。見同前條。

鐵箆　清時謝某擬製。謂於舟後懸拔水板。曳鐵箆以助水攻沙。蓋仍仿靳公鐵帚之意。而改帚爲箆。形式稍不同也。其用意全在拔水板。因有板以拔水。則水分於兩旁。而流駛之力較巨。箆因承之以攻沙。但未行於時。亦無圖式可考。其製法莫能詳也。

因濬筏　清人胡發琅擬製。謂結木筏廣袤二十丈許。中列横閘。閘爲三足。每足高二尺。並著一犂。鎮以巨石而下。肆入淤而筏止。水受禁於閘。則怒而趨於足。淤去肆露。筏因更進。得淤又止。再露再進云云。殆因謝氏披水二字之議而發明者。另有詳說。附載後文雜法篇。私家著述。並未推行。故亦不能定其得失也。

柳船　蓋爲沿河運送柳料之用者。向來河工。置有浚河船若干隻。係在靳輔爲河督以前。尚未配用鐵帚。蓋普通之河船而已。如有大工需用不足時。則沿河封捉民船。自康熙十三年。始奉諭禁止。不准封捉。先將高堰歸公船數十隻。皆犯禁令沒收者。撥歸河工分配。迨文襄奏造浚船。其餘需用船隻。亦以次分別製造。因有運柳船運石船運葦船等等名目。其實仍是普通河船。不過因所載物料之輕重而略有區別耳。簡稱則爲柳船石船葦船。河工各處。皆有定額。時增時減。平均殆不下三千餘隻。要亦河工用具之一大部也。

石船　見前條。

葦船　見前條。

堡船　清乾隆年間諭製。見第六卷工程開浚篇。

刮板　見同前條。

鐵谷　見同前條。

捱牌板　見同前條。

撈沙布袋　見同前條。

竹筐　見同前條。

鐵口刮泥板　清光緒年間諭製見同前條。

大鍬　見同前條。

運土車　清嘉慶七年。諭永定河工製單輪土車一千輛。每輛價銀一兩云云。自靳文襄發明土用夫運不如車運。特製土車。復漸通行於各工。因有此諭。

以上皆清浚河器具。柳梢石船葦船大半從浚河改製。惟運土車不專爲浚河之用。然浚河亦必需用之。故并列於後。

西洋浚河機器輪船　泰西浚河機器。其作用當與混江龍浚河船相類。不過能以機器運動不假人力。機件配合。長短尺寸。皆有科學知識。較吾國以上各器。當然周密。前清道光時。已有人倡議。侈陳其效。然亦皆得之耳聞。彼時。守舊之習甚重。當事者皆不願嘗試也。咸同後。已漸行至中國。吳淞江口曾經試用。但河務尚未敢議及。直至光緒末年。李鴻章在直隸曾試購兩輪。於大沽海口試驗。其後竟未成交。以後山東方面。亦屢議用。而詆非者衆。終於不果。現在吳淞江口。已置有機輪數艘。常川巡游疏浚。惟均由西人主持。吾國向未過問。故實在效用如何。殊不明瞭。惟其效力之大小。及用於黃河海口。是否相宜。則固有研究之餘地耳。

滑船　民國十二年。河南河務局因修河事宜。請示於巡閱使吳佩孚。旋奉批飭購置滑船二艘。如法疏浚云云。河務局長不知何爲滑船。具陳請示。吳亦不能置答。蓋意中實指挖河之機輪。不能指其名稱。則姑率造名字以應之。一經請示。故遲指滑船爲機輪。又覺太無根據。故祇能置之不答。河務局亦未嘗不明其意。因機輪每艘需二萬元。兩艘四萬。而定款只有萬元。故佯爲不知以相抵塞。文內却列有機輪價目。吳若指明機輪。必須更撥三萬之款。以此只得糊塗了結。亦河工中之一趣聞也。

按前清道光中。河督麟慶撰河工器具圖四卷。分宣防修濬搶護儲備四門。爲圖一百三十有三幀。計爲器二百五十有四種。亦可謂浩博矣。然詳細分按。大半以一器之樣式。而逐一分別之、如同一硪也。而區爲若干名目。同一榔頭也。而分爲若干用途。其所稱重要者。如蒲包麻袋簑桌高凳大秤牌架等等。則皆普通用具。並不能指爲河工器械也。孟子言一人之身。百工之所爲備。河工自總河。以至兵夫。人以萬計。人類所需。何一不備。既類敍及於桌凳。則自杯盤碗筷。以至冠履衣襪。何一不當列入。故鄙意祇能以工用所必需。及最初通行之器爲限。如同是一器。因其使用之目的。而分別大小形式資料。不論化爲十百千萬。祇可謂之一器。且此皆工械製成之物。尚不能遽列之器械也。觀本編前幅臚列各器。河工正用之件。殆無一非農工日用常具。我國工具極簡單。百工所需。十九仍資用於農具。而河工又即資用於農工所用工具。億萬之鉅工。數千年之歷史。未嘗發明一種器械。此亦可謂太無進步矣。浚河之法。頗爲繁賾。因浚之之難。乃不得不窮極思巧以求適用。困心衡慮而後智慧生焉。然始終未能出於混江龍之範圍。於以歎吾國科學知識之幼稚。而能以極簡單之器物。成極鉅大之工程。守約而施博。其魄力又大可驚異也。

雜法

按關於歷代治河方法。除前文分類敍述外。其間尚有可採之事實言論。而一鱗半爪。無類可歸。因撮要備錄於此。以備省覽。

田延年請開河出胡中　漢武帝元鼎間。齊人延年上書。言河出崑崙。經中國注渤海。其地勢東北高而西南下也。可按圖書。觀地形。令水工準其高下。開大河上嶺。出之胡中。東注之海。如此則關東長無水災。北邊不憂匈奴。此功一成。萬世永利。書奏。上壯之。報曰。延年計議甚深。然河乃大禹之所導也。聖人作事。通於神明。恐難更改。

按自來論河事者甚多。不可殫錄。惟此論最爲奇闢。以漢武之雄略。心韙其說。而迄不敢置議。後人更無敢論及之者矣。然其事固大可研究也。故節敍於此。

汛候　前清順治初年。核定黃河防守之法。沿河各地。本皆設有誌樁。每歲立春後。東風解凍。須候河水初至之第一次。量水一寸。則夏秋當至一尺。頗爲信驗。所以謂之信水。自清明節閏後二十日爲桃汛。自桃信後至立秋前後爲伏汛。自立秋至霜降節爲秋汛。統稱謂之三汛。防守之法。以此三汛爲最要。汛到之際。各汛官弁。責成河夫堡夫加緊分防。每里設立窩鋪。各標旂編立字號。夜則懸鐙鳴金。以備搶護。晝則督率兵夫。搬土牛小埽以資應用。遇有刷損。隨刷隨補。夜立五更牌。分發南北兩岸。挨更傳遞。如按時未到。立即查明咎究。遇風雨各備蓑守候。至三汛以外。謂之客汛。十月謂之復槽汛。十一二月爲冰凌汛。只令兵夫照常巡守。不復如此嚴重矣。

保固　前清定制。凡承辦工程人員。均定有保固期限。黃河一年以內。革職賠修。修完開復。三年以內。革職督修而免賠。亦修完開復。復又定完工後經河督驗修題奏完固者。失事後承修官與督修官共賠十分之四。其六成仍准開支錢糧。其有特別情事者亦然。如經河督題奏者。則河督亦同受處分。承修官革職。督修官降級。如河道爲督修官。則河督處分又減一等。先定保固限內承修官已經升遷去職者。則由防修官負責。後又定保固期限限內。不得更調離職。所有章程。時輕時重。亦復屢有改革。大工潰決。屢有全體攤賠之事。其實數十百萬。何從賠起。亦大半有名無實。過幾年追繳一次。結果歸於豁免。實則朝廷亦明知之。表面上不能揭破。祇有自欺自飾而已。後來河工已有積儲公款。凡遇賠修之案。則就此開支。因此種處分人人皆所不免。河督河道遇有賠案。尤必須攤及。故無不贊成也。然亦不肯如數賠清。急則繳幾分。時過又復延宕。因有此等關係。故一任河督已入圈阱之中。積弊日深。更無法整理也。

水誌　前清康熙年間。定有報水條例。在上游立有誌椿。測量水誌。一遇黃河水漲。即由寧夏長官用六百里排單飛報。江南沿河一體戒備。雍正後殆已中廢。乾隆三十年。河督李宏奏請於陝州三門設立水誌。如法具報。謂黃河衆水匯歸之處多在三門以下。同時並於木欒店之龍王廟設立水誌。以報沁河之水。後來不知何時。黃河水誌。乃移設於三門上三十里之萬錦灘。自是萬錦灘之水誌已成河工唯一典實。然莫能明其所由始。自今數十年以前。老於河工人員。已莫有能言之者。徧查檔案。亦不可得。徵之府縣地志。且并無萬錦灘之地名。亦可異也。先後不及百年。文獻墜軼。已至如此。足見古來史乘。徵實至爲不易。清季吳重熹任南河巡按。又復重整一次。改用電報。自然更爲便利。現尚沿襲未廢。惟地形水道。時有變遷。必須隨時整理。方有準據。萬錦灘之水誌。距設立已閱百年。長落尺寸。安能復準。不過略知長水大小。告朔餼羊。聊勝於無耳。

竹落　向來沿河尚有一種水誌。專爲便民而設。設在河壩處所。其水誌尺寸。刻有一定。在定限以上。準民間引水灌溉。一至定限。即當封閉。因欲蓄河水以濟運也。而定例五月一日則不論水勢上下。並當封閉。而是時農田正在需水之際。頗感不便。康熙時曾命於壩口以竹落石封塞。既循舊例以重漕運。

亦分潤以溉田。蓋水勢不至暴洩。而由石落中可以涓涓不息。亦不至於涸絶。固兩便之一法。將來如整頓水利。有時欲得節宣並當之成規。固亦可備一重掌故也。

水則碑　宋時各處均立有水則碑。將附近地勢高下。一律比較測準。再行擇地設碑。上刻水則。視碑上水至第幾則。則附近數十百里間。某某等處均有水。更上至第幾則。則某某等處。一同有水。每逢水災年分。地方官亦以此碑爲準。而受災輕重。完全可以明白。絲毫不致出入。又可以測知河水極大年分。至第幾則爲止。則一切建築防水工具。皆有一定依據。實爲推測水利水患之惟一妙法。事並不費。而收效甚巨。東南水利略載江蘇吳縣垂虹亭。舊有宋徽宗宣和二年所立水則碑二座。分左右豎立。左碑橫刻七道。以最下爲第一則。至第七則爲止。第一則爲水平綫。水至一則。附近民田均無恙。至第二則。最低之田受淹。第三則。次低之田受淹。以次而至第七則。合境高下。悉在水中矣。水至之處。即就碑上刻字曰。某年水至此。以後各鄉報災。即以此爲準。地方官可毋須勘驗也。右一碑分上下兩截。每截又分兩層。上層分爲六格。每格當一月。自正月至六月。下層則每格復分三格。以當三旬。下截亦然。共爲十二月。三十六旬。以記每旬之漲落。此似於治河無大關係。而將來修治水利。則頗足取法。特將誌椿之法。升識於此。以備參覽。碑式如左。

左碑

七則	元至元二十四年水到此
六則	宋淳熙三年水到此
五則	
四則	
三則	
二則	
一則	

右碑

正月	二月	三月	四月	五月	六月
上旬 中旬 下旬	上旬 中旬 下旬	上旬 中旬 下旬	上旬 中旬 下旬	上旬 中旬 下旬	上旬 中旬 下旬
七月	八月	九月	十月	十一月	十二月
上旬 中旬 下旬	上旬 中旬 下旬	上旬 中旬 下旬	上旬 中旬 下旬	上旬 中旬 下旬	上旬 中旬 下旬

此碑明正德五年尚在。碑字如舊。因是年水至六則。城中街道已悉有水。視碑恰與宋淳熙相等。知元至元之水。猶大於此也。過後即無人注意。但清道光間此碑尚在。惟字迹已不可見。上有減水則例四字。亦後人所刊也。相傳係因當時水患頗多。過有報災。胥吏訛索至重。因有人奏請作此。洵如此說。則

尤不可少矣。

羊報　舊見張九鉞賦羊報行。載黃河羊報事。謂黃河報水。關係極重。甘肅皋蘭城西。有鐵索船橋。橫亘黃河兩岸。上立鐵柱。刻尺寸以測水痕。河水高鐵痕一寸。則中州水高一丈。而發水時文報往往不通。因特設有羊報。以通警訊。法用極大綿羊。刳取全皮。仍復縫紉周密。而空其中。外加以油漆。使水不能入。每年上游水發。則以壯夫一人。食不飢丸。縛羊背上。手持竹竿一具。腰插水籤無數。以木牌書明水勢。註明時刻。即推之水中。順流而下。瞬息千里。至河南境。沿塗抽水籤緣溜擲放。各要站均有河兵操船守候。一見水籤。即撈取飛報。至江南。即有營弁飛舟迎迓。挾之登岸。赴河官衙門。一面解縛。立給五十兩元寶一錠。各汛爭款以酒食。贈送無算。從容用車船送歸。三月始達云云。當時疑近小說之談。洎復游包頭。親見跨羊皮者渡水往來如飛。始信羊報行之有據。蓋此種鳧水之法。在甘綏各處。爲水上生活之常事。謂之渾脫。或言元世祖之革囊。亦即此物。生性所習。不足爲異。然亦足見當時視河事之重要矣。

石罐　近見豫河志載豫省石罐之法。爲沿河人民便於灌溉起見。准於相當河隄隄岸。設置石罐。法以一尺五寸見方青石。計長一尺二寸。中鑿徑四寸圓孔。從地底安入河中。用石罐逐段以雌雄筍互相銜接。於岸上離隄若干丈尺。用石砌成一水櫃。河水由石罐引入櫃中。平時以四寸相當圓石作筍。將水口閉塞。屆時啓用。則河水穿罐而出。滿貯櫃中。更用石罐引至他所。每一水櫃。可以灌田若干畝。立有啓閉定法。安設時須得河務局之允許。惟石罐河內水口。並須向逆水。云云。此法爲前局長陳善同所創。費省於涵洞。而更爲穩固。如能推廣設立。固亦一良法也。

捕獾鼠　河隄最忌獾鼠作穴。平時本來無水。而土性鬆軟溫厚。故野獸每喜在隄中作穴。洞口甚小。不易察見。而洞内搜空可容數石之壑。一遇汎漲。河溜倒灌而入。回旋洗盪。愈冲愈大。甚至引溜傾注隄身立至崩潰。而獸類之中。尤以獾鼠兩種爲多。獾似鼠而大。爾雅疏。狼之牡者曰獾。牝者曰狼。然似不甚相符。說文獾野狗。謂蜀人稱之爲天狗。本草有豬獾狗獾兩種。亦似不類。正字通言遼東有海獾。其皮可爲裘領云云。或者近之。以其爲海獸之類。故好近水而居也。其穴口必在叢草茂密之中。如平時留意。必有出入之迹。洞深頗不易掘。用熱草熏燙。必自洞口躍出。可以守而捕之。鼠亦可熏。俟其出洞。以鐵籤籤之。百不失一。或言於向風之處。爲之開一洞口。彼即迎風而出。又土人作有一種地弓。以之捕鼠。亦極便利云云。此極細事。而爲害甚巨。故不可不注意。清時並曾見之詔令。此種獸窟率在無人僻靜之處。若沿隄有人守護巡視。見有長大之草。不宜於河隄者。即拔去之。無草掩護。自不至於作穴。近山東於黃河隄岸。皆作爲汽車路。此法極妙。就隄作路。現成不假填砌。固是極便之事。而隄上常川有車馬行走震動。獸穴即自然他徙。此實無形便利之一事也。

虞城生員獻策　萬恭治水筌蹄。言治河無善法。混江龍平底舟皆不足用。上疏則下積。此深則彼淤。萬不能以人力勝黃河。虞城生員爲予獻策。言以人治河。不如以河治河。夫河性急。借其性而役其力。則可淺可深。治在吾掌耳。法曰。如欲深北。則南其隄。而北自深。如欲深南。則北其隄。而南自深。如欲深中。則南北隄兩束之。衝中堅焉。而中自深。此假其性以役其力。功當萬倍於人。又其始也。借隄以使河之深。其終也。河深而任隄之毀。余曰此深河之計也。如欲淺河以爲洲若何。曰反用之耳。其法爲之固隄。令漲可得而踰也。漲衝之不去。而又踰其頂。漲落則隄復障急流。使之別出。而隄外水皆緩。固隄之外。

悉爲淤洲矣。余試之爲荼城之洲。爲徐邳之河。無弗效者。故曰以人治人。以事處事。以將選將。以兵練兵。

按此數語似說得極平易。而其實固有至理。漢時言左隄强則右隄弱。右隄强則左隄妨。左右俱强。則上下妨。亦即此理。其所謂隄。實則指壩而言。隄北隄南。即挑水壩之法。南北兩隄。即八字對壩之法也。壩作於水中。故可以使之踰頂。隄則無令踰頂之理也。能得其妙。只此數語。治河之法已足。不過神而明之。固存乎其人耳。因其簡明精粹。特升節錄於此。

凡水勢移徙横注。岸如刺毀。謂之劄岸。漲溢踰防。謂之抹岸。埽岸故朽。潛流激其下。謂之塌岸。浪勢旋激。岸土上潰。謂之淪捲。水侵岸逆漲。謂之上展。順漲謂之下展。或水乍落。直流之中。忽屈曲横射。謂之經窗水。水猛驟移。其將澄處。望之明白。謂之拽白。亦謂之明灘。湍怒略渟。勢稍汨起。行舟値之多溺。謂之薦浪水。水退淤澱。夏則膠土肥腴。秋初則黄滅土。頗爲疏壤。深秋則白滅土。霜降後皆沙也。舊制歲虞河決。有司常以孟秋預備調塞之物。稍芟薪柴楗橛竹石茭索。凡千餘萬。謂之春料。詔下瀕河諸州所產之地。仍遣使會同河渠官吏。乘農隙率丁夫水工。收采備用。凡伐蘆荻謂之芟。伐山木榆柳枝葉謂之稍。辮竹糾芟爲索。以竹爲巨索。長十丈至百丈有數等。先擇寛平之所爲埽場。埽之制。密布芟索。鋪稍。稍芟相重。壓之以土。雜以碎石。以巨竹索横貫其中。謂之心索。卷而束之。復以大芟索繫其端。別以竹索自内旁出。其高至數丈。其長倍之。凡用丁夫數百或千人。雜唱齊挽。積置於卑薄之處。謂之埽岸。既下。以橛臬閡之。復以長木貫之。其竹索皆埋巨木於岸以維之。遇河之横決。則復增之。以補其缺。凡埽下非積數叠。亦不能過其迅湍。又有馬頭鋸牙木岸者。以蹙水勢護隄焉。凡緣河諸州。孟州有河南北二埽。開封府有陽武埽。

滑州有韓房二村憑管石堰州西魚池迎陽凡七埽。通利軍有齊賈蘇村凡二埽。澶州有濮陽大韓大吳商胡王楚橫隴曹村依仁大北岡孫陳固明公王八凡十三埽。大名府有孫杜侯村二埽。濮州有任村東南西北凡四埽。鄆州有博陵張秋關山子路王陵竹口凡六埽。齊州有采金山史家渦二埽。濱州有平河安定二埽。棣州有聶家梭堤鋸牙陽城四埽。所費皆有司歲計而無闕焉。

按此爲宋代河工之習慣法。非經法令規定。而歷久相沿。自然成一種通行慣例者也。自河防一覽。爲之綜括成篇。因是河工諸書。舉皆奉爲祖典。篇首尚有汎候名稱一段。因清順治初規定沿用。一仍其舊。列入會典。已於名詞篇內分列。故刪節之。其敍捲埽之法。尚在至正河防記之先。但不及其詳贍。至汎候以外。則一切名詞。已悉與近時通用者不同。無形之蛻嬗。蓋有莫之爲而爲者。此亦人事更化之見象。因革相仍。即此細故。可以悟其大者也。

歐陽玄至正河防記

記曰。治河一也。有疏有濬有塞。三者異焉。釃河之流。因而導之。謂之疏。去河之淤因而深之。謂之濬。抑河之暴。因而扼之。謂之塞。疏濬之別有四。曰生地。曰故道。曰河身。曰減水河。生地有直有紆。因直而鑿之。可就故道。故道有高有卑。高者平之以趨卑。高相就則高不壅。卑不瀦。慮夫壅生潰。瀦生堙也。河身者。水雖通行。身有廣狹。狹難受水。水益悍。故狹者以計闢之。廣難爲岸。岸善崩。故廣者以計禦之。減水河者。水放曠則以制其狂。水隳突則以殺其怒。治堤一也。有創築修築補築之名。有刺水堤。有截河堤。有護岸堤。有縷水堤。有石船堤。治埽一也。有岸埽水埽。有龍尾攔頭馬頭等埽。其爲埽臺及推捲牽制薶掛之法。有用土用石用鐵用草用木用杙用絙之方。塞河一也。有缺口。有豁口。有龍口。缺口者已成川。豁口者舊常爲水所豁。水退則口下於堤。水漲則溢出於口。龍口者水之所會。

自新河入故道之淥也。此外不能悉書。因其用工之次第。而就述於其下焉。其濬故道深廣不等。通長二百八十里。百五十四步而强。工始白、白茅。長百八十二里。繼自黃陵岡至南白茅。闢生地十里。南白茅至劉莊村。接入故道十里。劉莊至專固。百有二里二百八十步。專固至黃固。墾地八里。黃固至哈只口。長五十一里八十步。乃濬凹里減水河。通長九十八里百五十四步。凹里村缺河口生地。長三里四十步。凹里生地以下。舊河身至張贊店。長八十二里五十四步。張贊店至楊清村。接入故道。墾生地十有三里六十步。其塞專固缺口。修隄三重。并補築凹里減水河南岸豁口。通長二十里三百十有七步。其築河口前第一重西隄。南北長三百三十步。樹置椿橛。實以土牛草葦雜梢相兼。隄前至龍尾大埽。言龍尾者。伐大樹。連梢繫之隄旁。隨水上下。以破嚙岸浪者也。築第二重正隄。並補兩端舊隄。通長十有一里三百步。缺口正隄長四里。兩隄相接。舊隄置椿堵閉河身長百四十五步。用土牛草葦梢土相兼修築。其岸上土工修築者長三百二里十五步有奇。補築舊隄者長七里三百步。築第三重東後隄。并接修舊隄。高廣不等。通長八里。補築凹里減水河南岸豁口四處。置椿木草土相兼。長四十七步。於是隄塞黃陵全河。水中及岸上修隄長三十六里百三十六步。其修大隄刺水者二。長十有四里七十步。其西復作大隄刺水者一。長十有二里百三十步。內創築岸上土堰。西北起李八宅西隄。東南至舊河岸。長十里百五十步。仍築舊河岸至入水隄。長四百三十步。接修入水。兩岸埽隄並行。築西埽者夏人。水工徵自靈武。作東埽者漢人。水工徵自近畿。其法以竹絡實以小石。每埽不等。以蒲葦綿腰索徑寸許者從鋪。廣可一二十步。長可二三十步。又以曳埽索綯徑三寸或四寸。長二百餘尺者衡鋪之。相間復以竹葦麻檾大繂。長三百尺者爲管心索。就繫綿腰索之端。於其上以草數千束。多至萬餘。勻布厚鋪於綿腰索之上。槖而納之。丁夫數千。以足踏實。推捲稍高。即以水工二人立其上而號於衆。衆聲力舉。用大小推梯推捲成埽。高下長短不等。大者高二丈。小者不下丈餘。又用大索或互爲腰索。轉致河濱。選健丁操管心索。順埽臺立踏。或挂之臺中鐵貓大橛之上。以漸縋之下水。埽後掘地爲渠。陷管心索渠中。以散草厚覆。築之以土。其上復以土牛雜草小埽稍土。多寡厚薄。先後隨宜。修疊爲埽臺。務使牽制上下。縝密堅壯。互爲犄角。埽不搖動。曰力不足。火以繼之。積累既畢。復施前法。捲埽以壓先下之埽。量水淺深。製埽厚薄。疊之多至四埽爲止。兩埽之間置竹絡。高二丈或三丈。圍四丈五尺。實以小石。土牛既滿。繫以竹纜。其兩旁並埽密下大樁。就以竹絡上大竹腰索繫於樁上。東西兩埽及其中竹絡之上。以草土等物築爲埽臺。約長五十步或百步。再下埽。即以竹索或麻索長八百尺或五百尺者一二。雜廁其餘管心埽之間。候埽入水之後。其餘管心索如前薶挂。隨以管心長索。遠置五七十步之外。或鐵貓或大樁曳而繫之。通管束累日所下之埽。再以草土等物通修成隄。又以龍尾大埽密挂於護隄大樁。分析水勢。其隄長二百七十步。其截河大隄。高廣不等。長十有九里百七十七步。其在黃陵北岸者。長十里四十一步。築岸上土隄。西北起東西故道。東南至河口。長七里七十七步。接修入水。如前兩隄法。惟修疊埽臺。增用白攔小石。并埽上及前洊修埽隄一。長百餘步。直抵龍口。稍北攔頭三埽並行。埽大隄廣與剌水三隄不同。通前列四埽。間以竹絡。成一大隄。長二百八十步。並創築縷水橫隄一。東起北截河大隄。西抵西剌水大隄。又一隄。東起中剌水大隄。西抵西剌水大隄。通長二里四十二步。修黃陵南岸。長九里百六十步。內創岸土隄。東北起新補白茅故隄。西南至舊河口。高廣不等。長八里三百五十步。乃入水作石船大隄。蓋由是秋八月二十九日乙巳。道故河流。先所修北岸西中剌水。

及截河三隄猶短。約水尚少。力未足恃。決河勢大。南北廣四百餘步。中流深三丈餘。益以秋漲。水多故
河十分之八。兩河爭流。近故河口。水刷岸北行。洄漩湍激。難以下埽。且埽行或遲。恐水勢湧入決河。因
淤故河。前功遂隳。魯乃精思障水入故河之方。以九月七日癸丑。逆流排大船二十七艘。前後連以大
桅或長椿。用大麻索竹絙絞縛。綴爲方舟。又用大麻索竹絙周船身繳繞上下。令牢不可破。乃以鐵貓
於上流碇之水中。又以竹絙絶長七八百尺者。繫兩岸大橛上。每絙或碇二舟或三舟。使不得下。船中
復略鋪散草。滿貯小石。以合子板釘合之。復以埽密布合子板上。或二重。或三重。以大麻索縛之。繫腹
横木三道於頭桅。皆以索維之。用竹編笆。夾以草石。立之桅前。約長丈餘。名曰水簾桅。復以木榰柱。使
簾不偃仆。然後選水工便捷者。每船各二人。執斧鑿立船首尾。岸上槌鼓爲號。鳴鼓一時齊鑿。須臾舟
穴。水入舟沈。遏決河。水怒溢。故河水暴增。即重樹水簾。令後復布小埽土牛白閫長梢。雜以草土等物。
隨宜填垛以繼之。石船下諸實地出水。基趾漸高。復卷大埽以壓之。前船勢略定。尋用前法。沈餘船以
竟後功。昏曉百刻。役夫分番甚勞。無可間斷。船隄之後。草埽三道。一時並舉。中置石絡盛石並埽。置椿
繫纜。四埽及絡。一如修北截水隄之法。第以中流水深數丈。用物之多。施工之大。數倍他隄。船隄距北
岸纔四五十步。勢迫東河流峻。若自天降。深淺叵測。於是先卷下大埽約高二丈者。或四或五。始出水
面。修至河口一二十步。用功尤難。薄龍口。喧豗猛疾。勢撼埽基。陷裂欹傾。俄遠故所。觀者股弁。衆議沸
騰。以爲難合。然勢不容已。魯神色不動。機解捷出。進官吏工徒十餘萬人。日加奬諭。辭旨懇摯。衆皆感
激趂工。十一月十一日丁巳。龍口遂合。決河絶流。故道復通。又於隄前通卷攔頭埽各一道。多者或三
或四。前埽出水。管心大索。繫小埽碇。後攔頭埽之後。後埽管心大索。亦繫小埽碇前攔頭埽之前。後先

羈縻。以錮其勢。又於所交索上及兩埽之間。壓以小石白闆土。牛草土相半。薄厚多寡。相勢措置。埽隄之後。自南岸復治一隄。抵已閉之龍口。長二百七十步。船隄四道成隄。用農家場圃之具曰轆軸者。穴石立木。如比櫛。貆前埽之旁。每步置一轆軸。以橫木貫其後。又穴石以徑二寸餘麻索貫之。繫橫木上。密挂龍尾大埽。使夏秋潦水。冬春凌澌。不得肆力於岸。此隄接北截河大隄。長二百七十步。仍治南岸護埽隄一道。通長百三十步。南岸護岸馬頭埽三道。通長九十五步。修築北岸隄防。高廣不等。通長二百五十四里七十一步。白茅河口至板城。補築舊隄。長二十五里二百八十五步。曹州板城至英賢村等處。高廣不等。長一百三十三里二百步。稍岡至碭山縣。增培舊隄。長八十五里二十步。歸德府哈只口至徐州路三百餘里。修完缺口一百七處。廣高不等。積修計三里二百五十六步。亦思剌店縷水月隄。高廣不等。長六里三十步。其用物。凡椿木大者二萬七千。榆柳雜梢六十六萬六千。帶梢連根株者三千六百。藁秸蒲葦雜草。以束計者七百三十三萬五千有奇。竹竿六十二萬五千。葦席十有七萬二千。小石二十艘。繩索大小不等五萬七千。所沈大船百有二十。鐵纜三十有二。鐵錨三百三十有四。竹筏以斤計者千有五萬。硾石三千塊。鐵鑽萬四千二百有奇。大釘三萬三千二百三十有二。其餘若水龍篾椽木麥秸扶椿鐵叉鐵吊枝麻搭火鉤汲水貯水等具。皆有成數。官吏俸給。軍民衣糧。工錢醫藥。祭祀賑恤。驛置馬乘。及運竹木沈船渡船下椿等工。鐵石竹木索繩等匠傭貲。兼以和買民地為河。併應用雜物等價。通計中統鈔百八十四萬五千六百三十六錠有奇。魯嘗有言。水工之功。視土工之工為難。中流之工。視河濱之工為難。決河口視中流又難。北岸之工。視南岸為難。用物之效。草雖至柔。柔能狎水。水漬之生泥。泥與草并。力重如硾。然維持夾輔。纜索之功實多。蓋由魯昔知河事。故其功之所訖如此。

按賈魯治河功成後。玄奉旨撰碑紀績。因思自來河工撰述皆侈陳功效。而不記其施工之法。使後人無所考證。乃悉心考察。並就魯及在工人員。譔細諮訪。下至河夫兵卒。均加延接。逐一記錄。乃綜核條貫。撰爲此文。詞義古奧而事理簡明。洵屬古今河事之第一傑作。以故自來治河書籍。無不甄錄。其敍石船大隄一段。爲全篇精華所聚。寫景寫情。有聲有色。令讀者如置身萬喧厖中。驚駭股慄。耳聾而目眩也。賈魯之作此河。平情而論。實未免於冒昧急功。惟其才足以副之。故遂能排萬難而收成效。其得力全在篇中所傳神色不動四字。當此等險象環生。成敗呼吸之際。苟主事者心神一餒。萬衆即因而解體。妙能以靜鎮之。一心不動。則數十萬人之心皆不動矣。故幹運大事。固須有識。必須有膽。然膽生於識。知之切而信之真。灼見其事之必成。如何變則如何應。皆已胸有成竹。然後乃能歷艱危盤錯而不亂。有魯之才。更得歐陽公之文以傳之。固後世主河事者之絕好成範矣。篇中於所作隄河高下廣狹。均有丈尺。因過於繁累。故節去之。在當時固爲必要。在現時則無關宏旨。去其蕪葉。正所以存其精液也。宋時隄與壩尚多渾稱。其所謂刺水隄者。蓋即後世之挑水壩。不可不知。

劉天和六柳說

按河隄種柳。既可以護河隄。亦可以備材料。爲益至巨。自唐時已有詔令沿河遍植榆柳。歷代皆視爲河工要務。而前清獎勵督責之法。尤極周密。沿河官民。至可以植柳多寡。分別給予議敍官銜升賞。官則列入考成。種不如數。記過降黜。故一時成效大著。河隄埽料。莫善於柳。而倉猝頗不易得。因此時有勒派人民供納。及任意採伐民間榆柳之事。天和乃創爲此法。可以就地取材。便而且速。故治河諸書。無不甄採奉爲圭臬。故并錄於此。如欲固護隄工。實必要之良法也。余行中州。歷觀隄岸。絕無極堅者。且附隄少盤結繁密之草。與南方大異。爲之憂慮。乃審思備詢。而施植柳六法。

一曰臥柳　凡春初築隄。每用土一層。即於隄内外邊厢。各橫鋪如錢如指柳枝一層。每一小尺許一枝。毋太稀踈。土内橫鋪二小尺餘。土面只留二小寸。毋過長。自隄根直栽至頂。不許間少。

二曰低柳　凡舊隄及新隄。不係栽柳時月修築者。俱候春初。用小引橛。於隄内外自根至頂。俱栽柳如錢如指大者。縱橫各一小尺許即栽一株。亦入土二小尺許。土面亦只留二小寸。

三曰編柳　凡近河數里去處。不分新舊隄岸。俱用柳椿如雞子大四小尺長者。用引橛先從柳根密栽一層。六七寸一株。入土三小尺。土面留一尺許。却將小柳臥栽一層。亦内留二尺。外留二三寸。却用柳條將柳椿編高五寸。如編籬法。内用土築實平滿。又臥栽小柳一層。又用柳條編高五寸。於内用土築實平滿。如此二次。即與先栽一尺柳椿平矣。却於上退四五寸。仍用引橛密栽柳椿一層。亦栽卧柳編柳。亦用土築實平滿。如隄高一丈。則依此栽十層即平矣。以上三法。皆專爲固護隄岸。蓋將來内則根株固結。外則枝葉綢繆。名爲活龍尾埽。雖風浪衝激。可保無虞。而枝柳之利。亦不可勝用矣。北方雨少草稀。歷閱舊隄。有築已數年。而草猶未茂者。切不可輕忽。

四曰深柳　前三法只可護隄以防漲溢之水。如倒岸衝隄之水。亦難矣。凡近河及河勢將衝之處。隄岸雖遠。俱宜急栽深柳。將所造長四尺長八尺長一丈二尺等鐵裹引橛。自短而長。以次釘穴。俾深然後斬勤直帶梢柳枝。如根梢俱大者爲上。否則不拘大小。惟取長直。但下如雞子。上儘枝梢。長如式者。皆可用。連皮栽入。即用稀泥灌滿穴道。毋令搖動。上儘枝梢。或數枝全留。切不可單少。其出土長短不拘。然亦須二三尺以上。每縱橫五尺。即栽一株。仍視河勢緩急。多栽則十餘層。少則四五層。數年之後。下則根株固結。入土愈深。上則枝梢長茂。將來河水衝齧。亦可障禦。或因之外編巨柳長樁。內實梢草埽土。不猶愈於臨水下埽。以繩繫岸。以樁釘土。隨下隨衝。勞費無極者耶。

五曰漫柳　凡坡水漫流之處。難以築隄。惟沿河兩岸。密栽低小檉柳數十層。俗名隨河柳。不畏淹沒。每遇水漲。既退則泥沙委積。即可高尺餘或數寸許。隨淤隨漲。每年數次。數年之後。不假人力。自成巨隄。如沿河居民。各分地界。築一二尺餘縷水小隄。上栽檉柳。尤易淤積成高。一二年間。隄內即可種麥。用工甚省。而爲效甚大。黃河用之。尤爲得力。

六曰高柳　照常於隄內外用高大柳樁成行栽植。不可稀少。黃河用之。運河則於隄面栽植。以便牽挽。

胡發琅因濬筏說。

按因濬筏之說。已見本卷前文器械篇。茲附其所詳製法於此。

利天下者莫妙於因。欲治海口之淤。宜在截水空其下。因水之下趨而攻沙。因潮汐之往來而以次深刷。其法結木筏。廣袤二十丈許。中列橫閘。閘廣丈尺高下。視所欲浚之數。閘爲三足。足高二尺。著一犂鎮巨石而下之。犂入淤而筏止。水禁於閘。則怒而趨於足。淤去犂露而筏進。得淤又止。犂露又進。久淤堅結不易攻者。犂以漸進之力耕之。而水乘其隙。左右閘斜行如翼以受水。而禁其旁注。潮至起閘隨之。上欲止欲左右以椗。由淺及深。由下而上。以次遞刷。數十里置一筏。分地而謀其功。以此視人力所及。吾知費不什一。而功相千百也。昔謝氏欲令舟尾懸拔水板。曳鐵篦助水攻沙。其意良美。然以數尺之板障水。水必旁趨。且鐵篦滯於數丈之下。板障於數丈之上。篦欲止而板欲前。無以使之相持以爲固。板必折。舟必危。而又欲以治潮汐不及之河。而乘風以上。則亦當知其難矣。由前之說。河之淤免於上。由後之說。河之淤免於下。雖歲修未能盡去。生民昏墊之憂。堵塞不貲之費。於人事言之。庶幾其衰息乎。

附因濬圖說

一因濬之制。結木爲筏。中筏爲閘。旁斜向後爲翼閘。閘爲三足。足著一犁。閘底懸長石。前筏綴索上拖閘頭。蹄後筏。後筏設挽軸挽之。謂之面索。閘底綴索。一端懸後筏。後筏亦設挽軸挽之。謂之底索。

一因濬之用。橫閘以障水之直趨。翼閘以束水之旁注。犁以止筏之行而激水。亦以破久淤之堅土。而閘銜刷之。鎮石以下閘。挽回索助之。底索以起閘。且防怒濤之折閘。

一筏木二三層。長廣二十丈或十六七丈。堅結以備風濤。

一閘廣一丈。高丈五六尺。疏濬淺深。更作三四丈者。閘間前後。各立大柱爲架。架高五尺。各有斜柱支護之。前架爲活鍵。即卸以備修閘。閘間毋廣。廣乃洩水。爲數鐵板。厚寸許。以聯前後之架與筏。閘底橫貫長石。鑿孔以銜足。閘皆刻尺寸。以記入水之數。橫閘十五六。翼閘左右各二三。

一足體高四尺。犁長三尺許。皆鐵爲之。合爲一體。足爲幹。犁爲枝。足上二尺爲管。閘之一木二尺出閘下。銳其下端。犁形三稜。脊稜向下。亦銳其端。

一閘頭設小活輪。以利面索之挽。閘中足綴底索。而左右足各出小索會之。以防脫失。後閘三尺許。各設轉軸。一軸一端設踏輪。輪爲踏位。閘以攀輪。令手足並力。得力尤多。面底二索同一轉軸。更迭爲用。惟底索祇以此轉軸起閘。若下閘之後。緊挽閘底。以禦怒濤。則退後三丈許。別設一轉軸挽之。乃爲得力。不必踏輪。筏留一縫。爲底索進退之地。

一大椗四方各一。小椗四隅各一。皆有轉軸。欲止下大椗。欲左右下小椗。

一筏兩旁設候潮鐘。其制橫樞貫木。下端入水。上端設機。潮消長皆自鳴。

一測水舟二。前後測水。以定下閘之尺寸。考淺深之數。兼插竹標。以識濬路。

一筏上司號令一人。守指南針。指揮行止左右升降。司閘十八人。每三人舉一閘。自中及外。左右對動。下閘亦然。司椗每小椗二人。大椗三人。筏進則後司二小椗者恆守。筏退則前司二小椗者恆守。大椗用稀。皆臨用集人。測水二人。木工鐵工各三人。以備修理。自司號令外。諸色人皆以司閘人爲之。事不並舉。可以兼攝也。如欲省費。雖止設六七人。亦無不可。特風濤危險不妨稍廣。備救護耳。

一駕法。先下椗測水深若干。下閘挽回索。按令入河。俟水攻閘下沙尺餘。犂入沙復數寸。乃結回索。使閘可下不可上。退曳索緊挽後軸。潮將至。先一刻曳進索底。就前軸挽閘。起澄沙以待。隨潮退上。欲止下椗。或不欲止。則下椗以待潮。潮落下閘。

因濬之法。行之諸州海口無不可。若潮汐不及。則惟黄河一節偶淤。欲開引渠者。或可用。以沙細噴之。可數里不沈也。然亦只可一二閘。潮至則卸兩舟載以上。筏用活鍵取易卸。

潘季馴四防二守說

按潘氏四防二守之法。明清以來。皆奉爲惟一規律。河務習慣。皆注重於未治之河。而忽於已治之河。魏氏謂三代下祇能防河。不能治河。其實防之一字。亦做不到。遇患始防。患定即已。漢視因漠視而患又起。則又汲汲防之。潘氏之說。即兢兢注意於防者也。果能防之如法。則一治之後。即可以永保安寧。無俟於再治之煩費。語雖淺近無奇。而效用至鉅。依現在修治之計畫。雖材料方法。或有變更。而其用意決不可廢。節錄於此。亦以備當事者之參採也。

一曰畫防　隄岸每遇黃水大發。急溜掃灣處。未免刷損。若不即行修補。則掃灣之隄。愈漸坍塌。必至潰決。宜督守隄人夫。每日捲土牛小埽聽用。但有刷損者。隨刷隨補。毋使崩卸。少暇則督令取土堆積隄上。若子隄然。以備不時之需。是爲畫防。

二曰夜防　守隄人夫。每遇水發之時。修補刷損隄工。晝日無暇。夜則勞倦。未免熟睡。若不設法巡視。恐寅夜無防。未免失事。須置立五更牌面。分發南北兩岸協守官及管工委員。照更挨發各鋪傳遞。如天字鋪發一更牌。至二更時。前牌未到日字鋪。即差人挨查。是何鋪稽遲。即時拏究。餘鋪仿此。隄岸不斷人行。庶可無誤巡守。是爲夜防。

三曰風防　水發之時。多有大風猛浪。隄岸難免撞損。若不防之於微。久則坍薄潰決矣。須督隄夫。細紮龍尾小埽。擺列隄面。如遇風浪大作。將前埽用繩樁懸繫附隄水面。縱有風浪。隨起隨落。足以護衛。是爲風防。

四曰雨防　守隄人夫。每遇驟雨淋漓。若無雨具。必難存立。未免各投人家或鋪舍暫避。隄岸倘有刷埽何人看視。須督各鋪夫役。每名各置斗笠蓑衣。遇有大雨。各夫穿帶隄面擺立。時時巡視。乃無疏虞。是爲雨防。

一曰官守　黃河盛漲。管河官一人。不能巡游兩岸。須添委協守職官。分岸巡督。每隄三里原設鋪一座。

每鋪夫三十名。計每夫分守隄一十八丈。宜責三夫共守一段。於隄面之上共搭一窩鋪。仍置燈籠一個。遇夜在彼棲止。以便傳遞更牌。隨時巡視。仍畫地分委省義等官。日則督夫修補。夜則稽查更牌。管河官并協守職官。時常催督巡視。庶防守無頃刻懈弛。而隄岸可保無事。

二曰民守　每鋪三里。雖已派夫三十名。足以修守。恐各夫調用無常。仍須預備。仍照往年舊規。於附近臨隄村莊。各添派鄉夫十名。水發上隄。與同鋪夫併力協守。水落即省放回家。量時去留。不妨農業。不惟隄岸有限。而附隄之民。亦得各保其田廬矣。

各鋪相離頗遠。倘一有警。別鋪不聞。有誤救護。須令隄老每鋪竪立旂竿一枝。黃旂一面。上書某字鋪三字。燈籠一個。晝則懸旂。夜則懸燈。以便瞭望。仍置銅鑼一面。以便轉報。一鋪有警。鳴鑼爲號。臨鋪夫老挨次傳報。各鋪夫老并力齊赴有警處所。即時救護。首尾相顧。通力合作。庶保萬全。

守隄之法。隄防盜決最爲吃緊。蓋盜決有數端。坡水稍積。決而洩之一也。土地磽薄。決而淤之二也。仇家相傾。決而灌之三也。至於伏秋水漲。處處危急。鄰隄官老。陰伺便處。盜而洩之。諸隄皆易保守四也。巡警稍怠。或乘風雨之時。或乘酣睡之處。即被下手矣。防禦者不可不知。

按第四項流弊。頗聞現時河工。尚在不免。河務上級長官。似當格外注意。

治河說略卷之八

籌治說上

黃河經過之歷史。具在前簡。大徙六次。大決二十餘次。泛溢橫決數百次。爲患之烈。如此其甚也。奪衛奪漳奪濟奪泗奪淮。縱橫於燕豫皖蘇魯之郊。褱山夷壑。漂滅城邑。爲患之地。如此其廣也。自漢而晉而六朝隋唐五代。而宋而元而明而清。治之之時如此之久也。在漢若王景。在元若賈魯。在明清若潘季馴靳輔。餘若宋禮徐有貞白昂劉大夏劉天和萬恭朱衡潘希曾吳桂芳朱之錫張鵬翮嵇曾筠栗毓美等。皆以一生全力。升注於此。治之之人。如此其專且衆也。曰隄曰堰曰埽曰壩。滚水分水。引河涵洞。治之之法。如此其精且密也。而自唐以來。未嘗有數十載之寧息。是終不可治也。雖然。吾直謂自禹以下。未始有治之者也。何則。治其所治。其目的所在。皆不係於河也。三代以上。移民徙避。不與爭地。以不治治者也。春秋戰國。隄防事起。或瀦之以爲利。或洩之以嫁害。曲防壅遏。以國爭利害爲目的者也。漢武宣房。負薪沈璧。以封禪告成。完全盛美爲目的者也。王景築隄。疏壅破磧。以免汴河之浸灌。因汴而及於河。治汴非治河也。唐治河以漕江淮之粟。其目的已在於利轉輸。周治河以利平梁之師。其目的尤在於備戰略。宋自熙寧以後。挽東流。浚二股。憧擾最久。其始專重於防遼。其終且趨於紹述。藉河事以競黨勢者也。金元兩代。抑河而南之。即非敝敵。亦近壑鄰。明則唯一目的專在於漕運矣。既資河利。又懼河害。欲其濟運。又恐其穿運。畏首畏尾。左支而右絀。所以治之愈亟。而爲患乃益多。萬曆以後。更牽入祖陵王陵之問題。乃更紛糾而不可解矣。前清亦然。其施工雖在於河。其目的皆在於運。故咸同以後。海運漸通。而河務廢弛。然則自漢迄今。治河之紀籍。可以充牀棟。治河之糜費。可以填壑。而按之實際。實未嘗有一時一事。爲河之本身計其利害者。無論補瘡挖肉。枝節圖之。從未嘗一檢點全河源委。舍本逐末。絕對無此治法。即在此一枝一節間。亦未嘗於黃河有何種利益工作。束縛之。馳驟之。視之如寇讎。而畏之如毒螫。務錮其耳目。繫其手足。重關密閉。使不得自由轉動尺寸。而特欲利用其能力。以爲達種種目的之機械。有時破關橫軼。則百計追還故柙。而益求固其扃鑰。所謂既入其苙。又從而招之者也。以是言治。治安所施。以是求治。治胡可得。是直謂之未嘗有治焉可也。魏默深謂三代以下。祇可言防河。而不足以言治河。固屬片言居要。一語破的。其實而就防言。亦未得其道者也。

顧黃河挾其七千餘里之潛力。崑崙積石。紆回萬數千里。中北兩大幹脈。千巖萬壑之所宣洩。洮湟大夏涇渭沁洛。吞納大川十數。中川百數。無名小水。以千萬數。支流細港。遍布於中華北部。而欲恃區區人力。束稍掬土。消滅於無何有之地。此實萬不可能之勢也。既不能滅。又惡能防。所以積古今多少才智。窮思極慮。而卒無法以處之者也。以逆制之。則勞費而無功。以順導之。則自然而就範。此共工伯鯀之所以敗。而禹之所以成也。

天生五材。水居其首。本所以資生人之利用者也。其爲利者。天賦之原則。亦黃河之本能也。不以利而反以爲害。是其病也。非河之本性也。今有人於此。受造物特殊之秉賦。其體魄。其智慧。其學力。其聰明才識。足以超越於庸衆百千萬輩。是人類之精英。國族之瓌寶。全國家。全種族。全社會。凡在同氣。所共當擁護而愛惜之者也。使其能得相當之地位。充分展布其所蘊蓄。在一國則利一國。在一族則利一族。在一社會則利一社會。此必然之事也。顧其不幸而橫被挫抑。賫志莫遂。感受環境之刺激。而發爲狂易。乃至叫習跳躍。擾害秩序。甚或持刀而殺人於市。以法律論則閉於瘋人院無疑也。顧以其人之特別智能技術。實爲國家社會至切必有之需要。而其力又足以飛躍排盪新闢奪門。終非重房密柙之所可羈勒。則莫如撫慰而善遇之。爲之驗體切脈。深求其所以致此之故。去其環境之刺激鬱挫。使回復其固有之健康靈性。固醫者之責任也。夫以彼之體魄智慧。受特殊之秉賦者性也。其叫習跳躍不可羈勒者。則其病也。其病一去。而聰明才識之特賦。依然可以回復。可以利一國一族。一社會之本能自在也。無病則自不至爲害。亦無所用其防。然則舍防而言治。棄自來守伺禁錮。韝鷹縛虎。晨夕惴惴之下策。而用因勢利導事半功倍之至計。其爲難易得失。固不待耆龜而決也。

如是黃河固不能防。亦不當防。然則舍防而言治。固必然之事矣。雖然。河治大事也。又危事也。經營千百萬方里之土地。挽救數千百載之沈災。奠安數千百萬人之生業。其責任亦至重矣。稍一不慎。動糜數千百萬之巨帑。勞擾數十百萬之人工。甚而至於損害數千百萬同胞身家性命。其危險又孰大於此。然則其所以治之之法。固非可以操切圖也。尚書言慎厥始圖厥中成厥終。此實爲經緯一切大事之定律。治河之法。自亦莫能外此。事前之籌備。臨事之設施。將來之善後。必皆澈始澈終。通盤審計。而後始可以措手。此固當經過全國賢達幾度縝密之研究。與查勘測量之結果。方能審定。決非一人管蠡所能妄測。亦非懸揣之理想所可空言。愚昔長魯政。身親河事。嗣歷遊大河上下。悉心研求十載。於茲管窺所及。庸有一得。率臆言之。亦聊備當事採擇之一說而已。謹分爲籌備實施善後三時期。以次數說如左。

籌備之概畫

古人有言。謀而後動。慮而後得。此處事之常理。矧以如此之大工。碩畫其事前之計慮。固不可謂不周矣。

計其成並計其失。而後臨機肆應。不至中梗於半途。慮其始並慮其終。而後循序數施。不至旁撓於衆議。通盤審度。經緯萬端。本非更僕可盡。但姑就其大者言之。則下列諸事。固不可不預爲計及者。

第一曰定主旨　治河之方略。應從根本設計。若元之賈。明之潘。清之靳。皆有眼光識力之人。不能謂其一無見及。然各有環境之拘束。不能不苟且以圖功。現在則自來種種之牽制顧慮。皆可一埽而空。無所謂鄰國。無所謂漕運。更無所謂陵寢氣脈。其所以需治之故。完全爲吾首篇所列國計民生之關係。其目的簡單。其意趣純潔。其名義光明而正大。然則首當標揭惟一之主旨。以昭告國人。用以博取全國之同情。而震動中外之耳目。其主旨維何。曰水者地之血氣。通暢血氣。興水利。以盡地力而已。籌全局不限於枝節。治河源不專治河流。去大害兼興大利。貫徹始終。根本治理。悉擯前代一切苟且補苴之治法。將來所有一切設施建置。均依於此主旨而進行。首於黃河正流支流之水量。以及兩岸地勢之高低。地面之廣狹。查勘明白。應如何開通溝渠以灌農田。如何疏濬河道。聯絡河流。以通舟楫。如何利用水力。以發電汽。以造肥料。將水力盡情利用。俾其鞠躬盡瘁而後歸海。於國有益。則雖勞費稍多。而無所惜。於民有益。則雖時日稍久。而要於必成。總之聲明此次爲治水。非防河。爲治全國之黃河。非治一省一段之黃河。爲治千載有利之黃河。非治一時爲害之黃河。務使黃河天然之能力。從此可以充分發抒。黃河固有之利益。國民可以完全享受。變自來殃民蠹國湍悍橫暴之黃河。而爲福民利國安瀾順軌之水利。本爲利民而興役。決不因役以累民。標幟一新。中外祈嚮。此惟一之要義也。

其次曰精測勘　治河既以治源爲原則。則着手自當先從測勘發軔。歷代治河。因不明於測量之術。致一切工作。漫無準的。其實河工與算學。固有密切之關係。疇人傳謂吾國算學勾股。起於禹之治水。而數學家謂開方三角等法。根本於河洛兩圖。所謂錫禹洪範九疇者是也。前清靳文襄治河。已注意於河身之廣狹容積之水量。高下之差率。水面之淺深。因準之以定分升宣節之地點時限。雖遇盛漲。不虞泛決。當時以爲神奇。固即現時科學所謂水平流量河切等事也。元之賈魯。明之潘季馴。皆具有此種知識。所以能經紀巨工。而始終枘合。不生差錯。不過當時科學尚未發達。知其理者不能舉其方。祇可斟酌於一心。而不能曉諭於大衆。又所有測量儀器。種種未備。多半恃目力爲標準。究不能十分精確也。就現在論。則河海土木工程。皆有一定之規律。非先從測量入手。非但不能施工。而且無從計畫。故測勘爲籌備中之必要條件。自無疑義。更進一步言之。必經過一度測勘。而始可籌可備。否則空中樓閣。何法研詳。但測量固爲籌備要件。而治河一事。規模宏闊。關係重鉅。與尋常單簡之工事不同。當用如何布置。如何着手。而後施測。可以便利。竣事可以迅速。目的可以周詳而悉達。就測量本身範圍。又成一絕重大繁複之問題。先不能不有精密之研究與設備。就治河全體論。必先測量而後可籌備。就本身範圍論。又必籌備而後可測量。故對此問題。大有研究也。關係測量之籌備方法。自非測量專家不能擬議。但除工作範圍外。對於事實上之情形。亦有可以貢獻者。搜考近來文卷。關於治河測量。計畫書有兩種。一爲全國水利局所擬。即對於荷蘭庚款而發者。其大致主張於適宜地點。組織一測繪委員會。以指導測繪之工作。其人員則分爲地形水平水流三隊。其區域則分爲四組。或至十組。定計全河上下游測量。每年應需經費爲二十三萬六千餘元。以二十年爲期。共需經費四百七十餘萬元。其第一年。爲二十七萬四千餘元。因有開辦購置費在内。嗣以數目相懸太巨。未克通過成立。其一爲運河工程局所擬。分爲三區。第一區由黃河口起。經歷城開封至天橋止。其主義爲整理河身。疏浚海口。其測量以三角地形流量測量及幹綫支綫之水準爲目的。連製圖以二年告成。其經費爲八萬三千餘元。第二區由天橋至中衛。其主義爲墾闢河套。以三年告成。其經費爲三十一萬六千餘元。第三區以黃河流域之荒山爲範圍。其主義爲蓄源造林。三年告成。其經費爲十九萬九千餘元。統計爲五十九萬二千餘元。內容之得失。亦未敢率加評議。惟第一種似乎期限太寬。以河流形勢晨夕變更。如閱至二十年。則經過之測量地段。或不免於廢棄。而新改之河道。又須從新測量。是前後相續。永無竣期。蓋水利局當時以荷款之年期總額。約計還期。當有二十年。每年當可得二十餘萬。故準此以定歲費及年限也。第二種似乎較爲適當。總之經費之多少。尚爲另一問題。而期限似必須縮短。從充分部署之計量。以能積極縮短爲度。惟鄙意尚有所擬議者。竊以爲此次既爲根本治河之大舉。當然統籌全河。貫徹源委。與歷代之補苴枝節者不同。而同時應兼有農田水利及道路航運與發展工商實業之一切計畫。既弭河患。兼興河利。當不僅以黃河本身水道爲目的。故測量隊之組織。實應兼有調查考察之性質。加入各項人員。同時出發。既可得互相輔助之益。又可省另起爐竈之煩。而種種方面。同時得有確實報告。則於治河計畫。亦格外有所依據。故本條標目。不稱測量而稱測勘。在測勘之範圍。所當研究預備者。

一爲組織問題　測量之機關人員夫工。如何組織分配。其屬於調查考察之事務。或幷在一組。或另行分組。

二爲區域問題　前項之區域地段。如何畫分支配。凡在黃河區域以內。及各大小支流之源委山脈。應當一幷測量考察。詳列圖說。

三爲期限問題　前項事務。應定以若干時期爲大概程限。在限期以內。應更區分爲若干期。以定工作之先後緩急。

四爲經費問題　前項事務。應大略規定經費數目。及其他支配方法。

五爲置備問題　關於前項問題之需要儀器用具。應如何置備。及規定相當限度。

復次曰籌經費　經費爲治河惟一問題。以全河治理計算。至少當以萬萬計。未免令人色駭。然關於全國大計拯北方多數同胞之危害。正建國方略所謂雖甚勞費。亦不能惜者也。且從疏濬河源及支流入手。亦應分支分區。按步進行。工非旦夕可成。即款亦非一時所急。將來國家財政就軌。分期支出。自不難源源挹注。所最難者。治河事實已在急不容緩。而當新基締造之中。欲籌經始鉅帑。恐非倉卒可集。惟查各國庚款。其中均有預備治河款目。而荷款總數爲荷幣一百四十五萬一千餘元。折合國幣約在百萬餘元。前經荷使函送節略。聲明願將此款作爲籌畫治理黃河之用。民國十五年三月間。經由前外交部函知荷使。以據督辦黃河工程事宜處呈請以荷款撥充黃河測繪調查經費等語。業經本國政府照准。並議決辦法四條。應即組織中荷庚款委員會等語。荷使以用途及委員會當然無異議。惟所有辦法。須向政府請示等語答覆。查此款應自民國十五年起。自十五年至二十年。每年爲荷幣七萬六千餘元。二十一年至二十九年。每年爲十一萬餘元。現在已積存三年有餘。如將委員會組織成立。立可提撥應用。又義款總數爲美金二千三百七十餘萬元。上年曾經組有中義庚款委員會。議決九項用途。內有治河經費一款。計六百三十萬元。又比款總數爲美金七百八十一萬九千餘元。內除聲明以百分之四十用於黃河鐵橋外。餘均未有規定。又英款總數爲英金一千一百十八萬六千七百餘鎊。用途並未規定。現在似可先將荷義兩款。提前定案。餘則以次與各國商定黃河用款數目。次第劃撥。再開關稅加增項下。政府已定有建設專款。就中酌定若干定額。幷合前款。確定總數。以作治河經費基礎。不敷之數。再行設法從長籌畫。荷義兩款。即可提作測量籌備之需。則立時即可着手。將來測定以後。洛河溢出地畝。爲數不貲。可以定價給放。一面發行公債。總其恃源有定。然後放手進行。不至中途梗阻。此尤籌備中之一大關鍵也。

以上各事。皆大段之款目。卻須有詳晰之研究。於將來之便利大有關係。其屬於測量目的之主要條件。曰地形。曰水量。曰河切。即河床之橫斷面。可以容納水若干方尺。曰流量。即水流之速度。一秒時過水若干方尺。曰河降。即河流之坡度。每若干丈尺高下之差度。而就中地形一項。實爲一絕大問題。普通水道工程。當然以河流附近之地域爲範圍。而此次之測量。當大加推廣。應將全河源流區域。皆加以詳細之規測。緣河南北數省地面。河流如織。經數千年來黃河縱橫潰亂之關係。因而各水。亦互相糾結。凌奪。忽分忽合。晨夕更變。無一定之軌轍。至民間室廬田產。皆無保障。爲害甚鉅。將來治理。應查勘天然之形勢。爲之整理軌道。某水應入於河。某水應入於淮。某水應由某水以入河入淮。或逕入於海。直接間接。一一釐定統系。務使不相侵奪。然必明白地形之概狀。與各面高下方向。而後能得確當之處置。吾國山脈本分三大幹。大江以南爲南條。黃河以北爲北條。河以南江以北爲中條。大江爲中南兩幹之界水。黃河爲中北兩幹之界水。各幹蜿蜒敷行。幹中有支。支中有幹。界水亦隨之而敷佈。泰山爲中條幹脈所發露。蒙羽諸山。實與嵩山相連。昔時黃河南行。實跨越泰山之脊脈。以故徐州以上。

河底有數十里之石蹟無法可去明光祿卿黃綰謂當於兗冀之間求其兩高中低即中條與北條相交之處浚爲水道俾由直沽入海乃免於患萬歷時工部尚書姚繼可亦謂形家言黃河以南大江以北爲中龍由陝入嵩過曹縣起泰山盡於蓬萊三島左一支自桐柏分水曰淮右一支自河南分水曰渭而黃河北流從天津入海本禹故道乃宋人引河入汴因而入淮此不知地脈之故今宜選明習地理之人沿州逐縣相視地勢究以何處爲最低山脈水界庶幾全河在目不至漫嘗而徒費云云兩人所見異同大抵主張審定中北兩幹天然界水即各地最窪之處定爲河道者也其言深得治河之要旨大禹治水行所無事水由地中行亦即此理惟現在黃河範圍甚大驟欲另擇河床情事重大當然不能輕議然黃河之水必有自來在各支流未入黃河以前高山也大陸也界水也自是歷歷分明若能如吾緒言所言大山出水大陸用水之例於天然地勢徹底查勘則一切水道自皆可得適宜之處理滅黃河之水即以灌農田通舟楫倡雷汽造肥料釜底抽薪所謂一舉而兩得者也蓋水性就下其在高處則爲害之力大而且廣若使行於界水之中決不能患及他處此中措置所關甚巨明人又有主張棄數縣卑下之地以聽其積水者此雖不能認爲正當要亦可備一說總之大陸皆由大山各各數佈山有界水陸地亦然全河流域之高下必宜有一定之標準也雨暘因天蓄洩隨地水既爲陸所用則全河上下應留河槽寬廣若干水平若干丈尺洪水若干丈尺即可由吾估計操縱自如舟楫以通農田以利河患云乎哉且築定相當隄岸此外溢出餘地均可墾爲民田共有若干萬頃並舊淤南河千餘里業已廢置不用其河身及兩岸荒地一律丈量可得若干萬頃預爲將來定價給放升科定則之計賣作爲基金發行治河公債以備逐年經費接濟之需此尤大利在焉尚有一事在他水不甚

重要。而在黃河。卻爲主要之一條件。即所含之沙量是也。秦人有歌曰。涇水一石。其泥六斗。且溉且糞。長我禾黍。庳水以灌之謂之溉。撈泥以雍之謂之糞。撈泥之與庳水。其勞相等。而糞視溉。尤爲肥美。誠使山陝一帶。徧開支渠。既溉且糞。農田以肥。水流以殺。洶數省之利也。雖據運河工程局之測量報告。在上游磴口青銅峽試驗。平均每萬分之三十一分至八十八分。是尚不及百分之一。而津浦鐵路在濼口試驗。則爲百分之三十至百分之六十。乃至百分之六十五。則六斗之語。鑿然不爽。相差懸殊。當然爲平水與洪水之區別。而潘季馴氏謂河南土性鬆脆。河流經過豫境以後。泥量特別加重。或亦爲其原因之一種。此中消息。固大可研究也。

其屬於調查考察之目的。則範圍更爲廣泛。若地質。若氣候。若雨量。若農產。若畜牧。若礦產。若樹木。若草卉。若航運陸運之道路。川渠溝洫之遺迹。乃至人口戶籍之約數。工商實業之情形。教育文化之近狀。以及古代地方歷史人物古迹。直接間接於治河均有關係。而在各部行政。亦爲必要之考察。幷爲一起。則許多公共設備。可以減省。且成一種有興味之旅行。得多與地方人民接近之機會。可以切實研訪。較之單純分道調查參錯前後。所至僅能向地方官廳填取表冊敷衍塞責者。其成效相去固不啻倍蓰也。

草之一類。除植物專門外。本無研究之價值。惟於黃河之作用。頗爲重巨。蓋植之隄坡。可以護隄。而有草之地。泥沙不受淘刷。最好沿途留意。何種草類能在黃壤上繁殖。無草之地。如何設法播殖。則於現在將來之河道。殊有莫大裨益也。

尚有一事所當注意者。河工未有新制以前。現時河道。不能不沿用舊法。暫資維護。河工捲埽釘樁。及遇有搶險等事。全仗老練河兵。冒險勇敢。手快眼快。爭得失於呼吸。此等河兵。各汛各隊。均不過一二人。自來居爲奇貨。且皆有種種心得。不肯輕易傳授。河工薪餉本薄。往時專賴意外大工。從中生發。近來對於河務。皆不注意。薪餉且不時給。更無意外可圖。兼之軍隊警察。門徑較多。此等人才多半另謀他就。河工若遇緊急。殊有薪火不繼之虞。將來測量隊出發。不能全用學生。必有粗役人夫。擔任笨重事務。似可就退伍兵士中。遴選精壯明白粗識文字之人。派令隨同出發。遇三汛時期。即令分赴就近河工看練學習。或數個月後。即分派於各處河工。如此則將來河兵選手不患無人。而又粗有測量工程之知識。使與河工舊人。互相傳習。彼此各得裨益。將來河務進步。此等人才。尤不可少。

其調查考察人員。則以各機關部署員司爲之首領。而以各專門畢業學生爲之輔助。如加入測量隊一起出發。到地以後。可以分工辦事。而平時所有學識。又可互相輸灌。於造就人才方法。最有裨益。

以上兩事。似可與導淮委員會合併組設。因黃淮流域。犬牙相錯。彼此互有關係。一致辦理。更爲便利。

復次曰備器械　工欲善其事。必先利其器。吾國數千年之河務。並無發明專用之器械。足見從前工藝知識之無進步。現在當然可以考求西洋各國。適用便利之新器。但所需至夥。如一一均向外國購置。非但漏卮太巨。即在工事之設備爲不完全。此時應當向各國調查研究。以何種器具最於河淮相宜。何種器具將來適用至廣。應分別門類。派人前赴外國工廠學習。除繁重精密之機器儀器暫向外國購置外。其普通用件。均應自行設法製造。此事雖細。然非旦夕可辦。故須預爲籌及。提前部署也。

復次曰定計算　治河之事。非旦夕可成。至少當作十年以上之計畫。非有精密之計算。不足以定工作之步驟。與經費之標準。欲俟全部測量完竣。爲時未免太久。應將緊要地段。先行測有眉目。大段工程。

略可估計。即行詳細審議。預定何時着手。何時竣工。分作幾年幾期治理。按全河流域形勢。以定其先後緩急之程序。除上列庚款項下。及其他所有籌集經費。共有確定基本金若干。不足之數。如何籌補。第二年度。應作何種工程。應支款若干。按其相當之需要。以定籌款之限度。一面測量沿河溢出地畝。計上地若干。中地若干。下地若干。按施工已畢之地段。先後定價給放。通可得價若干。全河完竣水利修飭已後。可墾田畝。共有若干萬頃。應可收價若干。按則升科每歲可溢出賦額若干。又沿河建設事業。如推廣航路汽車路發電廠造肥廠等等。應需資本若干。辦成以後。可增益收入若干。全河以及支流各地。提開渠道。常年保護維持修理之用。爲費若干。全河區域農工實業發展之程度。約計至某年度。可至何種現象。逐一填列細表。附圖列說。切實審擬確定。昭示全國將來施工用款。均依此程序進行。不得變更。如有變更必要時。須由主任機關。先期聲明理由。附具新計畫圖說。送由委員會核定辦理。如此則全河流域治理。經費若干。竣工後可得全數利益若干。除提償所發公債及每年保護修理額款外。應溢出贏利若干。明白確鑿。中外共見。信用既立。則所有不敷之款。自可設法籌集。不至於中途頓挫。至廢前功。此尤必要之手續也。

治河說略卷之九

籌治說中

籌備規畫。既有端緒。乃可進言實施。上文已言非測量以後。不能定着手施工之方法。何以復有實施之擬議。蓋實在工事。當然必經測勘而始定。而大概規模主旨。亦不妨為事前之商榷集羣策以定從違且作者亦祇以管蠡所及。述其一人之臆見。備將來當事採擇之一說。固非敢據以為定論也。

自來論河事者。均謂青銅峽為咽喉。河套為腸胃。自孟津以下為排洩之機關。就全河大勢而論。分為三段。當然如此。但就從前經過之歷史而論。則積石以上。向來未嘗置理。於全河關係影響。自似較少。即河套一段。歷朝以來。亦大半沒於荒外。為異族占據之地。中間雖興墾藝。不久即廢。歷代所有工作。皆在孟津以下河南北兩省及山東上游境內。因河事之利害關係。亦以此為最巨。故鄙意就目前之現狀。頗擬以龍門為咽喉。自龍門以上至於河源為腮頤。自孟津以下至山東之壽張一段為腸胃。因歷代河流變化。皆以梁山泊為之醞釀也。自壽張以下。始為尾閭排洩之地。因河之治與不治。在孟津以下一段。為最有關係也。依此區畫。治河之手續。可分為三部。曰治源。曰治腹。曰治委。自龍門以上。統屬於治源之區畫。龍門以下。屬於治腹之區畫。壽張以下。乃屬於治委之區畫。源腹委三段並治。而後黃河如帶。可以安瀾順軌矣。今試以次言之。

治源

語曰正其本清其源。治河之先從清源入手。固無疑也。江淮皆清而河何以獨濁。江淮皆長年安流。而河何以獨有汎。則源之病也。河源初出本清。過九渡而始黃。中間又經過大片沙漠。一過盛漲。則河流鋪地而下。凡地面所有浮沙。悉被捲刷入河。而河水乃渾濁矣。洮河之源。亦有沙漠。其弊與黃河等。不能以清濟黃而減其濁。且反益之以濁。而河之沙量乃益重矣。挾沙而行。水以負重而下流。其力甚健。下觸河底。則復激而上泛。又將河底泥沙。一起淘刷而上。如此乃翻瀾上下。淘湧如羹沸。成飛花滾雪之勢。入河套後。千里一曲。水力益悍。經過河南省境。土皆鬆脆。兩岸沙泥。被浪淘刷。隨流而下。以此愈聚愈多。又北方道路。皆兩岸黃土壁立。中通一綫。深如溝渠。是河是路。不可分辨。車馬蹂踐。浮沙沒踝。深至逾尺。一遇大雨。皆被捲洗入河。所以造成一石水六斗泥之分數。此其受病之所由也。

今姑先論治源之事。欲其驟變爲清。勢必不可得。但欲減少其沙泥之分數。應必有方法足以設計。黃河因盛漲鋪地而捲沙。則凡地面數十百里之泥沙。皆可捲刷。當然無數量可以計算。滿坑滿谷。取之不盡。鄙意最好於此處爲之設法攔約隄岸。使河流歸納一道。則其所淘刷者。衹不過河身一道之泥沙。其數量當然可以驟減。洮河之源及其經過沙漠處所。悉照此辦法。衹能捲河中之沙。而不能捲平地之沙。則河中之沙泥自少。次則於沿河所有黃土地面。選用相宜草木。可以繁殖者爲之設法移植播種。使遍地蔓結。可以不受沖洗。則上源泥沙之量。自必逐漸減少矣。

凡河流發源之地。必係崇山大麓。所在率有長林豐草。灌木叢莽。爲之掩護。偶爾靈雨。林木先受其澤。枝葉扶疏。浸淫普遍。而後下及於地。其地上又有積葉蒙翳。層層覆蓋。聚俟以次滋涵透潤。然後從葉底滑流而下。其十分之一二。留於在上之枝葉。十分之一二。留於在下之蒙翳。必俟全體浸潤。而後達於山澗。由澗通溝。由溝通渠。有林之山。澗壑溝渠。皆有殘敗枝葉委積。處處停宕。迨至下達川河。而下流之盛漲已過。以此源源相繼。故一次下雨。河流必可以保持三五日之平均流量。多者或十餘日。假如一日之雨量。匀作三日流駛。則高三丈之水勢。高至一丈而止矣。下游自然不至十分湍急。沿途所過尚復有湖沼以停蓄之。假如有徑一百方里之湖。面蓄水三尺。則下游一千里之河。寬一里之河槽。即可以減少三丈之水勢。停聚以復。徐徐下洩可以作若干日之匀注。使下流水量。可以永保其常度。航運灌溉。不虞涸乏。江漢諸瀆。所以洋洋終歲能通數千噸之巨艦者。固以此也。

據地學家之考察。黃河導源諸山。如積石六盤西傾岷陰諸山。因近寒帶。常年冰沍。皆童童不生草木。一遇雨期。霪淋下降。千巖萬壑所受之雨澤。皆同時暴注入河。一瀉無遺。以絶大平原廣谷。東西五千餘里。南北三四千里之地面。受極多之雨量。而僅恃此一綫河流爲之傾洩。其勢安得不急。流安得不猛。水愈盛則流愈速。雨期一過。而上源亦傾洩已盡。點滴不存。故下流遂至涸斷。因此而有所謂汎之名目。來則萬馬奔騰。過則涓流悉絶。以七千餘里之長河。而長年淺涸之數。居其大半。河身可通航運者。枝節斷續不過數十里。此實至可異之事也。

寒地造林。當然不如南方。但寒帶亦有相宜之樹木。鄙意最好詳加考察。擇其相宜之種類。一律設法種植。造成適宜有用之森林。將來利益。定不可以數量計。次則適宜草類。亦爲之設法播殖。此等草類一經播殖。即能自相滋蔓。千百萬方里之山巒。當然不能置之無用。如此辦法。能造一山一谷。即可以減少一谷之暴流。而增長一山一谷之林産。次第爲之。終可有日完成。次則積石山以下。酌量相宜地點。畫出數百方里地面。造成一湖。爲上流停蓄之地。盛漲時則令旁注入湖。俟漲勢稍過。然後以次宣洩。源源下注。則下游亦不致於涸絶。浙江杭嘉湖三郡。向稱腴地。即得造湖之力。天目山之水。均由餘杭城外出口。此處兩山鉗束。口門極狹。因之動被浸灌。下游十餘里外又有山脈鉗束。宋時乃於治城上游。棄地五萬餘畝以爲湖。謂之南湖。治城以下又棄地五萬餘畝以爲湖。謂之北湖。平時湖地高於河流。似不相涉。一遇大雨。川流旁溢。乃悉灌注於湖中。有此兩湖爲之受水。而餘杭遂免水患。迨至雨期過後次第挹注。常年不竭。因湖地勢高灌注之力甚廣。普及於杭嘉湖各縣。以此旣不憂潦又不憂旱。十歲九穰。遂成沃土。此種規制。實可摹倣。河源兩岸。本多空曠之地。與內地不同。詳加測度。當易爲力。此又一法也。

河源左右。萬山綿亙。最好勘擇形勢適當之山谷。谷口有山脈鉗束者。一律堵築成湖。使兩山所受雨水。悉數停聚於谷內。則各山之水。不至暴瀉入河。可以減河流盛漲之水勢。較平地爲湖。尤爲便易。就中作爲閘門。可以啓閉。俟相當時期。酌量放注。旣可免一時之暴漲。又可濟永久之河流。將來沿河荒地。以次墾殖。灌溉之利尤巨。以其據建瓴之勢。可以從心左右也。近來東西水利。多用此法。美國之黃石。日本之近江。即因此大收顯效也。若能設法多作此種山谷湖泊。實有操縱河流之效。而各山各谷。悉有水氣蒸潤。於天時物產。均可變易。無形之效用。尤不可思議也。

以上各法。皆治源應有之手續。但皆憑理想推測之事。如何實行。須俟測勘。而現在即應積極進行者。則莫如開墾河套。

按河套爲古雍州地。所謂厥田上上者也。黃河自西北來。環其東北南三面。而長城自西而東。橫截於其南面。彷彿合爲口字之形。在口以內。謂之河套。惟長城稍迤東北向。故東面口形不甚方整。其北面沿烏拉山山脈。東面沿狼山山脈。狼山之東。即山西之西部也。套內之地。方幾千里。邊高而中窪。故引河水灌溉極爲順利。又土性膠黏。一受水即綿軟如雞糞。以是極爲饒沃。其東北西三面相連。皆係沃壤。真所謂神皋奥區。九州之上腴者也。

河套在古代即隸版圖。開闢頗早。故禹貢於雍州田賦列爲上則。所謂織皮析支渠搜者是也。織皮所出。足見當時畜牧之利已廣。周時所謂玁狁。春秋時所謂赤狄白狄。即在其地。蓋已夷爲戎索矣。戰國趙武靈王破胡林樓煩。於其地置雲中雁門代郡。而河套始復内屬。秦始皇既并天下。置九原郡。即當今包頭鎮地。後更令蒙恬將三十萬人北擊胡。悉收河南地。因河爲塞。以其地爲新秦。築四十四縣。益渡河取高闕陶山假中。盡逐戎人。徙讁徙居之。三十六年。遷北河榆中三萬家。大興墾殖。故至今尚有秦渠遺迹。漢武帝令衛青平朔方。徙關中貧民以實之。既因山東被水。復徙貧民七十餘萬口於塞外。而河套墾殖之事。乃益盛矣。東漢時移民内徙。而邊地遂陷於羌戎。順帝時以虞詡請。詔復北地上郡。於是激河浚渠爲屯田。從事耕牧。省内郡費以億萬計。晉時爲赫連勃勃所居。元魏於此置戍。以郡將刁雍請。開渠通河水。溉公私田四萬餘頃。請於此置豐勝二州。唐以道遠棄豐州。乃爲突厥所居。太宗時。張仁愿爲朔方節度使。請乘虛奪取河南地。於河北築三受降城。拓地三百餘里。今其遺迹猶可考也。遂募人屯墾。東起雲中。北連中受降城。出入河山六百餘里。屯墾衛接。歲省度支千三百萬。開元中。移安北都護府於中受降城。爲屯田。元和六年。韓重華復謀整頓。五代及宋金皆爲西夏地。爲元所滅。元時郭守敬謂西夏在中興有古渠一。一名唐來。長四百里。一名漢延。長二百五十里。他州正渠十。皆長二百里。支渠大小六十八。灌田九萬頃。更立閘埝。皆復其舊云云。即當今寧夏地。今唐來隄之遺迹尚在也。入明初爲元將王保保所居。洪武中既逐王保保。乃置寧夏衛。遷五方之人入之。不久爲蒙古族所據。大節俺答先後居此。終明世不敢復闢。清初康熙西征。設驛於殺虎口。由歸化城西抵包鎮。本所以便軍行。而秦晉貧民。聞有沃土。遂相與牽車負耒。循驛以進。迄於乾隆年間。佔地益廣。遂越入後套。芟荆莽。驅狐兔。築室耕田。蔚然有內地村落之象矣。清於其地分鄂爾多斯爲六旂。後增一旂。又分烏拉特爲三旂。餘皆分設府廳。民國先屬寧夏綏遠榆林三道管轄。嗣改設綏遠特別區與甘肅分轄之。現時定爲綏遠寧夏兩省。壤地聯絡一氣。今言河套實幷其內外東西南北而稱之也。

河套之經過歷史如此。其興廢實與黃河有直接關係之影響。蓋河套自秦時始有墾殖。不久即廢。至東漢而復興。六朝隋唐。墾務大盛。迄唐末而爲西夏所據。至元始滅。有明一代迄同化外。清時始復以次開啓藍蓽。今與歷代河患事迹相比較。大抵河套爲我漢族所居。墾務盛則內地之河患少。自東漢以至隋唐。次則前清可證也。陷於戎狄。墾務廢則內地之河患多。自宋至明可證也。蓋有墾務。即有渠道溝洫。黃河之水至此得有停蓄分洩。以方數千里之地面。數千萬頃之腴田。受水之量。當比於數百里之大湖。其減殺水力。當然不淺。河患原因。固甚複雜。謂爲完全屬於河套墾事。固不盡然。要其爲一部主要之關係。可斷言也。

河套之地。約可分爲四部。其在河以北者曰後套。南界黃河。北盡狼山。東起烏拉山。西至阿拉善東部。東西長約四百里。南北廣約百里。其面積約四百方里。杭錦達拉特二旂。北境及烏拉特西公旂南境游牧之處。屬綏遠之五原縣。後套之南曰前套。即鄂爾多斯。南起長城。東西北三面距河面積二十九萬方里。即套內之地。吾人所共稱此地爲河套者也。內有烏克昭盟一部七旂。及烏拉特中東兩公旂西南境游牧之地。屬綏遠之五原及東勝薩拉齊托克托清水河各縣。其邊境亦有屬河曲榆林各縣者。前套之北。後套之東。曰三呼灣。亦曰中灘。南界黃河。北界烏拉山。西起西山嘴。東至全巴圖。東西長一百二十里。南北廣由十里至二十里不等。面積約一千八百方里。烏拉特三公旂公共游牧之處。屬五原縣。前套之西曰寧夏。東界黃河。西繞賀蘭山。南起青銅峽。北至石嘴山。南北長三百里。東西廣由三四十里至百餘里不等。其面積約爲二萬方里。舊屬甘肅之寧夏寧朔平羅三縣。現屬寧夏省。

以上四區在明時向爲蒙古部落游牧之處。前清隸入版圖後。內地居民。先後漸至各處。向蒙旂私佃田畝。開渠墾種。佔地頗爲不少。後套三呼寧夏三區。受河水浸灌。謂之渠地。一年一季。收穫較豐。前套之地。不需水溉。亦可耕種。然收穫較少。謂之旱地。惟無畫一規制。又無相當知識。即在渠地。渠道亦縱橫斷續。多不適當。前清之季。貽穀奉命往辦墾務。將民間各渠。一律收回官有。所有地畝。並丈量給價放墾。當時已墾之地。計後套九千餘頃。前套一萬九千餘頃。寧夏二萬一千七百餘頃。統計爲四萬九千餘頃。惟三呼灣有肥腴可耕之地七千餘頃。在貽穀任內。正擬開放。而參案事發。卒以不果。民國二年。奉天擬辦墾放。該蒙旂以烏拉特三公旂公共之地。彼此意見不同。未克承允。經綏遠都統一再派員接洽。始於該區東偏報墾二千四百餘畝。惟貽穀雖將民渠收入官有。而去任以後。墾務仍復中止。人民既不負責。官辦又未有完善措置。以此渠道無人管理。日就淤塞。渠塞而田亦廢。現墾之地。殆不及三分之一。至可惜也。

民國八年間水利局曾經派遣測量隊。前赴河套各地測量一次。擬有整理各區計畫。計開。

整理後套計畫　該區可耕之地。約有五萬頃。現有大小幹渠溉地僅及九千七百餘頃。巳墾者不及五千頃。應擬分開三大幹渠。共長四萬四千尺。三大幹渠兩岸。每十里開一支渠。長各三十里。連開渠建墒設閘橋梁等項。總數需銀一千萬元。

整理三呼灣計畫　該區可墾之地。約有七千頃。此處即以三呼河爲總渠。另行分開六支渠。長各五十里。連建壩設閘等項。總數需銀一百萬元。

整理寧夏計畫　該區原額地爲二萬一千七百餘頃。現墾地止六千餘頃。擬即以原有之唐渠爲總渠。並擬與正閘並行開掘一渠。又須將其他渠口並行閉塞。連各項建置。總數需銀五百萬元。

除前套暫時不計外。以上三區之整理費需銀一千六百萬元。據該報告書所定。已成之利益。照寧夏之原額地爲二萬一千七百三十三頃。除現墾六千五百三十頃外。計整理規復之地。爲一萬五千一百九十九頃。每頃工程經費。平均合扯三百九十四元七角零。依該處現在地價九等中之第八等估計。每頃值銀四百五十元。共收荒價六百八十三萬九千五百五十元。後套整理後。成地五萬頃。現墾九千七百零九頃。內有二千頃爲永租地。故除業經升科之地外。有四萬二千二百九十一頃。工程經費。爲每頃二百三十六元四角零。以最低價定爲每頃二百五十元。除擬畫撥二萬頃爲兵墾。不計荒價外。餘二萬二千二百九十一頃。當收荒價銀五百五十七萬二千七百五十元。三呼灣整理後。成地七千餘頃。除已放二千四百三十頃外。餘地四千五百七十頃。工程經費。爲每頃二百十八元。以中下兩則酌中定價爲每頃三百元。應定收荒價銀爲一百三十七萬一千元。三區升計。除撥兵墾二萬頃不計外。應實收荒價一千三百七十八萬三千三百元。其兵墾田每年每頃。酌收租費六十元。每年爲一百二十萬元。五年以後。不復再收。即有與民地同一性質。又每頃酌收渠費十元。通計爲七十八萬七千三百三十元。以所收荒價抵還整理基本。不敷之數。以兵墾租費五年升計。合六百萬足之。以渠費爲常護修渠道之用。每年可增加地稅一百八十四萬九千零。每年可收糧產三百萬石。每石合內地三石。最少之價亦須十元。以三分之二轉運出地。按值百抽五計。可得釐稅一百萬元。又人口既多。商務貿易必盛。每年約增加釐稅四

十、萬、元。內除優待蒙旂經費二十三萬四千三百零五元。國家、可、增、收、歲、入、三、百、萬、元、云、云。依此計算。成田八萬餘頃。以四夫一頃計算。可置、裁、兵、八、萬、人、又民夫二十四萬人。每夫家屬以五人計。可安、插、內、地、人、口、一、百、二、十、萬。以民食計之。可養、三、百、餘、萬、人。其利益固已絕鉅矣。即使得半之數。亦已不貲。況該報告所列。尚是初步之計畫。據查四、區、地、面、有、三、十、六、萬、方、里。即除砂磧不毛之地以半數計。亦當有一百數十萬頃。是該報告所列。尚不及二十分之一。如悉數開闢。其爲利益寧可以數計耶。

就以上所列而論。即不爲治河計。亦萬不容已之事。但其最關係於治河者。即就初步開墾之八萬頃計算。據、科、學、規、律、每、月、以、溉、地、一、輪、入、土、一、尺、計、之。每、秒、時、需、水、一、萬、八、千、五、百、立、方、尺。加以蒸發滲漏。每秒、時、約、需、二、萬、二、千、立、方、尺。則、一、日、夜、當、需、六、千、三、百、餘、萬、立、方、尺。其吸水之力。固可抵一絕大之湖沼。於下游節宣之量。爲益當然匪淺。若更將上列各法。如造林植草開湖谷泊等法。同時並舉。則黃河上游暴力定可減殺半量。更得墾藝之地。逐漸推廣。則龍門以上。上游之水。僅足供上流之用。決無餘力足以爲害於下游。如一餐之食物。分器存貯。勻爲數餐。入腮之後。又復多方咀嚼。渣滓細膩。徐徐而咽之。其不能爲腸胃之病。可斷言也。

治腹

今假定龍門以上。上游河源已如法治理。則上游之河。當然不至爲患。但河之爲害。非獨上游之故也。自龍門以下。汾水挾山西西半部之水。傾峽來注。未及百里而涇渭洛三水。又挾陝西全省諸山之水。升匯於此。未幾沁水自北。洛水自南。又復同時幷注。其餘小水。且不可勝計。夫以上諸水。皆挾七八百里之來源。梁橋太行諸山之所傾瀉。吞納支流細水數十百道。即無黃河。僅其一水之能力。勢皆足以爲暴。乃同時奔注於此一綫河槽。萬流幷瀉。安能容受。況涇渭皆挾極重之沙量。而沁水陂度陡峻。勢如倒峽。崩騰迅厲。更有排山轉石之力。兼之以汴水渦水丹水索水。交錯於其南。衛水漳水濟水紛糾於其北。川流絡繹。有如蛛網。偶一牴觸。即可發生變化。故治腹部之河。不當專從黃河本身計議。當統全局各水而定其區劃。使黃河不受各水之牽累。而各水亦不受黃河之侵陵。各循各道。各順各軌。各水並治。而後黃河始可以治。此一定之途轍也。

黃河有源。故上文所言治法。皆治源之法也。但龍門以下。則諸水之源。皆黃河之源也。自不能不以同一之法治之。蓄源之法。莫如造林。此爲治水之定律。爲全世界科學名家所公認者。因造林之法。不徒可以免河流暴漲。使不致於潰決。且可以保持河流之常度。使不至於涸竭也。陝西山西河南諸山。漸近溫帶。造林自易從事。且森林亦爲國家惟一之事業。即無治河關係。亦不能不積極設法。美國沙漠。均已作爲林場。蘇彝士兩岸之林木。亦已漸生蔚起。西北以數千萬里之重山疊嶂。而聽其童豁廢棄。寧非可惜。若將各處水源山谷。考查地質氣候。悉造成適宜之林木。豈非一絕大利源。況費省事易而效且速。十年樹木。無過於此。若爲養源之計。則但需樹木長成數尺以上。即可掩護山谷。不需三年。即有明效。此爲確定不易之事理。無論如何。均須趕急辦理者。次則前所言山谷築隄瀦泊之法。可以施於河源者。當亦可行於此。而各地人工易集。辦理尤易爲力也。

其次則河套開墾灌田之法。於此尤爲相宜。賈讓論治河。以多穿漕渠爲中策。彼特就河言之。穿鑿河門。每爲決口之基。銅瓦廂之前車可鑒。尚有利害得失之考慮。若從各支流着手。則實有百利而無一弊。況渭洛涇各水。溉地數十萬頃。往古成迹。可以覆按。不比憑空創造。尚有能否見效之疑問也。

龍門以下。支流之最大者。曰涇曰渭曰洛曰汾曰沁。此五水長者七八百里。少亦四五百里。固皆有獨立之資格者。吾國有名之巨川也。戰國時韓欲疲秦人。使水工鄭國說秦。令開涇水。自中山西抵瓠口爲渠。並北山東注洛三百餘里。欲以溉田。中事而覺。秦人欲殺之。鄭國曰。始吾爲間。然渠成。亦秦萬世之利也。乃卒令爲之。渠成。用溉注塡淤之水。溉舄鹵之地四萬餘頃。於是關中無凶歲。漢元鼎六年。倪寬爲內史。奏請開六輔渠。以益溉鄭國河旁高仰之田。十六年。趙中大夫白公復奏穿渠。引涇水。首起谷口。入櫟陽。溉田四千五百餘頃。名曰白渠。民歌之曰。田於何所。池陽谷口。鄭國在前。白公起後。舉臿爲雲。決渠爲雨。涇水一石。其泥數斗。且溉且糞。長我禾黍。衣食京師。億萬之口。鄭白二渠。爲後世言農田水利之祖。則涇水之可以開渠灌田。固古來已效之事也。

漢武帝元光中。大司農鄭當時言引渭地渠。起長安。並南山下至河三百餘里。渠下民田萬餘頃。可以溉田得穀。天子令齊水工徐伯悉發卒數萬人穿漕渠。三歲而通。則渭水之可以開渠灌田。又古來已效之事也。

漢莊熊羆言臨晉民願穿洛水以溉重泉萬餘頃。得水可令畝十石。於是發卒萬餘人。引洛水至商顏下。則洛水之可以開渠灌田。又古人已效之事也。

漢河東守番係請穿渠。引汾水溉皮氏。下引河溉汾陰蒲坂下。度可得五千餘頃。故盡河壖棄地。今溉田之度可得穀二百萬石以上。天子發卒數萬人作渠田。則汾水之可以開渠灌田。又古人已效之事也。

元始祖中統二年。鑿沁河渠成。灌田四百六十餘所。又元郭守敬所陳水利十事。其第六事。謂懷孟沁河。雖饒灌溉。猶有漏堰餘水。東與丹河餘水相合行。東流至武陟縣北。合十御河。可以灌田二千餘頃。明萬歷間。河內令袁應泰引沁水鑿山穿洞。懸閘兩巖之間。受水則啓。障水則閉。以溉民田。由濟源河內孟溫武陟以入河。渠闊八尺。延袤一百五十里。則沁水之可以開渠灌田。又古人已效之事也。

以上五大水。皆有通渠灌田之歷史。鑿鑿可證如此。則今時考查遺迹。修復古制。當然爲確有把握之事。鄭白二渠。爲全國最有名之渠道。依舊法可溉田四萬五千頃。閒現時不及數千頃。其餘各渠。多半廢毀。然則修復以後。可以驟增五六萬頃之腴田。歲獲利益。寧可計量。即不爲治河。亦當修復。而五大河源。皆得渠道之分洩。以河套比例。連吸收蒸發。每日必需若千萬萬立方尺。當然可以爲河流減殺一倍水勢。且令過渠餘水仍復還入河中。而已經過多時之延佇曲折。受益亦復不淺。此固治腹之惟一要着也。

此尚屬於支流上之工作。至於黃河本身之灌溉。則又稍有研究。有謂黃河濁水。不能灌田者。有謂濁水灌田。勝於肥料者。有謂河中開渠。恐洩引河溜。最爲危險者。有謂黃河之水。不宜分洩。分則力弱。不能刷沙。故宋明兩代。均嘗有詔令禁止者。試一考河套之歷史。秦漢勿論。稍近刁雍郭守敬之績。固彰彰矣。至近如前清。即現時河套之渠田。尚有萬數千頃也。謂濁水不能灌田。當然無此理由。假曰此龍門之上。水尚未濁。則龍門之下。固亦有史事可證。

唐武德七年。治中雲得臣開渠自龍門溉田六千餘頃。金明昌五年。中都路言安肅定興二縣。引河溉田四千餘頃。又元郭守敬條陳水利十事。其第五事。謂黃河自孟州西開。行少分一渠。經由新舊孟州中間。順河古岸下至溫縣南。復入大河。亦可灌田二千餘頃云云。則又就河身爲灌溉者。其他宋元明各代。縣令郡守。以引河溉田若千頃。呈報受嘉獎者。尤不一而足。亦未聞以與河通渠至於潰決也。滎陽之陰溝自三代已有之。則就河開渠。爲法已古。如防潰決則口門稍稍堅固而已足矣。至謂河不可分。歷代以此禁民引灌之事。却亦屢見不一。但漫無限制。聽人民任意開掘引灌。當然不可。若河事治理以後。一閘一墻在理必有相當之規則。河槽水量。以何種限度爲止。可以不礙刷沙之力。凡在渠口。分有水則椿誌。在若干限度。即須封閉。前清對於運河。亦用此法。現在有科學之規律。則水流水量。更有標準。河渠之分灌。固以洩其有餘。不能竭其不足也。明尚書周用謂治河之患。莫善於溝洫。河患多在春夏。以雨潦下降。水無所容也。天下皆溝洫。天下皆容水之地。全國皆溝洫。全國皆治水之人。河何患不容。水何患不治。其論溝洫與治河之關係。最爲親切。則通渠灌溉之爲河利。固彰彰明矣。

但於此以外。尚有可以擬議者。歐陽子以謂治水之法。不外疏塞濬三字。而孟子言禹之治水。則曰疏曰瀹曰決曰排。共有四字。明萬恭釋之曰。水密爲患。則疏而分之。水散爲患。則瀹而合之。水侵爲患。則拒堵以排之。水遲回爲患。則搜剔以決之。其說似較歐爲精。河南境內之水。百道幷流。亦千川網布。可謂至密。亦可謂至散。自來治河。惟用排決二法。似不如疏瀹爲當。

於是有主引沁入衛之說。謂黃河由沁入衛。本爲故道。宜由武陽二縣。相擇地段。開一河令北達衛水入海。自元明以來。頗成聚訟。主自元人已有此說。爲衛輝總管董文用所阻。明時主之者。霍韜黄綰科臣王晏。僉事劉清。給事中何陞。潁州同知鄒元明。茶陵州知州范守己。總河楊一魁張國維。清安徽布政使晏斯盛。駁之者明總河徐有貞。總漕王鉉。衛輝知府王天爵。科臣常居敬。清總河張鵬翮白鍾山等。民國二年。河南民人屠豫泰復建此議。旋經河南省長田文烈查明咨部否駁。其主之者不外二說。一以沁水狂急。益增黄河之湍悍。引之入衛。可以紓減河患。一則漕船可以由沁入衛。直達燕京。於運道特爲便利。駁之者謂衛郡浮屠最高者。纔與沁水平。今若通之。則將來盛漲。將與大名俱沒。又沁河寬自百數十丈至二百丈。衛河寬止八九丈。若欲通沁入衛。則自衛輝大名以東。俱當開闊。窮天下之力。竭天下之財。而功終不可成。約其主旨。亦不外沁高衛低。沁大衛小兩點而已。夫引沁入衛。究竟是否可行。是否有益。是否必要。比較利害。當然應有詳審之研究。不能造次從事。但專就此兩點而論。尚不足作否定此案之根據。沁高衛下。則順流迅利。正可資引入之便。若謂大小不合。則當然可以加廣。或聽水力之洗刷。賈魯可以引河。沁至大不過河之十一。何至窮天下之力而不可成。大抵衛郡之人民官吏。均不願此事實現。恐因而遺禍。故自來反對。皆極激烈。未免故甚其詞。或謂明時因衛藩不願。故迭次會議。撫按部院及地方官。皆仰其意旨云云。或亦不無理致。惟白鍾山謂太行諸山之水。皆賴衛河宣洩。若沁由衛出。兩旁必須築隄。阻遏山水歸路。此點頗須審度。要之無論如何。總可備採擇之一說也。

同時。復有主引洛入汴之說。宋元豐中西路供奉官張從惠。謂往時有建議引洛水入汴河者。患黃河齧廣武山。須鑿山嶺十數丈以通汴渠。工大不可爲。去年黃河暴漲。水落而稍北。距廣武山麓七里。退灘高闊。可鑿爲渠。引洛入汴。都水監丞范子淵頗是其說。爲十利以獻。帝重其事。遣使往視。以爲工費浩大不可爲。內供奉宋用臣以爲可行。請自任之。遂由村沙谷口至汴口開河五十里。引伊洛水入汴。謂之清汴河。元祐中御史中丞梁燾上疏極言其弊。不報。宋世汴洛通流。遂爲常事。宋後遂復湮塞。夫汴水下通淮泗。爲自來南北交通之樞紐。故說者謂始於大禹。吾國中部水皆東西流。而南北流無一水道。所以前此東南轉轂專恃一綫漕河。全國上下。竭全力以經營而不給。但藉河通汴。其事頗險。每有導河南決之患。若能專就洛汴設法。可以不假河力。則其事更爲穩貼。而一方又可以爲黃河減去一水之分量。潰決之患自少。此固深可研究者也。更有主引洛入賈魯河之說者。此說出於近時。實即循古人引洛入汴之舊說。蓋貫魯河固汴河之支流。入貫魯河即無異於入汴也。但近有人謂洛河上游。兩岸皆石質峻嶺。開鑿不易。且距汴河甚遠。惟鞏縣之水谷溝。自西徂東。長約四里。係屬天然形勢。今宜將洛水由此引導。經鐵路橋。自龍王廟溝等處。至核桃溝。而入汜水縣之穆溝。此溝長約十二里。形勢與水谷溝同。由此向東北越鐵路至汜水東關。與汜河會。再由汜赴滎。至尚街等處。與索河會。又東至滎澤縣岔河。與須河會。至師家河。又東里許。至鄭縣大雙橋。從前貫魯河即從此經過。後南移。而索河遂佔其故道。現在此地。距貫魯河之新河道。僅有七里。由此引入。事半功倍云云。民國中曾由內務部咨詢河南長官。一再估計。以費巨而止。蓋同一入汴之計。而稍易其途以就便利。此又可研究之一說也。

以上云云。分沁洛於河。所謂密者分之。則疏之義也。合沁於衛。合洛於汴。所謂散者合之。此淪之義也。蓋舜以執中授禹。治水之法。亦不外於中之一字。水過於盛大。則利其分。既可減其猛厲。又使蒸濡灌溉之力。可以平均而普及。水過於細散。則又利其合。蓋小水不足以通航運重載。而有枝無幹。泛濫時仍無歸宿也。總之欲其統系分明。枝幹相屬。適合於人事之利用而止。有餘者損之。不足者益之。挹彼注茲。盈虛酌劑。則治水之惟一方法也。吾以此一段爲中腹腸胃。則下咽之物。務在適合於胃納之容量。而又有相當之消化力。過飽則脹。過飢則餒。黃河中腹。自來偏患飽脹。故設計者。多從消滅着想。然常年之中。十九涸淺。至以如此長流。不通航運。則其弊又未嘗不在於饑。蓋所謂饑飽不時。鼓脹與消渴兩種病症同集於腹中者也。惟飽之病。每至吐瀉狼藉。足爲人患。而饑之病。則惟河自身受之。至於消極無利而止。故人多不注意。今欲治之。必調節其饑飽。使兩種病症。同時全愈。而後可。佔全國數十百萬方里之膏腴上地。而絲毫不能爲利。是即其害之至大者也。

沁洛兩河與黃河之關係。至切而且鉅。故特舉其說。以作標準。河之支流。固不止此。而支流之中。又皆各有支流。動亦數十百里。一一皆有研究討論之價值。即不屬於河之支流。而與河有密切關係者。並在應行討論之列。蓋黃河固以全流域爲其整體。而各種河流。特其分布之脈絡。自人之一身而論。一經一絡。乃至纖微細筋。皆與全體健康有影響。固不能拘於一經一絡以爲治也。

龍門以上。能如前法治理。入腮以後。經過細細咀嚼。勿令生吞硬咽。囫圇入喉。河之爲病。當可以減其二三矣。龍門以下。造森林。瀦谷泊。涵蓄各大支流之水源。固精養血。調和營衛。河之爲病。當可以減其十之三四矣。緣枝附幹。通溝洫。施灌溉。百脈通暢。毛管蒸發。河之爲病。又當可以減其一二矣。沿河各水。或疏或瀹。斟酌處置。風者汗之。積者下之。河之爲病。又當可以減其一二矣。更於沿河道路加以整理。廣樹草木。檢點微菌。添置被服。而河之爲病。又當可以減其一二。溝洫灌溉。支流疏瀹。是所以治其飽也。森林湖泊。蓄養水源。是所以治其饑也。築道路。種柳草。而所以治之於外。而防其外感也。如是而論。通盤勻計。自腹以上。其能爲患者。蓋鮮矣。

治委

源治而腹治。黃河之病。已去其十之六七。然則大體固已治矣。雖然其唯一吃緊關鍵。尤在於最下一段。譬之一身。精神强壯。四肢腸胃。一無痛苦。而大小便結。排洩之道不通。其勢固不可以終日。則治委之法尤汲汲也。

朱子謂禹之治水。先從低處着手。自來言治河者。均奉爲金科玉律。此實一定之手續。即吾上文所論治法。從河源以次相遞而下。由源及腹。由腹及委。亦從文字之順序而言之。絶非謂治河之手續。必自上遞下。由源而後及於委也。

潘靳兩公。輓近稱爲河事鼻祖。其注意實全在於尾閭。潘公力祖濬海之計。而主張合河淮水力以刷之。靳公亦祖潘公束水攻沙之法。於雲梯關外。先後築隄二萬八千餘丈。當時以施工不急之地。甚爲衆議所訐。幸得康熙之委任。卒賴之以集事。則現在治河計畫。首當注及於此。固確定不移之義也。

第討論治委之法。則今日所當第一先決者。即爲河床之問題。或即沿用現在河床而整頓修輯之。或詳細斟酌。別行擇定相當之河床。或大段沿用。而就中移置其一節兩節。此實爲河事惟一重要關鍵。即其他一切施設。亦均須依於河床之軌道而決定。若欲另行選擇。則大概不外兩說。一則恢復南河。一則吾前所列明人黃綰姚繼可之說。於冀兖兩州擇地勢最低之處。即中北兩條之交。形家謂天然界水者也。

挽回南河之說。在光緒中葉以上。主之者頗多。光緒二十年間。東撫張曜。猶以爲請。其時南河舊人尚多。藉此可得要職。一則普通耳目。狃於習見。以故每次改徙。必有挽回故道之議論。其實黃河南行。實違本性。金元因潰決而利其南。故惟恐其北返。明清兩代則以漕運之故。出全力以抑之。使南河身受嚴重之束縛。手足均在桎梏。芻餌在前。鞭策在後。乃不得不俯首南下。以上太行之阪。其趨勢固已汲汲北向矣。道光中魏默深已預言之。謂黃河實當以由北入海爲正軌。而現在之勢。萬不能行。數十年後。必有自動北徙之一日云云。則現時南河之不當復。固已明白可見。近數十年。亦已無人及此。而事實上淤河舊軌。已成山阜。亦萬無可復之理。則此說殆已無討論之價值。然則如欲另行選擇。舍黃姚舊說。固別無可依據矣。

但據近時考查地理者之研論。謂黃河如從托克托縣境之河口鎮附近開鑿一道。直駛東注。中間所隔山嶺。並不十分巨大。穿過山峽。即與灤河上游相接。循灤河軌道以入海。取徑甚直且近。可以減除兩曲。省二千里之河道云云。此爲最新穎之議論。向來未經人道者。然詳加審按。亦古人已有之成議。非創說也。漢武帝時齊人延年上書。所謂開河上領而注之胡中者。即是此意。漢武壯之而不能用。其時長城以北。即鮮卑烏桓之境。單于庭之所在也。惟領字因無山字。如淳釋爲領袖之領。因使後人莫能解其所謂。遂視爲玄空奥妙之謎語。其實領即嶺字。河上嶺。必其所隔之山名也。若言將河上嶺開斷。即可注之胡中也。古來同體之字。通用甚多。按是處爲大青山至太行諸山東峽之地。山勢一伏一束。故不甚崇峻。而占地亦不甚廣。在實際上。並非絕不可能之事。若專爲避河患起見。實屬無上妙法。當時若果如此辦理。後世二千餘年之河防擾攘。皆可解免。直可一勞而永逸。但所當研究者。黃河是否只有害而無利之一物。若視爲止有害而無利。則依延年所計。最是直截痛快。但水爲五材之一。爲民生日用所萬不可缺。假如以河南北數省地面。而絕無一大水以襟帶其間。俾得滋涵潤澤。蕃育萬彙。則將成爲荒原旱磧。而不可以居處。故古人建城設鎮。無水之地。必百計設法。從數十百里外遠引水道。紆回左右以資利用。源愈長流愈遠。然則難得有此七八千里之泱泱大河經流之地。分當極力求其周行曲到。能多至一地。即多一地之益。能多展一里。即收一里之功。西人所謂點滴黃金。寧有擯之無用之理。現在只從圖籍上懸揣。似有可開之理。究竟可開與否。尚在疑問。即使實在可行。亦斷非所宜。但不能不存其說以備治河者之一種方案。既有此一說。雖不能行。固不可不知也。

總之另擇河床一節。情事重大。而工費不貲。自非萬不得已。總不宜輕易舉動。但全盤測勘以後。從各方面之觀察。如現在河床決不適用。或雖可適用。他處更有遠勝於此者。實有舍舊謀新之必要。則亦不能不毅然決然。排萬難而爲之。何則。因此次治河主旨。固爲根本治理。爲吾中華民國求萬年永久之利賴。固不容以因陋就簡。較一時之小利。而忘百世之永圖也。

治水必以禹爲法。治委之法。當然亦必以禹爲宗。顧禹貢紀導河成績於其委也。則曰又北播爲九河。同爲逆河入於海。寥寥十數字。文義過於高簡。因而大啓後人之聚訟。其對於九河逆河之解釋。大約可分爲下列之各說。

甲謂播之爲九。以暢其流。復合之爲一。以厚其力。使九派合一。以一迎八而入於海。此說最古。注與疏皆同此義。

乙謂禹於冀兗二州。逆設爲九派河道。以防河流暴至之患。未至之時。則仍可耕種。如有水至。則有九河爲之容納。不至於妨害民居。此羅泌之說也。

丙謂禹因地之形而逆設爲九河。凡當河道之處。不建都邑。不爲聚落。不耕不牧。謂之逆河。意若空留其地以歡迎河之至者。此程泌之說也。

丁謂開渠通海以洩河之溢。秋冬則涸。春夏則洩。猶言春夏有水。則聽其漫流。秋冬無水。則任其乾涸。此董鼎輯朱子格言之說也。

戊謂先爲九河分流。後以一河橫截而迎受之。九河皆入其中。以次還迤而入海。此亦宋人之說也。

己謂禹因地勢之便。作成九個河道。以聽河之所自擇。此亦宋人之說。蘇氏所引者也。

庚謂九河並行。而以一條爲之經流。即徒駭是也。八河通塞不定。惟徒駭一河永遠安流。河流自上而下。海潮自下而上。如相迎受。故謂之逆河。此漢人之說也。

辛謂徒駭即爲逆河。故王莽改渤海郡爲迎河郡。以一河迎受八河。故稱逆河。此亦漢人之說也。

壬謂禹因河已近海。故聽其自由分流。九河之地。至今已爲海所蝕。故禹之舊迹。亦不可復考。此薛士龍之說也。

癸謂現時所謂黃渤海者即禹貢之逆河。九河盡入其中。幷成一大河。而復外與海接。後人因其崖岸廣博。乃名之爲海。而其實即爲逆河云云。此宋蘇轍之說也。

子謂大陸以下。本有現成之九道河流。河行至此勢不能避。禹因順其勢而用之。非另行開鑿者。此清人之說也。

諸說紛紜如此。不可究詰。尚有不及省記者。於此欲求禹所以治委之法。曰播曰同曰逆。究竟係何真相。有何作用。無法可以推擣。比較上似以壬癸子三說較爲近情。謂禹無端於大陸鑿成九河。分之而復合之。過於不近情理。就使用分水之法。亦不必作至九道。且亦安得有許多工夫財力。經生議論。殊多隔膜。自乙以下數說。更爲荒謬不情矣。至九河之名目地址。則爭議更多。自漢時已言齊桓之時。九河已亡其八。僅有徒駭一河可指。而後人則一一皆已考證完全。惟甲云在此。乙云在彼。仍係各執一說。皆有引證。而皆可指駁。所以永遠不能確定。其沿誤之故。皆因多數新河。往往冠之以舊名。後人不知。遂據以爲準。因此乃各執不下。今徒駭馬頰鉤盤等河。均在魯境。實有其地。實有其河。而實際却並非禹之九河。總之禹河將至海時。曾有一段分派。究因何故如此。有無作用。則已不可曉矣。

今假定適用現在之海口。則當然應有一番整理。究竟如何整理。自是必要之問題。在工程上之計議。自須由專家勘定。但就事實而論。亦有可臚舉者。約其大體當不外下列之數端。

第一當先之地點　據清咸豐五年決徙之記載。謂由直隸東明長垣開州山東濮州范縣至張秋匯流。穿運歸大清河。至利津縣境鐵門關北蕭神廟以下二河蓋牡蠣嘴入海。考利津即古千乘地。是現在之海口。為自夏商周三代直至北宋最老之黃河海口。以歷史論。似必為黃河最適當之尾閭。但光緒十五年。黃河漫溢。於利津境內之韓家垣決口。刷成河道。東撫張曜奏請無庸堵塞。即令由此處入海。於是而鐵門關蕭神廟之海口。乃移於韓家垣矣。二十一年。利津北岸之呂家窪及齊東南岸之北趙家壽張南岸之高家大廟等處。先後漫溢。東撫李秉衡旋奏齊東壽張均已堵塞。惟韓家垣正河現已淤塞。呂家窪地勢本低。已成入海形勢。勉強堵塞。似非所宜。口門以下。村落無多。擬至該處親查履勘。再行繪圖貼說奏聞等語。是韓家垣之海口。又移於呂家窪矣。二十二年復奏謂呂家窪西北一帶漸見淤淺。而查勘舊河自蕭神廟至紅頭鳩海口地勢愈下愈低。極為通順。於是復擬由呂家窪導入舊河。仍以蕭神廟為海口。既而趙家決口。水入絲河。復擬以霑化縣屬之絲河為海口。最後終復移於蕭神廟。二十三年。利津北嶺西灘民埝決口。兩處之水。匯由迤南絲網口入海。李秉衡復請以此處為海口。而蕭神廟之海口復移於絲網口矣。二十四年。巡撫張汝梅於此築隄七千餘丈。二十五年。命李鴻章勘估大工。經由比工程師盧法爾之測驗。復請規復鐵門關蕭神廟之海口。三十年。利津薄莊決口。東撫周馥復請就此處入海。於是而絲網之海口復移於薄莊之老鴉嘴矣。十餘年間由蕭神廟而韓家垣而呂家窪而絲網口而薄莊。蓋已屢易其處。三十二年。又由薄莊之老鴉嘴分道入小叉河。民國六年。小叉河與老鴉嘴同時淤塞。復改道由大洋鋪入海。十三年。復由大牡蠣向混水汪分枝路小股入海。十四年。大洋鋪淤塞。又由流溝莊前陳家大窪改道向西北霑化縣韓家莊斜穿徒駭舊河。適久山莊北之古鈎盤。又傍沿烟袋溝。蔓延於無棣縣境匯沿二河入海之現行河道。二十餘年紛紜變易。氾濫於利津霑化無棣三縣界内。縱横百數十里。漫無軌道可言。故現時所最要者。首當於此百餘里間。勘明一定地點。究以何處入海爲宜。而後一切設施。方有標準。此固治委之第一事也。

其次則填築塘隄　地點既定。欲其永遠向此一綫軌道。自非有隄以束之不可。現在一至近海。水皆平鋪地面。百道分流。大溜所向。偶成河槽。不久旋而改易。必有隄以束之。而後水聚一處。可以刷成深港。潘靳二公於南河雲梯關外。均經試有成績。當然可以仿照辦理。當時海口河身刷至四丈。黃水衝射海面至五六十里之遠。前事可師。決無疑義。前此比工程師盧法爾之調查報告。亦謂屢閲海口。必須先築海塘。接長河隄。入海。則水力益專。方能將沙攻至海水深處云云。此其一定之理。美國米西西比海口。與國大牛白海口。前亦堵塞。今大輪船皆可往來。德國仙納海口。前此亦有擱沙阻礙。行船最爲險惡。旋經以大石築造海塘。高出大湖水面。塘成之後。海口竟深至二丈。比國麥司海口。亦復如是。愚前歲考察荷蘭海塘。其海口工程竟從地中穿一遂下洞道。使河流從此下注。直至深海。其制尤巧。是黃河海口之必須填築塘隄。費一番絕大工程。固爲一定之成法。隄岸之式亦不一種。究用何式爲宜。及兩岸寬廣若干。入海應有若干丈尺。此則須經詳細測算。固非可憑空懸揣也。

次則整理隄工　前條所稱塘隄。專指海口及接入海中之隄而言。海口工程完整以後。同時近海一段河隄。不能不先謀設法整理。因東境河隄。多半均屬民埝。各村各段由人民集合爲之。一處有一處之形式。一段有一段之尺寸。參差斷續。彼此全不相謀。故非但根基卑薄。即形式亦不整齊。是一種全無規則之建築。中間雖經丁寶楨張曜周馥等先後改築官隄。但大半仍依民埝爲基礎。故亦未能完全合法。自當徹底大加整理。其寬廣淺深。務合於適當之規則。好在舊隄尚有許多材料可以移用。即以舊隄之土石。改築新隄。工費當可減省。能普用石隄最好。否則近海口千數百里。決須悉用石隄。或以塞門德土築之。因須預備若干噸之輪船。可以進出停泊也。建國方略中。本有創辦大士敏土廠之大計畫。若能實行。則將來需用此石尤爲省便。

次則實行疏濬　海口雖可借水力刷深。然疏濬之法仍不可廢。吾國自來所有浚泥器具。相沿率稱無效。張曜在東撫任內。曾試驗外國浚河機輪。亦謂只能吸水。而不能淘泥。但鄙意以爲專恃此爲修浚之具。固然不能得力。若已治之河。藉此時時淘刷。未嘗不可見效。吳淞口已試用多年。當可查考。靳輔之浚船。雖係土法自造。但彼在任時行之如法。未聞淤塞。後來田文鏡試用於河南。亦報稱某某河浚深若干丈尺。足見其非無用可知。現在改用機器。當然必勝於舊船。惟機器亦不一式。以何一種最爲相宜。或因其式而斟酌損益之。必有可以得力之具。其修濬之規則。尤須特別詳訂。蓋河身疏浚之事。尚在後圖。而海口之疏濬。決不能不特別周密也。

治委之法。大致亦不外乎此。尾閭既通。排洩之路既暢。則上游決不至發生潰決之弊。下河不淤。則上游自然不決。而上游不決。下河亦自不至於淤。所謂一通而百利者也。

然作者於此。尚有鄭重聲明者。即在預備大治期內。萬不可忽視舊河道維護現狀之問題。何則。新河之規畫。決不能一日而成功。萬一舊河道發生險惡。即可以阻礙新治之進行。河勢一變。則種種情形。悉隨之而變易。宋時汲汲於挽復二股河。而對於現行之北流。不加一兵一卒。致釀明昌大徙之變。此前車之鑒也。

近數十年。國人對於河事。極其淡漠。而黃河亦並無何種險狀發生。朝野上下。幾相忘於不覺。似乎歷代之紛紛擾擾。不免近於多事者。不知自來河道大變之後。必有數十年比較上之安靜。周定王五年之大徙。當時並未置理。迨於漢武之世。而大患始起。至於泛鉅野。通淮泗。浸灌四十餘郡邑。當時之患象可想。所以有宣房瓠子之役。王莽時之大徙。亦未置理也。至於漢明帝時而大患始見。迫兗豫百姓。同時嗟怨。於是有王景治汴之功。蓋初徙之後。其自闢之水道。必迅利暢快。尾閭不塞。雖偶有泛溢。瞬息即過。決不至為何等大患。李鴻章之勘大清河。謂先時只闊八九丈。現已刷至半里有餘。秋冬水涸。尚深三丈。兩岸尚三四丈。則有六七丈深之河槽。當然決不至於阻塞。以後丁寶楨之奏摺。謂彼任臬司時。見河岸離水。尚有數丈。今祇數尺。可知其河底淤高之程度矣。蓋因無人置理。天然必有淤積。淤積漸高。水力漸減。則淤積之量亦愈速。待至河床淤積。已至平岸。或且更高於岸。此時一遇意外盛漲。水行地上。縱橫奔放。當然無所不至。河患一起。東衝西突。防不勝防。便有無法收拾之勢。歷代之疲困於河事者。固由其措置未善。然亦未盡無事生煩。亦迫之不得不然也。現聞山東海口。已將淤平。老於河事者。均謂大患之期。實已不遠。下既塞則上必決。其決也必在於河南北之境。決而北則天津全城可以浸之水底。決而南。則淮揚鳳泗千里陸沈。南決則被禍廣而勢較紓。北決則佔地狹而患至烈。此決非作者故為危詞以聳聽。事理昭灼。固可按圖而索之者。及今圖之。為事尚易。此亦曲突徙薪之會也。

維持現狀之辦法。自來治河圖籍。均已言之鑿鑿。無俟更贅。惟鄙意以為所亟當規定者。河南北及山東三省河務。必有聯絡統一之機關。使之可以代為政府負責。吾前文已具言之。黃河全體之事。如一人之身。不能分段而就醫。誤在上而患或遺於下。失在下而禍或發於中。分疆畫界。當事者亦無責任之可負。

次則經費不時。各工皆無預備材料之餘力。脫有緩急。無可措手。此實至險之事也。局長權位太薄。遇事須層折上達。易至貽誤。故必須有較高級之長官。可以直接政府。主持全局。如此則政府有委責之人。當事有秉承之地。其餘各事。自可以從容商榷。力圖整頓。此項經費。似當改由國庫支出。或由各省分任若干。而中央補助之。仍匯總一處。庶可以通籌酌劑。因關係六七省之河流。不能強分畛域也。

治河說略卷之十

籌治說下

善後之概略

今治河之事。方始發軔。而遽議及善後。見卵而求時夜。毋乃太早。不知此實爲治河最要最重之一點。天下之事。皆成於艱辛締造之時。而敗於閒手享成之日。以河務論。關係尤切。歷代之對於河事。自明以前。大抵皆有患而後治。方其横流四決。千里昏墊。在下有載道流亡之象。在上有賑恤不給之虞。於是舉朝皇皇。君臣宵旰。不惜傾府庫。竭人力。擾動全國。以求紓一日之眉急。及拮据圖維。稍有端緒。則又平成獻頌。金紫酬庸。民夫各散於鄉閭。官吏復還於廊序。一番熱鬧以後。曲終人散。遂聽黄河之自由浪淘。一若安瀾順軌。千秋萬歲。從此更無復慮者。即有隄河專職之官。郡縣守土之吏。亦復依時填格。虚應文報。足迹不復一至。河干千金之隄。牛馬踐踏。風雨剥蝕於其外。狐鼠竄穴於其中。河流砂磧。逐年增高。不久而下游已成山阜。非特未有防維。抑且茫無知覺。沿河百姓。見官吏之懈弛。亦復習焉忘之。昔日身受之苦痛。沉竈産蛙。巢居穴處之景象。事過境遷。已不復置之心目。盜掘私灌。渠岸潰塌。沙壅石積。樹木柯伐。亦視非一人之事。漠然無所係念。於是一旦上流盛漲。偶異他歲。奔騰下注。而無所洩。則如僨轅怒馬。横溢四向。遇隄隄潰。遇壩壩坍。轟然一聲。天河倒瀉。而灌溉若干郡縣之奏報。又風馳而飆集矣。

自明以後。因有漕運關係。設官置守。歲糜數萬人之稍給。隄官閘官皆有責守。似比前代稍爲鄭重。然人人心目所注。皆在運而不在河。河官亦以運事爲考成。但求如期回空。不受譴責。則河事之得失。非所計及。即不幸而有潰決之事。或至漂沒數州縣。但言不妨運道。則上下晏然。且以爲慶。非於大潰大決阻礙運道。則其酣嬉漠視。一猶之前代也。

夫河患之初起也。浮枝梗流。野鼠營窟。一手指之力。可以消弭之也。而此區區之事。乃決無人注見。即使見之。亦決不屑費此一指之力。以剔抉而左右之。以此前患甫平。後患復起。溢決之事。不絕於史。論者遂以爲黃河之患。根於天定。決無永治之可能。不知河固未嘗不受治。遠者弗論。即如近世。潘季馴靳輔之成績。自龍門以下。未嘗不全體就緒。作一度之成功也。而二公皆去職不久。即有河事大壞之議論。似歸咎於二人功緒之不竟。此無他。莫爲之後。雖盛弗傳。繼任之人。非能有二公之勤懇注意也。庸拙者則委蛇守官。坐視廢弛。稍有幹略任事之人。則又決不能規隨前人。而好變更成法。訾前人之不當。以圖自炫其才智。即于成龍猶不免此。而他何責焉。則甚矣善後之難也。

潘靳皆殉於其職。其晚年之奏牘文告。翹音瘏口。聲嘶而力竭。一深恐後人之不能善守遺法。護持其已成之功績。反覆叮嚀。語長心重。讀之可以使人下淚。而迄無補於善後之萬一。可歎也。

二公治河事業。多注重於尾閭。潘之精力。尤瘁於高堰。高堰一壞。尾閭全局。同時並壞。而淮揚二郡。勢且悉爲魚鱉。深恐後人之輕議廢毀者。則託詞於保護祖陵王陵。使言者不敢負此重責。實莫可奈何之苦心也。果自潘公歿後。毀拆高堰之議。囂然大起。而祖陵王陵之問題。反以滋明季河事無窮之糾紛。此實潘公所不及料也。靳公注力高堰。亦與潘同。而尤著意於雲梯關之海口。當時苦心經營。欲以屯田之法。定海口百年之至計。而卒以是遭言者之攻訐。至於罷革。及其再起。不敢復議。惟纏綿悱惻。寄其餘望於語言文字之間。其生平之功績。惟康熙獨深知之。歿後念年。猶存眷戀。然迄不能保護其身後之成績。則甚矣善後之難也。

且吾所謂善後也者。非俟全功告竟。而後另起爐竈。別作善後之規畫也。今日一事畢。自明日起即善後之事也。今日一地畢。自明日起即善後之地也。千載永續。後無窮。善亦無窮。一日偶斷。則過去之豐功盛業。皆陳迹矣。其範圍至廣至博。不可以尺楮盡。今吾所欲言者。特最切最近之範圍而已矣。何以言之。

一曰完手續以竟全功也。 今無論利用舊河床。或改擇新河床。抑或更改其中間一段一節。而河床竟體之應疏濬維護。固無異也。海口一段。應改石工。或塞門德土。自爲不容已之事。全河竟體至少或至龍門爲止。亦要不可不就水勢所至。擇要爲改建石工之辦法。或自下而上。或自上而下。限在若干年內。次第建築。次則種柳植草之法。決不可緩。非但可以固護隄岸。綠楊千里。於風景亦增美觀。而調和氣候之作用。尤非淺尠也。

山東省境沿河隄岸。一律造作汽車路。現成利用。此實極便利之事。河流所過。本皆全國幹道緊要之處。更築車路以聯絡之。則水陸兩利。爲益尤巨。且隄上常有車馬往來。獾鼠野獸。即不至就隄營窟。事雖瑣細。爲益甚大。再則因汽車路之關係。所有隄岸。當然有人照注。不至荒廢。於保護樹木之法。亦易周密也。

又沿河低窪之處。可仿靳公放淤之法。先於其地圍成一隄。俟黃水漲發。由涵洞放入。數次之後。即填成高地。在種植上非常腴沃。而河岸可以逐漸得平均之高度。即等於加厚隄岸數十百丈。其益非細。蓋自來河流皆決低窪之處。若一律平均高度。即自無隙可乘。任爾如何湍悍。可以潰隄防決。不能將數十百丈之平地一起洗刷也。以上皆河工竣後之手續。補苴而增飾之者。但其最要工程。

尤在河中疏浚之法。除海口浚方法。必須特別注意立有一定規程外。其餘遇河上下。亦不能不有常川疏浚之手續。水力雖可以刷沙。而遇有雜物沈滯梗阻。即成淤積之基礎。若有浚具。拂拭而去之。甚易易也。否則愈積愈大。所有浮沙。至此均吸入不動。始終不理。直可以變爲山阜。治之於方始則事等吹灰。治之於既成。則工同移阜。故無論如何。河中疏浚之法。總不可以忽置也。此等瑣事。手續繁重。不可以一一畫。總之對已治之河。務定有一種管理規則。與適用相當之人力。及其組織方法。務在嚴密周到。無弊而易行。因爲永遠之制度。非一朝夕事也。靳文襄公主張以沿河溢出地畝。招募河工幫丁。給以地若干畝。聽其移家佃種。有事則召集工作。無事則各聽歸農。一則沿河兩岸不至荒落。負河而居。可以熟習水性。且有親切利害關係。視河事如家事。費省而事便。可以永久趨工力作。含有古時鄉田同井之意義。文襄惓惓於此一事。而未得實行。猶盼後人行之。以人民公共管河。比之全仗官卒。效驗爲巨。此中意義。大可採取。應如何組織以求永遠可行。有利無弊。則固當經詳密之斟酌耳。

一曰通航運以利交通也　吾前文已言之。水之大用四。水利水運水力。依治源治腹之計畫。通渠灌溉。一切修舉。全國農產收入。歲值必在若干萬萬。地產騰湧之價格。當然必在十倍以上。假如實行平均地權之法。則國家之利益。爲數當不可以萬萬計。然止能用到水利之一部分而已。河之用固未盡也。詳考禹貢所定黃道。兗州貢賦。由濟漯以入河。青州之貢賦。則自汶入濟自濟入河。徐州之貢賦。則由淮泗二水以入河。揚州之貢賦。則由江浮海。沿海入淮。由淮入泗。以達於河。荊州之貢賦。則一部分由沱潛改用陸道。再由洛水以達河。一部分由漢入江。由江入淮。由淮入泗。以至於河。以漢洛二水不通。荆之上游一部。從陸爲較近也。豫州則逕入洛入河矣。梁州爲地最遠。當今漢中及甘肅一帶。其貢道書言西傾因桓是來。浮於潛。逾於沔。入於渭。亂於河。蓋西傾在今臨洮方面之山。水經言西傾之山。桓水出焉。其貢道自西傾至葭萌。浮於潛水。潛水一名西漢。自西漢溯流至漾枝津。南歷岡還迤接漢沔。歷漢川以至褒斜。從斜川出武功而北以入於渭。由渭而入河。蓋中間經過兩段陸地也。雍州則河流上源之地。即今之河套。故由積石至龍門。而會於渭汭。即河渭合流之處。其時國都在冀。故全國水道皆以河爲樞紐。想見當時黃河航運之發達。自龍門以上。至於積石。皆直通舟楫可知也。以後周都陝洛。秦都關中。西漢都陝。東漢都洛。直至隋唐。國都所在。皆不出於黃河之流域。自隋開邗溝。而江與淮通。運道尤便。五代周世祖時。江淮舟楫已雲集大梁。至宋都汴梁。其時各國降王。次第入都。降人之從集於京師者。數且百萬。益以軍儲禁旅之餉給。歲需餉粟。殆逾千萬。乃至江湖黔嶺蜀漢之粟。皆可方舟而下。而以汴河爲之總匯。定制汴河歲運六百萬石。廣濟河六十二萬石。惠民河六十萬石。而其他商賈經營山澤百貨之輸運。猶不在其內。八方環畫并會中州。汴河之水。實仍仰給於河。則黃河水運之能力。何等偉大。歷代帝王。憑之以臨制四方。鞭笞天下。得河之助也。何以至今。乃至枝節繼續。不能得百里交通之地。河猶是河。水猶是水。則稍加修葺。當然可以回復從前之狀況。中原一帶。固黃河之腹部。實亦全國之腹部也。水道如周身血脈。全國必須通貫。而黃河有此長大之水力。能善用之。天然足以相給。同時并將沿河支川運道。一體整頓。將來黃河海口整理以後。務使輪船可以直達河南。南通江淮。北貫津沽漳衛。用完成建國方略之大港計畫。使黃河成爲世界第二之萊茵河。或且過之。豈非裕民足國之惟一長策耶。

一曰造電廠以興大利　水運之用已盡。其次尚有水力。我中華爲世界有名之農業國。依上列各種計畫。因治河之關係。而森林農植已能爲連帶之發達。祇是黃河流域水利一興。全國農產。勢必驟增十倍。而同時導淮之目的已達。則沿淮農業之增進。大略亦復相等。旣增數十倍之農產。當然不能悉以生貨輸出。則工業之改良整頓。自屬一定之理勢。第一步即能改人力爲機器。則工廠之設置。又不容緩。今世界趨勢。已由汽力而入於電力。則發電廠之建設。至汲汲也。此事所最難者能得相當之地址。所以世界有名電廠。不易多得。除美國外。日本亦辛苦經營而始得之。我國則地大物博。此等適宜處所。所在而有。就黃河論。則龍門之水量與夔峽相等。可以得數千萬匹之馬力。前經比工程師調查測勘。擬有詳細計畫。

建國方略亦深注意及此。若於龍門設立一大規模之發電廠。揆其電力。殆可以供我國北部實業之需要。則其他一切實業工廠。皆可以利用此廠電力。可省一大部分之設置。與常年煤炭之耗費。在成本上可以節省逾倍。一個工廠之資本。可以化爲三廠四廠。則工商之奮起。駸駸然一日千里。又可斷言矣。

此外更可以製造肥料。供各地農業之用。黃河上游河套等處。地力極爲饒沃。徒以限於氣候。一年只得一季之收入。若電氣作用日以發達。則未始不可有變換氣候之能力。即以人口聚集之關係。亦可以化寒沍爲温煦。今北平一帶之温度。比於數十年以前。相差已不知若干度。現時以漸而北。或謂因巴拿馬地峽已斷之故。是未始非理由之一部。而南北交通日密。人口往來絡繹不絕。實亦爲氣候變化之大原因。將來關外氣候。再有變化。則由一季之收穫。而變兩季三季。又意中事也。

以上各事原不僅屬於治河之範圍。而特由治河發其端。連類而及。殆有不能中止之勢。蓋必至於如此而後治河之工程。始爲充量圓滿。即黃河之功用。亦始爲充分完全。則以此入於治河之範圍。固天然應有之事也。治河導淮。在吾國固爲兩大事業。即在全世界。亦爲兩大工程。得相當之俊傑而任之。如果規模一定。即全世界之眼光。對於吾國。皆立生其重視。如頹敗舊家。向來百業不理。而此時已提出絕大之治產方案。又確有相當之價值。則自貧而富。操券可待。即對外一切信用。自必因之而驟增。因黃河水利水運水力之發展。而農業興交通便。工業蔚起。北部之狀態。自必煥然一新。淮河既導。而南部風光。又必同時改色。則其他一切政治文化教育商務軍事。自然聯鑣而並進。自貧而富。自富而强。鼎鼎然爲二十一世紀之世界嶄起有名大國。可操券而償也。語曰非常之功。必待非常之人。竊不禁旦夕期之矣。

治河說略終

綏遠概況

上冊

民國二十二年十二月

綏遠省政府編印

總理遺像

綏遠概況序

綏省控制邊陲，延袤千里，天然寶藏，甲於東南，果使焚萊闢土，厚利民生，不徒地方繁榮，而全國之富力繫焉，曩者作義蒞政伊始，首鑑於斯，詎承積敝之餘，民困方亟，不得已以剷匪理財爲治標之計，年來績效雖著，而民利未興，顧不足以言根本之治也，方今國難嚴重，經濟恐慌，國人悚於救亡之切，僉以開發西北相號召，奈因邊陲荒僻，聲息隔閡，徒竭諮訪之勞，仍多扞格之苦，瞻顧遲疑，良由於此作義備位斯土，興利未能，亟思引集國內之人材資力，共圖發展，庶使有裨地方者，轉而供献國家，以樹富强之基礎，因就平日見聞所及，不計粗淺，盡量搜求，以充篇幅，明知內容冗雜，缺點甚多，不過聊備有志西北事業者之一種參考資料，特爲發凡，藉申喤引，正所謂華路襤褸，以啓山林者也，若以嚴格體察，悉本科學原理，仍當俟諸國人發揚而光大之，則非草創是編之區區本意矣　茲値彙刊付梓，略誌數言，以述其緣起云爾，是爲序。

傅作義

綏遠概況勘誤表

編別	頁數	行數	字數	誤	正
序	一	十二	三	鑑	藍
地圖				陶卜齊毛集寧無鐵道	有鐵道
總論	三	九	五	塵	竊
	三	十二	五	塵	廳
	三	十四	十七	備	借
	十	三	十三	模	漠
	十	七	二十八	源	原
	十三	五	二十四	有	自
	十五	六	二十六	山	境
	十六	二	二	四	五
	二十七	六	二十九	極吳襲	搖吳蘇
	四十一	一	三	務	物
交通	三	四	三十八字下		脫十字
	四	九	三十三字下		脫綏浮羊毛棧二十八噸計算運費十三字
	六	六七八九十十一		分爲六行	應作三行
	七	十二	二	宮	官
	八	八	三十五	米	麥
	九	三	十四	河	可
	九	五	山字下		多薇字
	九	八	十九字下		脫煤字
	九	九	二十三字下		脫江字
	十一	一	五字下		脫木字
	十一	六		林沁溝	大都林沁溝
	十一	七		林沁溝	小都林沁溝
	十二	四	十五字	[illegible]	灰等
	十四	一	五字下	興隆	隆興
	十四	一	十九字下		脫百字
	十四	六	三十二	互	亘
	十四	七	八字下		脫山字
	十四	十一	第一字	忠	患
	十四	十二	五字下		脫雨雪二字
	十四	十二	二十六	西	面
	十四	十三	二十七	間	閻
	十四	十三	三十	鎮	墳
	十五	六	三十七	特	費時
	十六	三	二十一	段	設
	十六	十	三十一字下		脫一字
	十七	五	二十九字下		脫不字
	十七	六	二十七	漫	優
	十七	十三	三十四	錮	固
	十八	二	三十六	入	八
	十八	九	第一字	止	正
	十八	十一	七	器機	機器
	二十一	七	三	結	器
	二十二	一	十五字下	，	。
	二十二	四	二十字下		脫涼城二字
	二十三	八	二十二	檔	矩
	二十三	十一	二十六字下		脫局字
	[illegible]	[illegible]	[illegible]	[illegible]	[illegible]

編別	頁數	行數	字數	誤	正
交通	三十九	四	二十七字下		脫大字
	三十九	十五	二十字下	車轂輪泉頭	車轂輪泉
	三十九	十五	二十四字下		脫水字
	四十	三	三十四	駃	駛
	四十一	九	十四	於	內
	四十一	九	行首		應加C字
	四十一	十一	八	王	玉
	四十一	十一	三十八	頭	道
	四十二	六	十七字下	木琥爾嗎順和尼沁那郎	木琥爾嗎順 和尼沁 那郎
	四十三	一	三十八字下		脫編字
	四十三	三	十八	克	科
	四十三	八	十四字下	博羅達嗎托里木	博羅達嗎 托里木
	四十三	十	三十	里	黑
	四十三	十一	四十一字下	不應留空白	應接十二行乾姑
	四十四	三	六	赴	赶
	四十四	四	二	遠	新
	四十四	十一	十五	推	推
	四十四	十二	第一字	議	汉
	四十五	八	行尾		脫水煙二字
	四十五	十	九字下	多，	
	四十六	一	三十	色	包
	四十六	六	十八	邦	都
	四十七	五	三十	十	一
	四十七	八	薊州下	應空格	
	四十七	六	三十七	十	千
	四十八	九	三十四	約	張
	四十八	十五	五字下	多包頭二字	
	四十九	一	三	頭	口
	五十	二	十	沙	淀
農林業	二十一	十四	十二	仆	作
	二十二	二	三十七	維	惟
	三十五	一	十二	放	極
	三十五	一	十三	極	租
	三十五	一	十四	租	放
	三十五	十一	六	章	草
	四十一	十三	四十	業	葉
	四十四	十一	十八	稍	稍
	四十六	四	十八	稍	稍
	六十六	十五	十四	伎	使
	七十一	十二	十六	之多字	不要
墾務	四	十三	二十八	閑	閒
	十八	茂明安旂	後土默旂地	三畝一分	五畝一分
	二十九	沙拉木楞台	喀吧地	屯	台
	三十	第二格	備考欄	製冊	造冊
	三十	第四格	仝上	理合併聲明	合併聲明
	三十六	說明欄	第四項	竭發局長	竭前局長
	三十六	開升科地欄		九十八畝	九十八頃
牧畜	一	三	末一字	少	稍
	[illegible]	[illegible]	[illegible]	[illegible]	[illegible]

	十四	十二	三十	鑛	壙
	十五	六	三十七	特	費時
	十六	三	二十一	段	設
	十六	十	三十一字下		脫一字
	十七	五	二十九字下		脫不字
	十七	六	三十七	漫	優
	十七	十二	三十四	圖	固
	十八	二	三十六	入	八
	十八	九	第一字	止	正
	十八	十一	七	器機	機器
	二十一	七	三	站	器
	二十二	一	十五字下	，	。
	二十二	四	二十字下		脫涼城二字
	二十三	八	二十二	櫃	矩
	二十三	十一	二十六字下		脫局字
	二十三	十二	十三	江	紅
	二十五	一	十三字下		脫者字
	二十五	四	二十八字下		脫所字
	二十六	四		通滙每字下	脫次字
	二十九	三		儲字下	脫(一)
	二十九	四	第一字	及	即
	二十九	九	二十六	入	八
	二十九	十二	二十七	只	共
	三十	十三	二十五字下		脫至字
	三十一	三	三十五	蔡	察
	三十一	五	十一字下	鵝老紙板申氣公鷄板	鵝老紙板中紙公鷄板
	三十一	五	三十八字下		脫路字
	三十一	九	八	薩	縣
	三十一	九	三十一字下	毛俗杜守將營	毛俗杜守將營
	三十一	十三	(10)字下		脫包字
	三十三	五	三十一	材	村
	三十三	五	六字下	薩縣	固陽
	三十四	六	十	亦	易
	三十四	十一	六字下	多，	
	三十五	十四	九	埜	沃
	三十六	三	十三	治	沿
	三十六	四	二字下	應公格	
	三十六	七	二十二	塞	寨
	三十六	十二	五	石	右
	三十七	一	六	典	曲
	三十七	一	三十	裕	福
	三十七	十	一字下		脫石字
	三十八	一	十五	已	以
	三十八	一	十七	地	城
	三十八	八	三十一	有	自
	三十九	二	四十四	十	千
	三十九	三	十字下		脫路字
	三十五	一	十四	袓	放
	三十五	十一	六	章	草
	四十一	十三	四十	業	葉
	四十四	十一	十八	稍	梢
	四十六	四	十八	稍	梢
	六十六	十五	十四	伎	使
	七十一	十二	十六	之多字	不要
墾務	四	十三	二十八	開	閑
	十八	茂明安府	後土蝕房地	三畝一分	五畝一分
	二十九	沙拉稱勝台	豎吃地	吃	台
	三十	第二格	備考欄	製册	造册
	三十	第四格	仝上	理合併聲明	合併聲明
	三十六	說明欄	第四項	蜀發局長	蜀前局長
	三十六	升科地		九十八畝	九十八頃
牧畜	一	三	末一字	少	稍
	一	六	二十八	并	並
	二	十	一	覩	覩
	三	二	十四	二十	五十
	三	四	二十七	如	茹
	五	十一	九	二	四
	三十二	一	三十三	羊	羔
	五十五	六	五	墾	野
	表	一	五	墾	野
	五十八	六	三十二字下		多「值」字
	六十九	十三	十九	鎖	銷
	七十六	一	三十三	易	見
	七十六	六	三十六	線	錢
	七十八	五	十五	源	原
水利	一	九	十四	仝	至
	二	一	四十字下		脫大河二字
	二	十三	五	水	道
	三	七	三十九字下	境局	局境
	七	十	二十	繞	澆
	七	十	二十七	免	兎
	七	十三	二十三	繞	澆
	八	二	十五	尺	丈
	八	四	十三	金	仝
	八	十四	二十四	傒	保
	九	一	三十二字下		脫洪水二字
	九	三	十二	地	池
	十一	一	二十三	面	且
	十一	四	二十二	渠	寨
	十二	九	二十六	目	自
	十二	十一	三十六	寨	套
	十二	十五	三十四	築	設
	十四	五	十一	突	實
	十四	九	十九字下		多渠字
	十四	九	三十九	槐	塊

2

	二十三	[illegible]	字下		脫入字
	二十三	十一	十八	之	以
	二十四	十三	十三字下		脫義字
	二十五	五	三	特	托
	二十六	十	十六字下		脫于會期三字
	二十八	一	十一字下		脫附捐二字
	二十九	三	六字下		脫園字
	二十九	四	六	气	作
	二十九	十	二十六字下		脫每週二字
	二十九	十四	十七字下		·脫溉字
	三十	一	十九字下		脫設字
	三十	十三	十字下		脫畝字
	三十二	四	十四字下		多上字
	四十	五	第一、十九、	滯	渾
	四十二	七	三	連	速
	四十七	十	四	深	渠
	五十三	五	三	窪	窰
	六十二	五	三字下		多渠字
	六十六	八	三十四	燔	牆
	六十九	五	三	年	條
	七十三	五	二十五字下		脫之字
	七十七	一	二十一字下	一塲	塲一
	七十九	五	七	各	名
	八十	二	十二	續	績
	八十	七	四	公	渠
	八十	十五	十六字下		脫渠字
	八十一	四	二十一字下		脫水利二字
	八十一	六	三十三字下		脫先字
	八十一	九	二十八字下		脫定字
	八十一	十	三十九	全	合
	八十二	七	二十四字下		脫水澆二字
	八十二	十四	二十一字下		脫管字
	八十三	七	二十七	築	渠
	八十五	十	十八	欵	渠
	八十五	十三	十八字下		脫水社或三字
	八十六	三	五字下		脫及水社三字
	八十六	三	六字下		脫合字
	八十六	九	二十七字下		脫廣字
	八十七	十三	首二字	調解	辦
	八十九	一	七字下		脫定字
	八十九	三	十七	立	之
	八十九	五行後		遺漏	己 丙項之總領穿如各村之總計算有困難時得請本會工程師代穿之
	八十九	五	首字	己	庚
	九十	九	十	領	須
工業	一	十三	二十九	毛駝	駝毛
	三	二	三	紙	絨
	九	一	十五	五，	五、
	十七	五	八	齡	城

	六十五	十六	十二字	陶[illegible]	陶壁
	六十九	二十四	二十四字	營業者	營此業者
	八十一	五	三十九字	獲利當微	獲利甚微
	八十一	七	三十八字	有量數	而量數
	八十二	十五	十九字	專管	專營
金融	六	七	三十三	在	正
	十三	五	三十四	均	約
	十五	四	三十七	票店	業店
	十五	十一	十五、十六	無仍	仍無
	十八	八	三十九	甚	無此字
	十八	十一	三十六	銀錢業	銀錢者
	十九	一		甲金融機關	應刪去
	十九	八	四	辦	內
	二十一	十	一	用	應刪去
	二十一	十二	一		應加一用字
教育	一	二	二十		以字衍
保安	三	一	六	名	匹
	十三	表		名	匹
	二十四	十五	十八	五二二，	五二二·
	二十五	一	十八	六七三，	六七三·
	二十六	四	二十	七四二，	七四二·
	三十八	三	六	適村	適中村落
社會概況	三	十四	二十八字	婦	歸
	五	十五	三十八字下		○
	九	四	三十五字	岸	干
	九	六	十九字	杳	沓
	十一	六	十五	來	耒
	十七	四	二十五字下		脫織字
	十七	十二	五	一八，〇〇	一，八〇〇
	十八	十一	二十七字	或	應刪去
	十九	表	豎三格橫六格	六	八
	二十	二	十	前	有
	二十	十	十三	千	十
	二八				英文衍
烏伊兩盟	七	六	十六	凡	皆
	八	六	三十二	子	子字衍
	九	一	二十一	爾	亦
	九	十三	三十三、三十四	富豐	豐富
	十	十一	十六	在	相
	十一	三	三十三	在	向
	十四	七	二十六字	灸	炙
	十六	十四	二十	楊	揚
	十七	六	二十一、二十二字	年陳	東西
	十七	十二	十三、十四二字	言數	台數
	十九	三	四	部	節
	十九	八	十	羣	郡
	二十	六	二十七字下	過現在去將來	過去現在將來
	二十	九	六	安昂	安，昂，
					·

編別	頁數	行數	字數	誤	正
水利	十四	十三	十一	煙	湮
	十五	三	四	渠	水
	十五	四	十	永	亦
	十五	四	三十六	會	合
	十五	六	第一字	六	大
	十五	六	十五	千	於
	十五	十	十六字下	什拉胡魯素紅們圖	什拉胡魯素紅們圖
	十五	十一	八	尺	丈
	十五	十五	九	厚	原
	十六	一	二十二字下		脫大字
	十六	二	四字下		脫重修二字
	十六	五	十七	仍	另
	十六	十一	七字下		脫而行二字
	十六	十二	第一字	煙	湮
	十六	十四	三十	租	祖
	十六	十四	三十五字下		脫渠字
	十七	四	二十二	煙	湮
	十七	六	二十九	稍	梢
	十七	八	十七字下		脫游字
	十七	十一	七	没	沒
	十七	十二	九字下		脫萬字
	十八	七	四	名	點
	十八	九	八	水	永
	二十	九	十四字下		脫有字
	二十	九	十四	共	公
	二十二	三	二十三	件	條
	二十二	四	九字下		脫商字
	二十二	四	三十	水	公
	二十二	六	九字下		脫抽字
	二十三	七	十四字下		脫入字
	二十三	十一	十八	之	以
	二十四	十三	十三字下		脫義字
	二十五	五	三	特	托
	二十六	十	十六字下		脫予會期三字
	二十八	一	十一字下		脫附捐二字
	二十九	三	六字下		脫園字
	二十九	四	六	气	作
	二十九	十	二十六字下		脫每週二字
	二十九	十四	十七字下		脫溉字
	三十	一	十九字下		脫設字
	三十	十三	十字下		脫畝字
	三十二	四	十四字下		多上字
	四十	五	第一、十九、二十一	滓	渾
	四十二	七	三	連	速
	四十七	十	四	深	渠
	五十三	五	三	窪	窰
	六十二	五	三字下		多渠字
	六十六	八	三十四	熔	牘
	六十九	五	三	年	條
	七十三	五	二十五字下		脫之字
	七十七	一	二十一字下	一壩	壩一

編別	頁數	行數	字數	誤	正
工業	二十五	十三	十八	噸	斤
	五十六	二	十	中	手
礦業	二九	十五	十四	磺	煤
	二九	十五	二十	礦	層
	三十	十	二	出	同
	三十二	四	二一	漢	灘
	三十二	十四	十三	漢	灘
	三十九說明欄		三二	均按	按
商業	七	七		花色布	花包布
	十	十		一九二,〇〇〇	一,九三五,〇〇〇
	十一	十四		三,五〇五	三,五〇五斤
	十二	十四		四一,七六九	四一,七六九個
	十三	八		四一八三三	四一八三二
	十六	十四		二,七三三,三一〇	二,七三三,三一〇個
	十七	三		一八,〇四一	一八,〇四一斗
	十七	十一		二六四	一六四
	十九	一		四七二	四七一
	二三	八		三三三,六〇九	三三三,六〇九
	二四	三		六,七三九	二八,七三九
	二七	十四		二,〇〇六	二二,〇〇六
	三十	一		二,三三三	二二,三三三
	三十	三		四四四,二六八	四四四,二六八
	三十	四		七六二,六三	七六二,六三六
	三十四	十		一四五	二四五
	三十四	十一		一八九	二八九
	四十一	五		八三〇	八三二
	五十二	一	三十六字	福處社	福虎社
	五十四	四		榮升丸	榮升元
	五十八	八		合誠么	合順公
	六十五	十六	十二字	陶壁	陶埜
	六十九	二十四	二十四字	營業者	營此業者
	八十一	五	三十九字	獲利當徵	獲利甚微
	八十一	七	三十八字	有量數	而量數
	八十二	十五	十九字	專管	專營
金融	六	七	三十三	在	正
	十三	五	三十四	均	約
	十五	四	三十七	票店	粟店
	十五	十一	十五、十六	無仍	仍無
	十八	八	三十九	甚	無此字
	十八	十一	三十六	銀錢業	銀錢者
	十九	一		甲金融機關	應刪去
	十九	八	四	辦	內
	二十一	十	一	用	應刪去
	二十一	十二	一		應加一用字
教育	一	二	二十		以字衍
保安	三	一	六	名	匹
	十三	表		名	匹
	二十四	十五	十八	五二二一，	五二二一、
	二十五	一	十八	六七三，	六七三、
	二十六	四	二十	七四二，	七四二、
	三十八	三	六	適村	適中村落

綏遠概況目錄

目錄

第十二編　保安

第十三編　社會概況

第十四編　烏伊兩盟概況

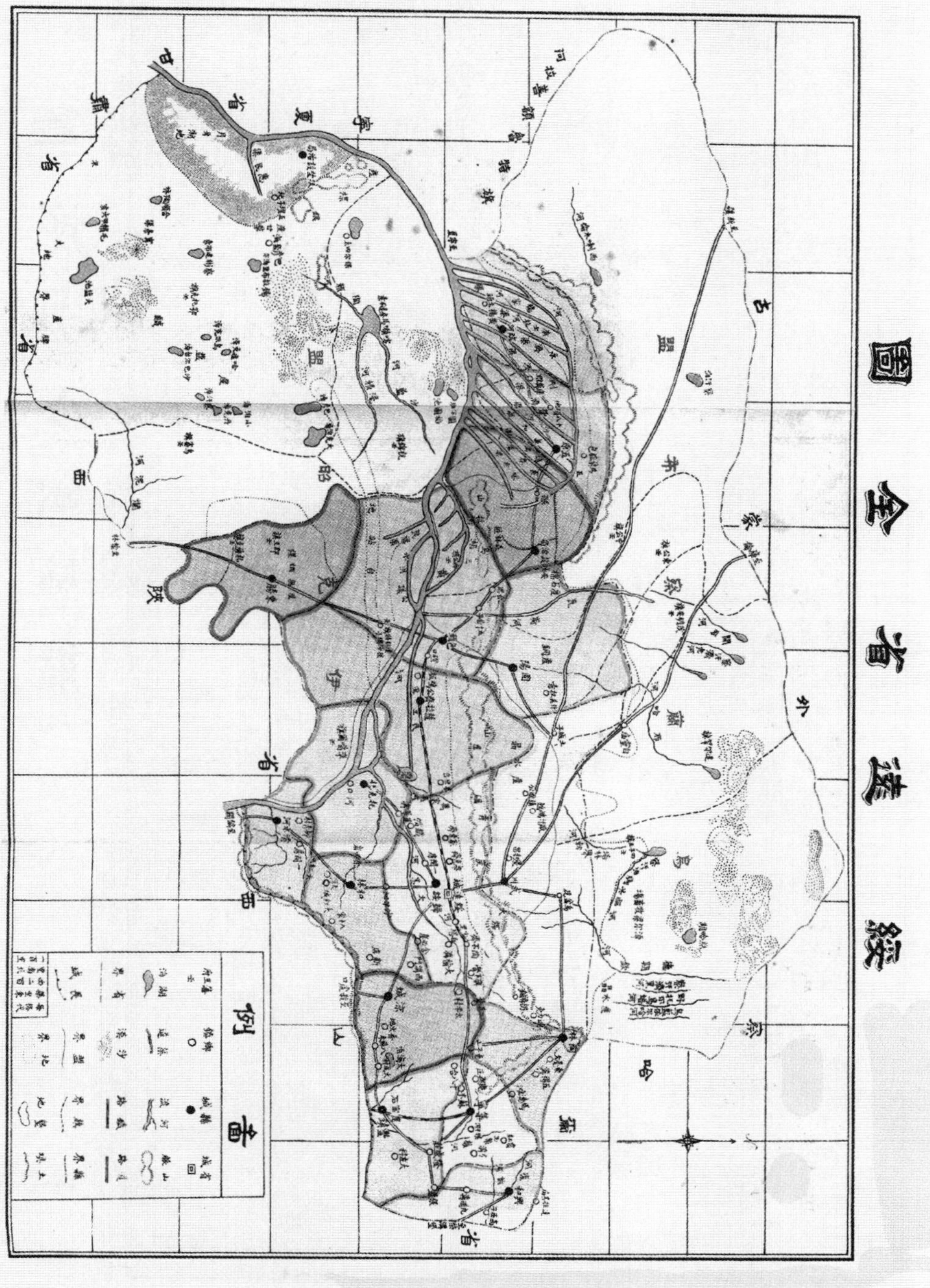

綏遠省全圖

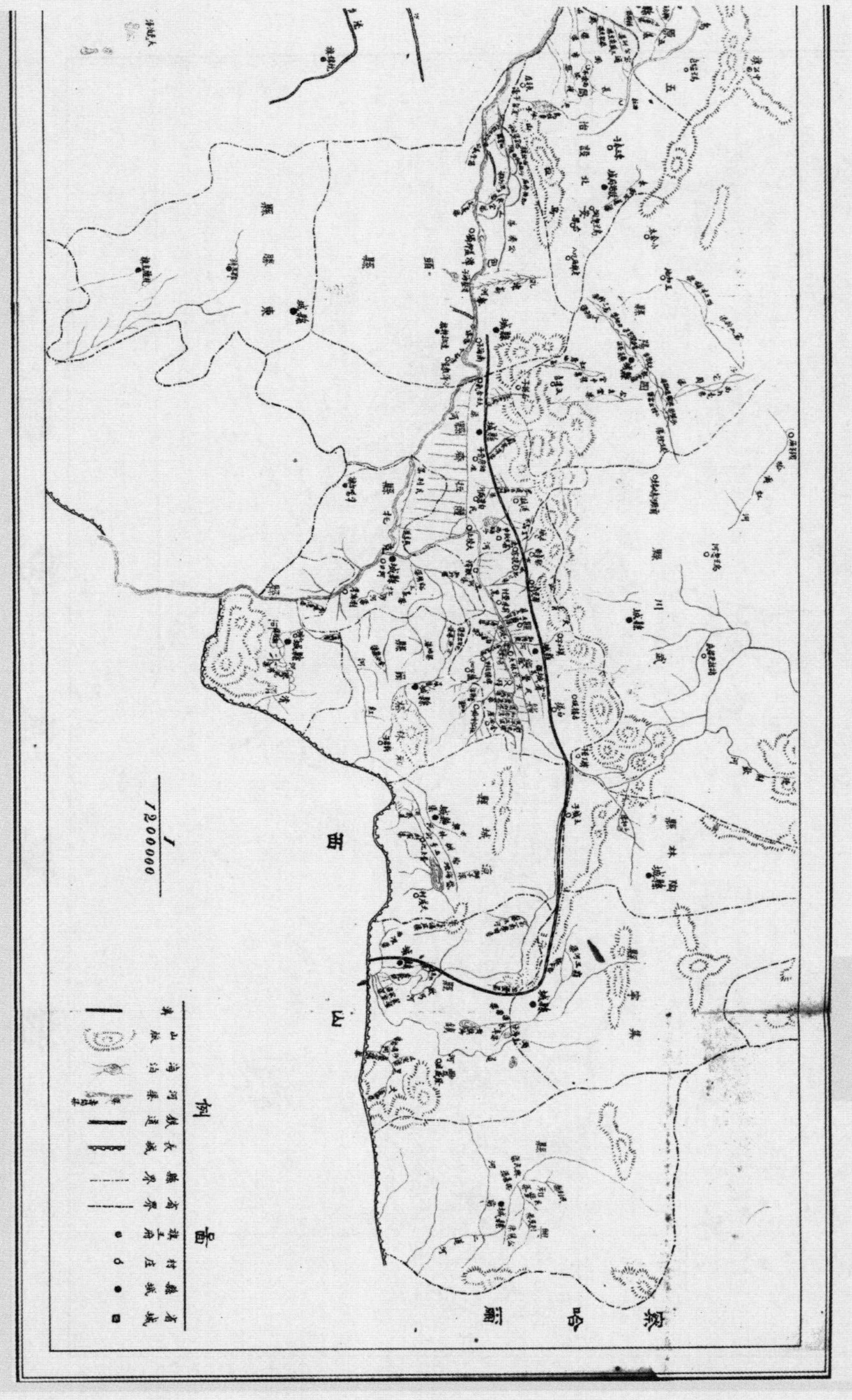
綏遠省水利全圖
1/720000

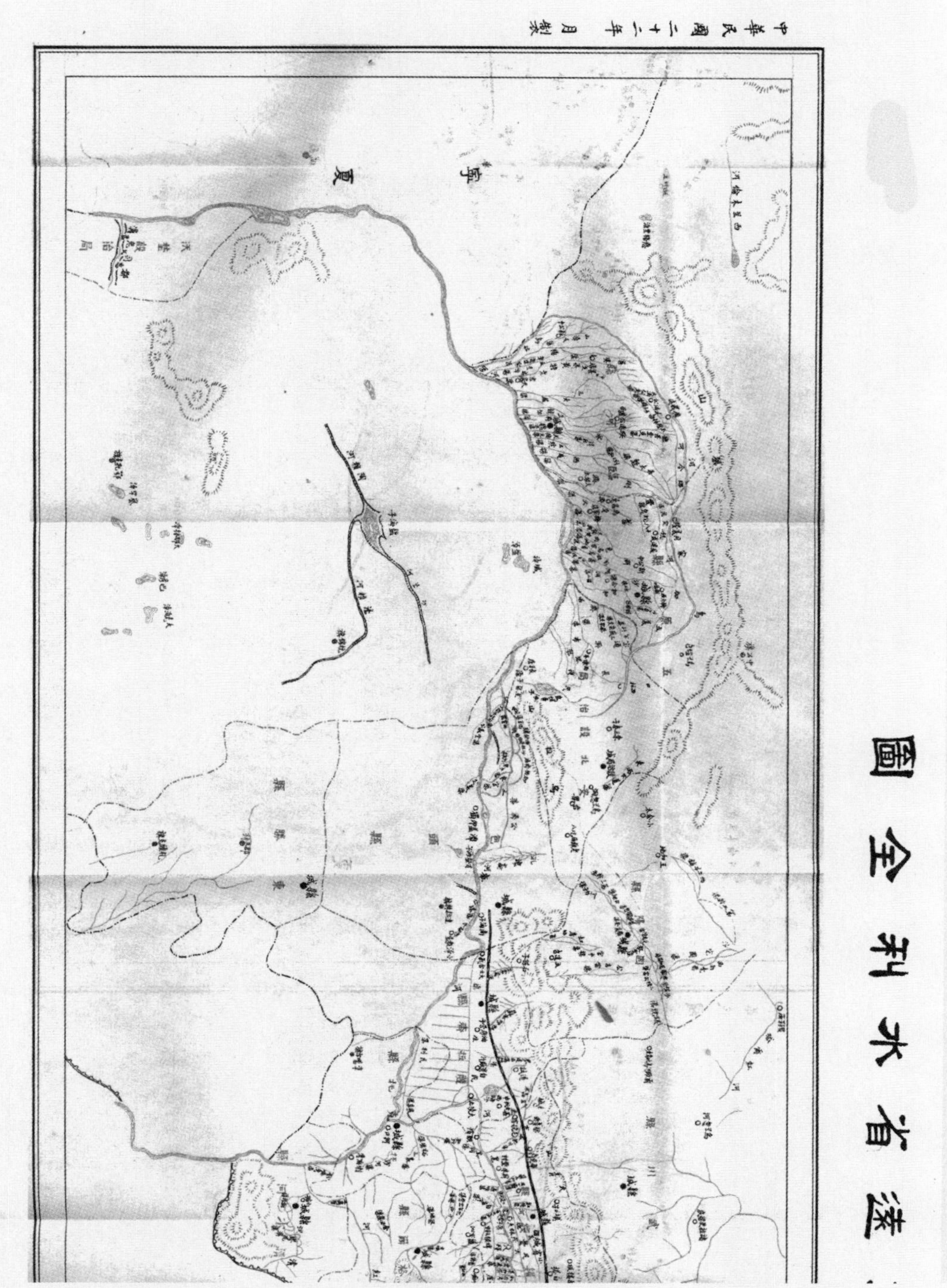
綏遠省水利全圖
中華民國二十二年 月製
寧夏

第五編 水利

比年以來，農村破產，民生憔悴；欲謀救濟，勢非增加生產能力不爲功。綏遠地隣沙漠，雨澤稀少，灌溉田畝，增加生產，捨鑿渠引水而外，殊鮮良策，綏西各縣，黃河環繞，渠道縱橫；歸薩托境內，黑河貫注，支渠交錯，其他各縣，可供灌溉之河流泉水，亦所在多有，倘導引得宜，不難化瘠土爲沃壤；致農村於復興。茲將現有河流渠道，略述梗概，以便參考。

第一章 河流

一 黃河

黃河自寧夏北行偏東，至烏拉河口而入綏境。東北流，經臨河，五原縣境，至黃土拉亥渠口，枝分二派。南派較盛，北派行將就淤。又東至惠德成渡口，二派復合，略轉東北，至義和渠土城子南，曲向東南。經安北設治局境，至西山嘴入包頭縣境。仍東南流，左岸析枝爲三湖河，右岸側有小河數道從前套來注。東行右岸有淤河，俗曰大河，相傳爲黃河故道。黃河北徙，此道遂淤。過昭君墳，其左岸三湖河注焉。三湖河自西山嘴起，沿烏拉山南麓向東，蜿蜒長二百餘里，至此復返於黃河。大小河之間，土質腴沃，俗稱三湖灣。河水又屈而東南流，經召灣孔都倫河北來注之，又東過紅洞灣，及南海子，再偏北至磴口之南，入薩拉齊縣境。經薩托民生渠，東南行入托縣境，會大黑河，折而南，至清水河縣境，而入山西。合計黃河流經臨五安包薩托清七縣局，自入境至出境，凡一千餘里，統曰河套，在沃野設治局者謂之西套。南岸鄂爾多斯，至包頭西山嘴迤東，謂之前套。安五臨境內，謂之後套。平原沃野，宜農宜牧，黃河百害，惟富一套，即指此也。然渠附於地，地賴於渠；渠成水到，則禾黍豐盈。渠廢水失，則石田坐嘆。其關係一以人力爲轉移，故土人嘗有不靠天吃飯之語。

後套水利，在綏遠爲最着，然屢興屢廢，，利害無常。其困難之點綜合言之，均因河低渠高地更高。光緒三十年時，黃河水面頗高，較現時水面，高出一丈五尺，因防河水氾濫，土城子附近，曾修沿河壩一座，高約三尺。普通河水，在後套一帶，尚稱平穩。漲落相差不過一丈，是以當時各渠水利，尚屬易辦。今河水降落，進渠自不容易，此困難一也。各渠渠身，多就高處，以便水流下注，灌漑田地。往昔河水入渠既易，水流較爲迅捷；渠水自口達梢，尚稱通暢，沉澱之弊不顯。今則河水降落，水流遲緩，各渠乃多淤塞，非年年挑挖不可，此困難二也。昔人開渠，係就水源引水，河身在南，故渠之流向，亦由南向北；或由西南向東北；惟地勢北高南低，渠水自南趨北，僅賴水流排擠之力，逆勢而上，流度較緩；所夾泥沙，隨處沉積，渠道易淤，此困難三也。河水帶淤泥甚多，兩岸地面一經灌漑，逐年增高，水不能上，此困難四也。渠水逆地勢而行，渠身全藉挖鑿以成，水面低於地面，灌漑時必須築壩，昇高水面。水被壩阻，所夾泥沙，因而下澱，渠道乃淤，此困難五也。後套各渠，多藉烏家河爲退水路。然烏家河地位既高，又河身淤塞，其下游復被烏拉山所阻，不通大河。退水路既不暢通，渠水由南排擠以來，除漑田所用外，餘水無洩出之道。水流忽定，沉澱愈易。今日各渠渠水，鮮能達梢，均由於此，此困難六也。黃河河床，變遷無定，南移北徙，年有差異；渠口之地位，因亦隨時變更。年年興修渠口，固屬工費兩耗，而入渠水量，既無把握；灌溉地畝，多寡不等；主持渠務，難定預算，此困難七也。然則通盤籌劃，改革之道何在？曰：莫如修挖黃河故道之為上也。

二　烏家河

古黃河有南北河之分。南河即今之黃河，北河即烏家河，乃黃河之故道也。尋源溯委，河身綿亘七百餘里，寬度自三二十丈至二百餘丈不等。形如弓背，循狼山之南，繞流於臨河五原安北包頭四縣境局內。其起點在寧夏阿拉善額魯特旗之傅家灣。該處土崖斷續，新黃河不能流入，遂南遷焉，即今之黃河也。由傅家灣至康四店一帶，西循沙山，河堤被沙積壓，勢如土崖，斷續三十餘里。祇有西岸，土人謂係黃河東徙，故遺此堤。由康四店北行三十里，至準噶爾教堂，僅有該教堂借用河身所挖渠道，寬三丈餘，無復當年河道形勢。北行七十里，至納只亥，地均平坦，不辨河身。由納只亥至梅令廟，袤延長九十餘里，周圍盡屬紅柳枳棘。河水寬度，尚有三二十丈至五十丈不等，土人呼為岡岡午作河，蒙人呼為克不更河，言其為舊大河也。兩岸半為沙壓，勢若長峯，而河勢雄闊，確為黃河故道無疑。由梅令廟東行五六十里，至義太魁，河床多被沙淺，淤平如掌。自義太魁以下，因其南諸渠，借此涸河為退水尾閭，始見水流。迤邐東北行，至公義恆之東，歧為二枝。南枝曰那會河，東流至查汗淖，復匯於主流。自義太魁至此，計長約百里，水涸時多，蓋渠水不至之故。又東至崇秀堂，復歧爲二枝。北曰枝哈拉壕，又東流至烏蘭腦包南之六分子橋，復滙於主流。自査汗淖至此，計長約一百五十里。河寬自二三十丈至百數十丈，平均約六十丈。分段設壩。水深自數尺至丈餘不定。而山水下瀉，渠水積滯，屢有淤塞；甚且沙壓至數里焉。河水過六分子橋，折而南行，入安北設治局境，古道經安北城及台梁之南，過石門障水，包烏拉山東繞而南行，與南河合。淸道光年間，河水至烏拉山西溢，爲烏梁素海子，乃不復與南河通。此段長約一百二十里。河身較窄，自二三十丈至七八十丈不等。節節有壩，河岸亦較爲整齊，水流暢通。由烏梁素海至西山嘴黃河岸，計長四十里，亦被沙壓，不能通流。

據熟習後套水利者計劃，後套地勢，係由西北傾向東南，烏家河居後套之高邊。就地勢而言，應用作幹渠，其統領全區之來水口，須在寧夏境內擇黃河上游適宜地點，闢渠而下，導入烏家河，以爲灌溉後套全部之總幹。並將烏家河河身，大加疏濬，然後隨地形之便利，分開支渠。現有渠道之可用者，仍利用之。即水流自北而南，以現黃河爲退水之道，烏家河之下端烏梁素海子，亦須鑿通，以便連接黃河。如是，則舊日淤澱積滯之病可免，而全區可墾之地，全行灌溉矣。惟此等計畫，曾經勘查估計，因需欵太鉅，未能實現。二十年十一月內政部召開黃河水利會議，省政府派員出席，提請籌欵興修。二十二年九月黃河水利委員會，在汴召開第一次治河會議，又復派員，擬具提案出席，請求撥欵興修，綜此項工程連同環渠橋壩，共需洋四百萬元。如能於最短年間，籌欵興修告成，利莫大焉。

三　大黑河

大黑河古名芒干水，發源於陶林縣西南，經歸綏縣二十家子後，即達灌溉區域。西自二十家子南行八里，至邁岱，河身漸寬，河底漸平，自此以下，幾全乾涸。至添密，河身墳積更高，北岸已呈沖壞之象。西行又十里至後山富，河流紆迴殊甚，經六祺半河子營凡十里，屈曲成二大馬蹄形；河身淺闊，流勢散漫。又八里至東黑河，又十里至西黑河，河曲如前。河岸較整，河底降度較峻，水流順疾。又二十里至什百更，河身完好，流直勢順。又八里至白廟子。道光以後，民十三以前，河流出白廟子前，經得勝營子，土城子折而北；經杜莊折而西，經王莊至趙莊之東，始與小黑河併流。自民國十九年起，自得勝營至渾津橋四十里，經建設廳貸賑款六萬元，修放民豐渠，並有支渠若干，頗饒灌溉之利。自渾津橋西南行，二十四里至東廠克；有支流沙拉烏素河來會。再西行至小營子，有水磨溝水併入。經北園子過黑河村腦木汗至鐵帽，有萬家溝來會。復西行至什樂村，計長五十里。河流降度最平，故昔時變遷最烈。同治年間，河走前朱堡村三兩村南，西行經善里九旗等村，至下游喇嘛營子，始與現河流相會。河流至什樂，已入薩縣境，承接水源，流量甚大。惟河身淺窄，不易容納大水。在什樂朝號，河身曲折殊銳，水流被阻，沖蝕之力極大。自朝號至大撓上一段，繞西成一弧形。幸降度峻陡，宣洩尚易。自此以下，地勢漸平，達岱與大獨立壩二村，均築有護村壩，以防大水衝入。至七星湖入托縣境，地勢愈低，東西略成高托，復因下段游壩日多，勢成仰釜。大水時即有泛濫淹沒之患。近河口一段，河身淺寬，蘆葦叢生，並受大河迴流影響，泥沙淤澱，宣洩維艱。計此河經流陶歸薩托四縣，凡三百餘里，流域面積，二萬五千方里。

大黑河之水，除灌溉外，因河水含泥質頗多，且可供作肥料，改良土壤。沿河雖渠道極多，惟以辦理未能盡善，渠首無閘門，渠尾無退路，故時有氾濫之災。且因此不敢修築攔河大壩，引多量之水，作大規模之計劃。在中游水小時，雖有臨時築壩之舉。然山洪下瀉，則皆預先開放，順水自流，徒令浩浩有用之水，洩於黃河，殊爲可惜。沿大黑河，現有水田僅約二千餘頃。若以沿河長二百里，寬二十里之稱作範圍論。當有地二萬二千四百頃，假令除高亢不能開種之廢地百分之四十外，尚有地一萬三千四百四十頃。若能盡行設法灌溉開墾，每畝平均收穫，以三斗計，每年可增加糧食至四萬石。惟綏省財政艱窘，以本省之力，實難舉辦，每年略加修濬，已屬勉强，大規模之修濬，則不能不有待於中央之補助，及國內有志開發西北者之努力也。

綏遠河流，除上述三大河外，或源流不遠，僅及縣區。或山溝洪水，易洩易盡，均無關宏旨，於第四章各縣水利內，分別論列，茲不贅述。

第二章 河套

一 前套

前套鄂爾多斯地帶，水利尚未興辦。其包頭縣屬紅洞灣檀蓋卯獨等處，爲古時最良溉田，今則湮廢無存。由安北設治局西山嘴起點，以達包頭縣，黃河傍烏拉前山繞流，在三岔口分歧曰三湖河。經流於西公旗地帶，蜿蜒東行，至全巴圖之西，復注於黃河。長二百三十里，寬五丈，深七尺至一丈不等，與黃河夾成灘地數千頃，俗名三湖灣，又曰中灘。土質膏腴，隨處均宜開渠。南流北行，無不順暢，苟濬渠得宜，大可變其地為水田，以種植稻米。在前套之可以言水利者，除薩托沃野各縣另行敘述外，惟此而已。墾殖之議，清末曾提倡之，而未果行，惟私開小渠。種植者，早已有之。民國七年烏拉特西公旗將該地報墾，因將私渠劃歸公家經營。又次第於三湖河南岸，開東大渠西大渠西官渠；北岸開公濟渠；又於黃河南岸開民福渠；並於東大西大西官三渠開口處之對岸，各另開一過水渠，以便不用水時，使三湖河水由該過水渠中繞過，以免流入各渠，淹沒田禾。民十七年省府曾籌欵疏濬三湖灣各渠，十九年又疏濬一次，茲將各渠分述如下：

（1）東大渠　即前之墾務大渠，係民國六年開鑿。寬三丈餘，深約四尺，長四十餘里。由史家渠接引三湖河水，東南流於黃河；兩岸有支渠八道，能繞黑柳子北格爾免東排中排等村地五百餘頃。

（2）西官渠　即前之合少渠，前清時即已開鑿。民國九年又修濬一次，係自三湖河南岸開口，東南流，復灣曲而退入三湖河，寬三丈，深四尺，長三十餘里，能繞合少地六百餘頃。

（3）西大渠　係民國五年開濬。寬四丈，深四尺，由南岸引三湖河水向東南直流二十里，分歧為二，北支長四五里，南支長十五里。現無退水路。如再修數里，可引入黃河。能澆蘇木兎鬫虎圪堵李虎圪堵等村地二百餘頃。

（4）公濟渠　係民國十二年開鑿。寬三尺，深四尺，由三湖河之北岸開口，流數里接連加格齊廟，天龍渠二十餘里，以下又開五十里，共長七十五里。再修三十餘里，可退水於黃河。現能澆小中灘河北地黑麻淖金把兎等村地二百餘頃。

（5）民福渠　在包頭縣第四區，係十八年三月間，由王建章等私人集資開鑿，十九年春，向省賑務會領賑欵四千餘元，繼續開鑿，由大樹灣開向東南流，寬三丈，深六尺，預計長六十餘里，現已開三十餘里，能澆秦家營子鄔家營子八頃地黃黑等村地百頃。若再修九里，即可與公三濠天然渠相接，而利用之。

（6）崑都崙河　發源於居延山，至包頭縣西，注入黃河。平時水清，雨時水濁。附近村落，多合股開掘小渠，以灌田地，計有繭風社渠，卜家渠，公義渠石家渠趙家渠十股渠七股渠張四渠高家渠馬家渠等。長者十餘里，短者二三里。繭風社渠，能澆清水，其他各渠，多係雨後山洪。所灌畝數，視雨量大小而定，最多者亦不過二十餘頃。

（7）東河　在包頭縣一區，自二道壩流來，經東門外南流，可引入城。該水分十一股。商家一股，用以洗街，農家十股，可澆城內園圃地二頃。城外二道[illegible]，劉保窰子東河上薛家營子，南弓匠窰子等村地二十餘頃。

此外第四區哈什拉川，豪慶溝，西扎兌溝，罕台溝，水獨戶溝，毛不浪溝，等均有清水，可以引灌田地。惟未開渠，一遇山洪暴發，常有淹沒之患。又有二十二股渠，亦名公義堂渠。長四十里，寬一丈。現能灌田二百頃。又二區麻地有泉，可灌地十餘頃。亂水泉有泉可灌地六七頃。

二　後套

後套即五原臨河安北三縣局，唐貞觀七年 開延化渠，引水入庫狄澤。永徽四年，置陵陽渠，旋又置咸應永清二渠。嗣後戰亂迭經，人咸漠視，遺跡無存。自元人入據其地，成爲游牧之場，愈不知渠務之利矣。清乾隆間，漢人之捕魚者，足跡至此，得地於近河處，用桔槔取水，試行種植，大獲其利。自土默特部同化後，山陝人民，來者日衆，初僅擇不甚畏旱之地，播種糊口，尚不知開渠溉田之利也。道光三十年，河溢北岸，決成一河，名曰塔布河。其水自行地中，水過之處，皆成膏腴。漁人遂漸墾殖，歲收數倍，於是利之所在，人爭趨之，來套墾殖者日衆。往往甫經得地，先議開渠，支別派分，各私所有。一渠之成，或需時至數十年，糜款至十餘萬。如甄玉侯應魁郭敏修王同春輩，父子相代，親友共營：均能持以毅力，不避艱苦。遂開大渠九道，（後添一道）小渠二十餘道。而已成之渠，又必每歲深浚其身，厚培其岸，始得灌田千百頃，經營非易，厥功甚偉。光緒二十九年，貽穀奉命督辦墾務。因渠道與墾務休戚相關；水利不能振興，墾務決難進行。故除將所有私墾蒙地，統歸官放外；兼籌渠務之發展。各地戶知地既歸公，渠亦難據爲己有，先後將祖遺自挖各渠，呈請報效。貽穀派員勘收，並估計工程，集夫疏浚，酌加寬深，以暢水流；添鑿支渠，以分水勢。於是墾務興起，河渠之利，得與西套相爭衡。民國紀元以還，綏遠爲特別區域。後套及三湖灣水利墾務，概歸綏遠將軍與墾務督辦統轄。元年，公家無力興修渠道，後套八大幹渠屬地，改歸民戶包租，渠道亦歸民戶修挖。九年，渠道經營失宜，漸致失廢。議者謂係散戶承包，素無專屬之咎。於是綏遠都統蔡成勳部旅長楊以來乘此機緣，假借灌田公社名義，統包八渠永租地。惟以貪圖私利，不顧全局，截至十一年，租欵拖欠至十萬餘元，渠道廢壞無遺。經五原縣紳董等呈請整理，又經綏遠墾務總辦等，一再與灌田公社交涉，始行收回原租地，改歸五原地方人士所組織之滙源水利公司，及興農社等承租。十二年始有水利總局之設。但因在包遙轄，虛耗經費，而渠務仍無改進。十七年始裁撤水利總局，將水利墾務歸墾務總局辦理。二月，墾務總局招開水利會議，決定所有渠道，歸各地方人民，合組水利會社，自行經營。並由墾務局暨所在地方官，督飭辦理，前套情形亦同。又以墾務總局遠在省垣，特將渠利科，常川移駐五原，就近視察，十八年，水利事宜，另由墾務總局劃出；將渠利科，改爲包西各渠水利管理局，隸屬建設廳；統籌前套後套渠務事宜。同年四月，由建設廳向山西省銀行借貸晉鈔十四萬元。專爲興修包西渠務之需：各局酌量支配，積極進行。於是歷經廢弛之水渠，略見起色。此後套渠務沿革之大概情形也。

渠道有幹渠枝渠子渠之別；以幹統枝；以枝統子，勢成一局。所謂幹者，其渠口密接黃河，係全渠之主流。其於主流枝出者，爲枝渠，於枝渠旁出者，爲子渠。是以渠道之利，首重渠幹，後套地勢，尙未經科學測勘；昔人開渠，多靠經驗與估計，以定渠道之趨向。而河身在南，亦勢須就南引水。而後套地面，係西北傾向東南，故各渠水流，自口至梢，係逆勢上行，全賴水流擁擠之力，有如海潮之擁入江河。渠身之長寬深度，因渠而異；蓋渠長則澆地用水多，渠身亦當稍寬。普通渠口較渠梢為寬，使水可以排擠達梢。至深度尤須就全渠地勢為比例；測準坡度，方可免淤渠汜濫之憂。渠背之闊狹，各渠多無一定。兩岸之建造方法。普通祇用泥土堆砌；亦有用荊棘合土作成，以防衝刷者。挑渠工作，例有定時，夏秋農忙，灌溉復資渠水，故此時無暇顧及。秋收以後，農工稍暇，渠水暫不應用，然氣候轉寒，地多凍結，工作困難。惟壎土之區，冬日不凍，略可施工。故普通修渠工作，冬日可在壎圪墚上，稍事挑掘工程。其有水區域，則多在陽曆五月左右施工。當地習慣，挑掘工程，有「土坑」「土方」之別。「土坑」係濬深之謂，「土方」係築高之謂，又有「背坑」「半背半丟」與「全丟」之別。「背坑」完全用斗背土於渠背；「半背半丟」先用鍬搬土於渠之旱台，再用斗背之。「全丟」則僅用鍬掀土於渠外。黃河水之漲落，在前後套一帶，有一定季節。河水高漲，方可入渠澆地，是以水因季節而分類，地亦因能否常年灌溉而異其價值焉。河水高漲季節，分為六期：曰春水，桃花水，熱水，伏水，秋水，冬水。其高漲時期之短長，如下表所列：

河水類別	高漲季節	高漲最長天數	高漲中長天數	高漲最短天數
春水	清明節前	十天	七天	三天
桃花水	穀雨前後	十五天	十天	七天

熱水	立夏前後	三十天	十五天	十天
伏水	夏至—立秋	四十五天	三十天	二十天
秋水	立秋—霜降	六十天	四十天	三十天
冬水	立冬前後	十天	六天	四天

水以伏水爲最佳，本年伏汛用水澆地，至秋將餘水放出收凍；次年地氣一開，酥如鷄糞，不用犁耕，僅耙一次，即可插耬撒籽。此類地，可播種麥子莜麥豌豆等，工力省而獲利多，農民爭租之；其租價最昂。秋水亦可澆地收凍，惟水質較伏水爲次；可播種糜穀，高粱，胡麻，黍子，菜蔬，扁豆等。桃花水可種糜穀。熱水可種小麥糜穀馬鈴薯菜蔬。至於春水多無人肯用，因水質帶鹼之故，冬水亦然。農事均有定時，青苗缺水則死，故澆水先後，關係於收穫甚鉅，狡猾之徒，或則私自放水，或則築壩閘以激水，往往破壞渠工，防礙他人利益。故必有澆水章程，然後免去爭執。各渠引水方法，有用倒槺水者，即渠口並不直接河身，而係背流東向，俟河經過，迴流一次，然後入渠是也。有用套水者，即就水流屈曲成塞之處開口，則河水不至太大，便于引導是也。亦有用迎水壩，迎阻水流，使擁擠入渠者，大都因渠而異，各有利弊。用倒槺水者，可免淤塡之弊：若河水暴發，則不免仍有閉塞。用套水者，原係恐河水太大，不克引導：然黃河水流，常常遷徙，渠口難常適用，且河水低落，則引水亦殊困難。用壩阻水者，較合科學原理。然築壩于河，殊屬困難；壩後流緩沙沉，易成淤灘。現在各大幹渠中，永濟用倒槺水；長濟築迎水壩。蓋永

濟渠口，位於上游，水勢較旺，愈東則水位愈低，如義和通濟諸渠，來源即下，不能挽之使上：再東至於長濟，水位更低，非設迎水壩，不能引水矣。至於氣候。當北緯四十度三十分四十一度二十分之間，高出海面一千二十公尺。以緯度論，本宜溫和，而以地勢高故，純現大陸氣象；一年之間，冬日嚴寒，夏日酷暑；即一日之間，夜間結冰，晝則溫度至華氏九十七度。每年植物生長之期四月有奇。結冰期間，夏歷十月初至四月半。降雨多在七八月，且多暴雨。土質鹼性特强，多自火成岩分化而成，因雨水缺乏，且地勢平坦，故不能使其溶解排洩，頗于種植有害。鹼土之上，淤有沙土一層，其厚由一公尺至二公尺，種植之宜否，即以所淤沙土多寡而定。此後套渠務狀況之大概情形也。

後套水利之根本改革辦法，業於第一章內叙述，兹再將後套諸大幹渠，及主要渠道，縷陳如下：

（1）永濟渠　原名纏金渠，係地商永盛興錦和永等號，於道光五年所開。自黄河起，東北行，經五大股廟河城西李三渡口公中廟存發公等處，至烏家河止。幹流長一百五十里。共有主要枝渠六道。一曰樂善堂渠，長四千八百餘丈，二曰西大渠—亦稱永字渠—長三千三百丈；三曰中枝渠—亦稱遠字渠—長四千三百餘丈；四曰舊東渠—亦稱流字渠—長六千二百餘丈；五曰新東渠長六千餘丈；六曰東梢長六千餘丈。幹枝各渠，圖形如箏。幹渠自口至樂善堂渠長約百里，寬十二三丈，深一丈數尺。樂善堂渠以下，寬七八丈，深亦及丈。存發公以下，寬四五丈，深四五尺。渠口因係在背流東向處開口，故河水經過迴流一次，方可入渠。俗名倒樣水。渠身上游坡度適中，故少東塌西陷之患。兩岸堤壩不高，隨處可開支渠。樂善渠口以下枝渠加多。正渠之水量少，故渠身亦略小。至公中廟渠腰太軟，時有沖沒決口之患。遍野廬塘，頗爲渠害。蓋其地爲山東移墾社實業基金地，無人切實經營之故。過公中廟後，渠身仍屈曲得勢，下至新東舊東二渠分流處，渠水高而地低，水流漫溢，亦多遺患，正梢自高同世橋以達烏家河一段，淤塞頗多，退水困難，按後套各渠中，以永濟容量最大，水勢最旺，或謂每年可灌地二萬頃；但兩旁灌溉所及者；現不過六千頃：故渠中之水，突超過田地所需。時行氾濫，近年剛濟上游不暢，因增設枝渠與永濟溝通。即可補剛濟之不足，又減永濟之有餘。此項枝渠，曰永盛和渠永剛渠新永渠。

（2）剛濟渠　原名剛日河，一名剛毛，又名剛卯。在臨河縣境淸咸豐間，商人賀淸開濟，枝渠頗多。渠口有新舊之分，均流于正身。渠長可百三十里，自黃河起經劉三地，三岔口復降昌色霓等處，亦達烏攝古琴出梢，主要枝渠凡十餘道，其名爲永盛和渠張存梅高喜四霍錫鈴裴福林栗雙牛廠二烏鴻貓隆同元成李萬福韓越呂三萬王步來康福祥等。長者五千餘丈，短者千餘丈。各有子渠，數目自三二道至十五六道。然幹渠上游，曲折甚多，水流經過若干沙山，以達平地，凡七十餘里，方能灌溉。流量既已不大，又復經行甚遠，雖或坡度適宜：流量亦減至極少，況地高而水低，更難挽水使上，故上游實無存在之價值，自民國十二年以來，剛濟漸行煙廢，近年始掘枝渠，以引永濟餘水，下游各處，略見水利。

（3）豐濟渠　原名中和渠，又名天吉泰渠，爲王同春韓越所開。自黃河起，經天吉太橋，馬廠地，夾拉水道白來圪卜，五分子橋協成橋，以入烏家河。計長七十三里，口寬六丈，深八尺；稍寬二丈五六尺，深四尺。枝渠曰茶汗包渠，茶汗渰渠、渰拉召渠，白來渠，五分子渠，彭光渠李增祥渠十八圪兎渠，其中以十八圪兎渠爲最長。向東行，與沙河渠梢交叉。幹渠渠身完好，水勢尚旺，可澆地一千餘頃。惟中段自夾拉渠道至五分子橋，略有腰軟之弊，近以將渠背加高，可無淹沒之憂。

（4）沙河渠　原名永和渠，永係王同春所開。自黄河岸惠德成起。北行經五原縣境中部，過梅會廟，以入烏家河，計長八十三里。口寬四丈餘，深自四尺至七尺；梢寬三丈餘，深三四尺。渠口與私有之十六股渠相交。形成套狀，蜿蜒北行，每千屈曲處分出枝渠。其大者曰呂二渠，豐圪素渠，長工渠，新渠口，其渠梢與豐濟渠之十八圪兎渠相交後，始入烏家河。渠工修理原稱合法，可灌地約一千餘頃：曩者且曾引水入義和渠，普灌他處之地，惟十九年，因河水漲落不均，渠道淤塞，必須深加洗挖，方可恢復舊觀。

（5）義和渠　係王同春所開。渠在土城子，北行貫五原新城，通烏家河，計長九十里。入烏家河後，復循河東行，約百里。灌溉安北設治局境，什拉胡魯素紅們圖地。渠口寬四丈餘，深五尺；中段寬三丈餘，深三尺；梢寬四尺，深四尺。水勢頗旺，可灌地一千頃。因灌域遼廣，渠水有時不能敷用。上游之地，平口澆水，如水小。得在舊把總地築壩數月，以資灌溉，枝渠多，均不甚長。嗣以黄河南遷，渠口新開，仍不通暢，十三年因借用沙河渠水。十六年後，河又北還，水流復暢。

（6）通濟渠　原名老郭河，於清同治八年開挖。自黄河起，東北行，經德厚成，白家地，燕安和橋一段，長約八九十里：厚係郭敏修史老虎萬太公李達元四家合開。故又謂之四大股。又東北行，經板旦村而東入長濟渠，長約三四十里，後係郭敏修獨開，謂之五股。全渠共長一百十四里。初開時，僅寬一丈八尺，歸公後，寬改爲三丈餘，深四尺，中段寬二丈餘，深三尺餘；梢寬二丈，深二尺餘。主要幹渠，凡二十餘道，稱義成公渠者四道；稱福太長渠者二道，稱吉耳曼泰渠者三道；稱劉保小子渠者三道；稱萬泰公渠者二道；稱史老虎渠者八道；稱郭敏修渠者三道。大約長自一千餘丈至二千餘丈不等。清末後稍失修。漸減灌溉效率。旋以黃河南遷，水勢不旺仍闢新口，仍未大效；近年則廢壞更甚，澆地僅七百餘頃。

（7）長濟渠　原名長勝渠，係地商侯應泰於咸豐七年所開。由黃河起。經東土城，徐海灘吉爾曼泰萬泰公東槐木大有公小廠汗淖，至依肯補隆之東南，入烏家河，計長一百三十里。口寬三四丈，深七尺；梢寬三丈，深二三尺。渠口築壩，長約五丈，寬五尺。渠身東北流二十里，無灣曲，兩岸多築丁壩。以防水衝。自西槐木以下，引水者旣多，且渠因地之高下而轉側，故渠道折轉如弓形，所有枝渠，則又借弓背而開口，引水之勢固順；而用水一有不愼，即行決口。灣曲最甚者，爲東槐木至小廠汗淖一段，二地相距不過二十里，沿渠竟至四十六里，對頭灣曲，在在皆是；枝渠約二十餘道。在昔可澆地一千餘頃近年日久堙廢；北梢完全淤平，南梢亦不暢通，僅能澆地六百餘頃。尾閭有二，皆入烏家河。

（8）塔布渠　「塔布者」蒙語五數也。係地商樊三喜吉爾古慶夏明堂，成順長高和娃合股同挖，故又名曰五大股渠。原係道光三十年，河水冲决，略加挑挖而成。爲後套諸渠之租，渠口在長濟口下四里，渠身寬約三丈，深三四尺，渠梢寬二丈，深尺餘。自渠東行，經馬廠地，同心堂合少公中打拉兎西河畔等處。以入烏梁素海子，長一百二十里。枝渠之主要者，凡十餘道，稱樊根來渠者五道；稱李安邦渠者三道；稱陳駝盖渠者四道；稱張盟渠者七道。在昔渠身良好，旱台整齊，爲八大渠工程之冠。每年可澆地四千頃。近年日就淤塞，水利頓失，民十七年重加修濬，略復舊觀，可澆地八百餘頃。

（9）黄土拉亥渠　是渠創于河曲人楊氏，後楊氏中落，渠煙不治，庚子，教案發生，以全部渠地，賠償抵銀十四萬兩，渠地全權，盡操諸外人之手。民十六年，始無條件將渠與地收歸公有。自口至梢，渠長一百四十五里。上游寬四丈五尺，深六尺。下游寬三丈五尺，深四尺。下稍寬二丈五尺，深三尺，渠口在黄楊木頭南，向北流，經黄楊木頭陝壩蠻會大發公堲家營等處，分二枝，以入烏家河。水勢暢旺，可灌兩旁地畝一千數百頃。惜上游第知劈寬，下知未知開濬，尾閭壅滯，時患沖決。枝渠大者有三，曰蠻會渠大發公渠善召渠，小枝則頗繁多。

（10）楊家河渠　是渠原屬私渠性質，其一切工程與管理，均歸私人自理。最初係東場楊姓於道光年間開挖，厥後湮沒。至民國六年，復由楊茂林修浚，仍其舊名，但並不沿其舊址。工作六年，至民國十二年始告成功，縻欵四十兩。渠口在臨河縣境，西南之大灘與烏家河河口相連。向西北行，經頭道橋中官堂納只亥二道橋三道橋板豆加浪等處。以入烏家河，計長一百六十里。於後套各渠中稱最長。口寬六丈，深七尺；至二道橋，寬五丈，深五尺，至三道橋，寬四丈深四尺；至板豆加浪，寬三丈五尺，深六尺，大枝渠有四，曰黄楊木頭渠，曰烏蘭淖渠，曰老謝渠，曰三淖渠，各長六七十里。本渠因係私人經營，責專利均，成績良好；但渠梢及烏家河近多淤塞，澆地畝數因以減少。自民國二十年亦已收歸公有。

（11）民復渠　原名扒子補隆敎堂渠，庚子，因耶穌敎堂向達拉特旗索要賠款，地遂歸該堂，乃開渠灌地。至民國十九年，由敎堂收回方改今名。渠長五十五里，寬二丈深四尺，由黃河岸草地開口，西向東流，經西河畔義和魁等處，均爲搭布渠，灌溉所及，故渠務之利不大，約澆地四百頃。

以上爲後套公有之十一幹渠，至私有幹渠，約三十道，茲將概況列表如下：

包西各渠水利管理局所轄私有幹渠概況表

渠名	地名	長度（里）	平均寬度（丈）	平均深度（尺）	灌溉面積（頃）
三大股渠	臨河千古廟灘	二〇	二	三	二〇〇
色爾素亥渠	臨河水濟渠西	二〇	一	二	一〇〇
蘭鎖渠	臨河蘭鎖地	五〇	二	三	一〇〇〇
秀華堂渠	臨河永濟渠口東	一〇	一	二	五〇
魏羊渠	臨河魏羊地	一〇	一	二	一〇〇
强家渠	臨河强油房	二〇	二	三	一〇〇
天德源渠	臨河張家廟灘	三〇	一	二	一〇〇
土味地渠	臨河土味地	三〇	二	三	五〇〇

馬廠地渠	臨河土味地東	八	一	二	三〇
戶口地渠	臨河土味地東	八	一	二	三〇
德成渠	臨河張家廟灘	二〇	一	二	一〇〇
春茂生渠	臨河劉三地	二〇	二	三	一〇〇
同興德渠	臨河麻迷兎東	二〇	一	二	五〇
長青牛渠	臨河麻迷兎東	一〇	一	二	一〇
廠汗淖渠	臨河廠汗淖地	一〇	一	二	一〇
舊皂火渠	五原長興堂十拉堵拉一帶	四〇	二	三	一〇〇
新皂火渠	五原長興堂十拉堵拉一帶	五〇	二	三	二〇〇
熊萬庫渠	五原大嘷子一帶	二〇	一	二	三〇
黃家渠	五原烏家地一帶	三〇	二	三	一〇〇
存厚堂渠	五原鄔家地	一〇	一	二	二〇〇
哈拉烏素渠	五原哈拉烏素地	一〇	一	二	一〇〇
阿善渠	五原阿善地	二〇	二	二	一〇〇
十大股渠	五原阿善渠東	一〇	一	二	三〇

同興堂渠	五原同興堂地	一〇	一	二	五〇
李樹林渠	五原梅林圪卜	一〇	一	二	五〇
合少公中渠	安北合少公中達拉旗地	四〇	二	二	一〇〇
杭蓋渠	安北鹽淖一帶杭蓋地	二〇	一	二	五〇
吳祥渠	安北七蓋毛幼女子地一帶	二〇	一	二	五〇
王留子濠	安北西山嘴一帶	二〇	六	五	一〇〇〇
烏家河各幹渠退水	沿狼山入烏梁素海子	一〇	二	四	一〇〇

各渠灌溉面積，常因旱潦而異；潦年所澆頃數，約合普通年份之倍數；而旱年則僅及普通年份之半數。然亦因各渠之個別情況而不同。合共十一幹渠言之，潦年可澆地三萬頃；旱年可澆地五千六百頃；私有各幹渠，約共澆地四千餘頃。惟灌溉面積，係屬估算，未可視爲確數；如渠務之興廢，渠地之鹼化，均得以影響而改變之。且渠務之實利亦不能以灌溉面積，完全代表；蓋渠之所以爲利；以其能滋長萬物也；而灌溉所及，或爲沙山不毛之地，或則良田荒廢，或則尚未開墾，渠水之利均不能顯。故欲求切實，當以每年所丈青苗頃數爲標準。

上述公私各渠，均係就黃河決口引水，惟各地尚有築堰蓄積山溪，開渠導水，以資灌溉者。此種渠道，爲數不多。較大者有安北設治局之東西水道渠；及包頭縣賀級三開挖之山水渠。東西水道渠所引，係武孫禿蓧河之水，即安北城北之山溪，延長凡五十里。其溉田用水，分爲二類，一曰洪水，惟秋夏二季可澆；一曰清水，全年可澆，共可澆地二百餘頃。賀級三山水渠，所引爲崑都倫河之水。在崑都倫召之南開口。向南與崑都倫河平行，至打圪嶗窰子，會公濟渠餘水，又南至胡盛萬灘，注于黃河。

第三章　薩托民生渠

民國十七年，綏省大旱，赤地千里，道殣相望。主席李培基，籌立賑務督辦處，用謀救濟；以薩托二縣，災情最重，災民最多，乃與建設廳廳長馮曦，倡議開挖民生渠，以工代賑。徐永昌繼任，又聯合慈善機關，及地方人士，改設綏遠賑務會，賡續辦理。十八年冬，李主席復主綏政，努力進行；旋以賑款不敷，又由省府與中國華洋義賑救災總會，一再磋商，貸借鉅款，並担任工程事宜。二十年春，爲促斯渠早日完成，因人工不敷，乃由傅作義及王靖國，在七十及七十三兩師內，抽撥兵士四千人，加入工作；至六月而幹渠及支渠數道告成。渠幹長百九十五里，里按一百八十丈計算。由薩拉齊縣西磴口村，黃河沿之瓦窰口開口起，東至大土合氣村西，計長十里；渠口寬九丈，底寬六丈，渠深一丈。至把拉蓋村南，計長十六里。渠口寬八丈，底寬五丈，渠深七尺。至鄔傚房，計長十三里；渠口寬七丈，底寬四丈四尺，渠深五尺。至高家野場村，入大黑河舊漕，此段計長一百零六里；渠口寬六丈，底寬四丈，渠深五尺。自此折而南行，沿用大黑河舊漕，略加修築，通至托縣城南，直入黃河，計長五十里，渠口寬六丈，底寬四丈，渠深二尺。支渠十四道。平均口寬一丈六尺，底寬一丈四尺，深五尺。現已完成九道。全渠包括熟地約四萬餘頃，預計全渠成功後，水力能達到灌溉者，至少亦在兩萬餘頃。幹支各渠，因黃河水勢激急，夏時尤漲落無常，故渠口均築閘門；並沿渠築堤，以防危險。前後用欵計近百萬。民國二十一年，爲完成自十道支渠，至十四道支渠，並渠口河壩工程起見，規定渠捐辦法八件，以籌經費。又爲促進農民與渠道發生關係，乃由省府與義賑總會妥，提前組織民生渠水利公會，以資管理而便澆水。水會即于是年十二月一日成立，並接收自渠口至七座茅菴第二閘工程。其自第二閘以下，則俟修竣一段，交接一段。以期逐段早沾水利。因渠未放水，經費不能征，乃由該會向中交大陸金城保商五行，息借五萬元，訂明由民生渠全渠收入（即水租渠捐等）項下撥還；並以全渠建築物二分之一爲第二抵押品，由省政府負責担保。現預計全渠完成，尙需四十萬元。茲將省府與中國華洋義賑救災總會合同及民生渠水利公會章程並渠捐辦法農場試驗場計劃與該會二十二年度預算，附列於下：

薩托民生渠合同　民國十八年六月訂立

茲以綏遠地方，氣候乾燥；近年以來，復以天災人禍。民食告匱，飢饉載道：中國華洋義賑救災總會（以下簡稱總會），於籌賑之外，復爲實施工賑，預防旱災起見，並承綏遠省政府（以下簡稱省府）之委託，籌欵補助，開鑿薩托民生渠，以利灌溉而裕民生，爰經總會及省府雙方訂立合同如左：

計開

一，目的　爲在綏省之包頭薩縣托縣境內，開鑿渠道，引黃河水，灌溉農田；所有工程上設置，包括幹渠支渠幹支渠閘門，以及必須之橋梁，梯槽，水蹦，抽水機器等項。

二，欵額

(甲)省府指撥之數，爲中華國幣二十萬元，本合同成立之時，由省府先撥半數，計洋十萬元，交由總會接受，以備支付；其餘半數，計洋十萬元；儘本合同成立後兩個月內照撥之。

(乙)總會借墊之數，爲中華國幣二十四萬元。內計現欵十七萬元，及在綏省平糶糧價至少七萬元。

(丙)上列兩項外，工程所需欵項不敷之數，應由省府暨總會雙方竭力籌措之。

三，墊欵　所有現時以及日後總會加之欵項，悉係借墊性質；本渠一切收入，除去經常費必需之修繕費，總會墊欵之息金，以及業經總會承認之其他合理費用之外，悉數撥同總會，以維賑欵，以總會墊欵及息金，完全歸淸爲止。其利率在首先之五年內，定爲年息八厘；以後每二年遞增半厘，最高以一分一厘爲度，此項債務，即以本渠全部爲抵押品。

四，工程及管理　由總會計劃並建築之；渠成之後，所有管理及營業之責，在水渠公會未成立以前，委託總會擔任之。公會之組織另定之。

五，公會　上條所指管理經營等責任，在債務清了後，由總會會同省府設法組織水渠公會，俾得接收管業而資永久

六，免稅　所有工程時期必需之材料工具等項，以及渠成後，債務未清以前，營業及管理上之一切材

料工具：省府準予豁免一切捐稅，及各種營業捐項。

七，地價　所有幹支各渠，以及一切附屬品所占之必須地畝。悉由省協助收用之；並由省府按照現時地價，依據總會工程處所發收用土地報告，塡發地價憑單，發交原地主收執；此項憑單，將來在本渠收入項下，指撥專欵，分年收回之。

八，保護　工作時期，一切人員原料欵項，及渠成後之全渠生財人員欵項，均由省府完全擔任保護之責。

九，附件　本渠主要目的，係爲增長農產，減少天災，所以全渠灌溉區域內，不準種植罌粟，設有違犯是項禁例者，省府担任依法予以最嚴厲之處置。

十，合同　本合同由省府總會雙方代表鑑印成立，並由綏省農民代表，及商會副署作證；合同全文，共繕四份，省府總會及農民代表商會各執一份存證。

民生渠水利公會章程　民國二十一年九月十六日公佈

綏省人民，多年渴望之薩托渠工，實現于民國十七年大旱之後；鑒於渠務之發展，端賴管理之適法，綏遠省政府特會同中國華洋賑救災總會依照下列章程，組織管理機關，定名曰民生渠水利公會。

第一章　總則

第一條　本會定名爲民生渠水利公會。

第二條　本會工作之日標，(一)興辦水利，以免災荒，(二)改善農務以裕民生。

第二章　理事會

第三條　本會設理事會，由理事九人組成之；其員額，三人由綏遠省政府，(以下簡稱省府)派充；三人由中國華洋義賑救災總會(以下簡稱總會)派充；其餘三人別爲一組，代表地方，由薩拉齊托克特兩縣政府，與綏遠華洋義賑分會各推一人任之。

理事任期爲三年，但第一屆理事之任期，各組中一年者一人二年者一人三年者一人，用抽籤法決定之，前項理事期滿，連選得連任。

前項理事出缺時，由原選機關，隨時派員補充之。

第四條　理事會設理事長一人，就府委派之理事中推選之設名譽書記名譽會計各一人就理事中互推之；設執行部主任一人，就總會委派之理事中推選之。其任期均爲一年，被連選者得連任。

第五條　理事會主持本會一切事務，尤以左列事項爲其職掌：

甲　訂定本會各項章則。

乙　審核本會預算決算。

丙　編製表册及報告，陳報於省府及總會

丁　續成民生渠未竣工程。

戊　促進渠區內農事及農民生活之改善。

己　協助官府在渠區內實施禁種罌粟之法令。

庚　籌償總會借墊渠欵之本息。

辛　籌畫本會經費。

關於上項執掌，理事會根據其決議，委託執行部執行之；並爲執行是否適當計，得隨時酌派代表地方之理事一人或數人，審查本會一切業務；並將調查情形，報告理事會，以備復核。惟此項調查員，並無執行責任，並不得干涉執行部主任行使其職權。

第六條 理事會開會時，以全體三分之二列席，爲法定人數，其決議，以列席三分之二，並其中省府及總會理事各有至少一人之同意行之。

第七條 本會理事，因事故未能出席時，得以書面委托同一機關選派之他理事兼代列席。

第八條 本會理事，均爲義務職，惟視察渠務及出席會議時得由本會酌給川資旅費。

第九條 理事會常會，於每年四月九月內舉行之；經理事三人，或執行部主任，或二渠十村以上人民代表之開列事項書面請求時，理事長得召集臨時會

第十條 常會或臨時會開會時，應由書記至少三星期前，備函開列會議事項，集會時日及塲所通知各理事。

第三章 執行部

第十一條 本會爲實施理事會議決之會務起見，設執行部歸執行部主任負責辦理之。

第十二條 執行部主任，視事之繁簡得酌量情形，僱用員役若干人，助理事務。

第十三條 本會執行部辦事細則另訂之。

第四章　會計

第十四條　執行部主任於每年九月內，理事會開會時，提出下年度預算案，四月內理事會開常會時，提出上年度决算案於理事會，以備審核，並轉送省府及總會請其核准。

第十五條　本會會計年度，每年自二月一日起至翌年一月三十一日止。

第十六條　本會收支一切欵項及簿册帳據每年應分兩期提請省府與總會會選之會計師，蒞會檢查；其檢查報告由理事會報于省府，及總會存查。

第十七條　有關本會資產及銀錢之文契票據，均須名譽會計及執行部主任之連署。

第五章　水租

第十八條　用水規則，及徵收水租辦法，由理事會另定之。

第六章　附則

第十九條　本章程于總會轉借渠欵，本利償清，並本會經改組完成時，即行失效。

第二十條　本章程如有未盡事宜，得由理事會擬具修正案，提請省府與總會協議經雙方書面核定時始爲有效。

第二十一條　本章程經省府與總會協定後，由省府公布之；並自公布之日起，發生效力。

薩托民生渠渠捐辦法　民國二十一年五月公布

第一條　買賣土地，每畝應收五角，由買主交納之。

第二條　自十九年後買賣之土地，每畝應追收附捐五角，由買主交納之。

第三條　普通原有地戶每畝應納一次捐四角。

第四條　普通地戶應納一次捐款，自渠水到地後收之；如工程達到第九道支渠，今夏上水，本冬收捐；十道支渠至十四道支渠，明年上水，明年收捐。

第五條　凡能先期交欵，或交現欵，或抵人工，按第二項所定，以九成收欵，第三項所定，以八成收欵；其在第十道支渠至十四道支渠灌域內者，以七成收欵，藉資鼓勵。

第六條　所有催收捐欵，令縣辦理，並酌予五厘辦公費。

第七條　徵收捐欵，發給二聯收據，省府蓋印，以昭愼重。

第八條　此項捐欵，專作未完渠工之用。

附註　本辦法已經公布，尚未實行。至本年二月經省府與水利公會商定，今年每畝先收渠捐一角，其餘三角，於二十三四年平均分收，每年各收一角五分；惟對於買賣地畝之渠捐，應於成交時一次收清，以符原案，並經布告周知。

民生渠水利公會農事試驗場計畫

一，宗旨　以改良農事，增加農民收入，提高農村生活爲主。

二，步驟　先以調查農村與試驗着手，然後擇善施行，以期改進。

三，方法　本會試驗場，不分區域，凡屬農業團體，有需協助者，均可酌予合作，以謀農業之發展。

四，工作　農事範甚廣，本公會財力有限，故其工作不得不有限制，今將本年主要工作分別列後。

（甲）作物　本省气物，除氣候外，素以雨量爲轉移，今民生渠區域內，不患無水；莊稼生長期限，當可加長種類亦可增多故（1）本場對於作物，先從試種着手；除本地莊稼外，擬試種稻，棉，大豆黃豆，等物，每種以二畝至十畝爲限，三年爲期；查其是否合於本地氣候土質而定取捨，以謀增加農產之種類。（2）宜於本地氣候者，另以選種法選種，每種以千穗爲限，從事複試，以期純粹而謀推廣。（3）作物中有特性者，擬相機以育種法改良其種類；惟按科學方面觀察，此事需時甚久，非短時間所能見效也。

（乙）氣象　本會現有氣象儀器，爲普通記載，已可應付，故擬逐日記載向省縣府及屯墾公署報告；每月與各氣象台互換報告，以資聯絡而謀氣象之測驗

（丙）水利　農事要素，水利爲主；用之相宜，爲益無窮，用之失當，使沃土變爲碱地，其害非淺；爲防患未然計，擬作如下之研究：（1）黃河水汛之測驗（2）河水泥沙成分之記載；（3）河水碱分之化驗，（4）土地水分之多寡（5）灌時期之測驗（6）灌溉方法之研究。

（丁）農村　農村問題，最爲複雜，主要原因隔膜太深，農村工作，本會擬先從調查着手，以明農村

實在狀況。春秋二季，招集社長會議；並於冬季，開短期訓練班，以資灌輸農事智識，改良農村生活。

(戊)畜牧　西北為畜牧最良區域，本會擬向北平選買乳種小公牛及猪種數隻，以便與本地牛猪交配，從事改良購備預防血清，以防瘟疫；提倡種植苜蓿，選擇牧草，推廣農村；則牲畜於寒冬時，得有相當之營養，而增加其禦寒及抵抗疾病之能力。

(己)林木　本會對於林木，以下列三種為目標：(1)為保護渠堤者，盡量種之，(2)有益於工業者竭力提倡之。(3)可接菓苗者，試種之；因其目標不同，故有緩急多寡之分。

(庚)農具　薩縣地廣人稀，粮賤工貴，非改良農具，增加農民生產力，不能得農作之利益；本會設鐵工廠，附屬於試驗廠，試造省工農具，以期有利於農。

以上七項設計，略具概說，先後緩急，次第實施；與渠務雙方並進，力謀開拓；使荒僻之區，漸就萌芽，地利人謀，實事求是，總期於綏省實際情況，暨近代農村趨勢，兼籌並顧，而從事啟發也。

民生渠水利公會民國二十二年度預算

甲，收入　預計灌地三十萬　至三十八萬畝

(一)渠捐每畝大洋一角　計收約洋三萬元至約洋三萬八千元。

(二)水租每畝大洋二角　計收約洋六萬元至約洋七萬六千元。

以上兩項每畝合大洋三角，共計約收洋九萬元至洋拾壹萬四千元。

乙，支出

	臨時門	
I	工程費	$ 50,000,00
	1. 材料約	$,11,330 —
	2. 土方工資約	$ 17,000 —
	3. 材料運費約	$ 2,650 —
	4. 工匠工資約	$, 3 100 —
	5. 職員薪金	$ 4 690 —
	6. 第八支渠工料	$ 3 000 —
	7. 雜項及意外	$ 8 230 —
II	農事試驗場開辦費	$ 10,000,00
	1. 購地十頃約	$ 2,000 —
	2. 平地及挖水道	$ 1,000 —
	3. 建築房屋費約	$ 5,000 —
	4. 農具及儀器約	$ 2,000 —
III	耔種借貸費約	$, 4 000 00
	經常門	
IV	本會經營費	$,36 000 00
	1. 職工薪金約	$ 20 564 —
	2. 燈火約	$ 860 —
	3. 用具約	$ 1 500 —
	4. 運輸（汽油旅費）	$, 2 000 —
	5. 郵電約	$ 520 —
	6. 文具及印刷	$ 660 —
	7. 保衛費約	$ 1 000 —
	8. 試驗費約	$, 1 500 —
	9. 修理（渠道橋閘房屋傢俱）	$ 4,400 —
	10. 理事會及水社約	$, 2 000 —
	11. 房租及雜支約	$, 996 —

說明

（一）本年預算係自二十二年一月一日起至二十三年一月三十一日止。

（二）本會工務股股長之薪金，因有特別緣故，由工程費內開支。

民生渠二十二年度工程計畫

(一)渠工　擬開通幹渠，及疏濬黑河之一部，爲主要工作；使本會幹渠，常可通水，庶免淤滯而利灌溉。其次將第八支渠，通入黃河，以防危急，免害地方。第五第七及第九支渠附近幹渠，及支渠之低地，渠背亦擬加高，以免放水時出險。現今被沖堤壩，爲數不少，亦須於春季補修。本年渠上工作，頗費手續，因所上占區域頗廣也。

(二)閘工　本年擬在幹渠尾高才畢營子北木橋前，第八支渠尾；丹進營子東，搗拉板申西。各建閘門一座；爲節省經費起見，擬用片石洋灰合作，目前除洋灰外，材料將次備齊。

(三)木橋　幹渠挖通之後，南北交通，將做木橋四座，接通大道現木料業已運到，分存缸房營教堂及新村。

第四章　各縣水利

綏省各縣，除東勝毫無水利，陶林集寧，地勢高亢，沃野僻遠，難于經營，水利式微外；其他各縣局，渠道縱橫或由官督民辦，以工代賑開掘；或由村民私人集資興辦，均獲灌溉之益。包五臨安四縣局，已於第二章內敘述，茲再將其餘各縣水利情形，分別列表，以供參考。

烏伊兩盟十三旗水利調查表

盟別	旗別	水利概況	備考
烏蘭察布盟	烏拉特中公旗	該旗後山無大河流無水利可言惟前山有烏加河烏拉河河流甚暢足以開渠灌溉現該處大半放墾屬五原水利局辦理	
	烏拉特東公旗	該旗公府西南有木楞河一道但以源流未暢察其形勢不過溉地數頃不足言開渠	
	達爾罕旗	該旗無大山河故無水利	
	王子王旗	該旗無大山河故無水利	
	烏拉特西公旗	查該旗中灘有蒙民自開渠一道名曰西大渠引導黃河之水以灌田畝約八百頃	
	茂明安旗	該旗無大山河故無水利	
伊克昭盟	達拉特旗	該旗境內除黃河灌田而外其餘各河地高水低不易引水	
	準噶爾旗	黃河流經該旗北部及東部河水抵平可以開渠灌田	
	烏審旗	該旗境內無大河可資開渠	
	札薩克旗	該旗僅有小河流數道亢旱時即成涸溝欲行開渠苦無河水	
	杭錦旗	該旗東西兩部缺少河流南北兩部接近黃河將來可開渠道	
	鄂托克旗	該旗東西沙磧瀰漫到處皆有梁梁隆起形若山狀所有河流除八里河可開渠引水灌溉外餘皆地高水遠不易開渠	
	郡王旗	該旗內僅有東西烏藍烏川兩山溝雨後則山洪暴發無雨則成沙川北面並無水利可言	

歸綏縣渠道概況表

已成渠道

渠名	渠長	渠寬	渠深	渠口	水源	經過地點	溉田畝數	備考
長興隆渠	十里餘	五尺	四尺	哈拉沁溝	山溝水	毫沁營東拒沙梁新地等村	五十餘頃	
天義渠	一里餘	七尺	一尺	老贊窑西畔亂溝水	山溝水	毛不良村	六頃餘	
永豐社渠	十六里	一丈餘	三尺餘	二十家子村黑水河	同右	買達村黑沙兎新莊子太平莊	一百餘頃	
合順渠	三里餘	六尺	四尺	蘇木沁東	同右	蘇木沁村	三十餘頃	
農義社渠	七里餘	一丈	二尺	後三富村東	同右	後三富村	三十餘頃	
永濟渠	十餘里	七尺	三尺	把柵村東	同右	把柵村	初創辦	
湧順渠	三里餘	五尺餘	六尺餘	潮岱榆林村東	同右	潮岱榆林村	三十餘頃	
湧勝渠	三里餘	六尺	五尺	潮岱榆林村東	同右	潮岱榆林村	三十餘頃	
公和渠	二里餘	二尺	一尺	村東泉水	黑河源	石人灣村	五頃餘	
合義渠	一里餘	二尺	二尺	本村東	黑河	溝口子村	三頃餘	
德義渠	四里餘	三尺	三尺	本村南	同右	二十家子村	十五餘頃	
義和渠	一里餘	三尺餘	三尺餘	六犋牛村南	同右	六犋牛村	十五餘頃	

公義渠	一里餘	二尺	五尺	頭道河村東	同右	頭道河村	二頃餘	
義和渠	三里餘	二尺餘	二尺餘	水磨村東	同右	水磨村	五頃餘	
同盛渠	二里餘	五尺	二尺	忽吉討號村北	同右	忽吉討號村	八頃餘	
公義渠	一里餘	二尺	三尺	二道河村東	黑河	二道河村	七頃餘	
公議渠	二里餘	三尺餘	二尺餘	討不氣村東	同右	討不氣村	十頃餘	
永和渠	一里餘	三尺餘	二尺餘	討不氣村東北	同右	討不氣村西	十頃餘	
積順渠	半里餘	七尺	二尺餘	保爾合少東北	溝水	保爾合少	無定額	
無名渠	一里餘	五尺	二尺	奎素村北山水	溝水	奎素村	無定額	
無名渠	一里餘	三尺	二尺	野馬兎村東北	泉水	野馬兎村	無定額	
無名渠	二里餘	二尺	一尺	甲藍板村東北	泉水	甲藍板村	無定額	
通順大渠	五里	二丈五尺	五尺	西廠克村東靠河	大黑河	西廠克村	六十頃有餘	
通順渠	三十餘里	一丈五尺	五尺	三兩村東靠河	大黑河	三兩村及東廠克	八九十頃有餘	
通順渠	六里餘	二丈五尺	四尺	忻州營村東北	大黑河	忻州營村	五十餘頃	
通順渠	七里餘	二丈五尺	五尺	哈力拜村東靠河	大黑河	哈力拜村	五六十頃餘	

通順渠	五里餘	二丈五尺	五尺	店爾上村南與前朱堡接合開渠	大黑河	店爾上及前朱堡村	五十頃有餘	
通順渠	七里餘	三丈	五尺	前朱堡村東北	大黑河	前朱堡村	八十餘頃	
通順渠	五里有餘	二丈	四尺	蘇家莊東北	大黑河	蘇家莊	六十餘頃	
公和渠	六里有餘	三丈	三尺	茂林太村東北	大黑河	茂林太村	八十餘頃	
雙和渠	七里有餘	三丈	三尺	什不更村東北	大黑河	什不更村	九十餘頃	
公和渠	五里有餘	三丈	三尺	寇家營村西北	大黑河	寇家營村	二十餘頃	
三和渠	三里有餘	八尺	三尺	達賴莊村西	大黑河	達賴莊	十五頃有餘	
永順渠	一里有餘	一丈	三尺	白什戶村南	大黑河	白什戶村	六頃餘	
共和渠	七里有餘	一丈五尺	三尺	姚府村	小黑河	姚府村	百頃有餘	
義和渠	一里有餘	五尺	一尺五寸	東大黑河村東	大黑河	東大黑河村	一頃餘	
安樂渠	三里有餘	二丈	七尺	安樂莊	大黑河	安樂莊	五六頃	
興勝渠	八里有餘	一丈五尺	四尺	喇嘛營村東北	大黑河	喇嘛營村	二十餘頃	
公和渠	六七里	一丈	五尺	東板定營村東	什拉烏素河	東板定營村	十餘頃	
公和渠	八九里	一丈五尺	五尺	古子板村南	什拉烏素河	古子板村	十四五頃	

三合渠	十四五里	二丈	五尺	后甲爾旦村東南	什拉烏素河	后甲爾旦村	五十餘頃	
義和渠	六里有餘	一丈二尺	五尺	杜莊村東	大黑河	杜莊	十二三頃	
祥順渠	八里有餘	一丈二尺	五尺	劉家營村南	大黑河	劉家營村	三十餘頃	
永合渠	六里有餘	一丈二尺	五尺	天豐永白廟村東南	大黑河	天豐永白廟村	三十餘頃	
水磨溝之畢克齊河	五里餘	一丈	五尺	水磨溝出口即畢克齊河	水磨溝河	水磨溝及畢克齊和順店董家營出堰西倘不浪等村	一百餘十餘頃	
水磨溝水之小東河	三十餘里	一丈二尺	六尺	水磨溝水出口即小東河	水磨溝水	上下五里坡上下十里坡溝子板南什軸紅岱新營子等村	二百八十餘頃	
萬家溝河之古城把什渠	十五六里	一丈三尺	五尺	萬家溝水出口即古城把什渠	萬家溝河	古城把什察鎮西淤地中和美	一百九十餘頃	
黑水河	自本渠後朱堡起至鐵帽村止長約四十餘里	一丈五尺	六尺	河即渠並無渠口	黑河	後朱堡口爾北園子兩施格氣鐵帽爾省黑	三百五十餘頃	
水磨村渠	三里	四尺	二尺	斗金山東南	大黑河	水磨黑	七頃	
二道河子渠	三里	五尺	二尺	斗金山村西	大黑河	二道河子	八頃	
頭道河子渠	三里	四尺	二・尺	二道河子村西	大黑河	頭道河子村	二頃	
三十具窰子渠	五里	五尺	二尺	頭道河子村南	大黑河	三十具窰子村	四頃	

討不氣渠	六里	六尺	二尺	三十具窰子村西	大黑河	討不氣村	四十頃	
朝岱榆林子渠	十里	七尺	三尺	討不氣村西	大黑河	朝岱榆林子村	八十頃	
蘇木沁渠	四里	五尺	二尺	蘇木沁村東	大黑河	蘇木沁渠	二十頃	
紅忽吉討號渠	八里	四尺	二尺	蘇木沁村西南	大黑河	紅忽吉討號渠	十三頃	
二十家渠	三里	五尺	二尺	二十家村東南	大黑河	二十家渠	十五頃	
四村渠	三十里	八尺	三尺	買岱村東	大黑河	買岱黑河兎新莊子太平莊保素圐圙部獨立范家圐圙等村	二百餘頃	
中順渠	二十二里	一丈	三尺	買岱村西	大黑河	新莊子集賢村太平莊保素圐圙白塔五路部獨利村等	三百餘頃	
三和渠	二十里	一丈	三尺	買岱村西	大黑河	集賢村添蜜村五路等村	一百七八十頃	
添集渠	五里	五尺	三尺	集賢村東	大黑河	集賢村添蜜等村	十三頃	
永泉渠	八里	五尺	二尺	集賢村南	大黑河	添蜜村	十六頃	
永順渠	八里	五尺	二尺	添蜜村東	大黑河	永順村	十三頃	
長勝渠	七里	七尺	三尺	三富村北	大黑河	長勝村	二十餘頃	
得勝渠	六里	七尺	二尺	三富村北	大黑河	得勝村	二十餘頃	

六犋牛渠	四里	六尺	三尺	六犋牛村東	大黑河	六犋牛村	十頃	
鼓樓渠	八里	八尺	三尺	六犋牛村南	大黑河	前後鼓樓樊家營子	四十頃	
八拜渠	八里	七尺	三尺	三空村西	大黑河	八拜村	三十頃	
復興渠	二十五里	二丈	三尺	八拜村西	大黑河	格爾兎後白廟子		
啦嘆營子渠	九里	七尺	三尺	啦黑營子村東	大黑河	啦嘆營子村	三十頃	
東大黑河渠	五里	六尺	二尺		大黑河	東大黑河村	三十頃	
新營子渠	六里	七尺	三尺		大黑河	新營子村	三十頃	
西大黑河渠	五里	八尺	二尺	西大里河東	大黑河	西大黑河村	二十頃	
民豐渠	四十里	四丈七尺五寸	三尺	東大黑河西南	大黑河	桃花板討不氣沙梁子姜家營子本攤甲藍營子等村	八百頃	
楊家營子渠	三里	八尺	二尺	楊家營子村北	大黑河	楊家營子	三頃	
寇家營子渠	二里	五尺	二尺	寇家營子村北	大黑河	楊家營子	十頃	
西圈渠	十里	二丈	二尺	西莊村東	大黑河	賈家營黑八營西店郭家營等村	二十頃	
百什戶渠	二里	五尺	一尺五寸	百什戶村東	大黑河	百什戶村	三頃	
南台什渠	五里	六尺	二尺	南台什村北	大黑河	南台什村	三十頃	

達賴莊渠	三里	一丈	二尺	達賴莊村東	大黑河	達賴莊村	十五頃
茂林太渠	五里	一丈	二尺	茂林太東北	大黑河	茂林太村	五十頃
什不更渠	三里	一丈	二尺	什不更村東	大黑河	什不更村	四十頃
新營子渠	三里	八尺	二尺	新營子村東北	大黑河	什不更村	二十頃
灣津橋渠	七里半	二丈	一尺	灣津橋村東	小黑河	灣津橋村	十頃
潘莊渠	七里半	三丈	一尺	潘庄村東	小黑河	潘莊村	五頃
西王庄渠	八里	三丈五尺	四尺	西王庄村東	小黑河	安黇營子草房子	十五頃
趙庄渠	八里	三丈五尺	四尺	趙庄村東	小黑河	白皮營子小帳營子	十三頃
張庄渠	八里	三丈五尺	四尺	張庄村東	小黑河	蘇家庄	十四頃
蘇家庄渠	十五里	三丈	二尺	王家村東	小黑河	王庄趙庄	八頃
前朱堡渠	十五里	三丈	二尺	王庄村東	小黑河	王庄趙庄張庄	十六頃
店上渠	二十里	八尺	一尺	王庄村東	小黑河	王庄趙庄張庄	六頃
阿力拜渠	三尺	八尺	一尺五寸	店上渠接用	小黑河	阿力拜	十二頃
三兩渠	八里	一丈	一尺五寸	阿力拜渠接用	小黑河	三兩村	二十六頃

東西廠克渠	二里	一丈	一尺五寸	三兩渠接用	小黑河	東西廠克村	十一頃	
忻州營渠	五里	一丈	一尺五寸	三兩渠接用	小黑河	忻州營村	十頃	
北園子渠	二里	六尺	二尺	薩克幹渠北端	小黑河	北園子村	二頃	
南什軸渠	二里	一丈五尺	三尺	沙梁子村東	小黑河	沙梁子村	十八頃	
黑河村渠	二里	二丈	三尺	黑河村東北	小黑河	黑河村	六十頃	
鷄蛋板帳房村渠	三里	一丈	三尺	鷄蛋板村東北	小黑河	鷄蛋板村	二十五頃	
兩施格氣渠	二里	七尺	二尺	兩施格氣村東南	小黑河	兩施格氣村	二十頃	
腦木汗渠	三里	一丈	三尺	腦木汗村東北	小黑河	腦木汗村	三十頃	
鐵帽渠	二里	一丈	三尺	鐵帽村東北	小黑河	鐵帽村	三十頃	
哈拉沁渠	二里	五尺	二尺	哈拉沁村東北	哈拉沁溝河	哈拉沁村	十八頃	
壕沁營渠	四里	七尺	二尺	壕沁營村東北	哈拉沁溝河	壕沁營村	二十頃	
南店渠	五里	八尺	二尺	南店村西北	哈拉沁溝河	南店村	十五頃	
哈拉更渠	一里	四尺	一尺	哈拉更東北	山中泉水	哈拉更村	十一頃	
烏蘭不浪渠	二里	五尺	二尺	烏藍不浪村東北	山中泉水	烏蘭不浪村	十頃	

保合少渠	三里	六尺	二尺	保合少渠	山中洪水	保合少村	十二頃
西永豐志成渠	十里	一丈	三尺	什拉烏素村東北	什拉烏素前河	東西什拉烏素七圪台等村	一百頃
練家營子渠	十五里	一丈	三尺	補圪兎村北	蜮溝子小河	練家營子松獨力哈林朝等村	一百頃
永順渠	十里	一丈	二尺	前巧爾報村南	小黑河	桃花板村	二十頃
甲爾旦渠	十里	一丈	三尺	什拉烏素村西	什拉烏素前河	甲爾旦村	三十頃
潮忽鬧渠	八里	九尺	二尺	潮忽鬧村北	什拉烏素前河	潮忽鬧村	二十頃
東五連圖渠	二里	三尺	一尺	東五素圖村北	山中泉水	東五素圖村	十餘頃
西五速圖渠	二里半	三尺	一尺	西五速圖村北	山中泉水	西五速圖村	十頃餘
什報氣渠	三里	三尺	一尺	什報氣村北	山中泉水	什報氣村	十五頃
十里坡渠	五里	七尺	二尺	十里坡村西北	大東河	十里坡村	三十頃
五里坡渠	四里	六尺	二尺	五里坡村北	小東河	五里坡村	二十頃
水磨村渠	二里	六尺	二尺	水磨村東北	水磨溝河	水磨溝村	二十五頃
畢克齊渠	十里	一丈	三尺	畢克齊村東北	水磨溝河	畢克齊村	一百頃
朱爾溝渠	三里	五尺	一尺	朱爾溝村西北	朱爾溝河	朱爾溝村	九頃

渠名	渠長	渠寬	渠深	渠口	水源	經過地點	溉田畝數	備考
察素齊渠	十五里	八尺	二尺	萬家溝口	萬家溝河	古城把什等村	五十頃	
把什渠	八里	七尺	二尺	萬家溝口	萬家溝河	古城村	四十頃	
古城渠	三里	六尺	二尺	萬家溝口	萬家溝河	古城村	二十五頃	
賈家西拒渠	三里	五尺	三尺	萬家溝口	萬家溝河	賈家西拒村	三四十頃	
西梁渠	二里	五尺	二尺	萬家溝口	萬家溝河	西梁村	三十頃	
賈家南拒渠	十里	七尺	三尺	萬家溝口	萬家溝河	賈家南拒村	三十頃	
西倘不浪渠	八里	七尺	二尺	襖圪生村南	襖圪生河	西倘不浪村	三十頃	
常黑賴渠	三里	一丈	二尺	常黑賴村東南	大東河	常黑賴村	五十頃	
紅岱渠	五里	八尺	二尺	紅岱村北	大東河	紅岱村	三十頃	

籌開之渠

渠名	渠長	渠寬	渠深	渠口	水源	經過地點	溉田畝數	備考
乾通渠	二十里	三丈	二尺	賈岱村西南	大黑河	添密等村	二百頃	
蘇木沁渠	十五里	一丈	二尺	湖岱村南	大黑河	可可板申紅吉討號等村	八十頃	
乾源渠	八里	一丈	二尺	乾源村北	山溝洪水	鵰鶉村	二十頃	

廢渠

渠名	渠長			渠口	水源	經過地點	溉田畝數	備考
滕家營渠	二十餘里			大青山奎樹溝	大青山溝水	保爾合少腦包羅家營奎樹等村	五十餘頃	
黃合少渠	三十餘里			滿汗山山口	滿汗山溝水	黃合少村	六十餘頃	
討速號渠	十五里餘			大青山古路板溝	大青山溝水	賬房古路板等村	四十餘頃	
白塔爾渠	二十餘里			面舖窰村	大青山溝水	保爾合少	八十餘頃	
保爾合少渠	二十五里餘			大窰子溝	大青山溝水	干只汗胡洞面舖窰子等村	一百餘頃	
蘇家莊渠	五里			蘇家莊村東	大黑河	蘇家莊村	十五頃	
番家莊渠	四里			番家莊南	大黑河	番家莊	二十四頃	
潮忽鬧渠	二十餘里			潮忽鬧東	什拉烏素後河	潮忽鬧村	六十二頃	

薩拉齊縣渠道概況表

已成渠道

渠名	渠長	渠寬	渠深	渠口	水源	經過地點	溉田畝數	備考
大黑河渠	百里	六七丈	五六尺	歸綏縣流入境內	平頂山一帶泉水	自歸綏縣帽爾村流入縣佳善里九族等村	四百九十一頃	雨澇之年通平灌溉如遇大旱只有沿河附近地能灌溉

麥達召溝渠	三十餘里	三四丈	二三尺	麥達召溝口	麥達召溝水及山水	麥達召村東北起東老藏營蘇波蓋等村	清水二十洪水五十頃	
蘇寨溝門渠	三十餘里	二三丈	二三尺	蘇寨溝門	蘇寨溝泉水及山水	自溝門村北經北只圖威俊等村	清水二十三頃洪水五十	
五當溝渠	三十餘里	四五丈	三四丈	五當溝口	五當溝泉水及山水	沙爾沁東西園之間經土合氣把拉蓋等村	清水四十洪水六十頃	
威俊村頭道渠	一里半	四尺	三尺	忽哈新村東通水澗溝河漕	水澗溝河漕		三四十頃	此渠無經過地水出渠口即到地
威俊村二道渠	二里	四尺	三尺	仝右	仝右			仝右
俊村三道渠	三里	四丈五尺	三尺	仝右	仝右		五六十頃	仝右
東河漕渠	五里	五尺	五尺	麥達溝河漕	麥達溝河漕	麥達召河子上惱包村入蘇波羅蓋	五六十頃	此渠因近年渠水向西冲流不能按時澆灌
西河漕渠	五里半	六尺	五尺	仝右	仝右	麥達召河子上入東老藏營村	八九十頃	
薩托渠	六十里	一丈五尺	二丈	北園子村東北黑河	黑河河漕	北園子南園子乃莫板申安民里素召上等村	二十餘頃	此渠在薩縣三十里在托縣三十里

木氣溝渠	十餘里	一丈	二尺	掌蓋台村薩托渠河通薩托渠濟	薩托渠河	安民召上里素善俗	十餘頃	此渠係通薩托渠乃善里召安各村用水之渠
圡合氣渠	八里	八尺	二尺	五當溝河濟	五當溝	沙爾沁東園	一十二頃	
大把拉蓋渠	五里餘	八尺	二尺五寸	仝右	仝右	沙爾沁鎮	二十餘頃	
小把拉蓋渠	六里	仝右	仝右	仝右	仝右	沙爾沁鄂爾圪遜大把拉蓋	三十餘頃	
新農試驗場渠	二里半	六尺	二尺	富農渠	水澗溝	東西老藏營子	八九頃	
蘇糖營渠	十餘里	一丈	三尺	東河漕	麥達召溝	東老藏營子新營子	二十餘頃	
蘇波羅蓋渠	七里	一丈二尺	三尺五寸	麥達溝	仝右	麥達召麥達橋何家圐圙	四五十頃	
善俗渠	四里	八尺	三尺	薩托渠	大黑河	安民村召上兵州亥	四五十頃	
公義渠	二十六里	一丈	三尺五寸	黃河	黃河	租人圪旦保兒旦窯子東僧包白青窯子金錢舖窰子西河堰		

民生渠 另詳

籌開之渠

渠名	渠長	渠寬	渠深	渠口	水源	經過地點	溉田畝數	備考
富農渠	二十餘里	七尺	三尺	水澗溝門河漕	水澗溝門河漕	溝門嘉樂村北只兎馬蓮火盤小廠圐圙西老龐營子牛犋社新村	四五百頃	查此渠用款由綏遠省賑務會工賑款項下借支二千四百元其餘不足數由沿渠各村借用一千三百元
興農渠	二十五里	二丈	三尺	五當溝河漕	五當溝河漕	大小鄂爾圪遜公鷄板申小板申氣	五六百頃	查此渠用款係由綏遠省賑務會工賑款項下借支三千六百元其餘不足之數由沿渠灌域各村借用一千五百元
朱爾圪岱渠	十餘里	八尺	三尺	縣城西河漕	水澗溝河漕	朱爾圪岱境內		

廢渠

渠名	渠長	渠寬	渠深	渠口	水源	經過地點	溉田畝數	備考
海岱渠	九里餘			五當溝	五當溝西河漕	沙爾沁鎮	三二十頃	
五成窰深	六里餘			善岱河漕	舊大黑河	保同河喇嘛營大岱鄉		因大黑河移南故廢此渠

和林格爾縣渠道概況表

已成渠道

渠名	渠長	渠寬	渠深	渠口	水源	經過地點	溉田畝數	備考
上下土城渠	八里	八尺	七尺	石嘴子村	縣城大河	南園子及上下土城等村	約二十頃	
西窰公布營渠	五里	八尺	六尺	石嘴子村大河	石嘴子村大河	上土城西北	約二千頃	
三和渠	二十里	八九尺	四五尺	公布營村西	縣城大河	台九營忽同兎把旦營等村	約八十頃	
把爾里營渠	三十里	三丈至六丈	五尺	把爾拉營村南	縣城大河	新營子前猛獨牧言成營等村	少二十頃多九十頃	
粮地渠	十里	四五尺	五六尺	自几村東北	台九河	粮地村	一頃	
韭菜溝渠	七里	四五尺	五六尺	自几村東北	台几河	韭菜溝村	六十餘畝	
舍必崖渠	十里	仝右	仝右	古爾村南	古爾村河	無	三頃餘	
達賴溝渠	十里	二丈	五尺至二丈	達賴溝村前河	達賴溝河	達賴營村	三頃餘	
布袋渠	十里	一丈至三丈	五尺至二丈	上布袋溝村南	上布袋溝河	下布袋溝董家營西村	九十餘畝	此渠僅能使洪水數日
毛不浪渠	八里	六七尺	六七尺	毛不浪東	毛不浪河	無	一頃餘	此渠原係溝槽加工為渠僅能使用洪水
興隆渠	四里	丈餘	七八尺	東溝門村北	駱駝溝河	小紅城村南	四十頃	

普濟渠	二十里	五六丈	六七丈	前公喇嘛村西南	茶房溝河	前後公喇嘛一家村雅達牧郭寶營了古爾半等村	約一百頃
共和渠	十里	二三丈	六七丈	前公喇嘛村南	茶房溝河	前後公喇嘛郭寶營村	約六十頃
永豐渠	老渠未開通里數未定	二丈	七八尺	郭家營村東	西溝門河	六犋牛郭家營七桿旂十號板等村	約二十頃
公益渠	十里	丈餘	七八尺	李家圐圙村東	西溝門河	狼尾巴咀蔡家營子李家圐圙等村	約一百頃
北力拉板申渠	二十里	丈餘	七八尺	北力拉板申村東	西溝門河	狼尾把咀北力拉板申村	約四十頃

籌開之渠

渠名	渠長	渠寬	渠深	渠口	水源	經過地點	溉田畝數
盤山渠	三十五里	一丈五	二尺	西溝門	石匣溝內之山水	西溝門劉海五窰子新營子李家圐圙古爾板胡同哈拉沁等村	十頃餘
小沙梁渠	五里	一丈	四尺	草廠	台几撓及碾房窰子溝之山水	草廠達賴溝達賴營子水口等村	十頃餘
仁義渠	十里	八尺	一丈六七尺	三枝樹村南	大灣河	一枝樹二枝樹三枝樹等村	十頃餘
復興渠	五里	八尺	一丈六七尺	老喇嘛蓋村北	西台几河水	老喇嘛蓋村東下喇嘛蓋村西	十頃餘

廢渠

渠名	渠長	—	渠口	水源	經過地點	溉田畝數	備考
廣益渠	二十里	—	南營子大河迭日溝河	南營大河	小廠圪洞章胡窰等村西北	約十餘頃	

三合渠	五里		草廠村東	台几崖河	下喇嘛蓋村(南)(老ㄨ(東)喇嘛蓋村	約十餘頃

豐鎮縣渠道概況表

已成渠道

渠名	渠長	渠寬	渠深	渠口	水源	經過地點	溉田畝數	備考
富東渠	三里	五六尺	三四尺	朔州窰子村西	大東河	朔州窰東園子新城灣等村	十三頃	
北勝渠	二里	三四尺	二三尺	新城灣東園子正北	仝上	仝上	五頃	此渠係富東渠支渠
潘家渠	二里	二三尺	二三尺	潘道山溝	潘道山溝泉水	河口灘村	四頃	
永月灣渠	三里	三尺	二尺	永月灣村東北	飲馬河	永月灣村	六頃	
青龍渠	五里	五尺	二尺	青龍渠東北	大東河	澤洛溝村	十頃	
翟家渠	一里	二三尺	三四尺	河口灘村西北	潘姓用畢退下之泉水	溝門村	二頃	此渠所受之水係從河口灘潘姓用足退下全賴上游水量有餘
新民渠	二里	三丈	三四尺	泉子村西南	泉水		六頃	
慶新塀渠	八里	五尺	三尺	朔州窰村西北	大東河	朔州窰東園子新城灣等村	十一頃	
寶豐渠	五里	六尺	五尺	黑溝河正東	黑溝河	致遠莊	四頃	

王家渠	四里	一丈二尺	五尺	擺烟圖村西北	大東河	西沙溝鞎村元山子等村	二十頃	
民阜渠	八里	一丈五尺	六尺	武家村北	壩王河	武家村郭家村沙梁村達賴營村梁國興村	三十頃	
沙溝沿渠	十二里	八尺	五尺	沙溝沿村正東	大東河	沙溝沿村	四十頃	
義和渠	七里	一丈五尺	六尺	瓦窰鉢子村西北	大梁溝河	擺烟圖王家營等村	二十頃	
三和公議渠	六里	一丈一尺	六尺	榆縣營子村西東北角	榆縣營北河	順城庄	二十二頃五十畝	

籌開之渠

渠名	渠長	渠寬	渠深	渠口	水源	經過地點	溉田畝數	備考
西灘渠	四里半	一丈至二丈	二尺至四尺	白廟村東北	大東河	留雲窰村	一百二十七頃九十畝	
南學田渠	十里	一丈至三丈	六尺至八尺	九蘇村東南	九蘇木河	部家房子南學堂村	五十六頃九十八畝	
馬家渠	二里	八尺至一丈五尺	平均七尺	大喇嘛村正西			一十二頃二畝九分	
海泉庄渠	四里	二丈至二丈五尺	平均八尺	毛不浪村西南	常黑賴河	壕塹孤山等村	三十頃二十二畝	
二蘇木灘渠	九里	三丈至丈五尺	平均七尺	蘇家村東北	壩王河	蘇家吳家板申梁士八洞謝營家梁國興等村	一百二十頃五十九畝	
西沙溝渠	三里	平均一丈	三尺至五尺	西沙溝正西	大東河	西沙溝村	三十頃	

廢渠

渠名	渠長	渠寬	渠深	渠口	水源	經過地點	溉田畝數	備考
公益渠	八里	—	—	大庄科村東南	大東河		—	
泉海庄渠	四里	—	—	壕塹村西北	常黑賴河	孤山村	二十頃	
附記	一 大東河由集寧縣入境經過縣屬泰平庄元亭庄復明庄復活庄三塋房五福屯隆盛庄松柏庄天寶屯享新嶺玉秀庄樂成村河口窪五台窪出山西大同縣界 一 飲馬河由凉城縣入境經過縣屬利豐庄慶寧庄民悅庄元和庄泉海庄玉金庄平安庄沙溝新安庄永月灣澤洛溝新城灣五台窪與大東河匯流出山西大同縣界 一 河口灘村泉水由本村東北潘道山溝發源經過河口灘入飲馬河								

固陽縣渠道概況表

已成渠道

渠名	渠長	渠寬	渠深	渠口	水源	經過地點	溉田畝數	備考
萬和店渠	五里	一丈	三尺	河楞村南河漕	山中消冰水及洪水	萬和店	約一十頃	此渠春季渠用消冰水夏季秋季洪水亦可灌地
二相公窰渠	二里	一丈	二尺	村東	消冰水及洪水	無	約八頃	此渠爲新舊兩渠新開之渠雖灌消冰水尚未耕種而舊有之渠土質肥沃農業尚屬茂盛
敎堂渠	三里	八尺	三尺	阿塔山背後	消冰水及洪水	阿塔山及王碾房村	二十頃	此渠春季灌溉消冰水夏秋兩季灌用洪水
廣義奎渠	三里	二丈	四尺	縣城北河漕	哈塔山內消冰水及洪水	縣城西門外	二十餘頃	此渠水勢暢旺灌地頗多收量尚豐

綏遠概況（節選）

昔連腦包渠	四里	一丈	三丈	興隆遠塔山南河漕後河	昔連腦包村	約十頃	此渠原有渠道狹小後復借款興修惟春季灌用消水水因連年荒旱以致不敷應用故荒地甚多
召地渠	三里	一丈五尺	三尺	十分子村南河漕後河	無	約三頃	此渠係用洪水灌地並無消水及泉水
官牛犋渠	二里	二尺	一尺	後官牛犋河漕後河	前後官牛犋村	約十餘頃	此渠係用泉水
缸房地渠	八里	三尺	二尺	該村迤東河漕後河	缸房地	約十餘頃	仝上
公吉窪渠	四里	三尺	二尺	羊圪楞村後河	羊圪楞及得勝濟門村	約十餘頃	仝上
水道村渠	三里	三尺	二尺	村東河漕後河	水道村	約六頃	仝上
兌九灣渠	五里	三尺	二尺	阿塔山底河漕後河	兌九灣	約四頃	仝上
沙壩子渠	一里	五尺	二尺	村東河漕後河	沙棋子	約四頃	仝上
鎖子灣渠	二里	三尺	二尺	村北河漕後河	鎖子灣村西迴入河	約八頃	仝上
沙它國渠	八里	一丈二尺	四尺	小石拐 保力吐河	牛廠灣百爾托亥	十餘頃	
第三幹渠	五里	一丈七尺	四尺	二分子村後河東	二分子八分子下渠子後口子	五十頃	

籌開之渠

渠名	渠長	渠寬	渠深	渠口	水源	經過地點	溉田畝數	備考
東五斗渠	二十里	三丈	四尺	東五斗村東河漕	無	五斗舖朱燦地大營子等村	一百一十頃	
第一幹渠	二十六里	一丈七尺五		石家碾房	畢氣溝大烏爾吐小烏爾吐西溝等水	石家碾房天益子五六分子五下營舒保莊等村	二百餘頃	
第二幹渠	二十里	同		東五斗舖甲蓋氣溝河		東五斗舖朱燦子地大學子村	二百一十頃	

廢渠

渠名	渠長	渠寬	渠深	渠口	水源	經過地點	溉田畝數	備考
六分子渠	二里	—		六分子村東	後河	六分子頭分子	十餘頃	此渠係清光緒年王姓獨力開挖原定渠長十餘里因獨力難成故而停止
元房子渠	二里	—		由元房子村東北引水	前後河均適用	元房子興盛兆	十餘頃	此渠清宣統初年王姓集股創辦原定十五里民力不逮故致作廢
銀號渠	五里餘	—		大義公村南河漕	北氣溝內洪水	河楞及復成源灘村	二十餘頃	查原有渠道狹小前已作廢於二十年經裕民水利社以工代賑復濬一次以後又復淤澄
公義明渠	五里	—		蘇池村南河漕	後河村河漕	公義明身得兆溝村河漕	十一頃	查此係原有舊渠於民國二十年裕民水利社又復疏濬一次現已淤澄
八分子渠	六里餘	—		二分子河漕	後河村河漕	二分子八分子十分子等村	約二十頃	此渠於二十年裕民水利社以工代賑開幹渠七里支渠七道餘未開通惟連年荒旱無人耕種今僅種者十分之一餘皆荒廢
西五斗舖渠	二里	—		西五斗舖極東	五斗舖東北漕	五五斗舖迤西	約十餘頃	
西南壕渠	四里	—		德成永村西			約十餘頃	

元房子渠	二里	一		由元房子村東北引水	前後河均適用	元房子興盛兆	約十餘頃	

附註　後河又名崑都倫河本縣山內多泉平時流有清水雨時即發山洪每年春融冰解水量較多會而爲此河由東北向西南流入包頭境

興和縣渠道概況表

已成渠道

渠名	渠長	渠寬	渠深	渠口	水源	經過地點	灌田畝數	備考
民樂渠	二十餘里	一丈	四丈五尺	皂火河	豪慶河皂火河口	趙家村台吉廟村安家地村五號村	二百餘頃	
公議渠	八里餘	八尺	五尺	後河	後河	紅崖灣二道窪小壩子等村	二十餘頃	
民豐渠	一里餘	八尺	三尺五寸	趙家村西山後	豪慶河	趙家村	二頃餘	
民利渠	八里餘	一丈	四尺	鴛鴦河	鴛鴦河	頭二三四號並圪撈犖子等村	五十餘頃	
輔義渠	二里餘	七尺	四尺	馬家河東岸	豪慶河	馬家村	五頃餘	
民福渠	四里餘	五尺	四尺	乾沙河黃石崖	乾沙河	民福渠	四頃餘	
利民渠	五里餘	八尺	三尺五寸	豪慶河	豪慶河	本村	十餘頃	該渠在本縣第四區石彎子村
善喜渠	二十餘里	一丈五	四尺	十二號村西北鄂卜坪河	鄂卜坪河	本村	五十餘頃	該渠在本縣第四區沛霖鄉十三號村

民和渠	五里餘	一丈五尺	三尺	鴛鴦河	鴛鴦河	本村	十餘頃	該渠任本縣第四區二十九號村

籌開之渠

渠名	渠長	渠寬	渠深	渠口	水源	經過地點	溉田畝數	備考
樂善渠	二十餘里	一丈五尺	三尺五寸	打拉吉廟西北梁山坡	後河	打拉吉廟村	七十餘頃	
興民渠	仝上	二丈	四尺	後河上游	後河	黑二五店三號十里浦等村	一百餘頃	

附註　鴛鴦河由東北流來後河自西北流來相會而爲二道河幾蜿蜒全縣境內倘導渠得宜不憂亢旱

武川縣渠道概況表

已成渠道

渠名	渠長	渠寬	渠深	渠口	水源	經過地點	溉田畝數	備考
蘇力腦包渠	六里	八尺	四尺	蘇力腦包東西	納令河	蘇力腦包村全部西村東半部	十二頃	
上下義合社渠	七里	七尺	四尺	隆勝德口	隆勝德河	起隆盛德經下上義合社至恆盛與	二十餘頃	
鹹河子渠	五里	八尺	四尺	鹹河子村南	經鹹河子村西面至禿亥村東南		十餘頃	
三合鄉·渠	四里	八尺	五尺	三合鄉渠西南之廟灘	石河下游	經三河鄉村西面及西北	十五頃	

籌開之渠

渠名	渠長	渠寬	渠深	渠口	水源	經過地點	溉田畝數	備考
塔布河渠	七里	一丈	四尺	城卜子	塔布河	城卜子廟灘慶和昌上下古營子等村至七頃房子	一百餘頃	

托克托縣渠道概況表

已成渠道

渠名	渠長	渠寬	渠深	渠口	水源	經過地點	溉田畝數	備考
民利渠	七十餘里	三丈	四尺	李三壕	黃河	大喇嘛窰韓三窰把柵中灘沙拉湖灘河口等村	一千頃上下	
沙河渠	三十餘里	三丈	四尺	沙溝子	沙河	沙坡窰黑水泉城溝子缺房營什拉烏素壕等村	一百五十餘頃	此渠係由刀爾麻營什拉烏素溝自然流行非人工所開
黑河渠	二十餘里	四丈	四丈	歸屬北園子	黑河	南園子什力鄧東灣乃莫板申口肯板申等村	一百二十餘頃	
知行北渠	二里	二丈	三尺	鄧金圐圙村西	二十家河	郭禮鄉村北四大圪達村南	十七八頃	
知行南渠	十里	七尺	一尺五寸	西灘村西	和屬銀號河	大五十家東至敦禮鄉村南	十四五頃	

籌開之渠

渠名	渠長	渠寬	渠深	渠口	水源	經過地點	溉田畝數
民阜渠	十五里	二丈	四尺	白石子渠	黃河	和尚營子巡查營子等村	二百八十餘頃

苗家窰渠	三十九里	一丈	五尺	苗家窰村	黑河	喇嘛營麻花灘等村	二千餘頃	
民康渠	十里	二丈	四尺	什力圪兎村東	和屬五福渠	新章蒙拐溝營等村	一百頃上下	

廢渠

三義豐裕渠	二十餘里			東山山水	純係山水	沙坡窰子張全營黑水泉什拉烏素等村	三四十頃	
什力氣渠	十餘里			城北山水	源係山水	南阁子白塔塔布子等村	三四十頃	
荒地窰渠	十餘里				雨水	新營子村		荒地窰關四窰等村渠皆注雨水無雨則乾
關四窰渠	二十里				雨水	劉家窰狄四窰等村		同前
黑水漕渠	七十餘里				山水雨水	七星湖大井壕關四窰等村	五六百頃	黑水漕渠每遇山水大發黃河暴漲大雨綿延則有水近年天旱乾涸澈底

涼城縣渠道概況表

已成渠道

渠名	渠長	渠寬	渠深	渠口	水源	經過地點	溉田畝數	備考
同濟渠	五里	二丈	六尺	五區屬五號溝內	五號河	由五號河直灌興盛莊又經亥莊達福盛莊	四十頃	
德台渠	五里	三丈	五尺	新堂村西南通九股泉河	九股泉河	大汛込水處中間只經過新堂村	四十頃	

三和渠	七里	一丈五尺	五尺	河子村	河子水	六蘇木保安村	三十頃	
祥和渠	十二里	五丈三尺	五尺	壕欠營村北	大五號河	迎祥德和二村	一百頃	
新農渠	五里	一丈五尺	三尺	南泉子	步量河	張姓地界	二十頃	
福善渠	二里	一丈二尺	三尺	槽礦窰村西南	板城河	槽礦窰村	六頃	
同益渠	十里	二丈	一丈三尺	榆樹林	榆樹林河	興盛莊	二十頃	
賈家渠	六里	一丈五尺	六尺	城本村	炭窰溝河	九蘇木村	五十頃	
吉善河渠	十里	一丈	三尺	色代溝	色代溝河	淤泥灘渠	九頃	
福濟渠	四里	一丈五尺	五尺	第三區屬五號河	五號河	興盛莊河溝	三十頃	

籌開之渠

渠名	渠長	渠寬	渠深	渠口	水源	經過地點	溉田畝數	備考
迎祥渠	七里	一丈	四尺	五號河	五號河	迎祥德和土台等三村	三十頃	
公溝堰渠	八里	二丈	五尺	沙溝河	沙溝河	慶豐莊新平村	二十餘頃	
面鋪窰渠	三里	一丈	三尺	永興溝	永興溝河	面鋪窰	十七頃	
協和渠	一里半	一丈	四尺	二道壕	二道壕小河之水	協和堂	十二頃	

清水河縣渠道概況表

已成渠道

渠名	渠長	渠寬	渠深	渠口	水源	經過地點	溉田畝數	備考
青龍渠	四里	三尺	一尺	大廟灣	清水河	經雷虎坡村入縣城永安街復經瓦窰溝窰灣村直抵小瓦窰溝村止	一頃半	
老龍渠	四里	二尺	一尺	南窰村前	清水河	經神池窰村二路塌溝口至南海村	三頃	
興龍渠	三里	二尺	一尺三寸	南溝村口	清水河	經六二三灣蓆麻溝祁家窰窰子口等村至羅頭窰村止	一頃二十畝	
永固渠	五里	一尺	一尺	縣城南門外	清水河	經大平莊村直抵小廟村止	一頃	
韓慶壩渠	二里	一尺五寸	一尺	石灣子山嘴	清水河	經韓慶壩村至楊家窰	一頃	
楊家窰渠	二里半	二尺	一尺五寸	韓慶壩村末	清水河	經楊家窰至大灣	四頃	
大灣渠	一里半	二尺	一尺	楊家窰村	清水河	經大灣至膠泥溝	五十畝	
膠泥溝渠	三里	二尺	二尺	大灣村盡處	清水河	經膠泥溝至大河	一頃	
大南溝渠	五里	二尺	二尺	朱家山山溝	泉水	自朱家山起經紅崖溝大南溝村至大河	二頃	
新龍渠	二里	二尺	二尺	南溝窰	清水河	經神池窰村至村西止	四頃	
土溝渠	六里	二尺	二尺	達子溝	洪水	經土溝村至王貴枝窰村止	四十頃	

喇嘛灣渠	七里	二尺	二尺	賈浪溝	泉水	經賈浪溝喇嘛灣至楊坡上止	十七頃	

籌開之渠

渠名	渠長	渠寬	渠深	渠口	水源	經過地點	溉田畝數	備考
楊坡窰渠	三里餘	一尺四寸五	五六寸	楊坡窰村南	清水河	楊坡窰楊家窰等村	約七八十畝	
石峁子渠	五里餘	一尺四五寸	六七寸	石峁村南	清水河	石峁子八稜灣缺房溝等村	約五頃餘	
大庫倫渠	十五里	一丈五	四尺	大庫倫渠	古力板計河	陰畔村一帶	約三十餘頃	

廢渠

渠名	渠長	渠寬	渠深	渠口	水源	經過地點	溉田畝數	備考
朔州窰渠	一里餘			圪針林村北	清水河	由圪針林村北起經朔州窰村	一百餘畝	

集寧縣渠道概況表

已成渠道

渠名	渠長	渠寬	渠深	渠口	水源	經過地點	溉田畝數	備考
張全渠	一里餘	五尺	三尺	蒿賴溝山上小水泉發源	仝	小土城村西北	四頃餘	該渠係引蒿賴溝山上之泉水源流不甚大每年清水可灌地二百餘畝洪水約灌五百餘畝幹渠早已開成惟不甚寬闊擬本年重加開挖

渠名	渠長	渠寬	渠深	渠口	水源	經過地點	溉田畝數	備考
蝻王河渠	七里餘	五尺	二尺五寸	蝻王河	蝻王河	由蝻王河引水隨河之左岸到李長慶村西	六頃三十畝	該渠原係人民自由攤款開挖寬二尺深一尺長二里餘民國二十年經建設局以工代賑復加修挖寬五尺深二尺餘長七里餘渠兩邊田地甚少僅能灌溉五六百畝且均屬豐鎮縣管轄
張起武渠	三里	五尺	三尺餘	豪賴溝口	豪賴溝河	裕厚莊南村	七頃餘	

籌開之渠

渠名	渠長	渠寬	渠深	渠口	水源	經過地點	溉田畝數	備考
二道河渠	二十餘里	九尺	七八寸	河水引灌	二道河	孚惠莊泉玉嶺	二頃	此渠係就河之兩岸引水灌溉工程無幾

陶林縣渠道概況表

已成渠道

渠名	渠長	渠寬	渠深	渠口	水源	經過地點	溉田畝數	備考
無	無							

籌開之渠

渠名	渠長	渠寬	渠深	渠口	水源	經過地點	溉田畝數	備考
舊德義渠	三里	未定	未定	左家營子	大河	公館舊德義嶮子溝八義溝	十五六頃	此渠現正進行勘察規劃但以大河之水來源不旺必須大雨後始能灌溉係洪水性質現以渠身未成故其容量未定

沃野縣渠道概況表

已成渠道

渠名	渠長	渠寬	渠深	渠口	水源	經過地點	溉田畝數	備考
惠民渠	一百五十里	四丈	五尺	月牙湖	黃河	月牙湖紅坊子紅崖子	二千頃	以上各頃多半爲籌辦之估計自二十年興工現只成五十里已放水餘則須待籌款興修

第五章渠水利章則

△河渠管理章程 民國十八年一月十二日本府議決

第一條 建設廳爲整頓水利確定水權以免轇轕而歸一致起見凡綏遠全省河渠除中灘後套各渠另有規定外均依本章程管理之

第二條 凡綏遠地上地下流動或靜止之水爲人民公衆利益所繫無論何人或團體不得佔爲私有但得依本章程之規定呈准引用之

第三條 凡開引河渠經人民呈准後均由建設廳分別註冊並發給用水證書以資保障

第四條 凡規復廢渠創開新渠均應呈由建設廳核准並塡明下列各項附具圖說

（甲） 呈請人之姓名年齡籍貫住所如係團體應塡明團體名稱辦公地點並附呈詳細章程兩份

（乙）導引之河泉名稱　（丙）幹渠所在地及經過路線　（丁）地段四至面積及其土質

（戊）用水時期及次數　（己）幹渠長度寬度及深度　（庚）資本若干並預計何時動工何時完工　（辛）關於其他開渠計劃工程等項

第五條　渠工完竣後須呈經建設廳勘驗確與前條呈請各項相符開渠者應即呈請註冊其應行註冊之事項如左

一　引用河泉名稱　二　幹渠長寬及深各若干度　三　澆地畝數及時期　四　組織及管理情形

第六條　建設廳收到上項呈文經派查明確後迅予批發證書其用水權即於呈請核准之日開始

第七條　在同一水源上引水溉地其用水權以上輪下接爲原則以特許優先爲例外

第八條　在同一水源上引水溉田不准沿河打壩但於必要時經建設廳之特許者不在此限

第九條　人民無論在何河泉上引水灌田建設廳得按照呈請時日之先後依次付予優先權他人不得爭執及有侵害情事

第十條　人民每次取得用水權應以該田畝所必需之水量爲限並須確定所灌之地段及四至不得移灌他地或浪費致妨害他人之水權

第十一條　人民取得用水權如因廢置不用致地荒蕪逾二年者該權即行消滅但此後如欲再用水時得依本章程呈請註冊仍准回復其水權

第十二條　凡渠道經過必需之土地應按鄰近同等地畝估向地主購買地主不得託詞拒絕若係官地得呈請建設

廳轉呈省政府免交地價以示提倡

第十三條　凡修築渠道經過馬路鐵路河渠等交點所需閘門橋梁等之建築或改造費概由開渠者負擔

第十四條　渠道開鑿時或成立後如對于他人或公衆之利益發生任何妨害應由開築者賠償

第十五條　如工程建築任何部分與原案或原計劃有變更時須先呈報建設廳核准但幹渠之口須築閘門不得稍有變更

第十六條　建設廳聘請水利專門人才購置測量儀器以規劃促進全省水利于人民呈請勘查時得酌收勘查費其等則如下　（一）面積在一百頃以下每頃繳勘查費一元　（二）面積在一百頃至三百頃者首一百頃每頃繳洋一元其餘每頃繳洋五角　（三）面積三百頃以上五百頃以下除首三百頃照第二項繳費外其餘每頃繳洋二角　（四）面積在五百頃以上除首五百頃照第三項繳費外其餘每頃繳洋一角　（五）以上各項繳費人民得以地畝依照市價抵代現欵如以擬行灌溉之地作抵其價額應按照未引水之地價爲準

第十七條　渠工完成後如有仿照包西各渠之辦法組織公社征收水費者其渠欵之保管均依包西渠欵保管簡章辦理

第十八條　建設廳所派查渠人員均有警察權人民如有違犯本章程之規定者得隨時逮捕交縣罰辦

第十九條　本章程如有未盡事宜得由建設廳隨時提出修正之

第二十條　本章程自公布之日施行

△保管水利建設基金委員會章程　民國十八年十月十五日本府公布

第一條　本會以保管綏遠全省水利建設基金以圖開發永久之水利爲主旨定名曰綏遠省保管水利建設基金委員會

第二條　本會設於省政府所在地

第三條　本會以左列人員組織之

一　民政廳廳長　二　建設廳廳長　三　公推本省地方公正士紳五人

第四條　本會由上列七人內公推一人爲主席主持會務並再公推二人分担司庫文牘事宜如主席因公不能出席時得由委員中指定一人代行職務

第五條　本會經費由所收同各項貸款之息金內支付之

第六條　本會委員均爲名譽職

第七條　本會設幹事二人分任司賬庶務繕寫及一切事宜由本會聘用之承主席之指揮分任職務

第八條　本會會議分常務會議臨時會議二種

一　常務會議每月終開會一次　二　臨時會議遇必要時隨時召集之

第九條　本會對於水利基金負完全保管之責任

第十條　本章程如有未盡事宜由常務會議修正之

第十一條　本章程自公布之日施行

△保管水利建設基金委員會管理基金辦法　民國十八年十月十五日本府公布

第一條　本辦法爲保持水利建設基金之永久對於貸款存欵及收支本息各欵均依本辦法規定管理之

第二條　本辦法所稱水利基金係指賑務會撥發各縣局工賑修渠專欵經會議决定爲貸借辦法儲作水利建設上之永久專欵無論何項急需不得挪用

第三條　水利基金之管理由會完全負責辦理

第四條　水利基金之儲存須經本委員會之議决存放於殷實商號其利率亦由會議决定之

第五條　商號存放欵項須以隨時支取不誤水利上之應用爲原則並須取具連環舖保以堅信用而昭愼重

第六條　對於水利基金之保管經手人如有移挪侵蝕情事應由會送交法庭依法懲辦以重公欵

第七條　商號存欵如有未經會議决定擅行撥存不論數之多寡期之長短均以移挪公欵論

第八條　凡由存欵商號支發欵項時應由主席頒發支付命令並在支票或支發證上經司庫簽字方生效力但一萬元以上之欵其命令須經全體委員之連署

第九條　本委員會收支欵項應備置左列各表簿

(1)現金出納簿　(2)庫存月報表　(3)單據粘存簿

第十條　前條所列庫存月報表應於每月終呈報省政府備案

第十一條　凡依貸欵辦法第四條規定核准支發出欵應由各該管縣局備具印文印領核案相符方准照發

第十二條　本委員會之經費由所收貸欵息金內開支不得動用基金

第十三條　本會各項細則另定之

第十四條　本辦法如有未盡事宜由管理水利建設基金委員會議決修正之

第十五條　本辦法自公布之日施行

△保管水利建設基金委員會貸欵辦法　民國十八年十月十五日本府公布

第一條　本辦法對於各縣局興辦水利之貸欵適用之

第二條　前條所稱水利凡修挖新舊幹支渠道及濬河鑿井並購用水車等關於水利事項皆屬之

第三條　各縣局辦理水利之團體或私人欲貸用貸欵時均須先將渠道計畫及區域圖說請貸欵數呈由各該管縣局（在水利管理局管轄區內者並呈報該局）轉呈建設廳勘驗核准咨交保管水利建設基金委員會決議後方得貸與

凡私人貸欵以其用於鑿井者爲限

第四條　貸欵經會議核准後須介知貸欵縣分由水利團體或私人備具簽章借據呈由各該管縣局加蓋印章負責保證並備具印文印領轉呈保管水利建設基金委員會審核存查但私人貸欵須以相當之房地契照爲抵

抑或取具殷實商店三家以上之舖保

第五條　前項借據經本委員會核准後即將所貸之欵完全發交以昭愼重

第六條　各縣局水利貸欵均以二年爲償還期限並准分期歸還但有困難情形至期不能淸還時須經各該管縣局呈報建設廳查核屬實提交保管水利建設基金委員會議酌展期限但不得逾四年

第七年　水利貸欵年息定爲六厘其有呈經議准展限者每展限一年加息一厘以次遞加

前項利息以其貸欵發交該管縣局之日爲起息時期以歸還母金送交該管縣局之日爲止息時期

第八條　此項貸欵本息之歸還由各該管縣局負責催收

第九條　貸欵之團體或私人歸還本息時仍須呈由各該管縣局轉解保管水利建設委員會收存

第十條　本辦法之貸欵以關於水利者爲限不得以其他事件含混請用違者連同該管縣局主管人員一併議處

第十一條　貸欵之先後以呈文到達之次序爲標準

第十二條　本辦法如有未盡事宜由保管水利建設基金委員會議決修正之

第十三條　本辦法自公布之日施行

△各縣各渠水利公社章程

民國十八年十月十五日本府議決建設廳公布

第一條　本社定名爲某某縣某某渠水利公社

第二條　本社以負責經理本渠一切事務企圖振興水利增進農民福利爲宗旨

第三條　本社事務如工程進行欵項收支等項悉遵綏遠省政府建設廳頒布之管理章程辦法暨其他有關諸法令之規定行之

第四條　本社於一切進行上受綏遠建設廳及直接管轄之水利管理局並該管縣政府（或設治局下仿此）監都指導

第五條　本社圖記由綏遠建設廳刋頒文曰某某縣某某渠水利公社圖記

第六條　本社於進行上遇有陟及地方事項不能自行辦理時得呈請該管縣政府處辦

第七條　本社所屬灌域以本渠渠水澆灌所及之地畝爲範圍

第八條　本社設置職員如左

經理一人　副經理一人或二人　司賬一人　書記一人事簡者不設

渠頭若干人酌量事實上需要徵取董事會同意定之

渠夫若干人酌量事實上需要徵取董事會之同意定之

第九條　本社暨董事會爲供養役需要得酌雇夫役

第十條　經理副經理由本渠民戶就本區稞地各戶中擇品行端正且具有水利識驗者投票選舉

前項之選舉以得票最多者爲經理次多者爲副經理但經理之當選其得票數須在投票人總額二分之一以上選定後呈由直接管轄之水利管理局暨該管縣政府轉呈建設廳核委

第十一條　本社司賬書記渠頭渠夫均由經理遴用但須徵取董事會之同意

第十二條　經理執行本社關於渠務之一切對內對外事宜副經理帮同辦理經理因故不能執行職務時由副經理代理之

司賬書記受經理之指揮分掌本社欵項收支登記冊報及文牘撰辦事項

渠頭受經理之指揮掌渠閘工之勘察指揮並支幹渠口之開閉各事

渠夫受渠頭之指導執行工作事項

第十三條　經理副經理任期二年得連選連任

第十四條　本社經費及修渠費由本社於灌域內地畝計頃徵收水費以支付之其目別如左

一　本社經費

甲　公費　即本社暨董事會辦公應需之欵

乙　薪工　除經理副經理董事會董事均義務職外其餘司賬書記渠頭渠夫等均支給薪水或工食

二　修渠費

丙　經常修渠費　即每年歲修應需之欵

丁　特別修渠費　即臨時發生緊急渠工應需之欵

第十五條　本社水費之徵收每頃應徵十元至十五元

第十六條　本社經費之支付不得超過應徵水費總額十分之三並須按年先行造具預算書表呈由直接管轄之水利管理局或該管縣政府轉報建設廳查核

第十七條　本社置董事會其董事之名額五人至九人酌量渠之大小事之繁簡定之由本渠民戶就種地各戶之中擇品行端正且識驗優長者票選舉選定後呈由直接管轄之水利管理局暨該管縣政府轉報建設廳查核備案

第十八條　董事會董事應互選一人爲董事長

第十九條　董事會之職權如左

甲　建議本渠水利興革事項　乙　解決經理諮詢事件　丙　實行審核本社預算計算

丁　監查本社一切職員渠頭夫等有無廢職違章並得提出彈劾　戊　遇必要時得召集本渠全渠民戶會議　己　本章程明白規定各事宜監察事項

第二十條　董事會董事任期一年得連選連任

第二十一條　經董之選舉更選應受建設廳直接間接之命令由直接管轄水利管理局暨該管縣政府召集辦理

第二十二條　本渠種地民戶凡種地在一頃以上者均有經董選舉權

第二十三條　本社董事會辦事細則另定之

第二十四條　經董被選任職後倘有廢職違章等情事除由建設廳以命令撤銷更選外亦得以全渠民戶會議過半

數可決撤銷更選之

第二十五條　本社對於水費之徵收保管統依建設廳管理章程辦法各項規定辦理之

第二十六條　本社徵收水費須於每年秋後徵收但因春夏間必要之需用經董事會決議得預徵欵額五分之一至三分之一

第二十七條　本渠各民戶使用渠水應遵澆水章程等之規定行不得違背

第二十八條　本章程自公布之日施行

△獎勵興辦水利簡章　十七年十一月六日建設廳公布

第一條　本簡章以獎勵興辦綏區水利為宗旨

第二條　水利以開渠為主而以鑿井輔之

第三條　渠道分成渠廢渠籌開之渠三種凡現在能引水灌地者為成渠現在湮沒淤塞者為廢渠擬創開渠道者為籌開之渠

第四條　前條所列三種渠道由建設廳制定河渠調查表令發各縣局長調查報告之

第五條　凡規復廢渠創開新渠由縣局長督令發起人就地集擬其有實在無法籌集者應繪圖貼說呈候核奪

第六條　各縣局井水較淺之地每縣局長應調查明確勸令人民以土法鑿井

第七條　凡有合於左列各規定之一者由縣局長查明出力人員擇優請獎

一　各縣局長聯合或各村聯合創辦水利組合開渠，著有成效者

一　創辦水利公司開渠鑿井以營業爲性質而定價低廉辦理完善者

一　創興水利或堤防水害純由人民出資出丁不藉公欵補助者

一　凡在一村提倡鑿井十眼以上者

第八條　前條之獎勵如左

一　匾額　二　獎章　三　獎狀

第九條　凡有左列情事之一者由縣局長查明依法懲辦

一　以水利爲營業而故意把持地方勒措人民者　二　故意阻撓興辦水利事業者　三　經理渠道從中漁利者　四　因爭水聚衆械鬥者

第十條　縣局長將辦理水利第四條至第九條之各情形應遵令呈報以憑派員考查

第十一條　本簡章自公布之日施行

△歸薩托三縣四十四鄉引用黑河澆水章程

第一條　本章程分水及用水日期由二十年四月十五日經建設廳民政廳會同召集引用黑河三十五鄉代表會議議決自此規定之後均應共同遵守不得違背（查原議係三十五鄉嗣後西北圈永順渠九鄉呈請又復加入爲四十四鄉）

第二條　分水輪次暨用水日期訂定於下

甲　分水輪次

一　每年分春熱秋冬四水春水自驚蟄日起熱水自芒種前二日起秋水自秋分前三日起冬水自冬至日起至驚蟄前一日止

乙　用水日期

一　每年春水規定九十二天熱水規定一百零七天秋水規定九十五天冬水規定七十四天

一　每年春水先由歸綏縣上游起點計討爾號村鄉七天西甲浪營鄉三天渾津橋鄉一天西王莊鄉三天趙家莊鄉三天張家莊鄉三天蘇家莊鄉二天前朱堡鄉四天阿力拜店上鄉三天阿力拜鄉三天三兩莊東西廠克鄉七天忻州營鄉一天下游南什輔鄉五天雞蛋板申鄉五天黑河鄉七天塔布子鄉七天雨施格氣鄉六天楡木汁鄉九天鐵帽鄉十三天共計九十二天

一　每年熱水先由歸綏縣西北園永順渠興旺莊賈家營田家營西地郭家營姚府西莊大黑河桃花板九鄉引用十天（查該九鄉係混園種地由水順渠引水不能按各村分配日期再此十日水期係由歸綏上下游勻給九天托縣乃莫板申暨口肯板申勻給一天合併聲明）依次討爾號村鄉五天西甲浪營鄉二天渾津橋鄉一天西王莊鄉二天趙家莊鄉二天張家莊鄉三天蘇家莊鄉一天前朱堡鄉五天阿力拜店上鄉二天阿力拜鄉二天三兩莊東西廠克鄉六天忻州營鄉一天北園子鄉一天托縣白塔爾鄉一天南園子鄉二天東灣鄉一天什力鄧鄉四天一間房鄉

二天黑蘭圪力更鄉二天乃莫板申鄉二天口肯板申鄉二天薩縣寒蓋鄉四天安民鄉二天里素鄉六天召上鄉三天善岱鄉五天歸綏縣下游南什軸鄉二天鷄蛋板申鄉二天黑河鄉三天塔布子鄉五天雨施格氣鄉三天惱木汗鄉四天鐵帽鄉六天共計一百零七天（查熟水薩托兩縣在歸綏縣北園子鄉築壩在應分四十天熟水期內應少澆三日讓北園子鄉引用以上共計一百零七天）

一　每年秋水先由歸綏縣上游起點計討爾號鄉三天西甲浪營鄉一天渾津橋鄉一天西王莊鄉二天趙家莊鄉二天張家莊鄉二天蘇家莊鄉一天前朱堡鄉二天阿力拜店上鄉一天阿力拜鄉一天三兩鎮東西廠克鄉五天忻州營鄉一天北園子鄉三天托縣白塔爾鄉二天南園子鄉四天東灣鄉三天什力鄧鄉八天一間房鄉四天黑蘭圪力更鄉三天乃莫板申鄉五天口肯板申鄉五天薩縣寒蓋鄉七天安民鄉三天里素鄉十一天召上鄉四天善岱鄉十天另餘一天以薩大托壩相距九旗地六十里之遠舊有河漕之期太深用水須將河漕灌滿方能澆地故留此一天爲流灌河漕之期共計九十五天

一　冬水爲歸薩托三縣四十四鄉公用之水由冬至起至驚蟄前一日止平口任水入河但在消冰時各鄉各用本段渠內消冰之水以免爭執

第三條　河內應築之壩歸綏縣上游計討爾號鄉一道西甲浪營渾津橋鄉在西甲浪營築壩一道王莊趙家莊在西王莊築壩一道張家莊蘇家莊前朱堡鄉阿力拜店上阿力拜鄉東廠克在張家莊築壩一道三兩鎮西廠克鄉忻州營鄉在三兩築壩一道歸綏縣下游南什軸鄉鷄蛋板申鄉黑河鄉塔布子鄉雨施格氣鄉惱木汗鄉鐵帽爾鄉

每鄉築壩一道薩托兩縣十三鄉仍在北園子鄉築一壩道自此規定之後不得隨意築壩如有不遵即行送交該管縣政府從嚴懲辦

第四條　各鄉應築之壩用水時必須事先半個月築竣春水應築之壩必須於上年地土將凍之時築成其築成之壩應另修退水渠以資宣洩

第五條　各鄉澆用春熱秋三水如第一壩按照規定日期澆完即由第二壩接用所有第一壩灌域境內各支渠即須堵閉第三壩接水按照第二壩辦法依次類推

第六條　如遇夏令山洪暴發時所有黑河上下游歸綏縣各鄉之壩暨北園子鄉之壩均應及時拆毀使水下流入於黃河以免潰決淹沒之虞

第七條　本章程自公布日實行

△管理歸薩托三縣四十四鄉引用黑河澆水章程

第一條　本章程依照歸薩托三縣四十四鄉引用黑河澆水章程為管理之規定鄉民均須遵守

第二條　管理之法應由四十四鄉每鄉推舉管理員一員管理本鄉境內澆水事宜

第三條　澆水分為五段第一段為歸綏縣西北兩圈九鄉第二段由歸綏縣上游討爾號鄉起至北園子鄉第三段由托縣白堵爾起至口肯板申鄉第四段由薩縣察蓋鄉起至善岱鄉第五段由歸綏縣下游南什軸鄉起至鐵帽鄉

第四條　第一段九鄉管理員九人中推選監察員二人監察該段應分熱水十天時期澆水第二段十五鄉管理員十

五人中推舉監察員二人監察該段應分春水四十天熱水三十三天秋水二十五天時期澆水第三段八鄉管理員八人中推舉監察員二人監察該段應分熱水十六天秋水三十四天時期澆水第四段五鄉管理員五人中推舉監察員一人監察該段應分熱水二十天秋水三十六天時期澆水第五段管理員七人中推舉監察員二人監察該段應分春水五十二天熱水二十五天時期澆水

第五條　監察員按照澆水章程所定每段每次澆完後應會同接水監察員放壩接水

第六條　監察員澆水時期應常川在渠按照澆水章程監察

第七條　每次放壩接水應由雙方監察員督飭將壩底柴木取凈以免淤澄如有違背應由接水者負責賠修

第八條　歸薩托三縣四十四鄉引用黑河應由原有渠道澆用不得再開新渠

第九條　各鄉澆水應受監察員之指導如有違背暨械鬬情事即以破壞水利論應由該管縣政府傳拘送交地方法院按以刑事犯嚴行懲辦

第十條　每年推舉監察員應報由各該縣政府呈請建設廳民政廳備案

第十一條　監察員不能監察時得另推舉之

第十二條　監察員任期一年但得連舉聯任

第十三條　監察員日需旅費應由本段內各鄉公攤但每日至多不得過五角以免糜費

第十四條　監察員在渠辦事如有徇隱受賄暨不按澆水章程辦理得嚴懲之

第十五條　原有水利公會取銷

第十六條　本章程自公布日施行

△包西各渠水利管理局暫行簡章

第一條　本局以督促完成包西各渠渠工增進水利爲宗旨

第二條　本局定名爲包西各渠水利管理局直隸於建設廳

第三條　本局設于五原縣政府所在地

第四條　本局設置職員規定如左

局長一員　渠務總查一員　文牘一員　會計一員　管理渠道委員六員　辦事員二員

以上均由建設廳委任

第五條　本局爲繕寫文件巡渠催欵等事得僱用書記馬巡及夫役

第六條　本局對於各渠水利公社立於監督指導之地位

第七條　本局對於各渠一切水利事宜之處理悉遵綏遠建設廳管理包西各渠水利章程之規定並依建設廳之命令行之

第八條　本局職權規定如左

關於各渠工程之督促完成及監督養護事項

關於各渠公社組織進行之監督指導事項
關於渠工之查勘考核及成績之調查報告事項
關於各渠公社各項欵項收支及存儲考核事項
關於各渠公社渠工計劃預算審查事項
關於各渠澆水辦法之擬定引灌之支配淤澄之預防及糾葛之解決事項
關於新渠開挖之勸導計劃事項
關於各公民戶公社之請求轉報事項
關於建設廳委辦事項

第九條　本局經費由各渠所屬地畝每年按頃應征三元水利經費內之一元五角項下撥充之倘有不敷應呈報建設廳核辦

第十條　本局辦事細則另定之

第十一條　本簡章如有應行增正之處由建設廳修改之

第十二條　本簡章自十八年一月一日起實行

△管理包西各渠水利暫行章程

第一條　綏遠建設廳爲期完成包西各渠工振興水利藉謀農業之策進建設之發展對於包西各渠水利事宜依本

章程之規定監督管理之

第二條　凡包西中灘後套等處官民各渠及山水渠道之渠工水利各項自民國十八年一月一日起統劃歸建設廳繼續辦理

第三條　建設廳爲實行管理各渠起見設置包西各渠管理局於五原縣政府所在地其組織簡章另定之

第四條　各渠工程無分經常歲修特別重大統照舊由各該渠水利公社負責經理並由管理局監督指導

第五條　各渠工程凡經常歲修由公社隨時呈報管理局相機辦理其特別重大者應事先估計備具計劃預算等書呈請管理局轉呈建設廳核辦

第六條　各渠所屬粮地召廟地戶口地未墾地移民地學田地實業基金地永租地等民戶均應各照每年夏秋間勘丈青苗地畝數目擔任各項渠欵由公社經征管理局協催之其收支規如左

一　經常歲修費　每年每頃納銀七元充歲修工程之用開支有餘由公社保管之不敷由公社召集全渠民戶議定籌補方法呈局轉呈核行

二　特別修渠費　各渠遇有特別重大工程先儘餘存經常修渠費內撥支再有不敷由公社商由本渠民戶中籌墊之在三年內由本渠民戶照青均攤

三　水利經費　每年每頃納銀三元以一元五角充管理局經費有餘報解建設廳另欵存儲不敷呈請建設廳核籌之以一元五角充該公社經費倘有不敷得先[illegible]呈准另行籌之

第七條　公社對于一切渠欵之收支應按季分晰列册呈報管理局轉呈查核之

第八條　各項渠欵之保管章程另定之

第九條　各渠遇有特別重大工程確爲本渠力所弗勝者於必要時得由公社呈局轉報建設廳體察情形轉呈綏遠政府籌與貸欵補助興修

第十條　各渠澆水章程由管理局會同各公社分別各渠實地情形及習慣擬定呈核實行其大綱如左

一　各渠澆水辦法以使各本渠民戶得享平均的水利爲原則

一　各渠向係平口各民戶不得築閘築壩倘非有閘壩不能澈地者必須事先察看水勢商允請准且以不防他人水利爲限度

一　各渠澆使春熱伏秋冬等水應分別按照向章習慣口輪梢梢輪口依次輪流引灌不得紊亂

一　各渠渠水須先儘青苗地澆灌俟澆畢方准依次輪澆其他未種地畝

一　各渠渠水有餘得照曩例彼此代澆以收互助之益但絕對的禁止私擅賣放

一　各戶使水須限以一定之次序及日期不得逾越或私自開放渠口

第十一條　建設廳爲獎進水利對於各公社職員辦理渠務之成績每年考核一次其考核章程另定之

第十二條　凡有違反上列各條規定情事者均由各該縣局長負執行懲處之責任

第十三條　各渠灌溉所及之地段內關係地畝上其他事件不在本章程管理之列

第十四條　建設廳爲討論各渠水利興革事件得召集水利會議

第十五條　本章程倘有未盡或須修正之處應隨時增改之

第十六條　本章程自十八年一月一日實行

△包西各渠渠欵保管簡章

第一條　本簡章爲保護包西各渠利之永久對於關係修築渠工之各項渠欵均依本簡章之規定保管之

第二條　公社經理對於渠欵之保管負完全責任

第三條　公社徵起渠欵除水利經費准其照章動支外餘如經常修築費抑或曾經核准徵起之特別修渠費等欵應特別妥爲保管即關係渠道必須開支之項倘係未經核准遽即動支公社經理亦須負責賠補其有私自挪用及侵蝕除照數賠補外並分別加以懲罰

第四條　公社保管渠欵得以董事會之決議存放於殷實商號但須先行呈報管理局備案並隨時受其檢查

第五條　前條存放渠欵之各商號須彼此連環保證以堅信用至其存放之手續及責任仍由經理擔負之

第六條　各渠董事會及公社會計員對於渠欵保管上發現情弊時得向管理局檢舉之

第七條　本簡章如有未盡事宜應由建設廳隨時增正並以廳令行之

第八條　本簡章自公布之日實行

△包西各渠丈青辦法民國二十二年六月省府議決

第一條　本辦法於包西各渠水利管理局所屬各渠水利社及山泉河頭地勘丈青苗適用之

第二條　本年丈青將現有之青苗切實十足勘丈無論夏田秋田一概不准折扣

第三條　各幹支渠青苗由該管渠社經理負責勘丈並由該管理渠道委員稽核員督同辦理各私渠及山泉河頭地另委丈青人員勘丈並由各管渠委員督責辦理

第四條　各丈青員役（如書記收款員繩夫）由經理完全負責並取具妥實舖保連同姓名年籍一併列表呈送備案

第五條　每屆月終各社及丈青人員須將丈青草冊並塡造報告表呈核再由該管水利局長或派委專員抽丈之

第六條　勘丈後查有少丈或匿漏情弊照比例法將該社所丈全部地畝以類推加合計應繳隱匿或少丈水利經費及修渠費總數以兩倍罰其經理並照各該戶隱匿或少丈之數加一倍罰原地戶督同辦理之管渠委員整理員稽核員及丈青人員除撤懲外並依法嚴辦

第七條　辦理丈青人員如因少丈地畝受地戶賄賂一經證實應按照晉綏財政整理處規定之財政人員受賄懲罰辦法每受賄一元罰洋五十元如交欵不到易以徒刑

第八條　辦理丈青人員對於自己青苗有取巧少丈情事一經查實其懲罰辦法比普通地戶再加一倍

第九條　本辦法施行後十七年墾務總局施行之丈青辦法廢止之

第十條　本辦法如有未盡事宜得隨時呈請修正之

第十一條　本辦法自呈准之日實行

△民生渠用水規則 民國二十二年二月公布

第一條　本規則依照本公會章程第五章第十八條之規定訂定之

第二條　凡在本渠灌域內放水灌田者須依照本公會規定之各種章則辦理之並須對本公會員繳納水租義務

第三條　本渠放水時間由本公會執行部農工二股決定之放水時之各渠閘門由公務股派員監守之

第四條　本會各支渠之用水灌田須按次序輪流澆灌農民不得爭先搶後亦不得賄通本會職工有舞弊情事

第五條　凡農民用風車畜力人工及其他方法引水灌田者非經本會許可不得擅自使用其經許可用水者得按照本公會水租定率減收二分之一

第六條　凡願出資自開幹渠支渠引水灌田者須得本會之許可其水租于五年內得依照定率減收四分之一並以渠捐抵還工本

前項規定之自開幹支各渠其開挖方法及趾線位置尺度均須受本會之指導

第七條　本會放水之前應將放水時期通知各水社各該水社應於放水前將其範圍內之水道修理完竣

第八條　本公會得按照土肥情形對於灌田水量增加或限制之

第九條　凡具有下列情形之一者本會有停止水社聯合會引水灌田之權

甲　社內或會內水道未能及時修理者　　乙　破壞本會之建築物而不能修理者

丙　水租未能按時繳淸者　　丁　屢犯本會各種章則者　　戊　種植鴉片者

第十條　本規則如有未盡事宜得由本公會擬具修正理由請省府核准公布並分函總會備案

第十一條　本規則自省政府公布之日施行

△民生渠水社聯會組織章程　民國二十一年十二月公布

第一條　本公會謀與民生渠區域內農民合作起見得准農民組織水利社

第二條　水社以同一子渠內之農民戶爲單位

第三條　水社職員設社長一人由社內農民推選社員中衆望素孚者充任事務員一人由社員推選社內辦事幹練者充任

第四條　水社職員之職務如左

（甲）處理社内水利之糾紛　（乙）督率社員遵守本會規章　（丙）協助本會推農事改良

（丁）修理該社範圍以内之水道　（戊）保護該區域内之渠堤橋閘及其他本會所有之建築物並隨時報告其損壞情形　（己）於必要時代本會催繳水租

第五條　同一支渠內之水社得合組水社聯合會

第六條　聯合會設會長一人由各水社職員中互選道高望重者任之書記一人事務員一人均由會內水社職員中互選文理精通辦事幹練者分別擔任

第七條　聯合會職員之任務如左

（甲）監督水社職員行使其職務　（乙）處理會內各社水利之糾紛　（丙）解除本會與農民間之隔膜　（丁）保護該區域內不屬各水社保護之渠堤橋閘及其他本會所有之建築物並報告其損壞情形

第八條　水社及聯合會之職員均爲義務職有必要時得由本會酌給旅費及公費

第九條　水社及聯合會不得向農民征收任何種類捐稅及費用

第十條　水社及聯合會每年春秋二季由本會執行部招集各開討論會一次共商農事及水利之改良其日期與地點由本會執行部決定並招集之

第十一條　討論會開會時各社職員務須出席如因特別事故不能出席者應派代表出席

第十二條　水社及聯合會之職員務須常川居住其原住之農村內如于農忙時有長期離村至一個月以上者應由社員另選他人代理之

第十三條　水利糾紛之處理

甲　同一水社內之社員如有發生水利糾葛事項時應由該社職員調解之如有不易解決者由聯合會職員調解之再有不能解決者提交本會執行部處理之

乙　在同一支渠內甲水社與乙水社發生水利糾葛事項時由聯合會職員調解之如有不易解決者提交本會執行部處理之

丙　兩支渠或兩支渠以上之水社或聯合會發生水利糾紛事項時提交本會執行部處理之

以上各欵之水利糾紛如經執行部不能調解及附帶刑事之案件應由司法機關處理之

第十四條　農民有田地在兩水社或數水社範圍以內者得爲各關係水社之社員但不得任一水社以上之職員

第十五條　水社及聯合會之職員於每年國歷三月內選舉之其任期爲一年連選得聯任（但不得連任過二年）

第十六條　水社及聯合會之職員應將各該社各該聯合會區域內之農作特殊情形隨時報告於本會以資研究設法改良

第十七條　水社及聯合會有建議本渠水利上改良之職權

第十八條　本章程如有未盡事宜由本會隨時修改提交理事會議定請由省政府核准公佈並分函總會備案

第十九條　本章程由省政府公佈之日施行

民生渠村社開挖子渠及分水渠辦法　民國二十二年六月公布

第一條　子渠爲由支渠引水之要道應由各村社聯合全村農民開挖之

第二條　分水渠爲由子渠引水灌田之要道應由各關係農戶自行開挖之

第三條　開渠引水爲地方公共之建設所經之地不得攔阻

第四條　開挖子渠辦法

甲　各村社應依照本會工程師所測量之路線開挖子渠

乙　各村村正應規土方價目及人工畜工每天工資

丙　各村社應將應挖土方及所用人畜工力合成銀數以作開挖子渠之預算

丁　丙項之總預算按本村地畝之總數分立即爲每畝應攤之數目

戊　各村正召集全村農民按地畝分攤有工者派工無工者出錢

己　本會現有做成省工開渠築壩機器各村社有需要者可向本會定購其欵可於陽曆十一月三十日前付清但須有相當之抵押品及舖保（此種機器甚爲堅固本村用完後並可做價轉售或轉租於他村農戶應用）

第五條　開挖分水渠辦法

甲　農戶開挖分水渠應依照本會工程師所測量之路線開挖之

乙　用該分水渠澆地之農戶應聯合起來將應挖土方及人畜工資合成銀數作爲開挖該分水渠之總預算

丙　該分水渠之總預算按該渠所澆地畝之數目分之即爲每畝應攤之數目

丁　按本村規定土方及人畜工資按畝分攤有工派工無工出錢

戊　以上計算有困難時得請本會工程師代算之

第六條　開挖子渠及分水渠之攤派地主應出八成佃戶應出二成但佃戶因人工方便可先代墊人工畜工所值之數於交租時向地主扣還以昭公允

第七條　凡用同一子渠之村社應聯合起來組織一水社

第八條　本辦法如有未盡事宜得由本會隨時修正呈請省政府核准公佈並向中國華洋義賑總會備案

第九條　本辦法自省政府公佈之日施行

△包西各渠水利公社通行章程　民國十八年八月十日本府備案

（各社應署爲某某渠水利公社章程）

第一條　本社定名爲某某渠水利公社

第二條　本社以負責經理本渠一切事務企圖振興水利增進農民福利爲宗旨

第三條　本社事務如工程進行欵項收支等項悉遵　綏遠建設廳管理包西各渠水利暫行章程之規定及其他有關諸法令行之

第四條　本社一切進行須受　綏遠建設廳及直接管轄之包西各渠水利管理局之監督指導

第五條　本社仍用前奉　綏遠墾務總局刊頒某某渠水利公社鈐記（或本社呈奉　綏遠建設廳刊頒某某渠水利公社鈐記）以資信守

第六條　本社於進行上遇有涉及地方事項而不能自行達到時得呈請所在地之縣政府（或設治局）處辦之

第七條　本社所屬灌域以本渠渠水澆灌所及之地畝爲範圍

第八條　本社設置職員如左

甲　經理一人　乙　副經理一人（或二人）　丙　文書員一人　丁　會計員一人　戊　司賬一

人　己　渠頭一人　庚　副渠頭一人至五人　辛　渠夫若干人　（酌量事實上之需要確定之）

壬　雇員夫役若干人　（酌量事實上之需要確定之）

第九條　經理副經理由本渠民戶就本渠種地之戶中聲望素著熟悉水利者票選之以得票最多者為經理次多者為副經理但經理所得票數須在投票人三分之一以上選定後須呈由管理局轉報建設廳加委

文書員會計員司賬渠頭副渠頭由經理遴用但須得董事會之同意

渠夫由渠頭商承經理於每年春初雇用之其名額之決定仍應取得董事會之同意但遇急迫情形得變通之

雇員夫役由經理雇用之

第十條　經理執行本社關於渠務之一切對內對外事宜副經理幫同經理之經理因故不能執行社務時由副經理代行其職權

文書員受經理之指揮掌管本社文書事宜

會計員受經理之指揮掌管本社預算計算及款項出納事宜

司賬受經理或會計員之指揮掌管本社簿記事宜

渠頭受經理之指揮掌管本社勘驗及指揮渠閘工程並開閉支幹渠口各事宜

副渠頭幫同渠頭管理各項渠工事宜

渠夫受渠頭之指導執行勞工事宜

第十一條　經理副經理任期二年得連選連任

第十二條　本社應支公費及人員薪工規定如下

甲　公費月支二十元至四十元酌量社務之繁簡定之　乙　人員薪工

（一）　經理副經理均係義務職但經理得月支車馬費二十六元副經理得月支二十元

（二）　文書員會計員渠頭每人月支十八元　（三）　副渠頭司賬每人月支十二元

（四）　渠夫夫役每人月支七元　（五）　雇員月薪視其職務之繁簡由經理商同董事會臨時決定之

第十三條　本社設董事會董事名額（五人至九人各社酌量確定之）由本渠民戶就本渠種地之戶中票選之其人選以具有名譽經驗者為限選定後呈由管理局轉報建設廳備案

第十四條　董事會董事應互選董事長一人並推選常務董事二人至三人掌管日常會務

第十五條　董事會職權如左

甲　建議本社水利興革事宜　乙　解決經理諮詢事件　丙　實行審核本社預算計算

丁　經理以下各職員有廢職或違章情事得提出彈劾　戊　遇必要時得召集本社全渠民戶會議

己　本簡章各條明白規定事項

第十六條　董事會董事均為義務職但常務董事並在開會期內每日得酌支膳宿費五角

第十七條　董事膳宿等費由本社常年經費內向經理支領之

第十八條　董事會公費由第十二條規定之公費內支用不得另行支取

第十九條　董事會每届春夏應每月開常會一次秋冬二季每季開常會一次如有臨時發生事件得由董事長召集臨時會議解決之

第二十條　董事會董事任期定爲一年但得連選連任

第二十一條　本社及董事會辦事細則另定之

第二十二條　關於經董之選舉凡本渠民戶種地在一頃以上者均有選舉權

第二十三條　經理副經理及董事會董事被選任職後如有廢職或違章情事除由建設廳以命令撤銷更選外亦得以全渠民戶過半數之可決撤銷更選

第二十四條　經董事選舉及更選由本渠民戶聽承管理局及縣政府（或設治局）召集辦理之

第二十五條　本社常年應征各欵依管理章程之規定須勘丈青苗後征之但因春夏間必要之需用經董事會可決得預征五分之一至三分之一

第二十六條　本渠各民戶澆使渠水遵照澆水章程辦理不得違背

第二十七條　本章程遇有應行修改之處須由建設廳召集水利會議時提出修正之

第二十八條　本章程自決議公布之日施行

籌治黄河商榷書

目錄

序

治河之道古今成說順水之性因勢利導不外乎疏與築二者而已然疏築之法正自有辨器具之利鈍工料之良窳歷時之久暫古與今殆不可同日語也近代沿革精進科學發明機製之巧邁越前哲可奪天工是以得主有常要亦變通盡利疇之談治河者雖合乎道惜未得盡善其法以收其利耳文孚幼承庭訓長列戎行暇嘗周歷黄河區域慨然於中國無窮水患莫逾於河而中國特殊水利亦莫逾於河曾

於古今中外治河成績悉心研究斟酌而會通之擬就治法數則未遑付梓今則息影春明詳加審訂繪圖附說刊印成冊就正明達未敢以為是也聊資商榷云爾丙寅孟秋子斌

吴文孚識

第一章　籌治黃河商榷書

立國之大計重在農功，而農功之首要則在水利。水利之大莫如黃河。黃河發源於青海噶達素齊老峰下，蜿蜒而東，經行甘、綏、陜、晉、豫、直、魯境而入渤海，長八千八百餘里，源遠流長，為中國天然絕大水利。顧凡事往往利害相因，利而不知所以利之之道，則害即隨之。故濮陽之水災方去，而宮壩口之河患又來。夷考原因，由於治河者之急於近功，昧於久計，有以致之也。蓋河自衆水所滙，挾沙帶泥，其患在淤，變遷無常，湍流激悍，其患在決。今則審勢測量，用挖泥機器淘挖見深，以去其淤；裁灣取直，用洋灰石槽疊砌成堤，以防其決。如此，則河之患既除，而水之利可興矣。蓋金堤鞏固，河流順軌，亟宜建設閘壩，任司啟閉，安置齒輪，用資灌溉。自潼關以下，可灌陜、豫之田數百里；自河套以下，可灌蒙疆之田數百里。是為農田之利。長堤收束，河面縮狹，兩岸涸出餘地，廣為播種，附近堤根一帶，多植林木，藉資防護，是為樹藝之利。淤地成熟，阡陌富有，物產豐盈，商販輻輳，則賦稅之利遞增河身疏濬水可航船暢行堤址寬堅陸可輪軌銜接則交通之利擴大其餘如漁業鑛業及他項實業均可逐漸舉行既能收容退伍之軍人復可消弭無業之游手將見瘠壤悉成膏腴荒曠變為市鎮熙穰殷實其利曷可勝道惟古今來創建一事圖成固難開始尤非易易即如中國路電各政在昔建議時盈庭聚訟百端阻撓及至功成咸稱利便今陳治河管見未必為愚者之一得然揆諸物理事情尚非徒託空言不能施諸實用者所有治法逐條詳列并附圖式於後以備留心河務注意民生者採擇焉

公興紙店

第二章　黃河沿岸分段治理之計畫（附詳細全圖）

（一）由鄂陵海經沙波驛至寧夏劃為第一段

（二）由寧夏經黃河套至歸綏劃為第二段

（三）由歸綏經綏德至潼關劃為第三段

（四）由潼關經開封歷城至利津海口劃為第四段

第三章 籌治黃河之辦法

(一)堅築石堤以束水勢　黃河之保障全恃堤之堅與不堅堤之高卑宜因地勢而低昂之堤之趨向宜順水性而利導之往者以土築堤稍瑕即潰與無堤同今自潼關至海口沿河之兩岸若一律築以石堤視水性之緩急定河面之寬窄急者宜寬緩者宜窄近省會者三十丈近縣城者二十四丈餘則斟酌伸縮最小以二十四丈為限事關航路便利不得不畧有區別山陵岡麓土性堅凝之處

自宜着手施工即沙土虛鬆之區若先築壩以攔水據其根基密釘底樁穩鋪削條基址既固然後壘砌人造石槽櫛比成堤凡逗筍接縫之處無不勾抿合式內實洋灰工雖浩大頗難然一旦落成則壁立陡峻堅牢耐久如是則波濤洶湧而一束於堤無此盈彼絀之虞焉有潰決之患

(二)設閘分流以殺水力　治水之法大者洩之小者蓄之黃河水之至大者也故祇宜洩不宜蓄夫水之為性也聚則急分則緩而河之為勢也急則激

緩則淤既思順水勢之所趨沿岸築堤束水以障其狂即宜審地形之所宜設閘分流洩水以殺其怒閘口以鐵為之可以隨時啟閉每距五里許擇迎溜處設閘分以支流河身水大則旁通宣洩可免泛濫衝決之虞小則支流之水折回以一其力自無溜緩停沙之弊且引水溉田有益農功順流佈網有俾漁業此尤事實之可能者也閘門啟閉操縱由人如是則雖以黃河之浩瀚而盈虛消長之數悉視人意為轉移矣

(三)逢灣取直以暢河流　黃河百里一小曲千里一大曲楊慎謂黃河九曲其說出河圖緯象河水來源甚高建瓴而下澈底翻掀順其所趨則沙隨水漲絕無壅阻遇曲則勢逆勢逆則脈滯水過之處淤沙易停愈停愈多愈多愈曲而勢愈逆迫之使怒橫決隨之故遇河岸灣曲之處認為於水勢有阻礙者應於築堤時設法取直務使河水順流而下循其性而行所無事操舟河上審視水勢每見頂衝大溜之處往往對岸沙吻挺出即可斷定其

為灣曲之故，不於其處設閘分流，以殺其勢，亦當施工取直，以暢其流，否則其不水阻沙停，潰決立見者幾希。

（四）疏濬河身以防淤淺　黃河之水挾沙而行，趨向莫測，東坍則西漲，此淺則彼深，倏忽萬變，水性使然，即一時能將淤處挖去，不能禁其異日復淤，即此處能將淺處挑深，不能禁其他處又淺，向來談河務者，聚訟紛紜，迄無一勞永逸之計，要之河深則勢暢，勢暢則河安，沙隨水以俱下，自無淤淺之

公興紙店

患，而濬河暢流，以水攻沙，自屬治河應有之策，然恃人工挑挖之力，則水底實有難於施工之苦，若藉挖泥機之力以代人工，庶可事半而功倍，挖泥機之用法，工人稍加練習，即能自由使用，一機之功効，合數十人挑挖之力不能敵，若備置多具，用以疏濬河身，則沙無停滯，水愈深而流愈暢，流愈暢而河愈安，自無潰冒衝突之虞，於是再通行輪船，擴振航業，尤開莫大之利源。

（五）栽植樹株以固隄防　百年樹人，十年樹木，一般

縉紳先生靡不侈為美談林業之裨益人群者至大舟車樓舍之建築椅棹牀机之製造率多取材於斯也無論矣即其葉片搖曳納炭吐養固有改良空氣之作用而根毛蔓延入土纏石尤有杜絕水患之可能東西文明各邦之河畔無不廣植樹株者蓋以此耳黃河流域兩岸富有水澤其土性最宜於造林若於堤工告竣之後沿堤五尺之外先植數行常綠灌木如橙橘梔柚柞柑枳之類次植數行常綠喬木如枏樟杉榕榧櫧櫟櫚櫨檟之

公興紙店

類分列沿岸之兩旁隔水對峙將見不數年後蔚成蒼鬱幽秀之茂林其根蒂則輪囷盤結於土壤實足以固堤力而免潰決豈僅蔥蘢可悅蔭翳庇人而已乎

（六）開墾淤地以厚民生　黃河經過之區大抵悉肥沃膏腴之壤數千年來汪洋蕩漾毫無出產以供人類之需此誠天地間一大憾事設一旦堤工告成河身較昔縮小則淤地之發現者蓋不可以數計夫淤地乃國家所管有土著不得行其竊取之奸

若仍曠廢荒蕪不思設法以經營之斷非注重民生主義者所忍出也似應因勢利導由河務當局酌抽閑冗軍隊俾將沿岸淤地一律墾成熟田實行寓兵於農之政策否則一律招租藉增治河經費之收入苟因開墾不易亦可分成段落投標招領俾領荒者自行開墾務使曠土變為良田達到利用厚生之目的至於所得利益雖不若招佃承租之大然屈指計之當亦超乎百萬之數也上裕國帑下厚民生一轉移間即化無用為有用焉

公興紙店

（七）敷設鐵路以利交通　鐵路者交通之樞紐也舉凡商業之發達文化之進展胥惟鐵路是賴然而建築鐵路工程浩大需款費時則輕便鐵路尚焉黃河石堤築成加之以疏濬則水勢暢旺一往無阻輪船往來航路便利而沿岸附近省會縣城鄉鎮等處如或轉輸之責仍賴騾馬載送之力運費既屬不貲交通又感不便似應先擇市場繁盛之區如河南之開封由該處至河岸之間敷設輕便鐵路一處如有成績可觀然後次第舉辦改造固

有之狀態開拓天然之利源水有輪船陸有火車不數年則黃河沿岸之城市勢必商業振興文化蔚起一如沿海各埠之繁華矣福國利民莫善如此

（八）籌集經費以策進行　事不難於舉辦而難於經費之竭蹶時值國庫奇絀之秋若賴政府財力以成此浩大之工程勢必有所不能似宜召集海內名流切實討論發行治河公債三千萬即以黃河沿岸權利為担保付息還本均由政府負責一俟

款項募有成數即設全國河工事務署於開封以一千萬為基本金發交銀行生息以一千萬為流通金用備周轉騰挪以四百萬設洋灰製造場兩處一設山東一設河南所有造成之洋灰概作製造石槽及建築石堤之用以三百萬在河南山東各設河工銀行一處印刷鈔票三百萬流通市面藉謀經濟上之活動其餘之三百萬悉作敷設輕便鐵路及購備挖泥機抽水機閘口工具之資此外沿岸特設清水池即京津設備之自來水也亦

可斟酌沿岸各省會商埠情形廉價出售清水以助經費之收入、對於籌措經費之大概情形如此、至詳細辦法、臨時尤須斟酌至善而爲之、毅力猛進、始終不懈、當有慶成之日也、

(九)宣傳利益以資號召　黃河各段原有紳商人等、堪爲地方領袖者、應於開工之先、招集一處、宣言此次治河、一勞永逸、關係地方至重且鉅、應如何量力爲助、竟成其功、或代募人工、或代募公債、務期實事求是、一俟大工告峻、定請由政府優予褒獎、

第四章　堤岸須用石槽之製造

人造石槽剖分各圖如下

(一)平面圖計分頂底各中層等項

(二)側視圖亦分頂底各中層等項

(三)各槽疊砌成組剖面圖

(四)各槽疊砌成組側視圖

第五章　沿岸設置閘口內外之形式(附圖)

黃河流域皆設置閘口資爲灌溉且建築各圖如

下

(甲)(1)立面圖(2)平面圖(3)剖面圖(4)雙口水閘透視圖

(乙)(1)立面圖(2)平面圖(3)剖面圖(4)普通水閘透視圖

第六章 開放閘口并設蓄水池之形式

黄河沿岸省垣縣城等處閘口而外通設有蓄水各池利益尤非淺鮮其設置各圖如下

(一)蓄水池側視圖(二)蓄水分池放水灌溉式(三)省垣(四)縣城

第七章 分組砌堤之構造

(一)山地雨注防患興利圖

(二)堤上通行汽車圖

(三)各組櫛比成堤側視圖

(四)各組櫛比成堤正面圖

第八章 結論

以上各節不過撮要言之耳總之河之為河歲異而月不同道若轉圜不容墨守如為根本改良之

圖要非統籌全河切實測量因乎地形察乎水勢
加之精思神用莫由以奏膚功蓋天下事往往成
於振作而敗於因循大禹疏九河三過其門而不
入美人鑿巴拿馬河歷經艱辛而始成處二十世
紀競擇之秋當歐洲戰爭閉幕之後各國經濟之
侵畧實較倍於往昔英則挾其三C政策德則挾
其三B政策美則挾其三A政策日則挾其大亞
細亞主義群以遠東為逐鹿場吾人外察世界之
情勢迴審本國之狀況倘猶伈伈俔俔對於黃河

公興紙店

天然特有之水利不思所以發揮而光大之一任
其橫決泛濫為患於人羣將何以角逐於優勝劣
敗之世界乎迺者外侮紛來內鬨未已生民塗炭
流亡載道一旦河工開始彼饑民潰兵均可藉工
作勞力以資生然則此書之作固出於愛國憂民
之至誠要亦以工代賑之微意也夫

黃河水利委員會叢書刊第三種

河工名謂

李儀祉

李儀祉印

黃河水利委員會編印

河工名謂敘

河工習用之名謂，繁複龐雜，各地互異，非親歷河上若干年不能完全了解也。此不惟在吾國爲然，其他各國亦莫不如是。如北德稱丁壩爲Buhnen，至南德則不解所謂。北德稱駁岸爲Kai，至南德則稱爲 Kajung。第在吾國爲更甚耳。堤之一物，有名埝者，埭者，埂者，圩者，垸者。諸如此類，不勝枚舉。黃河橫貫中夏，歷程綿邈，寧朔之語不能通於千乘，固無足異，而豫冀魯三省同爲河防區域，稱謂亦復不一致。本會欲圖統一河防，宜先研究各地習用名謂，俾歸劃一。關於此項著述，前有麟慶之河工器具圖說，蔣楷之河上語，俱稱善本。惟麟氏之書限於器具；蔣氏之書偏於魯省；且遺漏甚多。余因囑河防組彙集三省習用名稱加以注釋，顏之曰「河工名謂」。庶有志河工者一覽而知其所指，得以進而研究其餘耳。民國二十四年一月李儀祉敘於開封黃河水利委員會

河工名謂目錄

河工名謂 二

河工名謂

一、溜

溜　河水之流者曰溜。

浪　水面被風吹動，或受他物撼動而成起伏之狀者曰浪。

淦　河之中泓，因河底坎坷不平，激溜成浪，起伏甚大者，在黃河上游名之曰淦。

大溜　全部河流集中之處水流湍湧者，是爲大溜。

正溜　同大溜。

分溜　溜之分歧者。

拖溜　大溜兩旁之溜勢稍緩者。

廻溜　流遇障碍，發生廻旋之一部份。

順溜　河流無阻，溜勢順行者。

掣溜　決口走溜大於正河者。

奪溜　同掣溜。

漫溜　溜之近淺灘而流緩者。

邊溜　河水靠邊有微溜者。

絞邊溜　溜順河岸旋轉而下者，曰絞邊溜。

搜邊溜　河溜由上而下，緊逼埽壩以行者。

搜根溜　入秋後水位低落沖襲工程根部之溜，曰搜根溜。

翻花溜　溜遇抵觸而翻花四散者。頂衝大溜，由埽垻根上翻，勢若沸湯，形如開花者。

捲毛淦　盛漲時因河底坎坷激起之翻花，大溜形如馬鬃，聲聞數里者。

全河奪溜　正河淤塞，全河之水皆走口門之意。

上水　水之來處曰上水。

下水　水之去處曰下水。

客水　無定期之漲水曰客水。

信水　立春後水初至謂之信水。

漫水　水溢上灘遲行無溜者。

瓜蔓水　夏至節前後所漲之水。

豆華水　處暑節前後所漲之水。

串溝水　由大河流入灘地或堤根小溝之水，謂之串溝水。

桃花水　清明節及立夏節前後所漲之水，謂之桃花水。

菜花水　春來所漲之水。

麥黃水　芒種節前後所漲之水，亦曰麥浪河。

荻苗水　秋分節前後所漲之水，謂之荻苗水。

登高水 霜降節前後所漲之水。

復槽水 立冬節前後所漲之水。

倒漾水 水之向上灌者，曰倒漾水。支河水小溜入逆行者，亦曰倒漾水。

倒灌水 同倒漾水。

礬山水 大暑節前後所漲之水。

蹙凌水 結凌時因凌塊擁擠所漲之水。冬至及大寒節前後所漲之水，謂之蹙凌水。

竄溝水 同串溝水。

上游 本會以中衛以上曰上游，中衛至孟津曰中游，孟津至河口曰下游。但各部又以所在地之上水曰上游，下水曰下游。河流之上部，接於河源，謂之上游。

中游 河流之中部，謂之中游。詳上游。

下游 河流之下部，接於河口，謂之下游。詳上游。

河源 河水發源之處。

河口 河流入海之處。支流入幹流之處，亦爲支流河口。

平工 工段去河遠者。

背工 同平工。

中泓 大溜走中槽，不危及堤埽者。

支河 入正河之水曰支河。灘內正河之分支，亦曰支河。

串溝 灘內水溝之通溜者。

河工名詞

三汛 桃汛伏汛秋汛謂之三汛。

四汛 三汛再兼凌汛謂之四汛。

桃汛 清明日以後，二十日內所漲之水，曰桃汛。清明前後所漲之水，曰桃汛。

伏汛 自初伏日起，立秋日止，其間所漲之水，曰伏汛。

秋汛 立秋日起，霜降日止，其間所漲之水，曰秋汛。

凌汛 清明以前，霜降以後，遇水漲發，統謂之凌汛。結凌至解凌時所漲之水，曰凌汛。

上提 溜勢之變遷移而上者。河溜直射處，崖岸坍成深灣，下游之水無力，上游之水愈緊愈往上提。

下坐 溜勢之變遷移而下者。崖岸土鬆，水力益大，激怒而下，是謂下坐。

下挫 同下坐。

裏臥 河勢趨堤日近，是謂裏臥，一名內注。

外移 靠工溜勢離開者。

頂衝 河形陡灣，溜之直衝岸者，全河之勢直射一處者。河溜由上游直衝埽埧者。

側注 大溜斜趨之點，是謂側注。

入袖 堤埧之有兜溜形勢，水易入而不易出，曰入袖。河流深入堤身坐灣者。坐灣成半圓形，大溜沖入而不易出之意也。

坐灣 河勢裏臥成灣形者。河勢灣曲之甚者。

掃灣 溜正傍崖，而前有兜灣，逼溜走邊刷卸，謂之掃灣。

對頭灣 河流灣曲相連如之字形者。

陡長　河水激漲甚速者，一曰陡漲。河水於一日之內，漲至一尺以上者。

消落　漲水見落。

曳白　溜勢驟移，謂之曳白。

晾脊　邊下中高曰晾脊，晾脊爲長水之徵。

晾底　邊高中下曰晾底，晾底落水之兆。

淘底　大溜在埽壩下部衝刷者。

打陣　溜之間時而至者，曰打陣。

漫頂　水面過高，因而漫堤者。

漫灘　水漲出槽，溢於灘上者。

文泮　冰凌逐漸解化，不致擁塞爲患者。

武泮　冰凌驟解，擁塞爲患者。

淌凌　凌汛期間，冰塊隨流下趨者。

河工名謂

六

二、埽工

埽 稭繩聯結柴薪而成之一種捍水護岸工程。

埽由 埽身直徑不滿五尺者，曰埽由。

埽筒 形似埽由而龐大者，曰埽筒。直徑大於五尺之埽。

埽枕 用稭柳等料捆束如枕者，曰埽枕。

埽口 埽身之週邊曰埽口。

埽心 埽身之內部曰埽心。

埽台 頂築土台爲修埽用者。

埽尾 同下口。

埽面 埽之上面曰埽面。

埽耳 埽底之上下兩邊曰埽耳。

埽身 埽之本身曰埽身，其臨河者曰前身，靠堤者曰後身。

埽底 埽之下面曰埽底。埽之底部曰埽底。

埽眉 埽頂之前邊曰埽眉。埽面迎水一邊之埽唇曰埽眉。

埽頂 埽之上頂曰埽頂。埽之上面曰埽頂。

埽頭 同上口。埽之在上水一頭者，曰埽頭。

河工名謂

埽膛　埽之後部曰埽膛。背水靠堤處所曰埽膛，亦曰埽靠。

埽根　埽底之外邊曰埽根

埽擋　兩埽相距之擋曰埽擋。

埽眼　埽身之隙洞曰埽眼。

上口　埽之在上水一端曰上口。埽之上水一端窄而小者，曰上口。

下口　埽之在下水一頭曰下口。埽之下水一端寬而大者，曰下口。

馬面　埽身之前面面坡曰馬面。

跨角　埽之臨河拐角曰跨角。

大埽　形似埽由而麤大者。埽由直徑大於五尺者。

肚埽　下埽數路，靠堤初下之埽曰肚埽。

面埽　下埽數路，其外面曰面埽。

柳埽　埽身以柳編者，曰柳埽。

套埽　一埽套一埽曰套埽。

順埽　溜至堤邊順水而下之埽曰順埽。

等埽　預修埽段於旱地以待水至者，曰等埽。修埽段於旱地，以資預防者。

邁埽　埽外廂埽曰邁埽。

戧埽　埽之橢圓斜長者，曰戧埽。

稭埽　埽身以稭料修者，曰稭埽。

邊埽　埽身窄狹而緊貼堤埝者，曰邊埽。

壩埽　土填以埽維護者，曰填埽。

丁廂埽　丁廂之埽，曰丁廂埽。

月牙埽　扇面之較窄形似月牙者，曰月牙埽。
似磨盤而小者，曰月牙埽。

包灘埽　保護灘岸所下之埽個，曰包灘埽。

防風埽　堤邊有積水，下埽防浪者，曰防風埽。

耳子埽　埽形似耳者，曰耳子埽。

沉水埽　捲埽之時，內加磚石易沉到底者，曰沉水埽。

扇面埽　磨盤埽之較小者，曰扇面埽。
形似扇面而外寬內窄者。

捆廂埽　捆廂之埽曰捆廂埽，亦名軟廂埽。

軟廂埽　軟廂之埽曰軟廂埽。

雁翅埽　埽形長斜而外窄內寬者，曰雁翅埽。

魚鱗埽　頭小尾大之埽，互相接連數段者，曰魚鱗埽。

順廂埽　順廂之埽曰順廂埽。
稭料之順溜向而廂者，曰順廂埽。

硬廂埽　硬廂之埽曰硬廂埽。
埽之釘樁木維繫者。曰硬廂埽。

鳳尾埽　護岸掛柳者，曰鳳尾埽。
其埽形似鳳尾者，曰鳳尾埽。

河工名謂

摟崖埽　緊貼崖岸做龍尾埽段者，曰摟崖埽。

當家埽　埽之在一段險工中最吃緊者，曰當家埽。

裹頭埽　就斷堤用料盤築，柴根向外，曰裹頭埽。

磨盤埽　埽形半圓特別凸出者，曰磨盤埽。

龍尾埽　用埽由聯絡簽套，或三四層，或十數層，形似龍尾編排者，曰龍尾埽。

藏頭埽　埽在工段之上首而藏護他埽者，曰藏頭埽。頭埽於下埽時，在半水半旱處，挑槽藏頭以免溜勢沖擊，曰藏頭埽。

護尾埽　保護埽尾所下之斜橫埽個曰護尾埽。

護沿埽　傍堤埝下稭薄鋪料束者，曰護沿埽，亦曰護崖埽，又曰護埂埽。

門埽　堵截支河對面下埽相對如門者，曰門埽。

門帘埽　合龍占前做埽壓及左右兩金門占，俾易閉氣曰門帘埽。

神仙埽　上水預做大埽與口門等，做就放入口門，層料層土，追壓到底，謂之神仙埽。兜纜下埽堵塞支河者，曰神仙埽，一曰兜纜埽。

接口埽　堵口所進各占於兩埽接口處所下之埽曰接口埽。

關門埽　堵口所進之金門占曰關門埽。

丁廂　將柴根向外與堤岸成丁字形者，謂之丁廂。廂埽將稭料一顛一倒，與堤岸作丁字形式，務使根稍合式，不致虛鬆者，曰丁廂。

順廂　將料根向上下與堤岸平行者，曰順廂。

加廂　埽上廂埽曰加廂。加高舊埽曰加廂。

拆廂　拆埽還埽曰拆廂。舊埽朽腐，拆去補還新埽曰拆廂。

一〇

捆廂　即順廂。用繩纜捆束而廂者，曰捆廂。

軟廂　與捆廂同。

硬廂　下廂簽大樁入地者，曰硬廂。

搶廂　廂有墩蟄，即時搶修者，曰搶廂。

走馬廂　塞決小口門於水淺溜緩之處，用稭料樁繩向前鋪做，上壓大土者，曰走馬廂。

馬面廂　埽之底寬上縮者，曰馬面廂。

紮枕廂　用稭料紮枕，因而生根廂做者，曰紮枕廂。用稭料紮枕，兩端用繩攏頭，將枕推入河中，兩頭各用一杆撐支，使枕不靠堤，河兵立在枕上，用料迅速廂做之廂，曰紮枕廂。

魚鱗廂　柴頭向外，逐層呑壓，如瓦蓋屋，曰魚鱗廂。

騎馬廂　用繩拴繫臨河一面十字木架，拉住埽眉，不使廂鋪外遊者，曰騎馬廂。

跨簍廂　用船托纜廂埽者，曰跨簍廂。

護摟廂　以繩纜兜料護堤者，曰護摟廂。

蘿蔔廂　合龍埽上水大而下水小，形如蘿蔔者，曰蘿蔔廂。

托纜軟廂　用纜編兜托纜廂做者，曰托纜軟廂。

追盤　層土層柴，追壓到底曰追盤。

面土　廂成後埽面所壓之土曰面土。亦曰大土。

花土　廂埽時柴上壓土露柴者，曰花土。

掛柳　將柳樹連枝帶葉繫於迎溜之灘岸，以爲緩溜護險之用者。

打橛　於隄頂釘橛爲掛纜之用者，曰打橛。

聽椿　聽椿乃驗埽內過水之法，如恐埽內有溜，則打椿以聽水聲者，曰聽椿。

打齊板　用齊板拍打，使埽眉平整者，曰打齊板。

拉騎馬　廂埽時，兩坯之間，須立騎馬於堤上拉之使緊嵌眉內者，曰拉騎馬。

毛洞　埽眉破爛之處。

平墩　稭埽被溜淘刷全埽平下者。

平蟄　同平墩。

吊眉　稭埽前眉蟄動者。

吊角　稭埽上角或下角蟄動者。

吊蟄　稭埽蟄動一部份者。

吊塘　大溜淘入埽底，以致埽身中間下陷者。

仰臉　埽身後部之底，被溜淘空，以致埽身前部上仰者。

形蟄　埽蟄之輕者。

抽簽　大溜淘入埽腹，內部均已刷動，以致稭料被溜抽出，狀如射箭者。

前扒　埽向前移蟄曰前扒。

後潰　大溜淘入埽底，以致大堤崩潰者。

脫胎　稭料年久腐爛，一經大溜淘刷，全埽脫陷失形者。

陷失 稭埽之蟄陷及走失者。

墩蟄 埽被急溜淘刷，陡然見蟄。

蟄動 稭埽被溜刷動低蟄者。

播簸箕 稭埽下部淘空，埽身浮在水面，隨溜簸動者。

脫胎匯化 背工淤閉之舊埽，河溜忽來，即時腐化者。

三、壩工

輔助大堤抵禦水溜之建築物曰垻。

丁壩　垻身與堤岸成正角者，曰丁垻，亦曰正垻。

土壩　以土修築者。

石壩　以石修築者。

托壩　托取推托之意，使大溜外移也。又大垻之下，加築小垻，以擎托也。

柳壩　土垻以柳編護者，曰柳垻。

越壩　築垻截溜，使之旁流以便挑挖工作者。

對壩　兩岸相對築垻，用以束水者。

稭壩　以稭料修者。

磚壩　以磚拋修之。

人字壩　形如人字，以減溜勢者。

竹絡壩　以毛竹編成竹絡，內裝碎石，挨次排砌如垻者。

束水壩　河身寬淺，用以束水刷深河床之垻，曰束水壩。

夾土壩　兩邊用柴，中心填土之垻，曰夾土垻。

拋石壩　散拋塊石而成者，曰拋石垻。

迎水壩　迎溜之處，順溜所築之壩，又迎水橫下抵溜旁行者，曰迎水壩。

砌石壩　壩之上部，以石砌成者。

挑水壩　挑水壩有斜向上游與下游兩種，皆藉以挑溜外移者。

玲瓏壩　用條石縱橫架砌如花牆式，以洩水者。

扇面壩　溜勢直衝，建壩挺出，上下貼堤防禦，形如扇面。

魚鱗壩　凡築壩數段每段頭縮尾翹，重疊遙接如鱗砌狀，曰魚鱗壩。

順水壩　斜向下游導溜下趨者。

減水壩　於堤上設滾水壩，以減正河水勢者。

搶水壩　在險工上首對岸建壩以順河勢，而減輕工情者。

領水壩　水由支歧旁溢，易成串溝，於下首築壩領溜歸入大河者。

滾水壩　由頂能以走水者。水小則攔水，水大則由壩頂滾洩，以減水勢者。

截沙壩　橫跨支流所建之漫水壩，用以截留泥沙者。

亂石壩　亂石拋成者，亦曰碎石壩。

磨盤壩　壩體渾圓，形如磨盤者。

磯心壩　於壩基上安置磯心石，鑿槽轄板，以便啓閉者，曰磯心壩。

壘石壩　由壩根至頂，每坯均有壩台，如台階然。

墁石壩　於壩坡用石平鋪者。

攔水壩 兩河高下懸殊，如果任水旁瀉，勢必一洩無餘，築壩以攔之，曰攔水壩。

攔河壩 攔河築壩，以改水者。

鷄嘴壩 用料廂作雁翅，上水雁翅迎溜順行，下水雁翅抵禦迴溜，中間壩台，遠出其尖上，挑形如鷄嘴。

鐵心壩 同夾土壩。

三合土壩 用石灰黃土江米汁白礬勻和而成，亦名灰壩。亦有石灰黃土搗樟葉一處，和打成者。

石垜 垜即壩之小者，宜於垜擋內築之。

灰垜 與三合土壩同。

上口 在上水一面者。進水曰上口。

下口 在下水一面者。出水曰下口。

跨角 壩之臨水拐角曰跨角。

壩身 壩之中部曰壩身。

壩頭 壩之臨水一端曰壩頭。

壩尾 壩之靠岸一端曰壩尾。亦名壩根。

壩頂 壩之上面。

壩底 壩之下面。

壩基 壩之胚胎曰壩基。

壩擋 兩壩間之空擋曰壩擋。

護　石　埧前拋石以護埧基者。

加　拋　埧埽被溜刷蟄，添拋高整曰加拋。

跟拋出水　新生石工，隨拋隨蟄，必須繼續加拋出水，始臻穩固。

防風碎石　既經廂埽，猶恐未臻穩固，更用碎石壓之。

挑溝週廂　土埧埽將及臨河，於週圍挑溝拋石，是爲週廂。

撐戧隔越圈貼套格月子小官正大堤

四、土工

埝　凡在河之兩岸積土以防水，大曰堤，小曰埝。

堤　束水之主堤曰大堤，亦曰官堤。
離河近者，一名縷堤，狀其長也，即主堤也。
臨河第一道堤，又名臨黃堤，又名金堤。

堤　防水主要之堤，曰正堤，即大堤。

堤　官守者曰官堤，亦曰大堤。

堤　大堤內外禦水之附堤，曰小堤。

堤　與子埝同。

堤　越堤之形如月牙者。
背河圈堤，形如月牙者，曰月堤。

堤　兩堤間之橫堤，曰格堤。

堤　險工之處，堤後添築之月形堤，曰套堤，亦曰圈堤。

堤　堤身單薄而幫貼於堤內之堤，曰貼堤，亦曰裹戧。

堤　與套堤同。

堤　因遙堤單薄，再重築之，以備大堤出險退守之用。
臨河圈堤曰越堤。河北省又稱二道堤。

堤　與格堤同。

堤　於堤後加土，低於正堤，曰戧堤。
前後戧之總稱。

堤　於格縷之間，南北直築，藉以撐持也，大意與格堤同。

河工名謂

縷堤 臨河之堤，曰縷堤。

遙堤 距河遙遠之重堤。河北省又稱三道堤。離河遠者，俗名二堤。

臨黃 工段濱河者。

子埝 在堤頂加修小埝，以防水勢過大，漫出堤頂者。於大堤上臨河一邊，添築小堤，因附在大堤，如子附母，故曰子也。

民埝 民間自修自守之小堤，不歸官守者。

圈埝 若堤前埽壩不守，堤身塌卸，則在堤外趕築圈埝，爲退守之計，形如半月，名曰圈埝。

私堰 民間私自築埝，以保護灘地者，曰私堰。

堤心 堤之中心。

堤爪 由堤身伸出之馬道，以便行走者，曰堤爪。

堤唇 堤頂之兩邊。

堤根 堤坡之下端。

堤底 堤之下部。

堤頂 堤之上部。

堤身 堤之本身。

堤坦 與坦坡同。

堤坡 堤頂兩邊之斜坡，亦曰坦坡。

堤脚 堤坡與土面相接之處，曰堤脚。

堤邊 與堤唇同。

堤內 堤之背河一面，曰堤內。

堤外 堤之臨河一面，曰堤外。

堤前 堤之臨河一面。

堤後 堤之背河一面。

半戧 一次未完，分年挑築之戧堤，曰半戧。

前戧 堤前加幫之堤曰前戧。亦曰外戧。又「在大堤之前」。

後戧 堤後加幫之堤，低於原堤者，曰後戧，亦曰裏戧。又「在大堤之後」。

接爪 堤端直立，修成坦坡，以便人畜行走，曰接爪。

埠道 橫過大堤之車道。

龍溝 大堤坦坡砌築洩水之溝槽。

土格 取土方坑所留之格，曰土格。每十丈留寬數尺。

方坑 取土所在之坑塘。

土方 土工以高一公尺見方一丈爲一方，故曰土方。近時計土方，改用公尺，每一立方公尺名曰公方，三・七公方約當一方。

上方 以築成之堤土爲準而算得之土方，曰上方。

下方 以取土方坑爲準而算得之土方，曰下方。

水方 由水內撈泥或向水內填土者，所計得之土，曰水方。

河工名謂

旱土方　由陸地取土積土，曰旱方。

土牛　堤上堆積土堆，以備汛期中堤兩面無可取土時搶險之用。

坯頭　築堤按層墳土，每一層曰一坯，坯頭即土層之厚薄也。

夫土　僱夫挑挖之土。

號土　以小車運土，每車一簽，曰號土。

額土　河兵每月應做之土方。

主土　築堤取土，距堤近者，（十丈至五十丈）曰主土。

客土　築堤取土，距堤遠者，（五十丈以外）曰客土。

現錢土　抬土一筐，給與現錢，曰現錢土。

牌子土　每土一筐，發給簽牌，日晚結算，曰牌子土，又名跑牌土。

牽　平均之謂也。

培厚　加寬堤身。

加高　於堤頂加土行硪，使堤身增高，以禦漫溢。

坦坡　堤身兩旁之斜坡。

陡坡　坡之陡峻者。

走馬坡　坡之大者。坡之平坦可以走馬而無危險者。

臥羊坡　坡之小者。坡之可以臥羊而無陡滑之危者。

腰鼓坦　坦坡中間鼓起，曰腰鼓坦，又名㽷肚。

鯽魚背　堤頂之中部，較兩邊稍高數寸，成爲拱形者。

以坡還坡　培厚堤身，仍照原有坡度培修者，曰以坡還坡。

開蹬　新舊堤土接合之處，必須切成階形，以便銜結。

鮻查　與開蹬同。

搭腦　新築月堤兩端與大堤之連接處，曰搭腦。

以頂作底　加高舊堤，舊堤之硪，即作加高部分之底。

地閒　築堤之時，土工多硪工少，以致無堆土之地，謂之地閒。

硪閒　築堤時硪工多，土工少，以致無地可打者，曰硪閒。

行硪　鋪土用硪打之，謂之行硪。

硪分　虛土用硪夯實程度也，如以數目字表示，虛土一尺，打實六寸，硪分即爲四寸。

包邊硪　堤內土層疎鬆，將坦坡夯打堅實，以便驗收包錐者，曰包邊硪。

打邊硪　堤坡上用硪夯打之謂也。

自然硪　同脚踏硪。

套二硪　一處用硪連打二下，曰套二硪。

脚踏硪　踏着土頭，望前進土，將土踏實，如同硪夯。

層土層硪　加土一坯。行硪一次。

河工名謂　　三四

歷花套打　行磯時，每處連打兩磯，依次連環。

二修　堤之歲修及搶修謂之二修。

歲修　以歲定額款興修，通常之修築也。

搶修　河工出險，趕緊搶築之謂也。

春工　春季動工之修築，又歲修多在春季，與歲修同。

搶險　與搶修同。

另案　遇有特別工程，非歲修範圍內者，另外請款修築，曰另案。

堵漏子　大堤走漏，設法堵塞，曰堵漏子。

二守　堤歸官守及民守謂之二守。

民守　修治防護之責，由居民担負，曰民守。

官守　由政府設官駐守，負修治防護之責，曰官守。

民助官守　設有河員，專任修守，及至汛期，復由沿河居民幫同防護險要者。

官民分守　官民分負修守之責者。

官民合守　官民合力防守者。

官督民守　附近居民負責防守，由地方官監督辦理者。

四防　風防，雨防，晝防，夜防，謂之四防。

雨防　雨時巡防。

風防　防風浪之沖刷。

晝防　日間巡防。

夜防　夜間巡防。

走漏　堤身穴洞漏水之謂也。

井穿　大雨之後，堤頂有窩外小而內深闊，曰井穿。

過梁　堤面井穿，口雖尚小，而窩內已透堤坦者，曰過梁。又過堤取土曰過梁。

水溝　堤身被雨水沖刷之坎潭如溝形者。

浪窩　堤身被雨沖刷之坎潭寬濶者。

鼠穴　鼠穿之穴。

獾洞　獾藏之洞。

揷鍬　俗呼興工爲揷鍬。

包淤　沙土堤面以膠泥包之，曰包淤。

簽堤　於春初用鐵簽探試堤身有無洞穴，謂之簽堤。

保錐　堤工堅實，試錐不漏，曰保錐，又名保簽。

試錐　驗收堤工之法，堤工完成，用鐵錐打，然後拔出，以水灌入孔內，試探是否保錐者，曰試錐。

翻築　翻工重築之謂也。

扒坡　堤高坡陡，重担拾級而上，謂之扒坡。

假坯　凡做土工內未加硪，希圖省工，其鬆土層謂之假坯。

種花　切堤者隨即散布草子，藉芽掩其新跡，名曰種花。

窪腰　堤頂兩頭高仰，中間低落者，曰窪腰。堤坡兩頭伸長，中間縮短，亦曰窪腰。坡土不足，腰身窪下，謂之窪腰。

鯿腰　堤坡中間低窪，曰鯿腰。

蝗腰　堤坡有低窪之處。

窪頂　堤頂中間低窪，兩邊高仰，曰窪頂。

切堤　盜切堤根。

扣筐　土夫有所要求，相約停工之謂也。

穿鞾　築堤單加培堤脚者。

戴帽　1，收方時，土墩上加做一節，曰戴帽。2，舊堤頂上加築新堤，舊坡平坦，新坡陡峻，名曰戴帽。3，又填墊窩洞，新土高出堤面少許，亦曰戴帽。

倒拉筐　後退積土，不用脚踏，曰倒拉筐，其土較鬆。

歪戴帽　大堤臨背河地面，相差甚巨，加高時移就較高之一面，以圖省工者。

逃鋪　工頭賠累虧欠，相率逃走者，曰逃鋪。

累工　工程困難，虧累貽誤者，曰累工。

剃頭修脚　爲土夫作弊之法，削去堤頂，刨鬆見新，將土摟下。剷去堤根，將土翻上。假種茅草，以爲掩飾。

五、引河

灘 臨河之地曰灘。

內灘 堤內灘地，曰內灘。

外灘 堤外灘地，曰外灘。

下灘 新灘較低者。

老灘 多年未着水之灘地。

新灘 新漲之灘地。

嫩灘 露出水面而猶未乾之灘地。

灘嘴 河灣對岸之灘尖，亦曰雞心灘。

灘唇 雞心灘之邊崖上口，曰灘唇。

切灘 挑灘謂之切灘。

老崖頭 多年老灘之邊崖。

子河 挑挖引河，成而未放，先掘水溝一道，以便排洩雨水者，曰子河，亦曰龍溝。

引河 人工開鑿導引水流之河槽，用於防險堵口各工者。

河尾 引河下口有捲蝕之勢者。

河頭 引河起首大溜激注之處，有吸川之形者。

河工名謂

上唇　河頭上首引溜處，曰上唇。

下唇　河頭下首兜溜之處，曰下唇。

土埂　引河內所留土格，挑土每百丈必留一埂，以防大雨淹沒，便利行走者。

抽路　挑引河如遇嫩淤深一二尺，於邊口挑挖五尺寬溝，至硬地使其透風易乾，謂之抽路。

打水　探水之深淺曰打水。

治水　灘內挑河，設法排去積水，以便工作，謂之治水。

倒溝　灘上挖溝，引水灌田，斜向上水，以免大溜直注溝內者，曰倒溝。

封墩　估工丈尺釘樁爲記，上加花押灰印。蓋以粗碗，用土封培，名曰封墩。

放淤　利用河水，淤墊沿河鹼滷窪地，曰放淤。

進黃溝　迎溜之處，掘溝引水，曰進黃溝。

順清溝　放淤之處，挑溝以洩清水，曰順清溝。

龍鬚河　口門以下之引河，曰龍鬚河，亦曰小引河。與口門同岸爲引溜於將合龍之際。

閧套　層淤層沙，一經摻合，沙淤不分，鐵鍬易入而難出，艱於施工者，曰閧套。

貼帮　土夫作弊，以土培補坡度之謂。

墊口　土夫作弊時，以土加培岸口，僞造深度，希圖虛報土方者。

過門溜　河頭無吸川之形，大溜經流引河口門而不入者。

二八

六、堵口

決口 凡堤埝被水冲刷漫溢，或被人盜掘，因而橫斷過溜者，曰決口。

冲決 大溜冲擊而決者。

隘決 凡決口下無所洩曰臨決。

通決 凡決口下有所洩曰通決。

漫決 水流漫過堤頂，因而決口者。

漫溢 水位過高，因而溢出者。

盜決 雙方因利害之關係，故意掘決者。

潰決 冲塌堤岸，因而決口者。因生漏而決者。

豁口 即臨決水退而口敞者。

跌塘 決口時冲刷之水塘。

裹頭 就斷堤用料盤築，曰裹頭。

盤裹頭 廂裹頭埽，保護堤頭，以免口門擴大，謂之盤裹頭。

上口 口門進水之處，曰上口。

下口 口門出水之處，曰下口。

口門 堤決之處，曰口門。

河工名謂

緝口 測量口門大小深淺，曰緝口。

定壩基 預定正壩經過之路線。

壩頭 裹頭謂之壩頭，每進一占，又以所進爲壩頭，原壩頭爲壩基，又曰壩尾。

壩基 相度口門形勢，先定壩基，而後進占。第一占後之斷堤，謂之壩基。

上位 捆廂船於上水加以提腦，下水揪艄，使船不隨溜移動，謂之上位。

捆龍骨 將龍骨捆於船上，成爲一體，曰捆龍骨。

提腦 將捆廂船頭提住，不使隨溜下移，謂之提腦。

揪艄 將捆廂船艄用纜牽住，以防回溜擺動船尾，謂之揪艄。

占 堵口時逐段直進之捆廂埽，曰占。

出占 兜纜軟廂，堵口時用稭料蓆繩逐段廂作，節節前進之謂也。

進占 與出占同。

撐擋 初進占時，用料擠船外出，曰撐擋，亦曰撐占。

打張 初進占時，僅寬一丈二三尺，廂足一坯，壓土挑埽。使埽鋪開。名爲打張。亦曰和哨，亦曰活埽，又名壓埽。

西壩 由上水進占之壩。

東壩 由下水進占之壩。

上邊壩 邊壩之在上水，曰上邊壩。

下邊壩 邊壩之在下水者。

邊埽 捍禦正埽，同時並進，謂之邊埽。通常多在正埽前，然亦有在埽後者。

土櫃 正埽邊埽之間，填土以阻漏水者，曰土櫃，亦曰夾土埽。

正埽 堵口之主埽，曰正埽。

二埽 正埽下水，另作一埽，擎托水流者。

單埽 堵口只用正埽而不用邊埽者，曰單埽。

外戧 用土澆於正埽下水邊埽之內。

裏戧 用土澆於正埽上水邊埽之內。

拉活溜 每廂一坯勾同底勾數條，摟束埽眉，曰拉活溜。冀省謂之摟底勾，簡稱曰摟起。

包眉子 每成一占，加壓大土，去土邊寬二三尺，截稭料為兩段，以根向外，包與下層料齊，曰包眉子。

抓 占向前曰抓。

坐 占向下曰坐。

拜 坐甚曰拜。

游 占向上曰游。

蟄 占平下曰蟄。

低頭 占前蟄曰低頭。

掉頭 占前錯曰掉頭。

掉膀 占左右蟄曰掉膀。

底漏 簾子水由埽之底部漏出者。

簾子水 由埽埧間漏過之水，曰簾子水。

崩檔 占後裂曰崩檔。

腰漏 簾子水由埽之中部流出者。

螳腰 占中蟄曰螳腰。

栽跟頭 占翻轉曰栽跟頭。

挂籆 上口底空，急於下口釘樁掛繩加料以配之，曰挂籆。

金門占 即合龍處左右之兩占，取金湯永固之意。

進門占 同金門占。

邊埽占 邊埽所進之占。

金門 口門將合未合，曰金門，亦曰龍口。

出船 合龍時金門甚窄，將船拉出，曰出船。

堵口 堵築決口。

內堵 築圈堤曰內堵。

外堵 廂埽曰外堵。

外越堵合 堵口正埧向河方面凸出者。

掛纜 合龍時兩埧對頭釘橛掛繩爲兜，名曰掛纜。

合　龍　堵塞金門，即堵口之最後一步，曰合龍。

合龍占　合龍時所做之占，即堵口最後之一占也。

閉　氣　合龍後滴水不漏，曰閉氣。

養水盆　口門外之跌塘，用堤圍圈，以減正埧之水壓力，曰養水盆。

神仙提腦　如大埧上水，無處發提腦樁，將提腦樁釘於上水邊埽，再用大船密排邊埽外，將提腦纜擠開，斜吊捆廂船，名曰神仙提腦。

堵截支河　灘面支河預爲堵截，以免引溜生險，且可使水流集中，冲深幹流。

獨龍過江　不用東西埧，一面作裹頭，一面單進者，曰獨龍過江。

七、料 附沙石土淤樁橛繩纜

（甲）料

正料 主要之料曰正料，普通係指稭柳而言。

雜料 正料之外，其他所用之料物，曰雜料。

稭料 秫稭曰稭料。

葦料 葦曰葦料。

黃料 即禾黍之桿，又槧草曰黃料。

麥穰 即大麥之稭。

蒲包 用以包土。

蔴袋 用以裝土。

青蔴 擰繩所用之料。

線蔴 亦擰繩用之料，較青蔴堅固。

渾蔴 青蔴之參有泥土者。

低柳 栽植時柳橛出土二寸，只長細枝不使成榦者。

高柳 栽植時柳桿出土數尺，能培養成材者。

臥柳 柳枝橫栽曰臥柳。

深柳　柳桿深栽入土，以爲固岸之用者。

漫柳　漫水之灘，密栽低柳，以爲掛淤之用者。

窩柳　用柳枝數根，栽於一處，叢生細枝，不成幹者，亦名叢柳。

墜柳　捆柳成束，下墜塊石，沉於河中，藉以緩溜掛淤者，曰墜柳，亦名河燈。

柳枝　用以護堤作埽。

柳枕　以繩纜或鉛絲捆柳，實石如枕，以爲堵口或護岸之用者。

柳排　以柳束橫豎排列，用鉛絲束結成排，爲做埽掛淤之用者。

鉛簾　用柳束編於柳埽，以爲緩溜掛淤之用者。

磚絲　用以代替繩纜。

用以護堤作埽。

（乙）沙

淌沙　即油沙，又名澥沙，其色黑，其性散，含水不粘者。

翻沙　爲沙土中之最劣者，此挖彼長，朝挖暮起，無數小堆，形如乳頭，中有小眼冒水，偶於空中冒氣，聲如爆竹。

泡沙　係乾沙土性能收水者。

飛沙　係細沙土，遇風即揚者。

流沙　夏冬兩季，流沙遇風，即飛颺，遇雨即坍淋者。

淖沙 即是陷沙，新淤嫩灘，往往有之，其性輕浮，含水較多，淤灘水退，灘面似已凝結，一經足踏，陷入淖中。

膠沙 沙土之含有膠質者。

水沙 沙中之含有水性且易乾者。

青沙 色青而性易乾者。

鐵沙屑 係乾土其形散如鐵屑者。

鐵板沙 性堅硬如鐵板者。

馬牙沙 散佈地面之上，形如馬牙，遇水易乾者。

扯皮沙 其質易乾，遇風即揭去表面而遠飛者。

乾流沙 體質極細，形如粉屑者。

濕流沙 其質似稀淤，性同流水者。

螞蟻沙 體質極粗滲，形如螞蟻者。

（丙）石

片石 石成片狀者，其性不堅，其色多青綠。

石子 瑠璃骨之小者，多見於沙河灘岸。

礫石 大石擊碎之小石。

料石 條石六方，皆見平面者。

青石　石之色青而質堅者。

紅石　石之色紅者。

白石　石之色白者。

蠻石　百斤左右之青紅石塊，皆曰蠻石。

石灰石　石之含有石灰質者。

砂結石　由青砂組成，夏遇高溫與陣雨即暴裂而碎者。

豆渣大石　質如豆渣者。

（丁）土

砂土　沙之猶含土性在地面者，含砂多不易蓄水，粘性少易於挖掘，土性不肥。

壤土　砂質與粘土質約略相等，土性次肥。

灰土　富於石灰質，土性次肥。

粘土　粘化甚高之土，性肥沃，以養化鋁為主，砂養二為副，色由黃至灰黃，蓄水之力極强，頗適宜於土工及農作。

黃土　色黃，其表面土所含細沙，較壤土為多，而所含腐植土則較少，無論乾濕，性皆疏鬆，禦水力極微弱。

紅土　常帶暗紅色，含粘土較黃土地為多，乾後頗硬。

鹼土　含有鹼性者。

膠土　質細膩，其質膠粘，色黑：風揚不易揚塵，水刷亦難溶解，不易挖掘，且粘筐粘鍁。

淤土　係淤沙爛泥，鍁不能挖，筐不能盛，須用木杓舀起，以布兜盛送遠處者。

老土 土工多年未動者。

新土 土工新築之土。

旱土 於陸地中取出之土而無潮濕性者。

水土 於水中取出之土。

素土 其性滲透，其質疏散，團之不能成形，不適於河工。

主土 見土工。

客土 見土工。

黑沙土 色深黑，含沙及貝殼極多者，性甚堅硬，挖掘既難，而持起時又粉碎未能成塊，此爲最難挖之土。

腐植土 富於有機物，往往呈黑色，土性肥沃者。

稀淤土 猶如渾漿之土，凡遇此類土質，人夫不能站立，須用跳板接脚，以木杓舀起，入木桶，挨次挑去，傳遞運送上岸，倍費人力。

瓦礫土 凡逼近城市中，居民稠密處，瓦礫等物，倒卸河內，深入泥中，結成一塊者。

罱撈土 僱募船隻在河湖瓦蕩之內，用罱以撈濬淤泥者。

小沙礓土 猶如石子與土凝結者，畚鍤難施，用鐵鈀挑挖，工力艱難。

大沙礓土 堅硬如石者，施工更難，需用鐵鷹嘴努角各器具鑿破，逐塊刨挖挑送，工多費倍。

（戊）淤

乾淤 乾燥堅硬之淤土。

新淤 爲新淤嫩灘之膠土。

老淤 遠年老坎被淤之膠土，頗柔軟，此爲河工中最佳之工料。

硬淤 爲性質堅硬如石塊之膠土。

稀淤 新淤膠土之似稀糞者。

嫩淤 爲新生鬆灘之淤土。

黑淤 是層常發現於濕膠土之下，黑沙土之上，含水多者則成漿，含水較少者雖能固粘一起，但光滑異常。

膠泥 爲土中含有膠粘性者，其乾者成塊，一擱即碎，取用之時，小者須用木鍁，大塊則用手搬。

油泥 土性滑如油者。

夾沙淤 係層沙層淤者，斯淤厚不滿尺，淺則易爲，深則費手，緣沙中含水，上下被淤蓋托，水不能出，其性澥，而淤爲上下沙中之水所浸，其性軟。

（己）椿橛

椿 五尺以上曰椿。如六尺椿，八尺椿，丈椿等。又長者亦爲椿。

橛 椿之小者曰橛。又短者爲橛。

長椿 丈以上者曰長椿。

站椿 用五尺椿分五排，每排五根，前三後二，釘於後占新占初進之站，椿距前眉，約二丈五尺，占成後釘之，站椿距前眉五丈。

誌椿 用五尺椿或六七尺椿均可，植之以便誌認。如修築河堤，工長十丈，即樹一椿，每進一占亦然，按椿即知其數。

籤子 四尺以下曰籤子。

七星椿 用六尺椿前後各二，居間爲三，連環者前後各三，居間爲四，均釘於新埽前眉，又名鷹爪，又曰獨脚龍。

九連椿 用六尺椿釘於新埽前眉，前後一排，前五後四，又名九宮椿。

三星椿　用六尺椿前兩後一，釘於新埽前眉。

五子椿　用六尺椿前後各二，居間爲一，連環者則前後各三，居間爲二，釘於新埽前眉，又名梅花椿。

分邊椿　用五尺椿左右斜列兩行，作雁翅式，每行十一根至二十一根不等，前根椿釘於新埽兩邊眉，後根椿釘於後占兩邊眉。

玉帶椿　用五尺椿左右分釘於占之兩旁，距前眉約四丈。

包角椿　用五尺椿十一根至二十一根不等，用於占之一邊，或左或右，前根椿釘於新埽邊眉，後根椿釘於後占邊眉。

包站椿　用五尺椿前三後二，亦有分作兩排者，釘於新埽前眉。

羊角椿　用六尺椿以兩椿交叉，形如羊角，釘於新埽左右兩旁，距邊眉約二尺，亦曰晴騎馬，又名抓子。

合龍椿　用八尺椿，著以紅色，椿分前後四排，以兩椿繫一合龍綆，椿數以綆爲比例，釘於金門占，距前眉約五丈。

束腰椿　用五尺椿左右斜列兩行，作雁翅式，每行十一根至二十根不等，釘於後占兩邊，距前眉約五丈。

抄手椿　同分邊椿，惟此椿非金門占不用。

底勾椿　用五尺椿分布於站椿擋內，每擋約十七八根不等，釘法與站椿同。

倒騎馬　下口安騎馬，用長繩拴上口前十數丈，以防占之後坐，曰倒騎馬，一曰玉帶騎馬。

架纜椿　用丈椿或丈五椿不等，此椿大都因河水淤淺，提腦不能用船，當以架纜椿代之，每椿用兩木叉釘河中，排列兩行，分架提腦纜繩，每排相距約丈餘。

棋盤椿　用六尺椿前後各二列，作方形，釘於新埽前眉。

套棋盤　用六尺椿在棋盤椿縱横之中，界以斜道，曰套棋盤，釘於新埽前眉。

揪艄椿　用丈椿或丈五椿不等，此椿用於揪艄船後，以代鐵錨，以兩椿爲一排，排數多少，視溜勢而定。

揪頭椿　用七尺椿或八尺椿均可，其形有二，用八尺椿者爲簸箕式，前兩椿分開較寬，後兩椿分開較窄，再以一椿殿後，又名開門式。用七星椿爲七星式，又名關門椿，釘於新埽前眉。

過渡樁 用五尺樁分四排，每排九根，前五後四，釘於埽基，距前眉約五尺。

暗站樁 用六尺樁分前後兩排，前單後雙，每排十餘根不等，形如單頭人字樁，惟距離較密，釘於新埽前眉。

錨頂樁 用丈樁或丈五樁不等，專以掛錨，因水淺防錨淤也。

騎馬樁 用六尺樁或七尺樁均可，以兩樁叉成十字形，分釘於新埽兩邊眉。

雞脚樁 用六尺樁形如羊角，惟中多一樁，故曰雞脚，釘於新埽前眉。

拐頭騎馬 用五尺樁二根，叉成十字形，進占時在最下兩坯，上下口各用四五具，每具相去約一丈，曰拐頭騎馬，一曰霸王騎馬。

揪頭根樁 用五尺樁左右斜列兩行，形如雁翅式，十一根至二十一根不等，釘於後占兩邊，距前眉約七丈。

十三太保樁 用五六尺樁前後各四，居間爲五，釘於新埽前眉。

五花騎馬樁 用丈樁叉成十字形，再於四端各加横木，縱横如四個十字形，釘於合龍埽下水邊眉。

單頭人字樁 用六尺樁分前後兩排，前單後雙，每排十餘根不等，釘於新埽前眉。

（庚）繩纜

繩 以蔴蔴絞扭成之，普通直徑在半寸以下者爲繩。

纜 繩之直徑在半寸以上者爲纜，近更有以鉛絲扭成者，又稱鉛絲索。

大占 繩之在兩邊以輔助底勾繩者。

毛纜 用青柴連葉帶皮捲成者。

灰纜 以高大蘆葦劈篾入灰池浸七日後擰成。

光纜 以黄亮大蘆篾子擰成。

竹纜 以竹擰成者，亦曰篾纜。

肚占 繩名，一頭將揪頭繩捆住，一頭廻繞腰椿上，與揪頭連結爲用，所以揺住埽心，不使挫動也，亦名抱占繩。

底占 進占時所鋪之底。

面勾 占成後勾回之底勾繩，曰面勾。

站繩 兜托占底，占成而上覆者。

經子 細繩也。

腰占 繩之在中間，以輔助底勾繩者。

網兜 用繩結網，以之抬取碎料。

滾肚 亦曰裹肚，又曰過渡，用以鞏固船體及其方位者。

葦纜 以葦擰成者。

盤繩 長二十丈重六十斤至八十斤不等，用以作龍綆及揪頭繩。

蔴纜 以蔴擰成者。

龍衣 以繩結網，合龍時用以兜料者，亦名龍兜。

鐵纜 以鐵絲擰成，用作提腦揪艄者。

邊占 大繩兩頭所東之繩。

八丈繩 重二十斤。

七星繩 繞繫七椿，由前眉直牽向後者。

九連繩　繞繫九橛，由前眉直牽向後者。

三星繩　繞繫三橛，由前眉直牽向後者。

小引繩　兩埽互牽，以之引渡合龍綆者。

六丈繩　重十五斤。

太平纜　在占之兩旁上下水各一條，一頭上橛，一頭拴住龍骨之一端，不使捆厢船外移者。

五子繩　繞繫五橛，由前眉直牽向後者。

分邊繩　捆束占之兩邊，不使前移者。又名分邊籠頭。

抄手繩　金門占做成後，自左之右，自右之左，用大繩縮之。在占前對望如斜十字者。

玉帶繩　圍於占腰，横束底勾繩者。

包角繩　捆束占之一邊，防其偏側者。又名單邊籠頭。

包站繩　同肚占。

羊角繩　形似羊角横貫占腹者。又名對面抓。

合龍綆　兜托龍衣，用以合龍者，亦曰合龍纜。

束腰繩　拱抱占腰，使之緊束以防前扒者，亦曰箍腰繩。

串心纜　同揪頭繩。

明過渡　在船之外幇，用大繩連船頭船尾，横兜拉緊上橛。

底勾繩　用繩一頭上橛一頭活扣於龍骨上，兜托占底，每層間數條勾回一條。名曰底勾繩。

核桃繩　即練子繩直徑如核桃者。

紮頭繩　密密結扣，以之連合龍衣龍綆者，又名結扣繩。

連環占　於壯占之外，各再加繩五條，一頭拴住揪頭繩，一頭扣於龍骨上，加廂兩坯再行勾回，將占占連絡，免其外遊者。

棋盤繩　形似棋盤，由前眉直牽向後者。

提腦繩　由捆廂船頭以連於提腦樁，或提腦船之繩，曰提腦繩。

絞關繩　用絞關牽緊扡纜船之繩。

揪頭繩　拱抱占頭，備下蟄時不致前趴者。

揪艄繩　由捆廂船尾以連於揪艄樁，或揪艄船之繩。

暗過渡　用十丈繩一頭上樁，一頭從船底兜轉活扣於龍骨之上，不使船外遊者。

練子繩　直兜前眉，層層腳縛，用以縮束料物者。

箍頭繩　箍紮樁頂，防其外越者。

錨頂繩　緊繫錨頂，以便起提者。

龍鬚繩　由上水直牽合龍綆，以防下拜者。

鷄脚繩　形似鷄脚，由前眉直牽向後者。

小騎馬繩　橫束埽邊，用以攔護短眉者。

行十丈繩　重二十五斤。

串心腰占　用於占之腰部。

串心揪頭　以繩貫串大埽之心，不使外移。

倒騎馬繩　由占之下斜牽上水，以敵大溜者。

十三太保繩　縛繫十三根樁連帶，由前眉直牽向後者。

次重十丈繩　重四十斤。

加重十丈繩　重五十斤。

拐頭騎馬繩　上口下騎馬拴於下口抓子，下口下騎馬拴於上口抓子，然後再各上紮其後頂樁，為緊束埽眉，使接合無隙者，又名霸王騎馬繩。

金斗騎馬繩　橫束眉頭，隨壓隨旋而下者。

八、器具

艾 彎刀用以芟除堤坦之草，與鐮同功。

斧 鐵製用以截繩。

拖 又名旱車，木製，運石用之。

笠 竹製，頂隆而口圓，可庇雨蔽日，以爲蓑衣之配也。

犁 木製，逆風下水行船，用以留拽。

鉞 長柄大斧也，用以截繩。

欛 泥行用具。

閘 木製，船行逆水，牽挽不易，用以絞行之具。

丈杆 爲査量土埽甎石工程之具。

水誌 以二丈竹竿爲之，用以探水之深淺。

水牐 又名水欄，其制法及用途，與土埂相仿，惟牐爲截溜，土埂爲緩溜而已。

水平 木製用以測量高低之器。

月鏟 鐵首木身，形如半月，用以鏟齊舊埽舊樁等。

刈刀 鐵製用以割蘸之具。

木斧 在樁上捶打繩纜之用。

木夯　以木爲之，長四尺，填墊獾洞鼠穴，用以夯打堅實。

片硪　硪之扁者如片，甚輕。

地纏　以繩爲之，每五尺用紅絨爲記，用以丈量堤之長短。

抓鈎　鐵首木柄，用以拆廂舊埽。

旱平　以木或銅製，三角式，長不滿尺，上有二鈎，中有活針，用時平掛於量繩，視針斜正，知地面之高低。

夾杆　亦名均高，用長一三丈之杆，刻劃尺寸，上釘鐵圈，中有腰圈，用時將杆分列於南北兩坦，以測高矮。

拍板　木製，三合土用搥擣過，再用板拍之。

信樁　築堤挑河，估定尺寸高低，簽樁爲記，爲防工人移動於樁頂，加藍灰印，裹以油紙，覆以磁碗，用土封固，謂之信樁。

紅船　用以往來驗工及荒僻區域棲止之所。

草牐　以稭廂砌，以木做成之牐門，用以引水放淤，適宜於合龍之大壩上。

浚帮　初爲疏濬海口之用，後用以運物，二隻相並，俗謂一帮。

條船　河工用以轉運料物之具。

埽腦　大埽沉水到底，將腰子頭用小繩挽結，用有倒鈎之柳橛，釘繩頭於埽內。

梯鞋　削木爲之，用以承載鐵梯脚者。

雲硪　鑿石如礎，厚數寸，打樁用具。

雲梯　打樁所用之梯，長三丈以上，以木爲之。

乾架　打蔡纜用具，以木爲之，打纜時須用石壓之。

跳棍　以斷圓一尺五寸，長丈餘之堅木爲之，上刻梯級，以便上下蹈踏，梢端栓繩，以爲起擰故橛之用。

齊板　木製，用以拍齊眉料埽，以免凸凹不齊。

摟子　結繩爲網兜，口穿活繩，易於收束，張於獾洞門口，用以捕獾。

錨浮　錨上繫繩，一端拴於木樁浮於水面，曰錨浮。

撓鉤　鐵製，木柄，直刃向上，倒鉤雙垂，用以捕獾之具。

鼠弓　糅竹爲弓，繫以鐵簽，佈於鼠穴洞口，以殺鼠者。

簑衣　用具，如遇陰雨，兵夫用此被體。

標竿　用以作標記之桿。

撞橛　土質堅硬之處，先用撞橛撞成洞穴，下樁較易。

繩牀　類似繩車，作繩之具。

繩車　絞蔴作繩之具。

磟碡　即石輥，用平治隄頂。

擁杷　形如丁字，用以平堤。

鍘刀　鍛鐵爲之，刃向下，承以木床，爲切去根梢之用。

龍枕　龍骨下所墊之柴束，曰龍枕。

龍骨　捆廂船上長與船等之大木樑，曰龍骨。

龍牙　釘於合龍枕兩旁，以規制合龍纜者。

騎馬 以二木釘成十字，長四五尺，厢埽一坯，須用一騎馬。

篭繩 以絨線結成，用以量堤估工。

鐵橇 鍛鐵爲之，長一尺六寸，橇起石塊之用。

鐵鍋 用以堵塞漏孔。

鐵穿 鑿水之具。

鐵杈 木幹鐵首，叉轃草挑碎稭用之。

鐵錐 長四尺，上粗下尖，有鐵耳，便於手握。

鐵錨 如提腦揪艄釘樁不便，可用錨。

獾刺 鍛鐵爲之，其鋒銛利，上有倒鈎，捕獾之具。

獾兜 以蔴結成，捕獾用具，而無柄者。

獾沓 以蔴結成，捕獾用具，有長柄者。

人字架 打蕈纜用，以二木縛成人字形，下端埋土中。

小鐵車 用以搬運土方，既便且速。

大簽子 鐵錐木柄，用以簽驗堤身洞穴。

太平棍 俗名鬪棍，用以挑鬆纜結，使纜鬆，埽可到底，爲長約三尺之棍，下帶彎拐。

千觔橛 鎖緊樁木之橛。

木榔頭 釘埽上小木簽之用。

木涵洞 以圓木桶或方木槽裝置於大堤迎溜之處，設有牐門，以爲啓閉放淤之用者。

木灰印 刻篆押於木板，以石灰爲印泥，按於土上，以爲標記。

沙帽頭 量坯頭厚薄之木杆。

打凌船 船底用竹板釘滿，用以乘駕打冰。

打凌鎚 鐵製木製石製均可，而以柳根最佳。

打水杆 即竹木長杆，用以探水之深淺。

皮灰印 以白布作袋而裝石灰，袋底牛皮刻有篆押，以爲密記之用，估土工時用之。

合龍碑 堵口合龍之後，立碑以爲紀念物。

束腰礮 礮身高細，礮細繫於礮腰，故名束腰礮。

托纜船 提腦揪艄各纜，因水面太寬，恐垂腰浸水，用船十數隻均勻排開，將纜架於船上，謂之托纜船。

耳踊板 打樁人立足之板，置於樁之左右者。

前踊板 打樁人立足之板，置於樁前者。

後踊板 同前，置於樁後者。

捆廂船 進占或廂埽時兜纜之船，謂之捆廂船。

帮廂船 於捆廂船外旁附一船，謂之帮廂船。

逼凌樁 用丈餘長木樁，排護迎溜埽前，以免凌過埽損，曰逼凌樁。

絞關樁 口門溜緊，船動不易，用絞關船徐徐絞動，至適宜之位置。

揪艄船　於捆廂船下水，用船下錨，以纜生根，將捆廂船艄揪住以防回溜者，謂之揪艄船。

提腦船　於捆廂船上水，用船下錨，以纜生根，將捆廂船頭提住，不使隨溜下移者，謂之提腦船。

搪凌杷　用細木二三根紮把，排於拖溜埽前，以避凌撞埽眉者。

試水錘　鎔鉛爲錘，上繫棕繩，用以測水之深淺。

齊眉杠　亦名紮杆，進占時命兵夫於捆廂船邊，每隔五尺，豎立木杆一根，爲使前眉壁立整齊者。

戧樁船　水內下樁，一船不穩，因二船連繫，上加高櫈板搭蹉板，以便樁手行硪。

墩子硪　頂底粗，腰間細，硪之最重者，豫東用之。

燈台硪　形如鼓式，淮徐用之。

擺渡船　用以聯絡兩堤之交通。

擰繩架　擰繩具。

大小號旗　指示兵夫有所遵守之物。

大小牌籤　木板削成，上塗白油，有工之處，標寫工程之情形。

黃河水利委員會
叢刊第三種

河工名謂

中華民國二十四年二月出版

每部定價大洋貳角陸分
（外埠酌加寄

編輯者 黃河水利委員會

校閱者 陳汝珍 陸克銘 許寶農
蔡振 劉[illegible]鏞 齊壽安

發售者 黃河水利委員會（開封教育館街）

承印者 大公報社

後記

我是從數學史學習中逐步瞭解治黄史的。漢代《許商算術》的作者許商，好天文術數之事的王景、李尋善，他們既是數學家，又以治理黄河而聞名。我國現存最早的河工著作《河防通議》，將中國古典數學天元術運用到治黄工程中，創造了中國古代工程數學的一個高峰。除了數學史之外，内蒙古師範大學科學技術史研究還以少數民族科技史和地方科技史見長。李迪先生曾指出地方科技史研究的重要内容是人與自然環境變遷、科技遺迹與自然環境以及環境與生産的關係，此類研究具有明顯的現實意義和重要價值。想要通過大科學史研究，弄清變遷的原因和未來的發展趨勢，産出對于地方各方面的開發有更大、更直接價值的成果，這類研究大多離不開文獻。之後，李迪先生更是直接指出科技史研究不僅是對過去的科技工作和科技成果的回顧與總結，而且要着眼于現代，讓古人的發明創造爲今人服務，繼續在現代發揮其應有的作用。我將先生大科學史的治學理念視爲座右銘，在科研工作中更加注重讓科研成果服務于國家戰略與區域發展需求。

二〇一九年九月，習近平總書記在黄河流域生態保護和高質量發展座談會上指出，黄河流域在我國經濟社會發展和生態安全方面具有十分重要的地位。黄河流域生態保護和高質量發展是重大國家戰略。同年十月，黨的十九届四中全會提出『加强邊疆治理，推進興邊富民』，首次把邊疆治理寫入黨的文件。内蒙古師範大學組織科研力量，積極申報研究闡釋黨的十九届四中全會精神的國家社科基金重大項目，其中『中國特色社會主義民族區域自治制度自信研究』項目獲批。我承擔其中的『鑄牢中華民族共同體意識下的民族自治地方文化自信研究』子課題，而黄河是首選文化要素。二〇二四年，該項目順利結項，我也對黄河文化所藴含的時代價值有了更深的體會。

有鑒于此，我帶領文化遺産智能應用服務中華民族共同體建設『英才興蒙』團隊，以黄河爲主題，開展了文獻、文物、傳統工藝等多模態資源庫建設和跨模態應用示範工作。這次與内蒙古人民出版社合作出版的《黄河國家治理文獻集成》，旨在梳理和總結文獻中所藴含的歷史經驗和文化信息，爲當代及未來的黄河治理和地方文旅産業發展提供參考與借鑒。

感謝内蒙古民族文化産業研究院、巴彦淖爾市圖書館等单位的傾力相助，感謝内蒙古自治區黨委宣傳部、内蒙古出版集團、内蒙古人民出版社對本項目的支持與幫助。

在此，也向致力于黄河治理和大河安瀾的歷代先賢與當代典範表達崇高的敬意：你們的不懈努力與無私奉獻，爲黄河的安寧與人民的福祉築起了堅實的防綫；你們的智慧與勇氣，將永遠銘刻在中華民族的歷史豐碑上，激勵後人不斷前行。

董杰

二〇二五年一月

北疆文化